石油化工产品及试验方法国家标准汇编

2020（中）

中国石油化工集团有限公司科技部
中国标准出版社 编

中国标准出版社

北 京

图书在版编目（CIP）数据

石油化工产品及试验方法国家标准汇编.2020.中 /
中国石油化工集团有限公司科技部，中国标准出版社
编 . — 北京：中国标准出版社，2020.8
　ISBN 978-7-5066-9715-6

　Ⅰ.①石…　Ⅱ.①中…②中…　Ⅲ.①石油化工—
化工产品—国家标准—汇编—中国—2020②石油
化工—化工产品—试验—国家标准—汇编—中国—
2020　Ⅳ.①TE65-65

中国版本图书馆 CIP 数据核字（2020）第 110050 号

中国标准出版社出版发行
北京市朝阳区和平里西街甲 2 号（100029）
北京市西城区三里河北街 16 号（100045）
网址：www.spc.net.cn
总编室：（010）68533533　发行中心：（010）51780238
读者服务部：（010）68523946
中国标准出版社秦皇岛印刷厂印刷
各地新华书店经销
*
开本 880×1230 1/16　印张 42　字数 1268 千字
2020 年 8 月第一版　2020 年 8 月第一次印刷
*
定价 246.00 元

出版说明

《石油化工产品及试验方法国家标准汇编 2015》出版至今已有 6 年时间，6 年来，部分石油化工产品及其试验方法国家标准已进行了复审修订，还有不少新制定的国家标准发布实施。为方便相关生产企业、科研和教学单位以及广大用户的使用，我们组织有关单位编辑出版了《石油化工产品及试验方法国家标准汇编 2020》。

为方便使用，本汇编分为上、中、下三册。本汇编共收录了截至 2020 年 1 月底发布的石油化工产品相关的国家标准 212 项，主要是产品标准和试验方法标准，另外还包括 13 项基础标准，这些标准是石油化工领域标准实施的基础。本汇编全面系统地反映了石油化工产品相关国家标准的最新情况，可为使用者提供最新的产品和试验方法信息。本册为中册，共收录石化有机原料和合成树脂标准 75 项。本册包含石化有机原料国家标准 49 项，其中产品标准 4 项，方法标准 45 项；合成树脂国家标准 26 项，其中基础标准 9 项，产品标准 17 项。

本汇编收录的国家标准的发布年份统一用 4 位数字表示，且不在标准编号后标注复审确认年代号。鉴于部分标准出版年代较早，现尚未修订，故正文部分的标准编号未做相应改动。对于标准中的规范性引用文件（引用标准）变化情况较大的，在标准文本后面以编者注的形式加以说明，对于合成树脂类标准中引用的国际标准的转化情况单独列表进行说明。

本汇编收录的标准由于出版年代不同，其格式、计量单位乃至术语不尽相同，本汇编只对原标准中技术内容上的错误以及其他明显不当之处作了更正，如有疏漏之处，恳请指正。

中国石油化工集团有限公司科技部

2020 年 5 月

目　录

石化有机原料　I产品

石化有机原料　II方法

合成树脂　Ⅰ基础

合成树脂　Ⅱ产品

石化有机原料
Ⅰ 产品

ICS 71.080.15
G 16

中华人民共和国国家标准

GB/T 3915—2011
代替 GB 3915—1998

工 业 用 苯 乙 烯

Styrene for industrial use

2011-05-12 发布　　　　　　　　　　　　2011-11-01 实施

中华人民共和国国家质量监督检验检疫总局
中国国家标准化管理委员会　发 布

前　言

本标准修改采用 ASTM D2827-08《苯乙烯单体标准规格》(英文版)，本标准与 ASTM D2827-08 的结构性差异见附录 A。

本标准与 ASTM D2827-08 相比，主要技术内容变化如下：

——增加了国家标准的前言；

——规范性引用文件中引用我国标准；

——总醛项目的计量单位由"％(m/m)"改为"mg/kg"；

——将工业用苯乙烯产品分为三个等级，而 ASTM D2827 未分等级；

——技术要求中未设置苯和水项目；

——技术要求中乙苯项目优等品指标为"≤0.08％(质量分数)"。

本标准代替 GB 3915—1998《工业用苯乙烯》，本标准与 GB 3915—1998 相比主要有以下变化：

——纯度项目，优等品指标由"≥99.7％"改为"≥99.8％"，一等品指标由"≥99.5％"改为"≥99.6％"；

——过氧化物项目，优等品指标由"≤100 mg/kg"改为"≤50 mg/kg"；

——增加了乙苯项目，优等品指标为"≤0.08％(质量分数)"，一等品为"报告"，合格品不要求；

——总醛项目的计量单位由"％(m/m)"改为"mg/kg"，一等品指标由"≤0.02％"改为"≤100 mg/kg"；

——阻聚剂项目，由"10～15"改为"10～15(或按需)"；

——增加了表1的脚注 b)；

——增加了 4.1 检验项目分类内容和型式检验条件；

——增加了 4.2；

——取消了纯度项目的 GB/T 12688.2(结晶点法)试验方法，同时删除了原标准 4.5 部分内容；

——删除了原标准的 4.2。

——增加了附录 A。

本标准的附录 A 是资料性附录。

本标准由中国石油化工集团公司提出。

本标准由全国化学标准化技术委员会石油化学分技术委员会(SAC/TC 63/SC 4)归口。

本标准起草单位：中国石油化工股份有限公司北京燕山分公司。

本标准主要起草人：崔广洪、苏晓燕。

本标准所代替标准的历次版本发布情况为：

——GB 3915—1983、GB 3915—1990、GB 3915—1998。

工 业 用 苯 乙 烯

1 范围

本标准规定了工业用苯乙烯的技术要求、试验方法、检验规则以及包装、标志、贮存、运输和安全。

本标准适用于乙苯经脱氢、精馏等工艺过程而制得的工业用苯乙烯。

苯乙烯的分子式为 C_8H_8，相对分子质量为 104.15（按 2007 年国际相对原子质量）。

本标准并不是旨在说明与其使用有关的安全问题，使用者有责任采取适当的安全和健康措施，并保证符合国家有关法规的规定。

2 规范性引用文件

下列文件中的条款通过本标准的引用而成为本标准的条款。凡是注日期的引用文件，其随后所有的修改单（不包括勘误的内容）或修订版均不适用于本标准，然而，鼓励根据本标准达成协议的各方研究是否可使用这些文件的最新版本。凡是不注日期的引用文件，其最新版本适用于本标准。

GB/T 605 化学试剂 色度测定通用方法（GB/T 605—2006,ISO 6353-1:1982,NEQ）

GB/T 3723 工业用化学产品采样安全通则（GB/T 3723—1999,ISO 3165:1976,idt）

GB/T 6283 化工产品中水分含量的测定 卡尔·费休法（通用方法）

GB/T 6678 化工产品采样总则

GB/T 6680 液体化工产品采样通则

GB/T 8170 数值修约规则与极限数值的表示和判定

GB/T 12688.1 工业用苯乙烯试验方法 第1部分:纯度和烃类杂质的测定 气相色谱法

GB/T 12688.3 工业用苯乙烯试验方法 第3部分:聚合物含量的测定

GB/T 12688.4 工业用苯乙烯试验方法 第4部分:过氧化物含量的测定 滴定法

GB/T 12688.5 工业用苯乙烯试验方法 第5部分:总醛含量的测定 滴定法

GB/T 12688.8 工业用苯乙烯试验方法 第8部分:阻聚剂(对-叔丁基邻苯二酚)含量的测定
分光光度法

GB/T 12688.9 工业用苯乙烯试验方法 第9部分:微量苯的测定 气相色谱法

GB 13690 常用危险化学品的分类及标志

3 技术要求和试验方法

工业用苯乙烯的技术要求和试验方法应符合表1的规定。

表 1 工业用苯乙烯技术要求和试验方法

序号	项 目	指 标			试验方法
		优等品	一等品	合格品	
1	外观	清晰透明,无机械杂质和游离水			目测[a]
2	纯度(质量分数)/%	≥99.8	≥99.6	≥99.3	GB/T 12688.1[b]
3	聚合物/(mg/kg)	≤10	≤10	≤50	GB/T 12688.3
4	过氧化物(以过氧化氢计)/(mg/kg)	≤50	≤100	≤100	GB/T 12688.4
5	总醛(以苯甲醛计)/(mg/kg)	≤100	≤100	≤200	GB/T 12688.5
6	色度(铂-钴色号)/号	≤10	≤15	≤30	GB/T 605
7	乙苯(质量分数)/%	≤0.08	报告	—	GB/T 12688.1[b]
8	阻聚剂(TBC)/(mg/kg)	10~15(或按需)[c]			GB/T 12688.8

    [a] 将试样置于 100 mL 比色管中,其液层高为(50~60)mm,在日光或日光灯透射下目测。

    [b] 在有争议时,以内标法测定结果为准。

    [c] 如遇特殊情况,可按供需双方协议执行。

4 检验规则

4.1 本标准表 1 中外观、纯度、聚合物、色度、乙苯、阻聚剂为出厂检验项目,每批产品均应按表 1 规定的试验方法对这些项目进行检验。

4.2 本标准表 1 中的所有项目均为型式检验项目,在下列情况下,应进行型式检验:

    a) 在正常情况下,每月至少进行一次型式检验;

    b) 关键生产工艺发生变化或主要设备更新时;

    c) 主要原料有变化时;

    d) 产品长期停产后,恢复生产时;

    e) 出厂检验结果与上次型式检验结果有较大差异时。

4.3 如果需要,可按 GB/T 6283 测定水分含量,可按 GB/T 12688.9 测定苯含量。

4.4 同等质量的、均匀的产品为一批,可按生产周期、生产班次或产品储罐进行组批。

4.5 采样按 GB/T 6680 规定执行。样品数和样品量按 GB/T 6678 的相应规定执行。采样者还应熟悉和遵守 GB/T 3723 有关采样的安全要求。

4.6 工业用苯乙烯应由生产厂的质量检验部门进行检验,生产厂应保证所有出厂的苯乙烯都符合本标准的要求,每批出厂的苯乙烯都应附有质量证明书。质量证明书上应注明:生产企业名称、详细地址、产品名称、产品等级、批号或生产日期、净含量、阻聚剂名称、本标准的编号等。

4.7 检验结果的判定采用 GB/T 8170 中规定的修约值比较法。

4.8 如检验结果不符合本标准相应等级要求时,需重新加倍取样,复验。复验结果只要有一项指标不符合本标准相应等级要求时,则整批产品应作降级或不合格处理。

5 标志、包装、运输与贮存

5.1 标志

5.1.1 容器上应标明:

    a) 生产企业名称;

    b) 产品名称;

    c) 商标;

d) 生产日期或批号；

e) 净含量；

f) 产品执行标准编号。

5.1.2 按 GB 13690 的要求标有明显"易燃"、"危险品"标志。罐车及贮存容器等同样要有明显标志。

5.2 包装

5.2.1 苯乙烯应装入干燥、清洁的专用罐车或镀锌钢桶内，并加适量的阻聚剂（对-叔丁基邻苯二酚）。

5.2.2 桶装苯乙烯每桶净含量 160 kg。

5.2.3 桶口应予密闭，防止苯乙烯渗出及水分渗入。

5.3 运输与贮存

5.3.1 运输过程中，应执行交通运输部门有关规定，并应防止雨淋和日光曝晒。

5.3.2 苯乙烯应贮藏在 25 ℃ 以下或冷藏仓库内，以防止聚合变质。

6 安全

6.1 苯乙烯单体为易燃物，在与过氧化物、无机酸和三氯化铝等接触时会发生放热聚合反应。苯乙烯闪点 30 ℃，凝固点 -30.6 ℃，沸点 145.2 ℃，空气中自燃温度 490 ℃，空气中爆炸极限范围（体积分数）1.1%～6.1%。

6.2 工作区空气中苯乙烯蒸气的最高允许浓度为 5 mg/m³，生活用水中的最高允许浓度为 0.1 mg/L。

6.3 苯乙烯的作业区应装有通风设备。在取样或操作时应穿戴专用的衣服、鞋子、手套和保护眼镜。在高浓度苯乙烯蒸气的区域操作时，应配用合适的防毒面具或氧气呼吸器。

6.4 流出的苯乙烯应用砂子撒盖，然后用防爆工具进行处置。苯乙烯燃烧时，可使用泡沫灭火机、干粉灭火机、二氧化碳灭火机、砂、喷雾水、水蒸气、惰性气体和石棉被等灭火工具。

6.5 输送苯乙烯的设备及管道应接地，以免产生静电。

附　录　A

（资料性附录）

本标准章条编号与ASTM D2827-08 章条编号对照表

表 A.1 中给出了本标准章条编号与 ASTM D2827-08 章条编号对照一览表。

表 A.1　本标准章条编号与 ASTM D2827-08 章条编号对照表

本标准章条编号	对应的 ASTM 标准章条编号
1	1
2	2
3	3
4	4
4.1	—
4.2	—
4.3	4.1
4.4	—
4.5	1.2
4.6	—
4.7	—
4.8	—
5	—
6	—
—	5

ICS 71.080.60
G 16

中华人民共和国国家标准

GB/T 4649—2018
代替 GB/T 4649—2008

工 业 用 乙 二 醇

Ethylene glycol for industrial use

2018-05-14 发布

2018-12-01 实施

国家市场监督管理总局
中国国家标准化管理委员会 发 布

前　言

本标准按照 GB/T 1.1—2009 给出的规则起草。

本标准代替 GB/T 4649—2008《工业用乙二醇》。

本标准与 GB/T 4649—2008 相比，主要变化如下：

——删除了乙二醇生产工艺的说明（见第 1 章，2008 年版的第 1 章）；

——删除了合格品技术要求（见表 1，2008 年版的表 1）；

——"优等品"修改为"聚酯级"，"一等品"修改为"工业级"（见表 1，2008 年版的表 1）；

——将聚酯级和工业级产品外观要求由"无色透明无机械杂质"修改为"透明液体，无机械杂质"（见表 1，2008 年版的表 1）；

——聚酯级乙二醇含量指标由"≥99.8％"修改为"≥99.9％"，二乙二醇含量指标由"≤0.10％"修改为"≤0.050％"，工业级乙二醇中二乙二醇含量由"≤0.80％"修改为"≤0.600％"，水分含量指标由"≤0.10％"修改为"≤0.08％"（见表 1，2008 年版的表 1）；

——增加了 1,2-丁二醇、1,4-丁二醇、1,2-己二醇和碳酸乙烯酯项目，指标为"报告"（表 1，2008 年版的表 1）；

——聚酯级紫外透光率增加了 250 nm，指标为"报告"（见表 1，2008 年版的表 1）；

——聚酯级增加了氯离子项目和试验方法，指标为"≤0.5 mg/kg"（见表 1 和 4.14，2008 年版的 5.7）；

——修改了酸度、铁、灰分、醛含量等项目的计量单位，由"％"修改为"mg/kg"（见表 1，2008 年版的表 1）；

——修改了外观目视测定结果有争议时的重量法测试要求（见 4.3，2008 年版的 4.1）；

——修改了乙二醇含量的测定方法，删除了原公式 1，增加了 1,2-丁二醇、1,4-丁二醇、1,2-己二醇和碳酸乙烯酯含量的测定方法（见 4.4，2008 年版的 4.2、4.10）；

——色度测定增加了 GB/T 6324.6，以 GB/T 3143 为仲裁方法，将相关内容移入附录 A（见 4.5、附录 A，2008 年版的 4.3）；

——密度测定增加了 GB/T 2013—2010 的 U 型振动管法，删除了密度瓶法测试中温度校正的内容，以 GB/T 4472 密度瓶法为仲裁法，将相关内容移入附录 B（见 4.6，附录 B，2008 年版的 4.4）；

——沸程测定增加了符合 GB/T 7534—2008 规定的 104C-75 温度计（见 4.7）；

——水分测定增加了 SH/T 1055，并以该法为仲裁法（见 4.8，2008 年版的 4.6）；

——酸度测定增加了以手动法为仲裁法的规定（见 4.9，2008 年版的 4.7）；

——修改了铁含量测定的取样量，由"80 g"修改为"70 g"（见 4.10，2008 年版的 4.8）；

——修改了灰分测定用分析天平及恒重要求，由"感量 0.1 mg"修改为"感量 0.01 mg"，将"瓷坩埚"修改为"铂坩埚"，将相关内容移入附录 C（见 4.11、附录 C，2008 年版的 4.9）；

——修改了型式检验的启动条件（见 5.1，2008 年版的 5.1）；

——修改了检验结果的判定方法，由"全数值比较法"修改为"修约值比较法"（见 5.3）；

——删除"安全"一章，相关内容列入资料性附录。（见附录 E，2008 年版的第 7 章）。

本标准由中国石油化工集团公司提出。

本标准由全国化学标准化技术委员会石油化学分会(SAC/TC 63/SC 4)归口。

本标准起草单位:中国石油化工股份有限公司北京燕山分公司、中国石油化工股份有限公司上海石油化工研究院、中国石化扬子石油化工有限公司、江苏丹化有限责任公司、山东华鲁恒升化工股份有限公司。

本标准主要起草人:彭金瑞、崔广洪、于洪洸、王川、姜连成、彭振磊、成红、赵亮、丁大喜、戴玉娣、梁鹏、刘忠发。

本标准所代替标准的历次版本发布情况为:

——GB 4649—1993、GB/T 4649—2008。

工 业 用 乙 二 醇

警示——本标准未指出所有可能的安全问题。生产者必须向用户说明产品的危险性,使用中的安全和防护措施,本标准的使用者有责任采取适当的安全和健康措施,并保证符合国家有关法规规定的条件。

1 范围

本标准规定了工业用乙二醇的技术要求、试验方法、检验规则、标志、标签和随行文件、包装、运输和贮存。

本标准适用于作为生产聚酯、醇酸树脂的单体,以及作为电解电容器的电解液、抗冻剂、增塑剂、溶剂等用途的乙二醇。

2 规范性引用文件

下列文件对于本文件的应用是必不可少的。凡是注日期的引用文件,仅注日期的版本适用于本文件。凡是不注日期的引用文件,其最新版本(包括所有的修改单)适用于本文件。

GB/T 2013—2010 液体石油化工产品密度测定法

GB/T 3049 工业用化工产品 铁含量测定的通用方法 1,10-菲啰啉分光光度法

GB/T 3143 液体化学产品颜色测定法(Hazen 单位——铂-钴色号)

GB/T 3723 工业用化学产品采样安全通则

GB/T 4472—2011 化工产品密度、相对密度的测定

GB/T 6283 化工产品中水分含量的测定 卡尔·费休法(通用方法)

GB/T 6324.6 有机化工产品试验方法 第 6 部分:液体色度的测定 三刺激值比色法

GB/T 6678 化工产品采样总则

GB/T 6680 液体化工产品采样通则

GB/T 6682 分析实验室用水规格和试验方法

GB/T 7531 有机化工产品灼烧残渣的测定

GB/T 7534—2004 工业用挥发性有机液体 沸程的测定

GB/T 8170—2008 数值修约规则与极限数值的表示和判定

GB/T 10479 铝制铁道罐车

GB/T 14571.1 工业用乙二醇试验方法 第 1 部分:酸度的测定 滴定法

GB/T 14571.2 工业用乙二醇试验方法 第 2 部分:纯度和杂质的测定 气相色谱法

GB/T 14571.3 工业用乙二醇中醛含量的测定 分光光度法

GB/T 14571.4 工业用乙二醇紫外透光率的测定 紫外分光光度法

GB/T 14571.5 工业用乙二醇试验方法 第 5 部分:氯离子的测定 离子色谱法

SH/T 1053 工业用二乙二醇沸程的测定

SH/T 1055 工业用二乙二醇中水含量的测定(微库仑滴定法)

3 技术要求

工业用乙二醇的技术要求见表1。

表 1 工业用乙二醇的技术要求

编号	项 目		指 标	
			聚酯级	工业级
1	外观		透明液体,无机械杂质	
2	乙二醇,w/%	≥	99.9	99.0
3	二乙二醇,w/%	≤	0.050	0.600
4	1,4-丁二醇[a],w/%		报告[b]	
5	1,2-丁二醇[a],w/%		报告[b]	
6	1,2-己二醇[a],w/%		报告[b]	
7	碳酸乙烯酯[a],w/%		报告[b]	
8	色度(铂-钴)/号 加热前 加盐酸加热后	≤ ≤	5 20	10 —
9	密度(20 ℃)/(g/cm³)		1.112 8～1.113 8	1.112 5～1.114 0
10	沸程(在 0 ℃,0.101 33 MPa) 初馏点/℃ 干点/℃	≥ ≤	196.0 199.0	195.0 200.0
11	水分,w/%	≤	0.08	0.20
12	酸度(以乙酸计)/(mg/kg)	≤	10	30
13	铁含量/(mg/kg)	≤	0.10	5.0
14	灰分/(mg/kg)	≤	10	20
15	醛含量(以甲醛计)/(mg/kg)	≤	8.0	—
16	紫外透光率/% 220 nm 250 nm 275 nm 350 nm	≥ ≥ ≥	75 报告[b] 92 99	— —
17	氯离子/(mg/kg)	≤	0.5	—
[a] 乙烯氧化/环氧乙烷水合工艺对该项目不作要求。 [b] "报告"是指需测定并提供实测数据。				

4 试验方法

4.1 取样

取样应按照 GB/T 3723、GB/T 6678 和 GB/T 6680 规定进行。将所采样品充分混匀后,分装于 2 个清洁、干燥的可密封的玻璃瓶中,贴上标签,注明生产厂名称、产品名称、批号、取样日期和取样地点,一瓶做检验分析,另一瓶做留样备查。

4.2 一般规定

除非另有说明,在分析中仅使用确认为分析纯的试剂和符合 GB/T 6682 的三级水。

4.3 外观的测定

取 50 mL~60 mL 工业用乙二醇试样,置于清洁、干燥的 100 mL 比色管中,在日光或日光灯透射下,直接目测。

如有争议时,取 100 g±0.5 g 试样,用已恒重的 4 号玻璃滤坩抽滤,抽滤速度应控制在使滤液呈滴状,再用蒸馏水洗涤玻璃滤坩 4 次~5 次,每次用量约 20 mL。然后,将玻璃滤坩移入烘箱中,在 105 ℃ ±2 ℃下至少干燥 45 min,取出,放在干燥器中冷却 30 min,进行称量,精确至 0.000 1 g。再将玻璃滤坩干燥 30 min,取出置于干燥器中冷却 30 min,称量;如此反复,直至两次连续称量间的差值不超过 0.000 4 g 为止。与过滤前的玻璃滤坩相比,其增量不大于 0.001 g 时,认为无机械杂质。

4.4 乙二醇、二乙二醇、1,4-丁二醇、1,2-丁二醇、1,2-己二醇、碳酸乙烯酯含量的测定

按 GB/T 14571.2 的规定进行测定。

4.5 色度的测定

按附录 A 的规定进行测定。

4.6 密度的测定

按附录 B 的规定进行测定。

4.7 沸程的测定

按 GB/T 7534—2004 的规定进行。热源采用 500 W 电炉或煤气灯,主温度计采用标有 150 ℃~ 220 ℃刻度值,分度值为 0.1 ℃的棒状玻璃温度计,感温泡顶端距第一条刻度线的距离至少 100 mm。也可采用 GB/T 7534—2004 表 1 推荐的 104C-75 温度计。两次重复测定结果的差值,初馏点应不大于 0.5 ℃,干点应不大于 0.4 ℃。也可采用 SH/T 1053 所规定的装置进行测定。结果有争议时,以 GB/T 7534—2004 为仲裁方法。

4.8 水分的测定

按 SH/T 1055 的规定进行。也可采用 GB/T 6283 的规定进行测定。结果有争议时,以 SH/T 1055 为仲裁方法。

采用 GB/T 6283 时,取两次重复测定结果的算术平均值为分析结果。当水分在 0.02%~0.10%范围时,两次重复测定结果的差值应不大于其平均值的 15%;当水分大于 0.10%时,两次重复测定结果的差值应不大于其平均值的 10%。

4.9 酸度的测定

按 GB/T 14571.1 的规定执行。结果有争议时,以手动滴定法为仲裁方法。

4.10 铁含量的测定

按 GB/T 3049 的规定进行。绘制标准曲线和样品测定时,需采用 100 mL 容量瓶或 100 mL 比色管,并采用 3 cm(或 5 cm)比色皿。取样量为 70 g±0.5 g。取两次重复测定结果的算术平均值为分析结果。当铁含量≤0.5 mg/kg 时,两次重复测定结果的差值应不大于其平均值的 15%;当铁含量 >0.5 mg/kg 时,两次重复测定结果的差值应不大于其平均值的 10%。

4.11 灰分的测定

按附录 C 的规定进行测定。

4.12 醛含量的测定

按 GB/T 14571.3 的规定进行测定。

4.13 紫外透光率的测定

按 GB/T 14571.4 的规定进行测定。

4.14 氯离子的测定

按 GB/T 14571.5 或附录 D 的规定进行测定。结果有争议时,以 GB/T 14571.5 为仲裁方法。

5 检验规则

5.1 检验分类

表 1 中的所有指标项目均为型式检验项目,除沸程、密度、铁含量、灰分、氯离子外均为出厂检验项目。当遇到下列情况之一时,应进行型式检验:
a) 正常生产时每隔 3 个月;
b) 关键生产工艺更新及主要设备发生更改;
c) 主要原料有变化而影响产品质量;
d) 停产又恢复生产;
e) 出厂检验结果与上次型式检验有较大差异。

5.2 组批规则

同等质量的、均匀的产品为一批,可按生产周期、生产班次或产品储罐进行组批。

5.3 判定规则

采用 GB/T 8170—2008 修约值比较法进行。检验结果全部符合本标准表 1 的技术要求时,则判定该批产品合格。检验结果如有任何一项指标不符合本标准的要求,则应按 4.1 规定重新采双倍量的样品进行检验。重新检验结果仍不符合本标准规定的相应等级品要求,则该批产品作不合格处理。

6 标志、标签和随行文件

6.1 工业用乙二醇产品包装容器上应有牢固的标志,其内容包括:生产厂名称、产品名称、本标准编号、批号或生产日期、净含量。

6.2 乙二醇不属于危险化学品,但有一定毒性和危险性,相关安全要求参见附录 E。

6.3 工业用乙二醇每批出厂产品都应附有质量证明书,内容包括:生产厂名称、产品名称、等级、批号或生产日期、本标准编号等。

7 包装、运输和贮存

7.1 包装

工业用乙二醇应采用镀锌铁桶包装,或装入铝制或不锈钢容器的铁路槽车(铝制铁路槽车应符合 GB/T 10479 的要求)或船舱中。应保持容器密封。

7.2 运输

工业用乙二醇在运输过程中应防漏、防火、防潮。灌装有工业用乙二醇的罐车应在干燥氮气密封下运输。铁桶包装搬运时要轻装轻卸,防止容器损坏。

7.3 贮存

工业用乙二醇为吸水性物质,应储存于阴凉、通风的仓库内。远离火种、热源。防止阳光直射。在贮存过程中应保持包装容器的密闭性。应与氧化剂、酸类物质分开存放。

采用储罐贮存工业用乙二醇时,应充入干燥氮气密封。

附　录　A
（规范性附录）
色度的测定

A.1　试剂

盐酸：优级纯。

A.2　仪器与设备

A.2.1　可调电炉。
A.2.2　移液管：1 mL。
A.2.3　标准磨口锥形瓶：250 mL。
A.2.4　玻璃毛细管：直径约 1 mm，长约 10 mm，用盐酸煮沸，然后用蒸馏水洗净，烘干。
A.2.5　空气冷却装置，见图 A.1。

单位为毫米

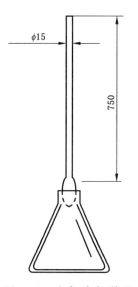

图 A.1　空气冷却装置

A.3　加热前色度的测定

按 GB/T 3143 的规定执行，采用 100 mL 比色管。也可采用 GB/T 6324.6 进行测定。结果有争议时，以 GB/T 3143 为仲裁方法。

A.4　加盐酸加热后色度的测定

取 100 mL 试样置于锥形瓶中，用移液管加入盐酸 1 mL，放入 2 根～3 根玻璃毛细管，将锥形瓶与空气冷却管连接。预热电炉 5 min，然后把带有冷却管的锥形瓶置于电炉上，调整电压使试液在 5 min内达到沸腾，煮沸 30 s。取下锥形瓶（仍带空气冷却管），冷却 1 h。

色度测定同 A.3。

附　录　B

（规范性附录）

密度的测定

B.1　密度瓶法

按 GB/T 4472—2011 中 4.3.1 规定进行,采用 50 cm³ 密度瓶。

乙二醇产品的密度 ρ,以 g/cm³ 计,按式(B.1)计算:

$$\rho = \frac{(m_2 - m_1) + 0.001\,2(m_3 - m_1)}{(m_3 - m_1) + 0.001\,2(m_3 - m_1)}\rho_水 \quad\cdots\cdots(B.1)$$

式中:

m_1——密度瓶质量,单位为克(g);

m_2——密度瓶加试样质量,单位为克(g);

m_3——密度瓶加水质量,单位为克(g);

0.001 2——20 ℃时空气密度的数值,单位为克每立方厘米(g/cm³);

$\rho_水$——20 ℃时水的密度的数值,单位为克每立方厘米(g/cm³)。

取两次重复测定结果的算术平均值为分析结果。两次重复测定结果的差值应不大于 0.000 2 g/cm³。

B.2　U 型振动管法

按 GB/T 2013—2010 中第 6 章测定。

结果有争议时,以密度瓶法为仲裁方法。

附　录　C

（规范性附录）

灰分的测定

C.1　仪器与设备

C.1.1　天平:感量为 0.1 g。

C.1.2　分析天平:感量为 0.01 mg。

C.1.3　坩埚:100 mL 铂坩埚。

C.2　分析步骤

　　按 GB/T 7531 的规定进行测定。灼烧温度为 800 ℃,试样量为 80 g,精确到 0.1 g。空坩埚和带样品灰分的坩埚称准至 0.01 mg,以两次称量结果之差不大于 0.05 mg 为恒重。

附　录　D
（规范性附录）
氯离子含量的测定

D.1　方法原理

试样中氯离子与硝酸银反应,生成白色氯化银沉淀,然后与标准溶液进行比浊。

D.2　试剂

D.2.1　氯化钠:基准试剂。

D.2.2　氨水溶液:1+1。

D.2.3　硝酸:分析纯。

D.2.4　硝酸银,5%(质量分数)水溶液:称取5 g硝酸银,溶于水,稀释至100 mL。储存于棕色瓶中。

D.2.5　氯标准溶液:

D.2.5.1　氯标准溶液A:称取在500 ℃～600 ℃灼烧至恒重的氯化钠(D.2.1)0.164 9 g,溶于水中,移入1 000 mL容量瓶中,稀释至刻度,摇匀。此溶液每毫升含氯0.1 mg。

D.2.5.2　氯标准溶液B:用移液管吸取5 mL氯标准溶液A置于l00 mL容量瓶中,加水稀释至刻度,摇匀。此溶液每毫升含氯0.005 mg。

D.3　仪器和设备

D.3.1　恒温水浴。

D.3.2　磨口比色管:25 mL。

D.4　测定步骤

D.4.1　取2支磨口比色管(D.3.2),其中一支加入4.5 mL乙二醇试样,另一支加入0.5 mL氯标准溶液B。

D.4.2　在上述比色管中分别加入氨水(D.2.2)1.5 mL。摇匀,在70 ℃～80 ℃恒温水浴中加热15 min,冷却后加硝酸(D.2.3)3 mL,硝酸银溶液(D.2.4)1 mL,用水稀释至刻度,摇匀后静置2 min。

D.5　结果判定

将样品溶液比色管和含氯标准溶液比色管置于黑色背景上,在自然光下,自上而下观察,对试样的混浊度和含氯标准溶液的混浊度进行比较。

D.6　结果报告

当试样混浊度不深于含氯标准溶液的混浊度时,结果以<0.5 mg/kg报告;当试样混浊度深于含氯标准溶液的混浊度时,结果以>0.5 mg/kg报告。

附　录　E

（资料性附录）

安　全

E.1　工业用乙二醇的分子式为 $C_2H_6O_2$，相对分子质量为 62.069（按 2016 年国际相对原子质量），具有一定毒性，在操作区域内，空气中最大允许浓度不超过 5 mg/m³。采样现场要求具有良好的通风条件，在地上或设备上的工业用乙二醇应尽量搜集，微量残余可用大量水冲洗。

E.2　皮肤接触：脱去污染的衣着，用大量流动清水冲洗；眼睛接触：提起眼睑，用流动清水或生理盐水冲洗，就医；吸入：迅速脱离现场至空气新鲜处，保持呼吸道通畅。就医。

E.3　消防器具：作业时应按相关规定配备各种灭火设备。灭火时应采用细雾化水、泡沫或惰性气体。

E.4　泄漏应急处理：迅速撤离泄漏污染区人员至安全区，并进行隔离，严格限制出入。切断火源。建议应急处理人员戴自吸过滤式防毒面具（全面罩），穿一般作业工作服。尽可能切断泄漏源。防止流入下水道、排洪沟等限制性空间。当发生小量泄漏时，用砂土、蛭石或其他惰性材料吸收。也可以用不燃性分散剂制成的乳液刷洗，洗液稀释后放入废水系统。当发生大量泄漏时，构筑围堤或挖坑收容。用泵转移至槽车或专用收集器内，回收或运至废物处理场所处置。

ICS 71.080.10
G 16

中华人民共和国国家标准

GB/T 7715—2014
代替 GB/T 7715—2003

工业用乙烯

Ethylene for industrial use—Specification

2014-07-08 发布

2014-12-01 实施

中华人民共和国国家质量监督检验检疫总局
中国国家标准化管理委员会 发布

前　言

本标准按照 GB/T 1.1—2009 给出的规则起草。

本标准代替 GB/T 7715—2003《工业用乙烯》。

本标准与 GB/T 7715—2003 相比主要变化如下：

——修改了范围(见第 1 章,2003 年版的第 1 章);

——修改规范性引用文件,取消了引用文件的年代号,增加部分引用文件(见第 2 章,2003 年版的第 2 章);

——C_3 和 C_3 以上的优等品指标由"$\leqslant 20$ mL/m³"改为"$\leqslant 10$ mL/m³"(见第 3 章表 1,2003 年版的第 3 章表 1);

——一氧化碳含量的优等品指标由"$\leqslant 2$ mL/m³"改为"$\leqslant 1$ mL/m³",一等品指标由"$\leqslant 5$ mL/m³"改为"$\leqslant 3$ mL/m³"(见第 3 章表 1,2003 年版的第 3 章表 1);

——乙炔含量的优等品指标由"$\leqslant 5$ mL/m³"改为"$\leqslant 3$ mL/m³",一等品指标由"$\leqslant 10$ mL/m³"改为"$\leqslant 6$ mL/m³"(见第 3 章表 1,2003 年版的第 3 章表 1);

——硫含量的一等品指标由"$\leqslant 2$ mg/kg"改为"$\leqslant 1$ mg/kg"(见第 3 章表 1,2003 年版的第 3 章表 1);

——甲醇含量的优等品和一等品指标由"$\leqslant 10$ mg/kg"改为"$\leqslant 5$ mg/kg"(见第 3 章表 1,2003 年版的第 3 章表 1);

——增加了二甲醚的控制指标,"优等品$\leqslant 1$ mg/kg","一等品$\leqslant 2$ mg/kg"(见第 3 章表 1);

——删除了采样,将相关内容移入检验规则(见第 4 章,2003 年版的第 4 章);

——修改了标志、包装、运输和贮存(见第 5 章,2003 年版的第 6 章);

——修改了安全(见第 6 章,2003 年版的第 7 章)。

本标准由中国石油化工集团公司提出。

本标准由全国化学标准化技术委员会石油化学分技术委员会(SAC/TC 63/SC 4)归口。

本标准起草单位:中国石油化工股份有限公司茂名分公司、中国石油天然气股份有限公司独山子石化分公司。

本标准主要起草人:梁华、安晓春、师伟、冯肖荣、钟东标、邵世钦、邵卫国、曲国兴。

本标准所代替标准的历次版本发布情况为:

——GB/T 7715—1987、GB/T 7715—2003。

工业用乙烯

1 范围

本标准规定了工业用乙烯的要求、检验规则、标志、包装、运输和贮存以及安全。

本标准适用于经蒸汽裂解、甲醇制烯烃等工艺加工、分离得到的乙烯,其主要用途为生产聚乙烯、乙烯氧化物等有机物。

分子式:C_2H_4

相对分子质量:28.054(按 2007 年国际相对原子质量)

本标准并不是旨在说明与其使用有关的所有安全问题,使用者有责任采取适当的安全和健康措施,并保证符合国家有关法规的规定。

2 规范性引用文件

下列文件对于本文件的应用是必不可少的。凡是注日期的引用文件,仅注日期的版本适用于本文件。凡是不注日期的引用文件,其最新版本(包括所有的修改单)适用于本文件。

GB 190 危险货物包装标志

GB/T 3391 工业用乙烯中烃类杂质的测定 气相色谱法

GB/T 3393 工业用乙烯、丙烯中微量氢的测定 气相色谱法

GB/T 3394 工业用乙烯、丙烯中微量一氧化碳、二氧化碳和乙炔的测定 气相色谱法

GB/T 3396 工业用乙烯、丙烯中微量氧的测定 电化学法

GB/T 3723 工业用化学产品采样安全通则(GB/T 3723—1999,idt ISO 3165:1976)

GB/T 3727 工业用乙烯、丙烯中微量水的测定

GB/T 11141—2014 工业用轻质烯烃中微量硫的测定

GB 12268 危险货物品名表

GB/T 12701 工业用乙烯、丙烯中微量含氧化合物的测定 气相色谱法

GB/T 13289 工业用乙烯液态和气态采样法(GB/T 13289—2014,ISO 7382:1986 NEQ)

GB 20577 化学品分类、警示标签和警示性说明安全规范 易燃气体

《特种设备安全监察条例》(国务院令第 549 号)

《危险货物运输规则》(交铁运字 1218 号)

《危险化学品安全管理条例》(国务院令第 591 号)

3 要求

工业用乙烯的技术要求和试验方法见表1。

表 1 工业用乙烯的技术要求和试验方法

序号	项目		指标		试验方法
			优等品	一等品	
1	乙烯含量 φ/ %	$\geqslant$	99.95	99.90	GB/T 3391
2	甲烷和乙烷含量/(mL/m³)	$\leqslant$	500	1 000	GB/T 3391
3	C₃和C₃以上含量/(mL/m³)	$\leqslant$	10	50	GB/T 3391
4	一氧化碳含量/(mL/m³)	$\leqslant$	1	3	GB/T 3394
5	二氧化碳含量/(mL/m³)	$\leqslant$	5	10	GB/T 3394
6	氢含量/(mL/m³)	$\leqslant$	5	10	GB/T 3393
7	氧含量/(mL/m³)	$\leqslant$	2	5	GB/T 3396
8	乙炔含量/(mL/m³)	$\leqslant$	3	6	GB/T 3391ᵃ GB/T 3394ᵃ
9	硫含量/(mg/kg)	$\leqslant$	1	1	GB/T 11141ᵇ
10	水含量/(mL/m³)	$\leqslant$	5	10	GB/T 3727
11	甲醇含量/(mg/kg)	$\leqslant$	5	5	GB/T 12701
12	二甲醚含量ᶜ/(mg/kg)	$\leqslant$	1	2	GB/T 12701

^{a} 在有异议时,以 GB/T 3394 测定结果为准。

^{b} 在有异议时,以 GB/T 11141—2014 中的紫外荧光法测定结果为准。

^{c} 蒸汽裂解工艺对该项目不做要求。

4 检验规则

4.1 检验分类与检验项目

4.1.1 检验分为型式检验和出厂检验表 1 中规定的所有项目均为型式检验项目。除氢含量和甲醇含量项目外,其他项目均为出厂检验项目。

4.1.2 当有下列情况之一时应进行型式检验:

a) 在正常情况下,每月至少进行一次型式检验;

b) 关键生产工艺发生变化或主要设备更新时;

c) 主要原料有变化时;

d) 产品长期停产后,恢复生产时;

e) 出厂检验结果与上次型式检验结果有较大差异时;

f) 上级质量监督机构提出进行型式检验要求时。

4.2 组批

在原材料、工艺不变的条件下,产品每生产一罐为一批。也可根据一定时间(8 h 或 24 h)或同时发往某地的、同等质量的、均匀的产品为一批。

4.3 取样

取样按 GB/T 3723、GB/T 13289 进行,取样量应满足检验项目所需数量。

4.4 判定规则

产品由生产厂的质量检验部门进行检验。出厂检验结果符合表1规定时,则判定为合格。生产厂应保证所有出厂的产品都符合本标准的要求。

4.5 复验规则

如果出厂检验结果中有不符合表1的规定时,重新取样复验。复验结果如仍不符合表1规定,则该批产品应作降等或不合格品处理。

4.6 质量证明

每批出厂产品都应附有质量证明书,其内容包括:生产厂名称、产品名称、等级、批号或生产日期和本标准编号等。

5 标志、包装、运输和贮存

5.1 依据 GB 12268 规定的分类原则,工业用乙烯属于危险化学品第 2 类第 2.1 项易燃气体,其警示标签和警示性说明见 GB 20577,其危险性标志按 GB 190 执行。

5.2 气态乙烯可采用管道、钢瓶和储槽输送。液态乙烯可采用管道和低温储槽运输。除了执行《特种设备安全监察条例》外,公路和船运应符合《危险货物运输规则》。

6 安全

6.1 工业用乙烯属易燃气体和低毒类物质,其涉及的安全问题应符合相关法律、法规和标准的规定。

6.2 应查阅《危险化学品安全管理条例》和由供应商提供的化学品安全技术说明书。

6.3 乙烯为易燃介质,在压力过大和明火的场合下易导致爆炸性分解,与氟、氯等接触会发生反应。在空气中爆炸极限为 2.7%~36.0%(体积分数),自燃点为 450 ℃。应密闭操作,全面通风。

6.4 在作业区域内最大允许浓度为 300 mg/m³,当浓度超过此范围时,吸入会引起头晕、呼吸减弱和血液循环发生故障,并产生麻醉作用。如吸入,迅速脱离现场至空气新鲜处,保持呼吸道通畅。如呼吸困难、心脏停止跳动,立即进行人工呼吸和输氧,直到送医院抢救治疗。液化乙烯可致皮肤冻伤,在整个采样过程中操作者应戴护目镜和防护手套。

6.5 灭火方法:切断气源。若不能立即切断气源,则不允许熄灭泄漏处的火焰,应喷水冷却容器,若可行将容器从火场移至空旷处。在火源不大的情况下,可使用雾状水、泡沫、二氧化碳和干粉灭火器等灭火器材。

6.6 电器装置和照明应有防爆结构,其他设备和管线应接地。

ICS 71.080.10
G 16

中华人民共和国国家标准

GB/T 7716—2014
代替 GB/T 7716—2002

聚合级丙烯

Propylene for polymerization—Specification

2014-07-08 发布

2014-12-01 实施

中华人民共和国国家质量监督检验检疫总局
中国国家标准化管理委员会 发布

前　言

本标准按照 GB/T 1.1—2009 给出的规则起草。

本标准代替 GB/T 7716—2002《工业用丙烯》。

本标准与 GB/T 7716—2002 相比,主要差异如下:

——标准名称由《工业用丙烯》改为《聚合级丙烯》;

——取消规范性引用文件的年代号(见第 2 章,2002 年版的第 2 章);

——增加了合格品指标(见第 3 章表 1);

——乙烯含量优等品指标由"≤50 mL/m³"修改为"≤20 mL/m³",一等品指标由"≤100 mL/m³"
修改为"≤50 mL/m³"(见第 3 章表 1,2002 年版的第 3 章表 1);

——甲基乙炔+丙二烯含量一等品指标由"≤20 mL/m³"修改为"≤10 mL/m³"(见第 3 章表 1,
2002 年版的第 3 章表 1);

——在水含量优等品指标"≤10 mg/kg"上增加表注 b"该指标也可以由供需双方协商确定"(见第
3 章表 1);

——增加了二甲醚的控制指标(见第 3 章表 1);

——删除了采样,将相关内容移入检验规则(2002 年版的第 4 章)。

——删除了附录 A。

本标准由中国石油化工集团公司提出。

本标准由全国化学标准化技术委员会石油化学分技术委员会(TC 63/SC 4)归口。

本标准由中国石油化工股份有限公司北京燕山分公司起草。

本标准主要起草人:彭金瑞、崔广洪、于洪洸、梁妃沈。

本标准所代替标准的历次版本发布情况为:

——GB/T 7716—1987、GB/T 7716—2002。

聚合级丙烯

1 范围

本标准规定了聚合级丙烯的要求、检验规则、标志、包装、运输和贮存及安全。

本标准适用于聚合用丙烯。

分子式：C_3H_6

相对分子质量：42.081（按 2007 年国际相对原子质量）

本标准并不是旨在说明与其使用有关的所有安全问题，使用者有责任采取适当的安全和健康措施，并保证符合国家有关法规的规定。

2 规范性引用文件

下列文件对于本文件的应用是必不可少的。凡是注日期的引用文件，仅注日期的版本适用于本文件。凡是不注日期的引用文件，其最新版本（包括所有的修改单）适用于本文件。

GB 150（所有部分） 压力容器

GB 190 危险货物包装标志

GB/T 3392 工业用丙烯中烃类杂质的测定 气相色谱法

GB/T 3394 工业用乙烯、丙烯中微量一氧化碳、二氧化碳和乙炔的测定 气相色谱法

GB/T 3396 工业用乙烯、丙烯中微量氧的测定 电化学法

GB/T 3723 工业用化学产品采样安全通则（GB/T 3723—1999，idt，ISO 3165：1976）

GB/T 3727 工业用乙烯、丙烯中微量水的测定

GB/T 11141—2014 工业用轻质烯烃中微量硫的测定

GB 12268 危险货物品名表

GB/T 12701 工业用乙烯、丙烯中微量含氧化合物的测定 气相色谱法

GB/T 13290 工业用丙烯和丁二烯液态采样法（GB/T 13290—2014，ISO 8563：1987，NEQ）

GB 18180 液化气体船舶安全作业要求

GB 20577 化学品分类、警示标签和警示性说明安全规范 易燃气体

《特种设备安全监察条例》（国务院令第 549 号）

《危险化学品安全管理条例》（国务院令第 591 号）

《压力容器安全技术监察规程》（质技监局锅发〔1999〕154 号）

《液化气体铁路罐车安全监察规程》〔(87)化生字第 1174 号〕

《液化气体汽车罐车安全监察规程》（劳部发〔1994〕262 号）

3 要求

聚合级丙烯的技术要求和试验方法见表 1。

表 1 聚合级丙烯的技术要求和试验方法

序号	项目		指标			试验方法
			优等品	一等品	合格品	
1	丙烯含量 $\varphi/\%$	≥	99.6	99.2	98.6	GB/T 3392
2	烷烃含量 $\varphi/\%$		报告	报告	报告	GB/T 3392
3	乙烯含量/(mL/m³)	≤	20	50	100	GB/T 3392
4	乙炔含量/(mL/m³)	≤	2	5	5	GB/T 3394
5	甲基乙炔＋丙二烯含量/(mL/m³)	≤	5	10	20	GB/T 3392
6	氧含量/(mL/m³)	≤	5	10	10	GB/T 3396
7	一氧化碳含量/(mL/m³)	≤	2	5	5	GB/T 3394
8	二氧化碳含量/(mL/m³)	≤	5	10	10	GB/T 3394
9	丁烯＋丁二烯含量/(mL/m³)	≤	5	20	20	GB/T 3392
10	硫含量/(mg/kg)	≤	1	5	8	GB/T 11141[a]
11	水含量/(mg/kg)	≤	10[b]		双方商定	GB/T 3727
12	甲醇含量/(mg/kg)	≤	10		10	GB/T 12701
13	二甲醚含量/(mg/kg)[c]	≤	2	5	报告	GB/T 12701

    [a] 在有异议时，以 GB/T 11141—2014 中的紫外荧光法测定结果为准。
    [b] 该指标也可以由供需双方协商确定。
    [c] 该项目仅适用于甲醇制烯烃、甲醇制丙烯工艺。

4 检验规则

4.1 检验分类与检验项目

表 1 中规定的所有项目均为出厂检验项目。

4.2 组批

在原材料、工艺不变的条件下，产品每生产一罐为一批。也可根据一定时间(8 h 或 24 h)或同时发往某地的、同等质量的、均匀的产品为一批。

4.3 取样

取样按 GB/T 3723、GB/T 13290 进行，取样量应满足检验项目所需数量。

4.4 判定规则

产品由生产厂的质量检验部门进行检验。出厂检验结果符合表 1 规定时，则判定为合格。生产厂应保证所有出厂的产品都符合本标准的要求。

4.5 复验规则

如果检验结果中有不符合表 1 的规定时，重新取样复验。复验结果如仍不符合表 1 规定，则该批产品应作降等或不合格处理。

4.6 质量证明

每批出厂产品都应附有质量证明书,其内容包括:生产厂名称、产品名称、等级、批号或生产日期和本标准编号等。

5 标志、包装、运输和贮存

5.1 依据 GB 12268 规定的分类原则,聚合级丙烯属于危险化学品第 2 类第 2.1 项易燃气体,其警示标签和警示性说明见 GB 20577。其危险性标志按 GB 190 执行。

5.2 聚合级丙烯储罐的设计、制造、使用及维修应符合 GB 150 的规定并遵守《压力容器安全技术监察规程》的要求。

5.3 用铁路罐车、汽车罐或专用轮船运输聚合级丙烯时,除了执行《特种设备安全监察条例》外,铁路罐车运输应遵守《液化气体铁路罐车安全监察规程》的要求;汽车罐车应遵守《液化气体汽车罐车安全监察规程》的要求;轮船运输应遵守 GB 18180 的规定。

6 安全

6.1 根据对人体损害程度,丙烯属于低毒的物质。其涉及的安全问题应符合相关法律、法规和标准的规定。

6.2 应查阅《危险化学品安全管理条例》和由供应商提供的化学品安全技术说明书。

6.3 在作业区域内最大允许浓度为 300 mg/m³。当浓度超过此范围时,吸入丙烯气体会引起头昏、头痛和产生麻醉作用。

液态丙烯溅到皮肤上,会引起皮肤冻伤。因此在整个采样过程中操作者应戴护目镜和良好绝热的塑料或者有橡胶涂层的手套。

中毒时的紧急救护办法:给予新鲜空气或输给氧气,进行人工呼吸。

6.4 丙烯为易燃介质,在大气中的爆炸极限为 2.0%～11.1%(体积分数),自燃点为 455 ℃。因此,一切预防措施应考虑如何避免形成爆炸气氛。采样现场要求具有良好的通风条件,尤其在冲洗操作时更应注意。

6.5 消防器材:在火源不大的情况下,可使用二氧化碳和泡沫灭火器、氮气等灭火器材。

6.6 电气装置和照明应有防爆结构,其他设备和管线应良好接地。

石化有机原料

Ⅱ 方法

前　　言

　　本标准等效采用 ASTM D 6159:1997《气相色谱法测定乙烯中烃类杂质的标准试验方法》,对 GB/T 3391—1991《工业用乙烯中烃类杂质的测定　气相色谱法》进行了修订。

　　本标准与 ASTM D 6159:1997 的主要差异为:

　　1　推荐的色谱柱由双柱串联系统改为单一色谱柱。

　　2　增加了也可选用 N_2 作为载气的操作条件。

　　3　采用了本标准自行确定的重复性。

　　本标准对原标准的主要修订内容为:

　　采用 Al_2O_3 PLOT 毛细管柱代替了原标准的氧化铝填充柱,对原标准文本内容进行了全面修订。

　　本标准自实施之日起,同时替代 GB/T 3391—1991。

　　本标准由中国石油化工股份有限公司提出。

　　本标准由全国化学标准化技术委员会石油化学分技术委员会归口。

　　本标准起草单位:上海石油化工研究院。

　　本标准主要起草人:林伟生、唐琦民。

　　本标准于 1982 年 12 月首次发布,1991 年 12 月第一次修订。

中华人民共和国国家标准

工业用乙烯中烃类杂质的测定
气相色谱法

GB/T 3391—2002

Ethylene for industrial use—
Determination of hydrocarbon impurities—
Gas chromatographic method

代替 GB/T 3391—1991

1 范围

1.1 本标准规定了用气相色谱法测定工业用乙烯中甲烷、乙烷、丙烷、丁烷、异丁烷、丙烯、乙炔、丙二烯、顺-2-丁烯、1-丁烯、异丁烯、反-2-丁烯、甲基乙炔和1,3-丁二烯。由于本标准不能测定所有可能存在的杂质如 CO、CO_2、H_2O、醇类、NO 和羰基硫化物,以及高于癸烷的烃类,所以要全面表征乙烯样品还需要应用其他的试验方法。

1.2 本标准并不是旨在说明与其使用有关的所有安全问题。因此,本标准的使用者应事先有责任建立适当的安全与防护措施,并确定适当的规章制度。

2 引用标准

下列标准所包含的条文,通过在本标准中引用而构成为本标准的条文。本标准出版时,所示版本均为有效。所有标准都会被修订,使用本标准的各方应探讨使用下列标准最新版本的可能性。

GB/T 3394—1993 工业用乙烯、丙烯中微量一氧化碳和二氧化碳的测定 气相色谱法(neq ISO 6381:1981)

GB 7715—1987 工业用乙烯

GB/T 8170—1987 数值修约规则

GB/T 12701—1990 工业用乙烯、丙烯中微量甲醇的测定 气相色谱法(neq ISO 8174:1986)

GB/T 13289—1991 工业用乙烯液态和气态采样法(neq ISO 7382:1986)

3 方法提要

乙烯样品得到后即可分析。将适量试样注入毛细管气相色谱仪进行测定,采用火焰离子化检测器(FID)进行检测。以外标法定量测定烃类杂质的含量,乙烯纯度的质量分数可由100.00%减去全部杂质总量求得。

4 仪器

4.1 气相色谱仪(GC):应具备程序升温功能且配备火焰离子化检测器(FID)。

4.2 检测器:火焰离子化检测器(FID),对列于1.1中的化合物应具有约2.0 mL/m³ 或更低的检测限。

4.3 色谱柱温度程序升温:气相色谱仪应具有足够范围的线性程序升温操作功能以满足色谱分离的要求。7.1条列出了推荐操作条件。在整个分析过程中,程序升温速率应具有足够的再现性以保证保留时间能达到 0.05 min(3 s)的重复性。

4.4 色谱柱:KCl 去活的 Al₂O₃PLOT 柱,长 50 m,内径 0.53 mm 或其他合适的内径。其他采用硫酸盐或其他专利方法脱活的 Al₂O₃PLOT 柱亦可使用。杂质的出峰顺序及相对保留时间取决于柱子的去活方法,必须用标准样品进行测定。

注:如果在实际分析中,甲基乙炔、异戊烷和正戊烷的分离不够良好,可在 Al₂O₃PLOT 柱后串联一根甲基聚硅氧烷柱(长 30 m,内径 0.53 mm,液膜厚度 5 μm),以改进这些组分的分离。

4.5 进样系统:采用 1.6 mm 接头的气体进样阀,并将其置于气相色谱仪未加热的区域。分流方式与不分流进样方式均可使用。

4.5.1 无分流进样方式:可使用 10 μL～60 μL 的定量管,图 1 和图 2 为阀的典型安装图。在阀连接时应注意避免死体积、冷点、连接过长和加热不均等问题。

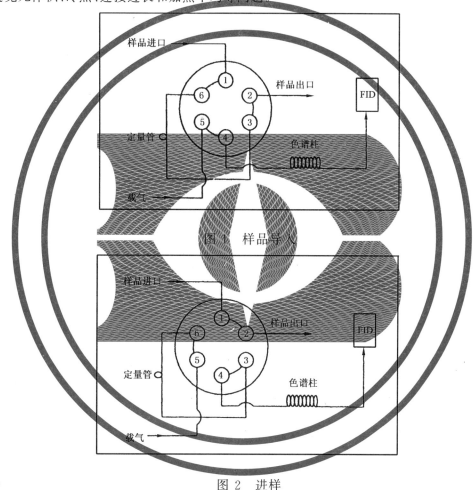

图 2 进样

4.5.2 分流进样方式:分流进样器应由可调温的控制器加热,在 150 C 到 200 C 时采用 50：1 到 100：1 的分流比,并推荐使用 200 μL～500 μL 的定量管,典型的安装图见图 3 和图 4。采用分流器时应检查其线性,在 50：1、75：1 和 100：1 分流比时分别注入标准混合物。按 8.1 步骤测定校正因子,其变化不能超过 3%。

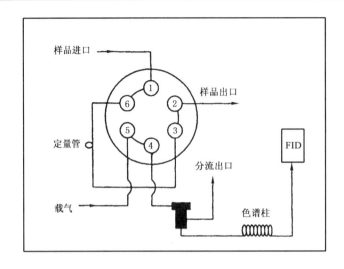

图 3　样品导入

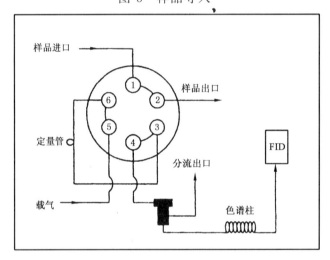

图 4　进样

4.6　数据采集系统:积分仪或计算机数据采集系统。

5　试剂和材料

5.1　气体标样:用重量法配制气体标样校准检测器响应。标样中杂质组分的浓度水平为 2 mg/kg～204 mg/kg(4 mL/m³～340 mL/m³)。制备的标样应经分析验证,以确保分析所得数据与重量法配制的标准含量之间的差别在±1%～±2%之内。气体标样中杂质组分的浓度应比待测样品高 20%～50%。

5.2　压缩氦气或氮气:气体纯度的体积分数为 99.999%或更高,总烃类水平低于 1 mL/m³。当用氦气为载气时,可用氮气作为尾吹气以提高 FID 响应。

　　注:压缩氦气或氮气是一种高压气体。

5.3　压缩氢气,用于 FID 检测器燃气(烃类杂质低于 1 mL/m³)。

　　注:氢气是一种极其易燃的高压气体。

5.4　压缩空气:在使用 FID 时,建议使用烃类杂质低于 1 mL/m³ 的空气。

6　采样

　　按 GB/T 13289 的技术要求采样,如采取的是液态样品,则要采用相应的气化装置。在采样前,为了赶尽钢瓶中存在的空气及其他污染物,应用样品彻底冲洗钢瓶。

7 仪器准备

7.1 仪器条件:按以下推荐条件调节仪器参数:

柱温:初温:35℃;初温保持时间:2.0 min;升温速率:4℃/min;终温:190℃;终温保持时间:15 min。

载气:氦气或氮气,6 mL/min～8 mL/min。

分流进样系统:进样阀定量管体积:200 μL～500 μL,进样阀温度:35℃～45℃,分流进样器温度:150℃～200℃,分流比:50∶1～100∶1,FID 温度:300℃,空气:300 mL/min,氢气:30 mL/min,尾吹气 N_2,20 mL/min。

灵敏度:设置于可获得杂质测量数值的适宜值。

不分流进样系统:进样阀定量管体积:10 μL～60 μL,进样阀温度:35℃～45℃。

注:1 Al_2O_3 PLOT 柱加热不能超过 200℃ 以防止柱活性发生变化。

　　2 FID 的空气与氢气流量参数可按仪器生产厂商建议的数值确定。

7.2 当仪器稳定后,即可进行分析。

8 校准

8.1 注入气体标样,将气体标样与气体进样阀进样端口相连并冲洗定量管 30 s。然后关闭标样钢瓶的出口阀,当压力降至常压且无样品流出时,迅即转动阀门,注入标样进行分析。至少要进行三次标样测定以求得测定值的相对标准偏差。

8.2 计算校正因子,按式(1)计算标样中每个杂质的校正因子。

$$f_i = c_i/A_i \qquad\qquad\qquad\cdots\cdots\cdots\cdots\cdots\cdots\cdots\cdots\cdots (1)$$

式中:f_i——校正因子;

　　　c_i——标样中杂质 i 的浓度,mL/m^3;

　　　A_i——数据采集系统积分得到的杂质 i 的峰面积数值。

9 测定步骤

9.1 样品必须在与气体标样相同的温度与压力下注入。

9.2 将气体样品钢瓶与气体进样阀进样端口相连并冲洗定量管 30 s。然后关闭样品钢瓶的出口阀,当压力降到常压且无样品流出时,迅即转动阀门,注入样品进行分析。积分杂质的峰面积,通过与气体标样保留时间的比较而对杂质进行定性。典型的样品色谱图如图 5 所示。

GB/T 3391—2002

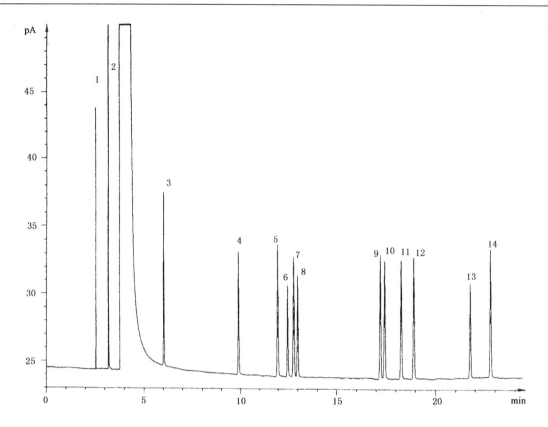

1—甲烷；2—乙烷；3—丙烷；4—丙烯；5—异丁烷；6—乙炔；7—丙二烯；8—正丁烷；
9—反-2-丁烯；10—1-丁烯；11—异丁烯；12—顺-2-丁烯；13—甲基乙炔；14—1,3-丁二烯

图 5　典型色谱图

10　计算

10.1　按式(2)计算杂质的浓度，按 GB/T 8170 的规定进行修约，精确至 1 mL/m³。

$$c_i = f_i \times A_i \qquad \cdots\cdots\cdots\cdots\cdots\cdots\cdots (2)$$

式中：c_i——试样中杂质 i 的浓度，mL/m³；

　　　f_i——由式(1)计算的杂质 i 的校正因子；

　　　A_i——数据采集系统积分得到的杂质 i 的峰面积。

10.2　将各个杂质含量相加得到烃类杂质总量。乙烯纯度的体积分数可由 100.00% 减去杂质总量求得。由于本标准不能分析如 CO、CO_2、O_2、N_2、H_2O 及醇类化合物等杂质，需要时可按 GB/T 3394、GB 7715—1987 附录 A、GB/T 12701 等其他方法对乙烯中的这些杂质进行分析，并在计算乙烯纯度时一并予以扣除。

11　重复性

在同一实验室，由同一操作员，采用同一仪器和设备，对同一试样相继做两次重复测定，在 95% 置信水平条件下，所得结果之差应不大于下列数值：

杂质组分浓度≥10 mL/m³，为其平均值的 10%；

杂质组分浓度<10 mL/m³，为其平均值的 15%。

12　报告

报告应包括下列内容：

42

a）有关样品的全部资料，例如样品的名称、批号、采样地点、采样日期、采样时间等。

b）本标准代号。

c）分析结果。

d）测定中观察到的任何异常现象的细节及其说明。

e）分析人员的姓名及分析日期等。

ICS 71.080
G 16

中华人民共和国国家标准

GB/T 3392—2003
代替 GB/T 3392—1991

工业用丙烯中烃类杂质的测定
气相色谱法

Propylene for industrial use—Determination of hydrocarbon
impurities—Gas chromatographic method

2003-06-09 发布
2003-12-01 实施

中 华 人 民 共 和 国
国家质量监督检验检疫总局   发 布

前　言

本标准修改采用 ASTM D 2712:1991(1996)《用气相色谱法测定丙烯浓缩物中痕量烃类的标准试验方法》(英文版),对 GB/T 3392—1991《工业用丙烯中烃类杂质的测定　气相色谱法》进行了修订。

本标准在采用 ASTM D 2712:1991(1996)时进行了修改。本标准与 ASTM D 2712:1991(1996)的主要差异为:

——色谱柱由填充柱改为 Al_2O_3 PLOT 毛细管柱。

——定量方法增加了校正面积归一化法。

——采用了自行确定的重复性(r)。

为使用方便,本标准在编辑上还作了适当修改,在附录 A 中列出了本标准章条编号与 ASTM D 2712:1991(1996)章条编号的对照一览表。

本标准代替 GB/T 3392—1991《工业用丙烯中烃类杂质的测定　气相色谱法》。

本标准与 GB/T 3392—1991 相比主要变化如下:

——以 Al_2O_3 PLOT 毛细管柱代替原标准的填充柱。

——进样方式规定了小量液态样品完全汽化的技术要求,并增加了采用液体进样阀的直接液态进样。

——定量方法增加了校正面积归一化法。

本标准的附录 A 为资料性附录。

本标准由中国石油化工股份有限公司提出。

本标准由全国化学标准化技术委员会石油化学分技术委员会(SAC/TC63/SC4)归口。

本标准起草单位:上海石油化工股份有限公司炼油化工部。

本标准主要起草人:葛振祥、曹明吉、蔡伟星。

本标准所代替标准的历次版本发布情况为:

GB/T 3392—1982、GB/T 3392—1991。

工业用丙烯中烃类杂质的测定
气相色谱法

1 范围

1.1 本标准规定了用气相色谱法测定工业用丙烯中体积分数不小于 0.000 2% 的甲烷、乙烷、乙烯、丙烷、环丙烷、异丁烷、正丁烷、丙二烯、乙炔、反-2-丁烯、1-丁烯、异丁烯、顺-2-丁烯、1,3-丁二烯、甲基乙炔等烃类杂质的方法。丙烯的体积分数可由 100.00% 减去杂质的总量求得。

由于本标准不能测定所有可能存在的杂质,如氢气、氧气、一氧化碳、二氧化碳、水、齐聚物及醇类化合物等,所以要全面表征丙烯样品还需要应用其他的试验方法。

1.2 本标准并不是旨在说明与其使用有关的所有安全问题。因此,本标准的使用者应事先建立适当的安全与防护措施,并确定适当的管理制度。

2 规范性引用文件

下列文件中的条款通过本标准的引用而成为本标准的条款。凡是注日期的引用文件,其随后所有的修改单(不包括勘误的内容)或修订版均不适用于本标准,然而,鼓励根据本标准达成协议的各方研究是否可使用这些文件的最新版本。凡是不注日期的引用文件,其最新版本适用于本标准。

GB/T 3393—1993 工业用乙烯、丙烯中微量氢的测定 气相色谱法

GB/T 3394—1993 工业用乙烯、丙烯中微量一氧化碳和二氧化碳的测定 气相色谱法

GB/T 3396—2002 工业用乙烯、丙烯中微量氧的测定 电化学法

GB/T 3723—1999 工业用化学产品采样安全通则(idt ISO 3165:1976)

GB/T 3727—2003 工业用乙烯、丙烯中微量水的测定

GB/T 8170—1987 数值修约规则

GB/T 9722—1988 化学试剂 气相色谱法通则

GB/T 12701—1990 工业用乙烯、丙烯中微量甲醇的测定 气相色谱法

GB/T 13290—1991 工业用丙烯和丁二烯液态采样法

GB/T 19186—2003 工业用丙烯中齐聚物含量的测定 气相色谱法

3 方法提要

3.1 校正面积归一化法

在本标准规定的条件下,将适量试样注入色谱仪进行分析。测量每个杂质和主组分的峰面积,以校正面积归一化法计算每个组分的体积分数。氢气、氧气、一氧化碳、二氧化碳、水、齐聚物及醇类化合物等杂质用相应的标准方法进行测定,并将所得结果与本标准测定结果进行归一化处理。

3.2 外标法

在本标准规定的条件下,将待测试样和外标物分别注入色谱仪进行分析。测定试样中每个杂质和外标物的峰面积,由试样中杂质峰面积和外标物峰面积的比例计算每个杂质的含量。丙烯浓度可由 100.00% 减去烃类杂质总量和用其他标准方法测定的氢气、氧气、一氧化碳、二氧化碳、水、齐聚物及醇类化合物等杂质的总量求得。

4 试剂和材料

4.1 氦气

载气,气体纯度≥99.99%(体积分数)。

4.2 氮气

载气或补充气,气体纯度≥99.99%(体积分数)。

4.3 标准试剂

所需标准试剂为1.1所述的各种烃类,供测定校正因子和配制外标标样用,其质量分数应不低于99%。

5 仪器

5.1 气相色谱仪

具备程序升温功能且配备火焰离子化检测器(FID)的气相色谱仪。该仪器对本标准所规定最低测定浓度的杂质所产生的峰高至少大于仪器噪音的两倍。而且,当采用归一化法分析样品时,仪器的动态线性范围必须满足要求。

该气相色谱仪应具有足够范围的线性程序升温操作功能,能满足色谱分离要求。在整个分析过程中,程序升温速率应具有足够的再现性,以使保留时间能达到0.05 min(3 s)的重复性。

5.2 色谱柱

本标准推荐的色谱柱及典型操作条件见表1,典型的色谱图见图1。杂质的出峰顺序及相对保留时间取决于 Al_2O_3 PLOT 柱的去活方法,使用时必须用标准样品加以验证。其他能达到同等分离效率的色谱柱亦可使用。

表 1 色谱柱及典型操作条件

色谱柱		Al_2O_3 PLOT 柱
柱长/m		50
柱内径/mm		0.53
载气平均线速/(cm/s)		35(N_2);41(He)
柱温	初温/℃	55
	初温保持时间/min	3
	一段升温速率/(℃/min)	4
	一段终温/℃	120
	一段终温保持时间/min	2
	二段升温速率/(℃/min)	20
	二段终温/℃	170
	二段终温保持时间/min	2
进样器温度/℃		150
检测器温度/℃		250
分流比		15:1
进样量		液态 1 μL;气态 0.5 mL
注: Al_2O_3 PLOT 柱加热不能超过 200℃,以防止柱活性发生变化。		

5.3 进样装置

5.3.1 液体进样阀(定量管容积1 μL)或其他合适的液体进样装置。

凡能满足以下要求的液体进样阀均可使用:在不低于使用温度时的丙烯蒸气压下,能将丙烯以液体状态重复进样,并满足色谱分离要求。

液体进样装置的流程示意图见图2。要求金属过滤器中的不锈钢烧结砂芯的孔径为 2 μm～4 μm,以滤除样品中可能存在的机械杂质,保护进样阀。进样阀出口安装适当长度的不锈钢毛细管(或减压阀),以避免样品汽化,造成失真,影响进样重复性。进样时,将采样钢瓶出口阀开启,用液态样品冲洗定量管数秒钟后,即可操作进样阀,将试样注入色谱仪,然后关闭钢瓶出口阀。

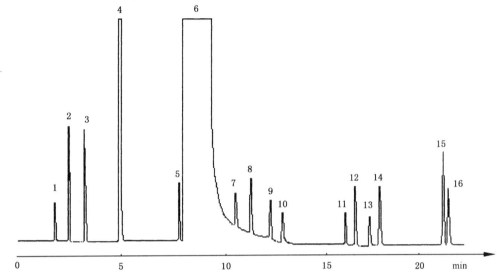

1——甲烷;

2——乙烷;

3——乙烯;

4——丙烷;

5——环丙烷;

6——丙烯;

7——异丁烷;

8——正丁烷;

9——丙二烯;

10——乙炔;

11——反-2-丁烯;

12——正丁烯;

13——异丁烯;

14——顺-2-丁烯;

15——1,3-丁二烯;

16——甲基乙炔。

图 1 典型的色谱图

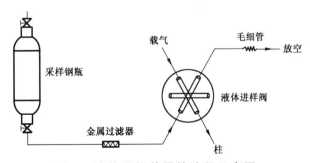

图 2 液体进样装置的流程示意图

5.3.2 气体进样阀(定量管容积为 0.5 mL)

气体进样使用图 3 所示的小量液体样品汽化装置,以完全地汽化样品,保证样品的代表性。

首先在 E 处卸下容积约为 1 700 mL 的进样钢瓶,并抽真空(<0.3 kPa)。然后关闭阀 B,开启阀 C 和 D,再缓慢开启阀 B,控制液态样品流入管道钢瓶。当阀 B 处有稳定的液态样品溢出时,立即依次关

闭阀 B、C 和 D,管道钢瓶中即取得了小量液态样品。

将已抽真空的进样钢瓶连接于 E 处,先开启阀 A,后开启阀 B,使液态样品完全汽化于进样钢瓶中。此时,连接于进样钢瓶上的真空压力表应指示在(50~100)kPa 范围内。最后,关闭阀 A,卸下进样钢瓶,并将其与色谱仪的气体进样阀连接,便可进行测定。

> 注:盛有液态样品的采样钢瓶应在实验室里放置足够时间,让液态样品的温度与室温达到平衡后再进行上述操作。
> 当管道钢瓶中取得小量液态样品后,应尽快完成汽化操作,避免充满液态样品的管道钢瓶随停留时间增加爆裂的可能性。

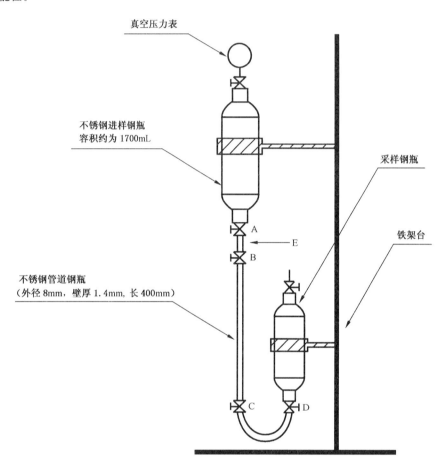

图 3　小量液态样品汽化装置示意图

5.4　记录装置

任何能满足测定要求的积分仪或色谱数据采集系统均可使用。

6　采样

按 GB/T 3723—1999 和 GB/T 13290—1991 所规定的安全与技术要求采集样品。

7　测定步骤

7.1　校正面积归一化法

7.1.1　设定操作条件

根据仪器操作说明书,在色谱仪中安装并老化色谱柱。然后调节仪器至表 1 所示的操作条件,待仪器稳定后即可开始测定。

7.1.2　校正因子的测定

a)　标准样品的制备

已知烃类杂质含量的液态标样可由市场购买有证标样，或用重量法自行制备。标样中烃类杂质的含量应与待测试样相近。盛放标样的钢瓶应符合 GB/T 13290—1991 的技术要求。制备时使用的丙烯本底样品，需事先在本标准规定条件下进行检查，应在待测组分处无其他烃类杂质流出，否则应予以修正。

　　b) 按 GB/T 9722—1988 中 8.1 规定的要求，用上述混合标样在本标准推荐的条件下进行测定，并计算出其相应的校正因子。

7.1.3　试样测定

用符合 5.3 要求的进样装置，将适量试样注入色谱仪，并测量各组分的色谱峰面积。

7.1.4　计算

按校正面积归一化法计算每个杂质和丙烯的体积分数，并将用其他标准方法（见规范性引用文件）测定的氢气、氧气、一氧化碳、二氧化碳、水、齐聚物及醇类化合物等杂质的总量，对此结果再进行归一化处理。按式(1)计算每一烃类杂质或丙烯的体积分数。

$$\phi_i = \frac{A_i \times R_i}{\Sigma(A_i \times R_i)} \times (100.00 - \phi_s) \quad\quad\quad\cdots\cdots\cdots\cdots\cdots(1)$$

式中：

ϕ_i——试样中杂质 i 或丙烯的体积分数，%；

A_i——试样中杂质 i 或丙烯的峰面积；

R_i——杂质 i 或丙烯的校正因子；

ϕ_s——用其他方法测定的所得到杂质的总体积分数，%。

7.2　外标法

7.2.1　按 7.1.1 待仪器稳定后，用符合 5.3 要求的进样装置，将同等体积的待测样品和标样分别注入色谱仪，并测量除丙烯外所有烃类杂质和外标物的峰面积。

标样两次重复测定的峰面积之差应不大于其平均值的 5%，取其平均值供定量计算用。

7.2.2　计算

7.2.2.1　按式(2)计算标样中每个组分的外标定量校正因子。

$$f_i = c_s \div A_s \quad\quad\quad\quad\quad\cdots\cdots\cdots\cdots\cdots(2)$$

式中：

f_i——组分 i 的外标定量校正因子；

c_s——标样中组分 i 的浓度，%（体积分数）；

A_s——标样中组分 i 的峰面积。

7.2.2.2　按式(3)计算试样中每个烃类杂质组分的体积分数，%。

$$\phi_i = f_i \times A_i \quad\quad\quad\quad\quad\cdots\cdots\cdots\cdots\cdots(3)$$

7.2.2.3　累计各个烃类杂质组分的含量得到烃类杂质总量，丙烯的体积分数可由 100.00% 减去烃类杂质总量和用其他标准方法测定的氢气(GB/T 3393—1993)、氧气(GB/T 3396—2002)、一氧化碳和二氧化碳(GB/T 3394—1993)、水(GB/T 3727—2003)、齐聚物(GB/T 19186—2003)及醇类化合物(GB/T 12701—1990)等杂质的总量求得。

8　分析结果的表述

8.1　对于任一试样，分析结果的数值修约按 GB/T 8170—1987 规定进行，并以两次重复测定结果的算术平均值表示其分析结果。

8.2　报告每个烃类杂质的体积分数，应精确至 0.000 1%。

9　精密度

9.1　重复性

在同一实验室,由同一操作员,用同一台仪器,对同一试样相继做两次重复测定,在95%置信水平条件下,所得结果之差应不大于下列数值:

杂质组分含量	
≤0.001 0%(体积分数)	为其平均值的30%
>0.001 0%(体积分数)~≤0.010%(体积分数)	为其平均值的20%
>0.010%(体积分数)	为其平均值的10%

10 报告

报告应包括下列内容:

a) 有关样品的全部资料,如样品名称、批号、采样地点、采样日期、采样时间等;

b) 本标准代号;

c) 分析结果;

d) 测定中观察到的任何异常现象的细节及其说明;

e) 分析人员的姓名及分析日期等。

附　录　A

（资料性附录）

本标准章条编号与 ASTM D 2712:1991(1996)章条编号对照

表 A.1 给出了本标准章条编号与 ASTM D 2712:1991(1996)章条编号对照一览表。

表 A.1　本标准章条编号与 ASTM D 2712:1991(1996)章条编号对照

本标准章条编号	对应的 ASTM 标准章条编号
1.1	1.1
—	1.2
1.2	1.3
3.1	—
3.2	3.1 和 3.2
—	4.1
4	6
5.1 和 5.4	5.2
5.2	5.1
5.3.1	9.5.1
5.3.2	9.5.2
6	9.1～9.4
7.1.2	7 和 8
7.1	—
7.2	10 和 11
9.1	12.1.1

ICS 71.080.10
G 16

中华人民共和国国家标准

GB/T 3393—2009
代替 GB/T 3393—1993

工业用乙烯、丙烯中微量氢的测定
气相色谱法

Ethylene and propylene for industrial use—
Determination of trace hydrogen—
Gas chromatographic method

2009-10-30 发布

2010-06-01 实施

中华人民共和国国家质量监督检验检疫总局
中国国家标准化管理委员会 发布

前　言

本标准与 ASTM D2504:1988(2004)《气相色谱法分析 C₂ 和轻烃产品中不凝气的标准试验方法》（英文版）的一致性程度为非等效。

本标准代替 GB/T 3393—1993《工业用乙烯、丙烯中微量氢的测定　气相色谱法》。

本标准与 GB/T 3393—1993 相比主要变化如下：

——增加了 PoraPak Q 填充柱、PLOT/Q 毛细管柱的色谱条件及色谱图；

——修改了标样配制内容,增加了标样配制用气体的有关要求；

——增加了用于进样和反吹控制的阀路连接图；

——删除了有机载体 407 填充柱及其色谱条件；

——增加了 7.3 注对液态丙烯的气化控制进行补充说明。

本标准由中国石油化工集团公司提出。

本标准由全国化学标准化技术委员会石油化学分技术委员会(SAC/TC 63/SC 4)归口。

本标准起草单位:中国石油化工股份有限公司上海石油化工研究院。

本标准主要起草人:李薇、乔林祥。

本标准所代替标准的历次版本发布情况为：

——GB/T 3393—1982、GB/T 3393—1993。

工业用乙烯、丙烯中微量氢的测定
气相色谱法

1 范围

本标准规定了用气相色谱法测定工业用乙烯、丙烯中微量氢的含量。

本标准适用于工业用乙烯、丙烯中浓度不低于 1 mL/ m³（填充柱）或 2 mL/m³（毛细管柱）氢含量的测定。

本标准并不是旨在说明与其使用有关的所有安全问题。使用者有责任采取适当的安全与健康措施，保证符合国家有关法规的规定。

2 规范性引用文件

下列文件中的条款通过本标准的引用而成为本标准的条款。凡是注日期的引用文件，其随后所有的修改单（不包括勘误的内容）或修订版均不适用于本标准，然而，鼓励根据本标准达成协议的各方研究是否可使用这些文件的最新版本。凡是不注日期的引用文件，其最新版本适用于本标准。

GB/T 3723 工业用化学产品采样安全通则（GB/T 3723—1999，idt ISO 3165：1976）

GB/T 8170 数值修约规则与极限数值的表示和判定

GB/T 13289 工业用乙烯液态和气态采样法（GB/T 13289—1991，neq ISO 7382：1986）

GB/T 13290 工业用丙烯和丁二烯液态采样法（GB/T 13290—1991，neq ISO 8563：1987）

3 方法提要

在本标准规定的条件下，气体（或液体气化后）试样通过进样装置被载气带入色谱柱。使氢气与其他组分分离，用热导检测器检测。记录氢气的峰面积，采用外标法定量。

4 试剂与材料

4.1 载气

氮气，纯度（体积分数）≥99.99％，经硅胶及 5 A 分子筛干燥，净化。

4.2 制备标样用气体

乙烯：纯度（体积分数）不小于 99.95％，氢含量不大于 1 mL/m³。

氮气：纯度（体积分数）不小于 99.999％，氢含量不大于 1 mL/m³。

氢气：纯度（体积分数）不小于 99.99％。

4.3 标样

氢标样可由市场购买有证标样或自行制备，底气为氮气或乙烯（4.2），底气中氢含量应不大于 1 mL/m³，否则应予以修正。标样中氢的含量应与待测试样相近。

5 仪器

5.1 气相色谱仪

配置带有气体进样阀（定量管容积 1 mL～3 mL）、反吹系统和热导检测器（TCD）的气相色谱仪。该仪器对本标准所规定的最低测定浓度下的氢所产生的峰高应至少大于噪声的两倍。气体进样反吹系统如图 1 所示。满足本标准分离和定量效果的其他进样和反吹装置也可使用。

5.2 色谱柱

推荐的色谱柱及典型操作条件见表1,典型色谱图见图2、图3及图4,能给出同等分离和定量效果的其他色谱柱也可使用。

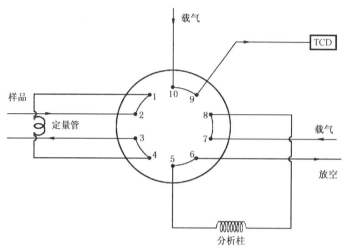

a) 反吹状态

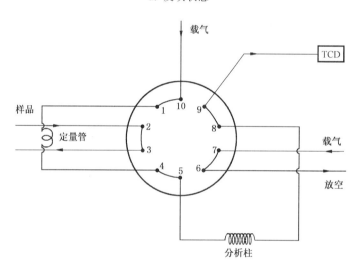

b) 进样状态

图 1   反吹及进样状态下的十通阀连接图

表 1   推荐的色谱柱及典型操作条件

色谱柱	TDX-01	PoraPak Q	PLOT/Q
柱长/m	1	1.8	30
柱内径/mm	2	3	0.53
液膜厚度/μm	—	—	40
载气(N_2)流速/(mL/min)	20	15	6.0
柱温/℃	50	50	35
进样器温度/℃	30	30	30
检测器温度/℃	250	250	250
分流比	—	—	1∶1
进样量/mL	1～3		1

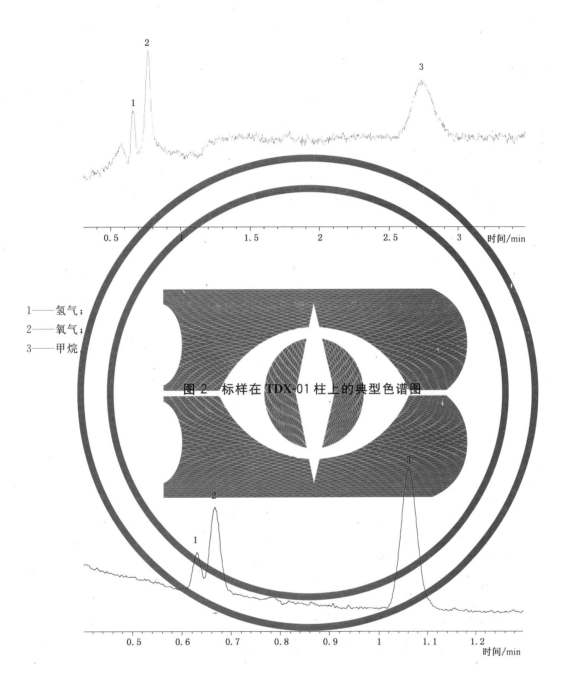

图 2　标样在 TDX-01 柱上的典型色谱图

1——氢气；
2——氧气；
3——甲烷。

1——氢气；
2——氧气；
3——甲烷。

图 3　标样在 Porapak Q 柱上的典型色谱图

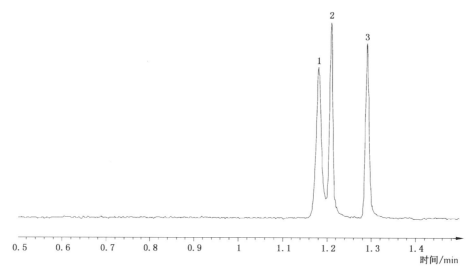

1——氢气；
2——氧气；
3——甲烷。

图 4　标样在 PLOT/Q 毛细管柱柱上的典型色谱图

5.3　记录装置

积分仪或色谱工作站。

6　采样

按 GB/T 13289、GB/T 13290 和 GB/T 3723 规定的安全与技术要求采取样品。

7　测定步骤

7.1　设定操作条件

根据仪器操作说明书,在色谱仪中安装并老化色谱柱。然后调节仪器至表 1 所示的操作条件,待仪器稳定后即可开始测定。

7.2　校正

用气体进样阀,在规定的条件下向色谱仪注入 1 mL～3 mL 标样,待甲烷流出后切换反吹阀,重复测定两次,计算氢的平均峰面积或峰高,作为定量计算的依据。两次重复测定的峰面积或峰高之差应不大于其平均值的 5%。

7.3　试样测定

取与标准气样相同体积的气体试样,用气体进样阀注入色谱仪,重复测定两次,记录并测得氢的峰面积或峰高,并与外标样进行比较。

注:液态丙烯进样时应采取措施确保液态丙烯完全气化,可采用闪蒸进样器或水浴等方式进行气化。

8　分析结果的表述

8.1　计算

乙烯、丙烯中氢含量 φ_i 以毫升每立方米(mL/m³)计,按式(1)计算:

$$\varphi_i = \varphi_s \times \frac{A_i}{A_s} \quad\cdots\cdots\cdots\cdots\cdots\cdots(1)$$

式中:

φ_s——标样中氢的含量,单位为毫升每立方米(mL/m³);

A_s——标样中氢的峰面积或峰高;

A_i——试样中氢的峰面积或峰高。

8.2 结果的表示

8.2.1 对于任一试样,分析结果的数值修约按 GB/T 8170 规定进行,并以两次重复测定结果的算术平均值表示其分析结果。

8.2.2 报告氢的含量,应精确至 1 mL/m³。

9 精密度

9.1 重复性

在同一实验室,由同一操作者使用相同设备,按相同的测试方法,并在短时间内对同一被测对象相互独立进行测试获得的两次独立测试结果,对氢含量为 5 mL/m³~20 mL/m³ 的试样,其绝对差值不大于其平均值的 10%,以大于其平均值 10% 的情况不超过 5% 为前提。

9.2 再现性

在两个不同实验室,由不同操作员,用不同仪器和设备,按相同的测试方法,对同一被测对象相互独立进行测试获得的两个测试结果,对氢含量为 5 mL/m³~20 mL/m³ 的试样,其绝对差值不大于其平均值的 30%,以大于其平均值 30% 的情况不超过 5% 为前提。

10 试验报告

试验报告应包括下列内容:

a) 有关样品的全部资料,例如样品名称、批号、采样地点、采样日期、采样时间等;

b) 本标准代号;

c) 分析结果;

d) 测定中观察到的任何异常现象的细节及其说明;

e) 分析人员的姓名及分析日期等。

ICS 71.080.10
G 16

中华人民共和国国家标准

GB/T 3394—2009
代替 GB/T 3394—1993，GB/T 3395—1993

工业用乙烯、丙烯中微量一氧化碳、二氧化碳和乙炔的测定 气相色谱法

Ethylene and propylene for industrial use—
Determination of trace carbon monoxide，carbon dioxide and acetylene—
Gas chromatographic method

2009-10-30 发布

2010-06-01 实施

中华人民共和国国家质量监督检验检疫总局
中国国家标准化管理委员会 发布

前　言

本标准与 ASTM D 2505:1988(2004)《气相色谱法分析高纯乙烯中的乙烯、烃类杂质和二氧化碳的标准试验方法》(英文版)的一致性程度为非等效。

本标准代替 GB/T 3394—1993《工业用乙烯、丙烯中微量一氧化碳和二氧化碳的测定　气相色谱法》和 GB/T 3395—1993《工业用乙烯中微量乙炔的测定　气相色谱法》。

本标准与 GB/T 3394—1993 和 GB/T 3395—1993 的主要差异为:

——将两个标准整合成一个标准,名称改为"工业用乙烯、丙烯中微量一氧化碳、二氧化碳和乙炔的测定　气相色谱法";

——增加了毛细管柱的色谱分析操作条件;

——取消了乙炔分析中角鲨烷色谱柱及其操作条件;

——增加了用于进样和反吹控制的阀路连接图;

——增加了标样制备用气体的技术要求;

——增加了毛细管柱的重复性限(r)。

本标准由中国石油化工集团公司提出。

本标准由全国化学标准化技术委员会石油化学分技术委员会(SAC/TC 63/SC 4)归口。

本标准起草单位:中国石油化工股份有限公司上海石油化工研究院。

本标准主要起草人:唐琦民、张育红。

本标准所代替标准的历次版本发布情况为:

——GB/T 3394—1982、GB/T 3394—1993;

——GB/T 3395—1982、GB/T 3395—1993。

工业用乙烯、丙烯中微量一氧化碳、二氧化碳和乙炔的测定 气相色谱法

1 范围

本标准规定了测定工业用乙烯、丙烯中微量一氧化碳、二氧化碳和乙炔含量的气相色谱法。

本标准适用于乙烯、丙烯中含量不低于 $1\ mL/m^3$ 的一氧化碳、不低于 $5\ mL/m^3$ 的二氧化碳和不低于 $1\ mL/m^3$ 的乙炔的测定。

本标准并不是旨在说明与其使用有关的所有安全问题。使用者有责任采取适当的安全与健康措施,保证符合国家有关法规的规定。

2 规范性引用文件

下列文件中的条款通过本标准的引用而成为本标准的条款。凡是注明日期的引用文件,其随后所有的修改单(不包括勘误的内容)或修订版均不适用于本标准,然而,鼓励根据本标准达成协议的各方研究是否可使用这些文件的最新版本。凡是不注明日期的引用文件,其最新版本适用于本标准。

GB/T 3723 工业用化学产品采样安全通则(GB/T 3723—1999,idt ISO 3165:1976)

GB/T 8170 数值修约规则与极限数值的表示和判定

GB/T 13289 工业用乙烯液态和气态采样法(GB/T 13289—1991,neq ISO 7382:1986)

GB/T 13290 工业用丙烯和丁二烯液态采样法(GB/T 13290—1991,neq ISO 8563:1987)

3 方法提要

气体试样(或液体试样气化后)通过进样装置被载气带入填充柱或毛细管色谱柱,使一氧化碳、二氧化碳或乙炔与其他组分分离。一氧化碳、二氧化碳经催化加氢转化为甲烷。用氢火焰离子化检测器(FID)检测,记录各杂质组分的色谱峰面积,采用外标法定量。

一氧化碳、二氧化碳转化成甲烷的反应原理如下:

$$CO + 3H_2 \xrightarrow[\text{Ni 催化剂}]{350\ ℃\sim400\ ℃} CH_4 + H_2O$$

$$CO_2 + 4H_2 \xrightarrow[\text{Ni 催化剂}]{350\ ℃\sim400\ ℃} CH_4 + 2H_2O$$

4 试剂与材料

4.1 载气

氮气:纯度(体积分数)≥99.995%,经硅胶及 5A 分子筛干燥、净化。

氢气:纯度(体积分数)≥99.995%,经硅胶及 5A 分子筛干燥、净化。

4.2 燃烧气

氢气,纯度(体积分数)≥99.0%。

4.3 空气

经硅胶及 5A 分子筛干燥、净化。

4.4 制备标样用气体

4.4.1 乙烯:纯度(体积分数)不小于99.95%,应不含一氧化碳、二氧化碳和乙炔。

4.4.2 氮气:纯度(体积分数)不小于99.999%,应不含一氧化碳、二氧化碳和乙炔。

4.4.3 一氧化碳:纯度(体积分数)大于99%的商品一氧化碳,也可用下法制备纯一氧化碳:用甲酸和浓硫酸在水浴上加热至80 ℃脱水制得的一氧化碳经50%碱液、焦性没食子酸碱溶液,再经氯化钙和五氧化二磷进行净化、干燥。待容器中空气排尽后,即可进行收集,纯度达99%以上。

4.4.4 二氧化碳:纯度(体积分数)大于99%的商品二氧化碳,也可用下法制备纯二氧化碳:用碳酸钠与稀盐酸反应,经浓硫酸干燥后制得,纯度可达99%以上。

4.4.5 乙炔:纯度(体积分数)大于99%。可使用纯度为99%以上的商品乙炔,也可用下法制备纯乙炔:取电石数十克,装入500 mL三口烧瓶中,将适量水注入三口烧瓶上的分液漏斗内,逐滴加入三口烧瓶中。产生的乙炔需经20%(质量分数)的氢氧化钠溶液,20%(质量分数)的铬酸酐溶液净化。待容器中的空气排尽后即可进行收集。乙炔纯度可达99%以上。

4.5 标样

一氧化碳、二氧化碳或乙炔标样可由市场购买有证标样或自行制备,底气为氮气或乙烯(4.4.1)应不含一氧化碳、二氧化碳或乙炔,否则应予以修正。标样中一氧化碳、二氧化碳或乙炔的含量应与待测试样中浓度接近。

5 仪器

5.1 气相色谱仪:配置十通阀进样装置(定量管容积1 mL～3 mL)和反吹装置,分流进样系统和氢火焰离子化检测器(FID),并能按表1或表3条件操作的任何双气路气相色谱仪。测定一氧化碳、二氧化碳还需配置镍转化炉催化加氢装置。该仪器对本标准所规定杂质的最低检测浓度所产生的峰高应至少大于噪音的两倍。仪器十通阀连接和反吹装置见图1和图2。满足本标准分离和定量效果的其他进样和反吹装置也可使用。

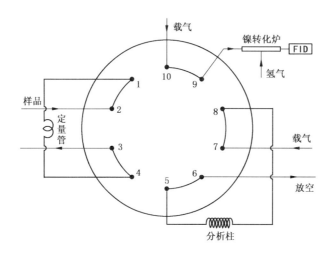

注:测定乙炔不需要连接镍转化炉。

图 1 取样及反吹状态下十通阀连接图

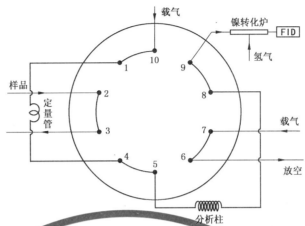

注：测定乙炔不需要连接镍转化炉。

图 2　进样状态下十通阀连接图

5.2　色谱柱：本标准推荐测定一氧化碳、二氧化碳的色谱柱及典型操作条件见表 1，典型色谱图见图 3 和图 4；本标准推荐测定乙炔的色谱柱及典型操作条件见表 3，典型色谱图见图 5 和图 6。能给出同等分离和定量效果的其他色谱柱和分析条件也可使用。

5.3　镍转化炉：镍转化炉是将一氧化碳、二氧化碳催化加氢转化为甲烷的装置，由镍催化加氢柱和加热装置组成。推荐镍催化加氢柱的操作条件见表 2（填充柱和毛细管柱操作条件相同）。

镍催化加氢柱按如下方法制备：称取 200 g 硝酸镍溶于 90 mL 蒸馏水中，加入 80 g 6201 色谱担体或其他合适的载体，煮沸（5～10）min 后，冷却，过滤，将担体放置蒸发皿中，于 105 ℃下烘干，再放置电炉上缓缓加热（应在通风橱中），直至红棕色二氧化氮赶尽。于 450 ℃并通氮气下灼烧 7 h 后，冷却，得到氧化镍催化剂。装入清洁、干燥的不锈钢柱管内，于 350 ℃～380 ℃温度下通氢气（流量约为 50 mL/min）4 h，使其还原成镍催化剂即可使用。制得的镍催化加氢柱应密封保存，防止接触空气、水后降低催化剂的活性。

注：应定期采用标样检查镍催化加氢柱的反应活性。

5.4　记录装置：电子积分仪或色谱数据处理装置。

表 1　一氧化碳、二氧化碳测定用色谱柱及典型操作条件

色谱柱	TDX-01	Carbobond
柱长/m	1	50
柱内径/mm	3	0.53
液膜厚度/μm	—	5
柱温/℃	100	50
进样器温度/℃	150	150
检测器温度/℃	250	250
进样量/mL	1～3	1～3
载气	氢气	氮气
流量/(mL/min)	50	5.0
分流比	—	5∶1
空气流量/(mL/min)	300	300
氢气流量/(mL/min)	50	50
辅助氮气及流量/(mL/min)	—	15

表 2 镍催化加氢柱操作条件

柱长/m	0.1～0.2
内径/mm	2～4
材质	不锈钢
柱温/℃	350～380
载体	6201,(0.250～0.420)mm[(60～40)目]

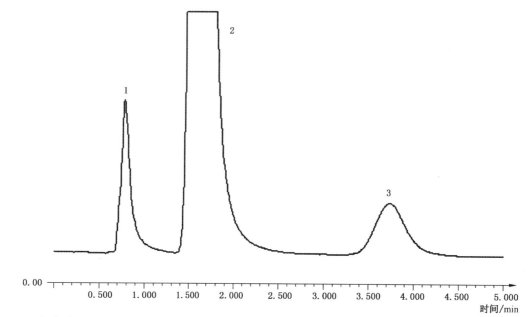

1——一氧化碳；

2——甲烷；

3——二氧化碳。

图 3 乙烯、丙烯标样在 TDX-01 填充柱上的典型色谱图

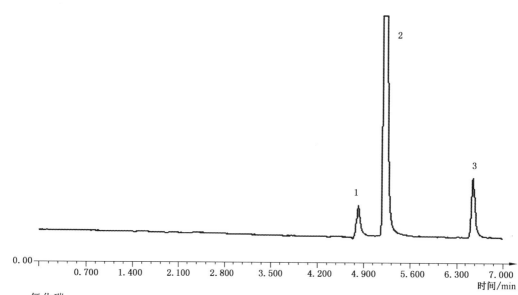

1——一氧化碳；

2——甲烷；

3——二氧化碳。

图 4 乙烯、丙烯标样在 Carbobond 毛细管柱上的典型色谱图

表 3 乙炔分析色谱柱及典型操作条件

色谱柱	TDX-01	Carbobond
柱长/m	1	50
柱内径/mm	3	0.53
液膜厚度/μm	—	5
柱温/℃	150	35
进样器温度/℃	150	150
检测器温度/℃	170	250
进样量/mL	1～3	1～3
载气	氮气	氮气
流量/(mL/min)	50	3.0
分流比	—	5：1
空气流量/(mL/min)	300	300
氢气流量/(mL/min)	50	35
辅助氮气及流量/(mL/min)	—	15

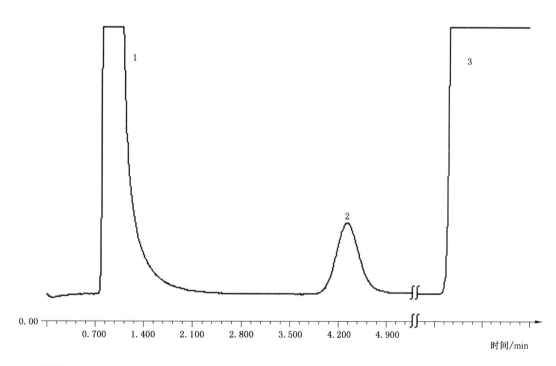

1——甲烷；

2——乙炔；

3——乙烯或丙烯。

图 5 乙烯、丙烯标样在 TDX-01 填充柱上的典型色谱图

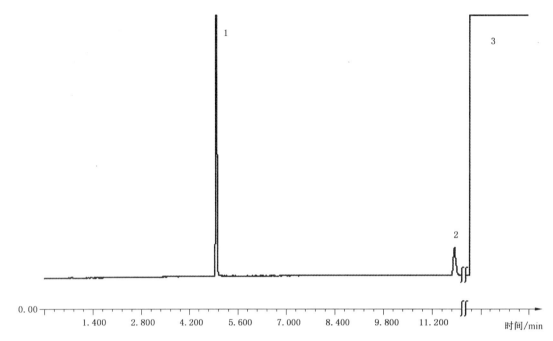

1——甲烷；

2——乙炔；

3——乙烯或丙烯。

图 6　乙烯、丙烯标样在 Carbobond 毛细管柱上的典型色谱图

6　采样

按 GB/T 3723、GB/T 13289 和 GB/T 13290 规定的安全与技术要求采取样品。

7　分析步骤

7.1　设定操作条件

根据仪器操作说明书，在色谱仪中安装并老化色谱柱。调节仪器至表 1、表 2 或表 3 所示的操作条件，待仪器稳定后即可开始测定。

7.2　校正

用气体进样阀，在规定的条件下向色谱仪注入 1 mL～3 mL 标样(4.5)进行测定，等二氧化碳或乙炔出峰完毕后，切换反吹阀，以便尽快赶出乙烯或丙烯。重复测定 2 次，计算一氧化碳、二氧化碳或乙炔的平均峰面积 A_s。

7.3　试样测定

取与标样相同进样体积的气体试样，用气体进样阀注入色谱仪，重复测定 2 次，记录一氧化碳、二氧化碳或乙炔的峰面积，与相应的外标峰面积进行比较。

注：液态丙烯进样时应采取措施确保液态丙烯完全气化，也可采用闪蒸进样器或水浴等方式进行气化。

8　分析结果的表述

8.1　计算

8.1.1　一氧化碳、二氧化碳或乙炔的含量 φ_i，以毫升每立方米计(mL/m³)，按式(1)计算：

$$\varphi_i = \varphi_s \times \frac{A_i}{A_s} \qquad\qquad\cdots\cdots\cdots\cdots\cdots\cdots\cdots(1)$$

式中：

φ_s——标样中一氧化碳、二氧化碳或乙炔的含量，单位为毫升每立方米（mL/m³）；

A_i——被测样品中一氧化碳、二氧化碳或乙炔的峰面积；

A_s——标样中一氧化碳、二氧化碳或乙炔的峰面积。

8.2 结果的表示

8.2.1 分析结果的数值按 GB/T 8170 规定进行修约，取两次重复测定结果的算术平均值表示其分析结果。

8.2.2 报告一氧化碳、二氧化碳或乙炔的含量应精确至 1 mL/m³。

9 精密度

9.1 重复性

在同一实验室，由同一操作者使用相同设备，按相同的测试方法，并在短时间内对同一被测对象相互独立进行测试获得的两次独立测试结果的绝对差值不应超过表 4 列出的重复性限（r），以超过重复性限（r）的情况不超过 5% 为前提。

表 4 重复性限（r）

杂 质	浓度范围/（mL/m³）	填充柱	毛细管柱
一氧化碳	5～20	其平均值的 15%	—
	2～20	—	其平均值 15%
二氧化碳	10～20	其平均值的 15%	—
	5～20	—	其平均值的 15%
乙炔	5～20	其平均值的 10%	—
	2～20	—	其平均值的 10%

9.2 再现性

在任意两个不同实验室，由不同操作人员，用不同仪器和设备，对同一被测对象相互独立进行测试获得的两个测试结果，对乙炔含量为（5～20）mL/m³ 的试样，其差值应不大于其平均值的 30%，以大于其平均值 30% 的情况不超过 5% 为前提。

10 试验报告

试验报告应包括下列内容：

a) 有关样品的全部资料，例如样品名称、批号、采样地点、采样日期、采样时间等；

b) 本标准编号；

c) 分析结果；

d) 测定中观察到的任何异常现象的细节及其说明；

e) 分析人员的姓名及分析日期等。

前　　言

本标准是对 GB/T 3396—1982《聚合级乙烯、丙烯中微量氧的测定　原电池法》的修订。

本标准对原标准的主要修订内容为:以膜覆盖原电池电化学法和电解电化学法代替原标准的普通原电池方法。

本标准自实施之日起,同时替代 GB/T 3396—1982。

本标准由中国石油化工股份有限公司提出。

本标准由全国化学标准化委员会石油化学分技术委员会归口。

本标准由中国石化扬子石油化工股份有限公司、上海石油化工研究院共同起草。

本标准主要起草人:吴晨光、王川、柯厚俊、丁大喜。

本标准于 1982 年 12 月首次发布。

中华人民共和国国家标准

工业用乙烯、丙烯中微量氧的测定
电 化 学 法

GB/T 3396—2002

代替 GB/T 3396—1982

Ethylene and propylene for industrial use—
Determination of trace oxygen—
Electrochemical method

1 范围

本标准规定了测定气态乙烯或丙烯中微量氧的膜覆盖原电池电化学法和电解电化学法。

本标准适用于测定工业用乙烯、丙烯中含量不小于 $1\ mL/m^3$ 的微量分子氧。

2 引用标准

下列标准所包含的条文,通过在本标准中引用而构成为本标准的条文。本标准出版时,所示版本均为有效。所有标准都会被修订,使用本标准的各方应探讨使用下列标准最新版本的可能性。

GB/T 6682—1986 分析实验室用水规格和试验方法(neq ISO 3696:1987)

GB/T 13289—1991 工业用乙烯液态和气态采样法(neq ISO 7382:1986)

GB/T 13290—1991 工业用丙烯和丁二烯液态采样法(neq ISO 8563:1987)

3 方法提要

3.1 膜覆盖原电池电化学法

当气体以恒定速率流经装有膜覆盖原电池(燃料电池)的测量室时,气体中的氧分子扩散透过原电池表面覆盖的聚合物薄膜,在不活泼金属制成的阴极发生还原反应,氧分子从外电路得到电子:

$$O_2 + 2H_2O + 4e \longrightarrow 4OH^-$$

同时铅阳极被含水胶状电解质中的 KOH 腐蚀发生氧化反应,向外电路输出电子:

$$2OH^- + Pb \longrightarrow PbO + H_2O + 2e$$

原电池总反应为:

$$2Pb + O_2 = 2PbO$$

外电路产生的电流的大小与气体中氧的分压成比例,在总压恒定时,电流与气体中氧的浓度成比例。

3.2 电解电化学法

当气体以恒定速率流经电解电化学法仪器的测量室时,气体中的氧分子扩散透过多孔材料进入装有氢氧化钾电解液的电解池中,在外加直流电压的驱动下,氧分子在由铂、金或石墨制成的阴极发生还原反应,氧分子从外电路得到电子:

$$O_2 + 2H_2O + 4e \longrightarrow 4OH^-$$

同时电解质中的 OH^- 在惰性阳极表面发生氧化反应,向外电路输出电子:

$$4OH^- \longrightarrow O_2 + 2H_2O + 4e$$

反应不消耗阳极材料,反应产生的分子氧透过阳极附近的多孔材料排出。电解电流的大小与样品气体中氧的浓度成正比。

4 仪器和材料

4.1 常用实验室仪器;

4.2 测氧仪

4.2.1 膜覆盖原电池法测氧仪:由测量室、原电池、放大器、温度补偿单元、读数表等部分组成,测氧仪的检测限应低于 1 mL/m³。原电池的结构示意图见图 1,原电池的阴极由非活泼金属制成,如银、金、铂,阳极由铅或锌制成。原电池内部装有保持湿润状态的胶状电解质。

4.2.2 电解法测氧仪:由电解池、读数表等部分组成,仪器示意图见图 2。

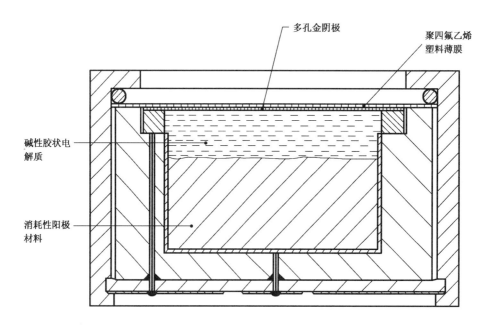

图 1 典型原电池示意图

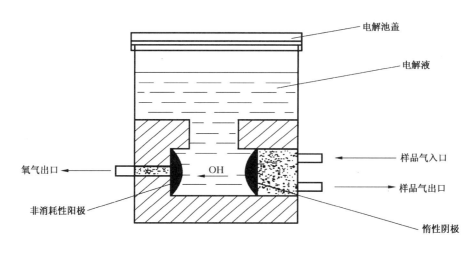

图 2 电解法测氧仪示意图

4.3 流量计:0.1 L/min~2 L/min;

4.4 螺旋不锈钢毛细管:内径 1 mm~2 mm,长 2 m~4 m;

4.5 增湿器:容器中装有塑料筒,其上绕有长 1 m、内径 1 mm、外径 2 mm 的硅胶管,见图 3;在组装增湿器前,先用氮气吹扫硅胶管和容器内部数分钟,然后装满蒸馏水,拧紧隔垫螺帽;

4.6 水浴:控制温度 30℃~50℃;

4.7 蒸馏水:符合 GB/T 6682 三级水的要求,使用前通氮气脱氧;

4.8 高纯氮气:纯度的体积分数不低于 99.999%,氧含量小于 5 mL/m³;

4.9 标准气体:含氧量已知的惰性气体(如氮气或氩气)。

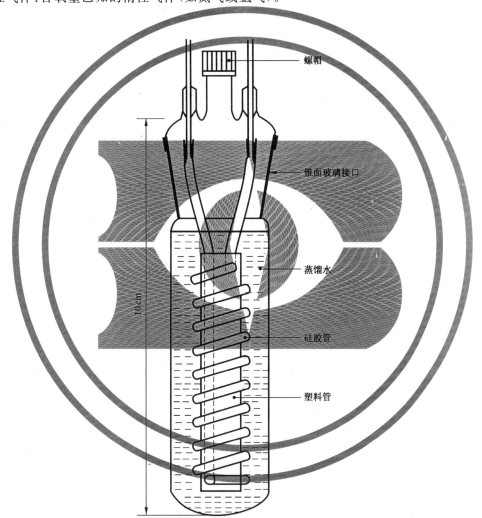

图 3 增湿器

5 采样

按 GB/T 13289 和 GB/T 13290 的技术要求采取样品。

6 测定步骤

6.1 仪器连接(见图 4)

6.1.1 测量装置的管线连接

为防止大气中的氧渗透到气路中,所有的连接管线都应为不锈钢材质。在测量装置的出口处,需连接一根长为 50 cm、内径 1 mm～2 mm 的不锈钢毛细管,以防止大气中的氧反向扩散而导入痕量的氧。

6.1.2 气态样品的压力调节

用不锈钢管连接测氧仪和样品钢瓶或采样管线。必要时可采用金属膜式减压阀调节样品气的压力。

6.1.3 液态样品的蒸发气化

测定液态样品时应首先采取措施使样品完全气化成为连续的气态样品气流。可将样品导入置于 30℃～50℃水浴中的螺旋不锈钢毛细管(4.4)中,以保证液态样品充分蒸发气化。

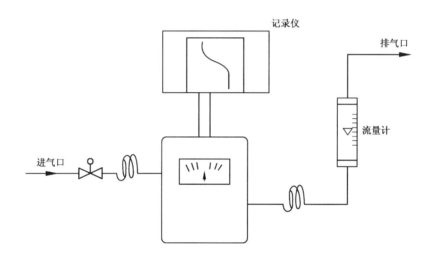

图 4　测氧仪组装图

6.2 连接管路的检查

在正式测定以前,应检查连接管线和接头是否存在渗漏。保持正常测定时的气体流速,观测测氧仪稳定后的读数,然后将气体流速提高一倍,测氧仪的读数应观察不到明显的变化。否则应怀疑装置连接存在渗漏。

6.3 校正

按仪器使用说明用大气或适当氧含量的标准气体校正仪器,其流速应与测定样品时采用的气体一致。仪器校正一般一个月左右进行一次。

6.4 样品测定

按 6.1 所述连接管路,按仪器使用说明准备仪器和调整工作参数,并以指定流速导入气态样品,待测氧仪示值稳定后(稳定时间不小于 2 min),读数并记录。

为保持仪器良好的工作状态,可以在测定前后用高纯氮气以较低的流速冲洗测量室,对于膜覆盖原电池法,也可以用经增湿器增湿的氮气流以 1 L/h～2 L/h 的流速流经测量池以保持原电池胶状电解质的水分。

7 结果的表示

7.1 读取测氧仪读数表指示的读数,样品中的氧含量以 mL/m³ 表示。

7.2 重复性

用同一仪器对同一样品所得到的两次测定结果之差应满足以下要求:

氧含量小于或等于 10 mL/m³ 时,不大于 1 mL/m³;

氧含量大于 10 mL/m³ 时,不大于平均值的 10%。

8 报告

报告应包括以下内容：

a）有关样品的全部资料，例如样品名称、批号、采样地点、采样日期、采样时间等；

b）本标准的代号；

c）测定结果；

d）测定中观察到的任何异常现象的细节及说明；

e）分析人员的姓名和分析日期等。

ICS 71.080
G 16

中华人民共和国国家标准

GB/T 3727—2003
代替 GB/T 3727—1983

工业用乙烯、丙烯中微量水的测定

Ethylene or propylene for industrial use—
Determination of trace water

2003-06-09 发布

2003-12-01 实施

中 华 人 民 共 和 国
国家质量监督检验检疫总局 发 布

前　言

本标准非等效采用ГОСТ 24975.5:1991《测定乙烯和丙烯中微量水的方法》(俄文版)。

本标准与ГОСТ 24975.5:1991的主要差异如下：

　　a)　在湿度计法中明确电解式湿度计不适用于丙烯中微量水的测定，增加了方法提要，并删除了"工业用湿度计"附录；

　　b)　以卡尔·费休库仑法代替卡尔·费休容量法；

　　c)　以毛细管代替进样管线和流量调节阀，并相应修订"分析准备"和"分析过程"的内容；

　　d)　卡尔·费休法的测定范围由"不小于0.001%"调整为"不小于1 mg/kg"。

本标准代替GB/T 3727—1983《聚合级乙烯、丙烯中微量水的测定　卡尔·费休法》。

本标准与GB/T 3727—1983相比主要变化如下：

　　a)　标准名称改为《工业用乙烯、丙烯中微量水的测定》；

　　b)　增加了湿度计法测定乙烯、丙烯中微量水的内容；

　　c)　以卡尔·费休库仑法代替原标准的卡尔·费休容量法；

　　d)　以毛细管代替原标准的进样管线和流量调节阀，并相应修订"操作步骤"的内容；

　　e)　卡尔·费休法的测定范围由"5 mL/m³～150 mL/m³"调整为"不小于1 mg/kg"。

本标准由中国石油化工股份有限公司提出。

本标准由全国化学标准化委员会石油化学分技术委员会(SAC/TC63/SC4)归口。

本标准由中国石油化工股份有限公司上海石油化工研究院起草。

本标准主要起草人：王川、张伟、叶志良。

本标准所代替标准的历次版本发布情况为：

——GB/T 3727—1983。

工业用乙烯、丙烯中微量水的测定

1 范围

1.1 本标准规定了测定乙烯和丙烯中微量水的卡尔·费休库仑法和湿度计法。本标准卡尔·费休库仑法适用于测定含量不小于 1 mg/kg 的微量水,湿度计法适用于测定含量不小于 1 mL/m³ 的微量水。

1.2 本标准并不是旨在说明与其使用有关的所有安全问题。因此,本标准的使用者应有责任事先建立适当的安全与防护措施,并确定适当的规章制度。

2 规范性引用文件

下列文件中的条款通过本标准的引用而成为本标准的条款。凡是注日期的引用文件,其随后所有的修改单(不包括勘误的内容)或修订版均不适用于本标准,然而,鼓励根据本标准达成协议的各方研究是否可使用这些文件的最新版本。凡是不注日期的引用文件,其最新版本适用于本标准。

GB/T 2366—1986 化工产品中水分含量的测定 气相色谱法

GB/T 8170—1987 数值修约规则

GB/T 13289—1991 工业用乙烯液态和气态采样法

GB/T 13290—1991 工业用丙烯和丁二烯液态采样法

3 卡尔·费休库仑法

3.1 方法提要

被测气体通过卡尔·费休库仑分析仪的电解池时,气体中的水与卡尔·费休试剂中的碘、二氧化硫在有机碱(如砒啶)和甲醇存在下,发生下列反应:

$$H_2O+I_2+SO_2+CH_3OH+3RN \longrightarrow (RNH)SO_4CH_3+2(RNH)I$$

消耗的碘由含有碘离子的阳极电解液电解补充:

$$2I^- \longrightarrow I_2+2e$$

反应所需碘的量与通过电解池的电量成正比,因此,记录电解所消耗的电量,根据法拉第电解定律,即可求出试样中的水含量。

3.2 仪器和设备

3.2.1 卡尔·费休库仑仪:检测限应不高于 10 μg;

3.2.2 电子天平:

    a) 感量 0.1 g 或 0.01 g,称量范围应满足 3.2.5、3.2.6 钢瓶称重的要求;

    b) 感量 0.1 mg,称量范围(0～160)g;

3.2.3 鼓风干燥箱;

3.2.4 水浴;

3.2.5 乙烯进样钢瓶:1 000 mL,符合 GB/T 13289 规定,内壁应予抛光,出口端配置量程(0～16)MPa压力表;

3.2.6 丙烯进样钢瓶:1 000 mL,符合 GB/T 13290 规定,内壁应予抛光。

3.3 试剂和材料

3.3.1 弹性石英毛细管:

    a) 内径(0.25±0.01) mm, 长(2.0±0.1)m,用于丙烯分析;

    b) 内径(0.15±0.01) mm,长(3.0±0.1)m,用于乙烯分析;

3.3.2 微量注射器:100 μL;

3.3.3 医用注射针:9 号;

3.3.4 压紧螺帽;

3.3.5 不锈钢卡套:中间开孔,孔径 1.5 mm;

3.3.6 密封垫:硅橡胶;

3.3.7 塑料隔垫:聚四氟乙烯,中间开孔,孔径 1.5 mm;

3.3.8 苯-水平衡溶液:按照 GB/T 2366—1986 中 5.2.1 配制;

3.3.9 卡尔·费休库仑法电解液(阴极液、阳极液);

3.3.10 乙二醇:水的质量分数不大于 0.05%;

3.3.11 氮气:体积分数不低于 99.999%,水含量不高于 3 mL/m³。

3.4 采样

    采样前钢瓶(3.2.5、3.2.6)应保持清洁和干燥。按 GB/T 13289—1991 和 GB/T 13290—1991 的技术要求采取液态样品。

    注:已清洁和干燥的钢瓶可置于温度为 110℃的鼓风干燥箱中,并通氮气(3.3.11)30 min 以获得更佳的干燥效果。

3.5 样品测定

3.5.1 分析准备

3.5.1.1 按仪器使用说明书准备仪器,在电解池中装入卡尔·费休阴极液和阳极液(3.3.9),液面略低于电解池进样口。

    注:阳极液中含有适量的乙二醇(如总体积的 10%)有助于样品中微量水的吸收。

3.5.1.2 开启仪器并进行空白滴定,使之处于准备进样状态。

3.5.1.3 卡尔·费休库仑仪性能检查:用微量注射器(3.3.2)吸取(50～60) μL 苯-水平衡溶液(3.3.8)注入电解池中进行滴定。用电子天平(3.2.2b)以差减法准确称取所加入的苯-水平衡溶液。重复测定两次,计算其平均含水量(两次测定结果之差应不超过其平均值的 5%),该值与苯-水平衡溶液理论含水量(见 GB/T 2366—1986 中表 1)的相对误差应不超过±10%。

3.5.1.4 进样钢瓶取样后,静置至室温,擦干表面的冷凝水,并确保与毛细管连接的出气口的腔体充分干燥。

3.5.1.5 检查乙烯进样钢瓶压力,应不大于 8 MPa,否则按照 GB/T 13289—1991 要求排出多余样品。

3.5.2 测定步骤

3.5.2.1 按图 1 所示组装进样钢瓶(3.2.5、3.2.6)、钢瓶支架、电子天平(3.2.2a)、石英毛细管(3.3.1)、卡尔·费休库仑仪(3.2.1)、水浴。将毛细管(3.3.1)盘成圆环状,浸入 30℃～40℃的水浴中。毛细管一端插入医用注射针(3.3.3)内,并依次插入压紧螺帽(3.3.4)、不锈钢卡套(3.3.5)、密封垫(3.3.6)和塑料隔垫(3.3.7),然后与进样钢瓶出气口连接(见图 1),连好后拔出注射针,使毛细管留在密封垫内。将毛细管另一端插入医用注射针(3.3.3)内,一同插入卡尔·费休库仑仪电解池进样口的橡胶隔垫,毛细管口保持在阳极液面以上,拔出注射针,使毛细管留在进样口的橡胶隔垫内。

    注 1:能达到本标准技术要求的其他毛细管气化装置和连接方式也可使用。

    注 2:测定乙烯时应将钢瓶不带压力表的一端做为出气口与毛细管连接。

3.5.2.2 打开进样钢瓶出气口阀门,使样品流出气化,吹扫进样系统(吹扫时间乙烯至少 40 min,丙烯至少 30 min),将电解池一端的毛细管口插入到电解池底部,继续吹扫 5 min 后,关闭钢瓶阀门。

3.5.2.3 仪器进入测定状态后,用电子天平(3.2.2a)准确称量进样钢瓶重量。开启钢瓶阀门进样,进样量按下表进行控制,进样后关闭钢瓶阀门,启动滴定开关进行滴定。进样完成后,将进样钢瓶再次准确称量,二次称量之差即为试样质量。滴定完毕,记录所测得的水分含量。

样品含水量/(mg/kg)	进样量/g
1~5	>10
5~20	5~10
>20	2~5

注：丙烯测定过程中可不开关钢瓶阀门，而是通过控制毛细管口进出密封垫来控制进样，进样时将毛细管缓慢插入钢瓶连接口，进样结束后小心拔出钢瓶出口端的毛细管，使毛细管口留存于密封垫内。

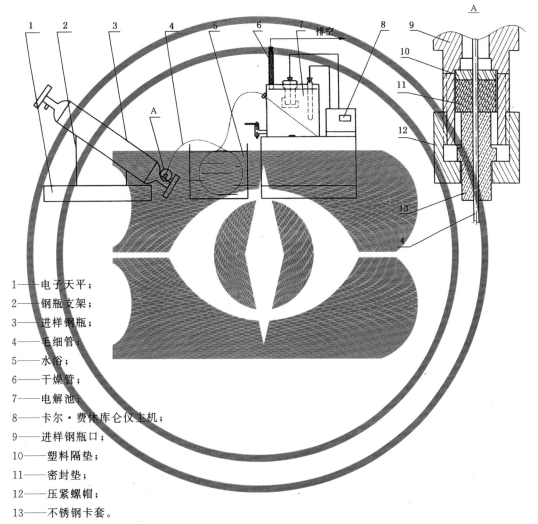

1——电子天平；
2——钢瓶支架；
3——进样钢瓶；
4——毛细管；
5——水浴；
6——干燥管；
7——电解池；
8——卡尔·费休库仑仪主机；
9——进样钢瓶口；
10——塑料隔垫；
11——密封垫；
12——压紧螺帽；
13——不锈钢卡套。

图 1 卡尔·费休库仑法仪器组装及钢瓶毛细管连接口示意图

3.6 结果的表述

3.6.1 以质量浓度（mg/kg）表示样品中的水分含量（c_1），并按式（1）进行计算：

$$c_1 = \frac{m_1}{m} \qquad \cdots\cdots（1）$$

式中：

m_1——仪器显示的水分绝对值，μg；

m——试样质量，g。

3.6.2 以体积浓度（mL/m³）表示样品中的水分含量（c_2），并按式（2）进行计算：

$$c_2 = \frac{m_1}{m} \times \frac{M}{18.01} \quad \cdots\cdots\cdots\cdots\cdots\cdots\cdots\cdots\cdots(2)$$

式中：

M——乙烯或丙烯相对分子质量(乙烯为28.05,丙烯为42.08)；

18.01——水相对分子质量。

3.6.3 取两次重复测定结果的算术平均值作为分析结果,并按 GB/T 8170—1987 的规定修约至0.1 mg/kg。

3.7 重复性

在同一实验室,由同一操作员,采用同一仪器和设备,对水分含量在 1 mg/kg～50 mg/kg 范围内的同一试样相继做两次重复测定,在95％置信水平条件下,所得结果之差应不大于 3 mg/kg。

4 湿度计法

4.1 方法提要

4.1.1 电容式湿度计

被测气体通过由氧化铝电解质层及铝基体组成的电容式传感器时,气体中的水分被氧化铝层吸收,使传感器的电容量发生变化,依此测出水含量。

4.1.2 压电式湿度计

被测气体通过由石英晶体和沉积在其表面的吸湿层组成的压电式传感器时,气体中的水分被吸湿层吸收,改变了石英晶体的质量,从而使石英晶体的振动频率发生变化,依此测出水含量。

4.1.3 电解式湿度计

被测气体通过由两根平行环绕的铂丝及涂敷在其表面的五氧化二磷组成的电解式传感器时,气体中的水分被五氧化二磷吸收形成磷酸,在外加直流电压作用下发生如下反应：

$$4H_3PO_4 \longrightarrow 2P_2O_5 + 3O_2 + 6H_2$$

准确测定电解电流,依此测出水含量。由于丙烯在酸性条件下易发生聚合,因此该类湿度计不适用于丙烯中微量水的测定。

4.2 仪器、设备和材料

4.2.1 湿度计:检测限应不高于 1 mL/m³；

4.2.2 水浴；

4.2.3 流量计:量程应满足湿度计所需的流量范围。

4.3 采样

湿度计可直接与采样管线连接,若需钢瓶采样,按3.4执行。

4.4 样品测定

4.4.1 仪器连接(见图2)

4.4.1.1 测量装置的管线连接:为防止大气中的水渗透到气路中,所有的连接管线都应为不锈钢材质,也可采用紫铜管、聚四氟乙烯管和聚乙烯管。若样品气体需放空时,在测量装置的出口处,需连接一根不短于 2 m 的放空管,以防止大气中的水反向扩散而导致分析结果偏高。

4.4.1.2 气态样品的压力调节:用不锈钢管连接湿度计和样品钢瓶或采样管线。必要时可采用金属膜式减压阀调节样品气的压力。

4.4.1.3 液态样品的蒸发气化:将液态试样转变到气态时,必须先经减压,再进入用热水或蒸汽加热的蒸发器,以便使试样完全蒸发,并保证气态试样的温度不低于 15℃。

4.4.1.4 进入测量室的气态试样不得含有尘埃颗粒或水滴,可用不锈钢烧结砂芯(孔径大小为 5 μm～7 μm)过滤,以除去尘埃颗粒。

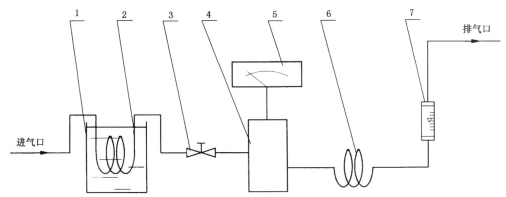

1——水浴；

2——螺旋不锈钢管；

3——流量调节阀；

4——采样单元；

5——湿度计；

6——放空管；

7——流量计。

图 2　湿度计法仪器组装示意图

4.4.2　连接管路的检查

在正式测定以前，应检查连接管线和接头是否存在渗漏。

4.4.3　样品测定

按 4.4.1 所述连接管路，按仪器使用说明准备仪器和调整工作参数，并以指定流速导入气态样品，待湿度计示值稳定后，读数并记录。

4.5　结果的表述

4.5.1　记录湿度计所指示的读数，并以体积浓度（mL/m³）表示样品中的水含量。

4.5.2　测定结果按 GB/T 8170—1987 的规定修约至 0.1 mL/m³。

4.6　校正

按仪器使用说明校正湿度计，校正方法可采用卡尔·费休法或能保证准确度的其他适宜方法。

5　报告

报告应包括以下内容：

a)　有关样品的全部资料，例如样品名称、批号、采样地点、采样日期、采样时间等；

b)　本标准的代号和测定方法；

c)　测定结果；

d)　测定中观察到的任何异常现象的细节及说明；

e)　分析人员的姓名和分析日期等。

前　　言

本标准等效采用 ASTM D2426:1993《气相色谱法测定丁二烯浓缩物中丁二烯二聚物和苯乙烯的标准试验方法》,对 GB/T 6015—1985《工业用丁二烯中微量乙腈和二聚物的测定　气相色谱法》进行了修订。

本标准与 ASTM D2426 的主要差异为:

1）苯乙烯不列为定量测定组分,故标准名称也作相应修改。

2）ASTM D2426 推荐七种分析柱,本标准选用其中的两种。

ASTM D2426 推荐 TCD 和 FID 两种检测器,本标准推荐 FID 一种。

3）ASTM D2426 重复性:当二聚物浓度为 $0.15\%(m/m)$ 时,重复性为 $0.005\%(m/m)$。

本标准重复性:在二聚物含量不大于 1 000 mg/kg 的范围内,重复性为 50 mg/kg。

本标准对原标准的主要修订内容为:

1）乙腈不列为定量测定组分,故标准名称也作相应修改。

2）采用钢瓶采样,免除了使用稀释剂的繁琐操作和计算。

3）补充推荐了 SE-30 毛细管柱,并确定了 95% 置信水平条件下的精密度（重复性）数值。

本标准自实施之日起,代替 GB/T 6015—1985。

本标准由中国石油化工集团公司提出。

本标准由全国化学标准化技术委员会石油化学分技术委员会归口。

本标准由上海石油化工股份有限公司炼油化工部负责起草。

本标准主要起草人:朱广权、沈凤妹、顾建国。

本标准于 1985 年 5 月 24 日首次发布。于 1999 年 8 月第一次修订。

中华人民共和国国家标准

工业用丁二烯中微量二聚物的测定
气 相 色 谱 法

GB/T 6015—1999

代替 GB/T 6015—1985

Butadiene for industrial use
—Determination of trace dimer
—Gas chromatographic method

1 范围

本标准规定了用气相色谱法测定工业用丁二烯中二聚物(4-乙烯基环己烯)的含量。

本标准适用于工业用丁二烯中含量不小于 5 mg/kg 丁二烯二聚物的测定。

2 引用标准

下列标准所包含的条文,通过在本标准中引用而构成为本标准的条文。本标准出版时,所示版本均为有效。所有标准都会被修订,使用本标准的各方应探讨使用下列标准最新版本的可能性。

GB/T 3723—1983 工业用化学产品采样安全通则(eqv ISO 3165:1976)

GB/T 8170—1987 数值修约规则

GB/T 9722—1988 化学试剂 气相色谱法通则

GB/T 13290—1991 工业用丙烯和丁二烯液态采样法

SH/T 0221—1992 液化石油气密度或相对密度测定法(压力密度计法)

3 方法提要

将液态丁二烯试样注入色谱柱,试样中的丁二烯二聚物等组分,在色谱柱中被有效分离后,用氢火焰离子化检测器检测,外标法定量。

4 材料与试剂

4.1 载气

氮气:纯度大于 99.9%(V/V),经硅胶及 5A 分子筛干燥、净化。

4.2 辅助气

4.2.1 氢气:纯度大于 99.9%(V/V),经 5A 分子筛干燥、净化。

4.2.2 空气:经硅胶及 5A 分子筛干燥、净化的压缩空气。

4.3 载体

Chromosorb P AW 或其他同类型的载体。

4.4 固定液

聚乙二醇 1 500(PEG 1 500),色谱固定液。

4.5 配制标准样品的试剂

4.5.1 4-乙烯基环己烯-1,纯度大于 99.5%(m/m)。

国家质量技术监督局 1999-08-10 批准　　　　　　　　　　　　　2000-06-01 实施

4.5.2 正己烷或正庚烷,使用前需在本标准规定条件下进行本底检查,应在待测组分处无其他杂质峰流出。

4.6 进样钢瓶

材质为不锈钢,容积100 mL,工作压力为4 MPa。也可采用其他能满足要求并安全的进样装置。

4.7 液相进样阀

凡能满足以下要求的液相进样阀均可使用:在不低于使用温度时的丁二烯蒸气压下,能将丁二烯以液体状态重复地进样,并满足色谱分离要求。进样阀应配有容积为1 μL的定量管。

5 仪器

配有氢火焰离子化检测器(FID)并能满足表1操作条件的气相色谱仪,该色谱仪对二聚物在本标准规定的最低测定浓度下所产生的峰高应至少大于噪音的两倍。

5.1 色谱柱

推荐的色谱柱及典型操作条件见表1,典型色谱图见图1和图2。其他能达到同等分离程度的色谱柱也可使用。填充色谱柱的制备按GB/T 9722—1988中7.1条进行。

表 1 色谱柱和典型操作条件

固定液	聚乙二醇1 500(填充柱)	交联 SE30(毛细管柱)
载体	Chromosorb P AW	—
载体粒径,mm	0.177~0.250(60~80目)	—
固定液含量,%(m/m)	15	—
液膜厚度,μm	—	0.5
柱长,m	5	15
柱内径,mm	3	0.5
载气	氮气	氮气
载气流速,mL/min	37	—
载气线速,cm/s	—	30
分流比	—	10:1
气化室温度,℃	180	180
柱温,℃	100[1]	80
检测器温度,℃	180	180
进样量,μL	1	1
1) 如需测定乙腈含量可将柱温降到70℃,以获得更好的分离		

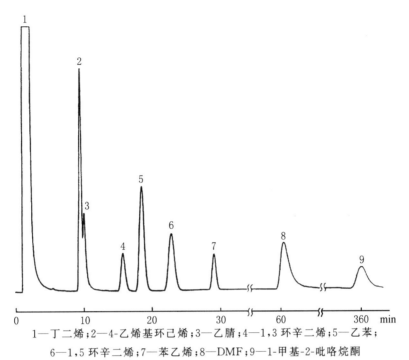

1—丁二烯;2—4-乙烯基环己烯;3—乙腈;4—1,3 环辛二烯;5—乙苯;

6—1,5 环辛二烯;7—苯乙烯;8—DMF;9—1-甲基-2-吡咯烷酮

图 1 在 PEG1500 柱上的典型色谱图

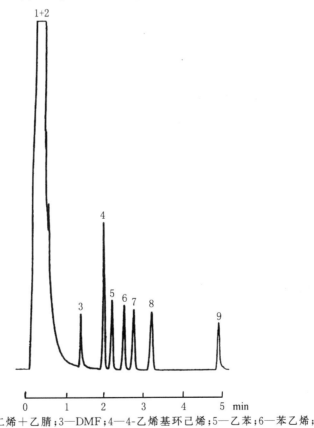

1+2—丁二烯+乙腈;3—DMF;4—4-乙烯基环己烯;5—乙苯;6—苯乙烯;

7—1,3 环辛二烯;8—1,5 环辛二烯;9—1-甲基-2-吡咯烷酮

图 2 在 SE30 柱上的典型色谱图

5.2 记录装置

电子积分仪或色谱数据处理机。

6 采样

按 GB/T 3723 和 GB/T 13290 所规定的技术要求采取样品,样品采回后应立即进行分析。

7 测定步骤

7.1 设定操作条件

色谱仪启动后进行必要的调节,以达到表1所列的典型操作条件或能获得同等分离的其他适宜条件。仪器稳定后即可开始进行测定。

7.2 标准样品的制备

按待测试样中预期二聚物含量的近似值,称取适量的4-乙烯基环己烯,精确至0.1 mg,置于适当大小的具塞玻璃容器中。称取适量的正己烷或正庚烷,精确至0.01 g,加入同一个玻璃容器中,盖紧塞子,摇匀。最后用注射器将标准样品转移至进样钢瓶中,并充入氮气,备用。

标准样品中4-乙烯基环己烯(二聚物)的含量按式(1)计算:

$$C_s = \frac{m_s}{m} \times 10^6 \qquad\qquad\qquad (1)$$

式中:C_s——标准样品中二聚物的含量,mg/kg;

　　m_s——二聚物的量,g;

　　m——标准样品总量,g。

7.3 测定

7.3.1 校正

在每次试样分析前或分析后,均需用标准样品进行校正。进样前用细内径不锈钢管将盛有标准样品的进样钢瓶与液相进样阀连接,两者之间应安装金属过滤器,不锈钢烧结砂芯的孔径为 2～4 μm,以滤除试样中可能存在的机械杂质,保护进样阀。进样阀出口应安装不锈钢毛细管或减压阀,以避免样品汽化,造成失真影响重复性。进样时,将进样钢瓶出口阀开启,用试样冲洗定量管数秒钟后,即可操作进样阀,将试样注入色谱仪,然后关闭出口阀,重复测定两次。待各组分从色谱柱中流出后,记录二聚物的峰面积,供定量计算用。

7.3.2 试样测定

按 7.3.1 同样的方式将试样钢瓶与液相进样阀连接,用液相进样阀向色谱仪注入与标准样品相同体积的试样。重复测定两次,测得二聚物(4-乙烯基环己烯)的峰面积,并与外标进行比较。

7.3.3 计算

按式(2)计算试样中二聚物的含量:

$$X_i = \frac{A_i}{A_s} \times \frac{\rho_s}{\rho_i} \times C_s \qquad\qquad\qquad (2)$$

式中:X_i——试样中二聚物的含量,mg/kg;

　　A_i——试样中二聚物的峰面积;

　　A_s——标准样品中二聚物的峰面积;

　　ρ_i——试样 20℃时的密度,g/mL。按 SH/T 0221 方法测定;

　　ρ_s——标准样品 20℃时的密度,g/mL。可假定其等于配制标准样品所用溶剂的密度,具体数据可查阅有关物理常数手册;

　　C_s——标准样品中二聚物的含量,mg/kg。

8 结果的表示

对于任一试样,均要以两次或两次以上重复测定结果的算术平均值表示其分析结果,并按 GB/T 8170规定修约至 1 mg/kg。

9 精密度

9.1 重复性

在同一实验室,由同一操作人员,使用同一台仪器,对同一试样相继做两次重复测定,当二聚物含量在不大于 1 000 mg/kg 的范围内,在95％置信水平条件下,所得结果之差应不大于 50 mg/kg。

10 试验报告

报告应包括以下内容:

a) 有关样品的全部资料:例如样品名称、批号、采样地点、采样日期、采样时间等;

b) 本标准代号;

c) 测定结果;

d) 在试验中观察到的任何异常现象的细节及其说明;

e) 分析人员的姓名及分析日期等。

ICS 71.080.10
G 15

中华人民共和国国家标准

GB/T 6017—2008
代替 GB/T 6017—1999

工业用丁二烯纯度及烃类杂质的测定
气相色谱法

Butadiene for industrial use—
Determination of purity and hydrocarbon impurities—
Gas chromatographic method

2008-06-19 发布

2009-02-01 实施

中华人民共和国国家质量监督检验检疫总局
中国国家标准化管理委员会 发布

前　言

本标准与 ASTM D2593:1993(2004)《气相色谱法分析丁二烯纯度及烃类杂质的标准试验方法》(英文版)的一致性程度为非等效。

本标准与 ASTM D2593:1993(2004)的主要差异为：

——色谱柱不同,本标准推荐 Al_2O_3/KCl (PLOT)毛细管柱和癸二腈填充柱；

——本标准对进样装置包括液体进样阀和汽化装置的技术要求做了明确的规定；

——本标准只推荐氢火焰离子化检测器(FID)；

——本标准增加了外标法定量的有关内容；

——规范性引用文件中采用现行国家标准；

——采用了自行确定的重复性限(r)。

本标准代替 GB/T 6017—1999《工业用丁二烯纯度及烃类杂质的测定　气相色谱法》。

本标准与 GB/T 6017—1999 相比主要变化如下：

——增加了 Al_2O_3/KCl(PLOT)毛细管柱；保留原标准的填充柱,作为供选择的方法列于附录 A 中；

——进样方式增加了小量液态样品完全汽化的技术要求；

——取消了原标准中 7.1.2 关于校正因子测定的注释；

——重新确定了重复性限(r)。

本标准的附录 A 为规范性附录。

本标准自实施之日起,代替 GB/T 6017—1999。

本标准由中国石油化工集团公司提出。

本标准由全国化学标准化技术委员会石油化学分会(SAC/TC 63/SC 4)归口。

本标准起草单位:中国石油化工股份有限公司上海石油化工研究院。

本标准主要起草人:李继文、唐琦民。

本标准所代替标准的历次版本发布情况为：

——GB/T 6017—1985、GB/T 6017—1999。

工业用丁二烯纯度及烃类杂质的测定
气相色谱法

1 范围

1.1 本标准规定了用气相色谱法测定工业用丁二烯纯度及烃类杂质:丙烷、丙烯、异丁烷、正丁烷、丙二烯、乙炔、反-2-丁烯、异丁烯、1-丁烯、顺-2-丁烯、异戊烷、正戊烷、1,2-丁二烯、丙炔、1-丁炔和乙烯基乙炔的含量。

　　本标准适用于工业用丁二烯中烃类杂质含量不小于0.000 3%(质量分数),以及纯度大于98%(质量分数)试样的测定。

1.2 本标准并不是旨在说明与其使用有关的所有安全问题。使用者有责任采取适当的安全与健康措施,保证符合国家有关法规的规定。

2 规范性引用文件

　　下列文件中的条款通过本标准的引用而成为本标准的条款。凡是注明日期的引用文件,其随后所有的修改单(不包括勘误的内容)或修订版均不适用于本标准,然而,鼓励根据本标准达成协议的各方研究是否可使用这些文件的最新版本。凡是不注明日期的引用文件,其最新版本适用于本标准。

　　GB/T 3723 工业用化学产品采样安全通则(GB/T 3723—1999,idt ISO 3165:1976)
　　GB/T 8170 数值修约规则
　　GB/T 9722—2006 化学试剂 气相色谱法通则
　　GB/T 13290 工业用丙烯和丁二烯液态采样法

3 方法提要

3.1 校正面积归一化法:在本标准规定条件下,将适量试样注入色谱仪进行分析,测量每个杂质和主组分的峰面积,以校正面积归一化法计算各组分的质量分数。丁二烯二聚物、羰基化合物、阻聚剂和残留物等杂质用相应的标准方法进行测定,并将所得结果对本标准测定结果进行归一化处理。

3.2 外标法:在本标准规定的条件下,将定量试样和外标物分别注入色谱仪进行分析。测定试样中每个杂质和外标物的峰面积,由试样中杂质峰面积和外标物峰面积的比例计算每个杂质的含量。再用100.00减去烃类杂质总量和用其他标准方法测定的丁二烯二聚物、羰基化合物、阻聚剂和残留物等杂质的总量计算丁二烯纯度。测定结果以质量分数表示。

4 试剂与材料

4.1 载气:氮气、氦气或氢气,纯度≥99.99%(体积分数)。

4.2 标准试剂:如1.1所示物质的标准试剂,供测定校正因子和配制外标样用,其纯度应不低于99%(质量分数)。

5 仪器

5.1 气相色谱仪

　　配置氢火焰离子化检测器(FID)的气相色谱仪。该仪器对本标准所规定的最低测定浓度的杂质所产生的峰高应至少大于噪声的两倍。而且,当采用归一化法分析样品时,仪器的动态线性范围必须满足定量要求。

5.2 色谱柱

　　推荐的色谱柱及典型操作条件见表1,典型色谱图见图1。附录A的填充柱或能给出同等分离效果的其他色谱柱也可使用。杂质的出峰顺序及相对保留时间取决于Al_2O_3(PLOT)柱的去活方法,必须用标准样品进行测定。

表 1 推荐的色谱柱及典型操作条件

色谱柱		Al_2O_3/KCl(PLOT)
柱长/m		50
柱内径/mm		0.53
膜厚/μm		10
载气平均流速/(mL/min)		2.5(N_2)或4.0(He)
柱温	初温/℃	80
	初温保持时间/min	10
	升温速率/(℃/min)	5
	终温/℃	180
	终温保持时间/min	5
进样器温度/℃		150
检测器温度/℃		250
分流比		30:1
进样量		液态0.5 μL;气态0.25 mL

注:每次分析结束,须执行后运行程序,在180 ℃条件下待丁二烯二聚物流出才能进行下一次分析,后运行时间约为30 min,可提高载气流量以缩短后运行时间。Al_2O_3(PLOT)柱加热不能超过200 ℃,以防止柱活性发生变化。

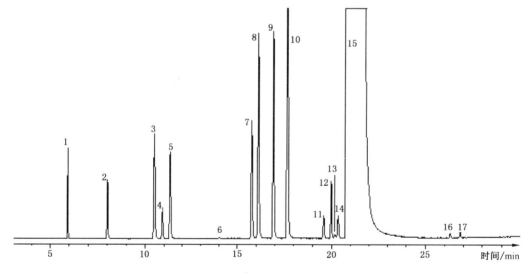

1——丙烷;
2——丙烯;
3——异丁烷;
4——丙二烯;
5——正丁烷;
6——乙炔;
7——反-2-丁烯;
8——1-丁烯;
9——异丁烯;
10——顺-2-丁烯;
11——异戊烷;
12——1,2-丁二烯;
13——丙炔;
14——正戊烷;
15——1,3-丁二烯;
16——乙烯基乙炔;
17——1-丁炔。

图 1 典型色谱图

5.3 进样装置

5.3.1 液体进样阀或合适的其他液体进样装置

凡能满足以下要求的液体进样阀均可使用:在不低于使用温度时的丁二烯蒸气压下,能将丁二烯以液体状态重复进样,并满足色谱分离要求。

液体进样装置的流程示意图见图2。金属过滤器中的不锈钢烧结砂芯孔径为(2~4)μm,以滤除样品中可能存在的机械杂质,保护进样阀。进样阀出口安装适当长度的不锈钢毛细管或减压阀,以避免样品气化,造成失真,影响重复性。进样时,将采样钢瓶出口阀开启,用液态样品冲洗定量管数秒钟后,即可操作进样阀,将试样注入色谱仪,然后关闭钢瓶出口阀。

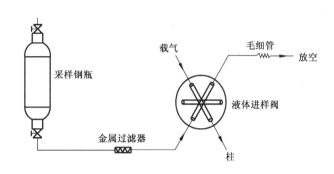

图 2 液体进样装置的流程示意图

5.3.2 气体进样阀

5.3.2.1 气体进样可采用图3所示的小量液态样品气化装置,以完全地气化样品,保证样品的代表性。首先在E处卸下容积约为1 700 mL的进样钢瓶,并抽真空(<0.3 kPa)。然后关闭阀B,开启阀C和D,再缓慢开启阀B,控制液态样品流入管道钢瓶,并于阀B处有稳定的液态样品溢出,此时立即依次关闭阀B、C和D,管道钢瓶中即取得了小量液态样品。

将已抽真空的进样钢瓶再连接于E处,先开启阀A,再开启阀B,让液态样品完全气化于进样钢瓶中,连接于进样钢瓶上的真空压力表应指示在(50~100)kPa范围内。最后关闭阀A,卸下进样钢瓶连接于色谱仪的气体进样阀上即可进行分析。

> 注:盛有液态样品的采样钢瓶应在实验室里放置足够时间,让液态样品的温度与室温达到平衡后再进行上述操作,并且当管道钢瓶中取得小量液态样品后,应尽快完成气化操作,避免充满液态样品的管道钢瓶随停留时间增加爆裂的可能性。

5.3.2.2 气体进样也可采用图4所示的水浴气化装置。不锈钢毛细管的内径为0.2 mm,长(2~4)m,置于(50~70)℃的恒温水浴内。进样时,将采样钢瓶出口阀缓慢开启,控制液态样品的气化速度,以(5~10)mL/min为宜。待约10倍定量管体积的试样冲洗定量管后,关闭钢瓶出口阀,让试样完全气化,并达到压力平衡。此时,操作进样阀将试样注入色谱柱。

5.4 记录装置

积分仪或色谱工作站。

6 采样

按GB/T 3723和GB/T 13290规定的安全与技术要求采取样品。

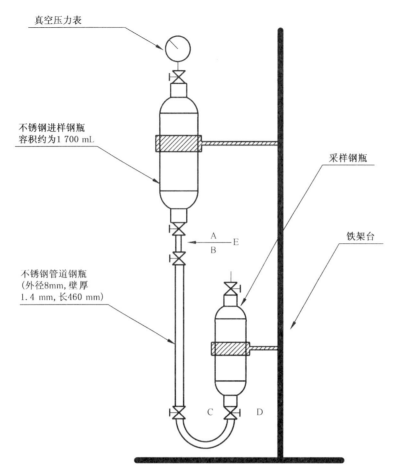

图 3　小量液态样品的气化装置示意图

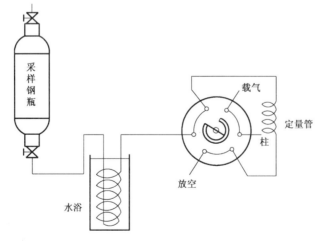

图 4　液体样品的水浴气化装置示意图

7　测定步骤

7.1　校正面积归一化法

7.1.1　设定操作条件

根据仪器操作说明书,在色谱仪中安装并老化色谱柱。然后调节仪器至表 1 所示的操作条件,待仪器稳定后即可开始测定。

7.1.2 校正因子的测定

a) 标准样品的制备

已知烃类杂质含量的液态标样可由市场购买有证标样或用重量法自行制备。标样中烃类杂质的含量应与待测试样相近。盛放标样的钢瓶应符合 GB/T 13290 的技术要求。制备时使用的丁二烯本底样品事先在本标准规定条件下进行检查,应在待测组分处无其他杂质峰流出,否则应予以修正。

b) 按 GB/T 9722—2006 中 9.1 规定的要求,用上述标样,在本标准推荐的恒定条件下进行测定,并计算出质量校正因子。

7.1.3 试样测定

用符合 5.3 要求的进样装置,将适量试样注入色谱仪,并测量所有杂质和丁二烯的色谱峰面积。

7.1.4 计算

按校正面积归一化法计算每个杂质的含量和丁二烯的纯度,并将用其他标准方法测得的丁二烯二聚物、羰基化合物、阻聚剂和残留物等杂质的总量对此结果再进行归一化处理。计算式如式(1)所示,测定结果以质量分数表示:

$$w = \frac{A_i R_i}{\sum A_i R_i} \times (100.00 - w'_i) \quad \cdots\cdots\cdots\cdots (1)$$

式中:

w——试样中杂质 i 的含量或丁二烯的质量分数,用%表示;

R_i——杂质 i 或丁二烯的质量校正因子;

A_i——试样中杂质 i 或丁二烯的峰面积;

w'_i——其他方法测定的杂质总量的质量分数,用%表示。

7.2 外标法

7.2.1 按 7.1.1 待仪器稳定后,用符合 5.3 要求的进样装置,将同等体积的待测样品和外标样分别注入色谱仪,并测量除丁二烯外所有杂质和外标物的峰面积。

外标样两次重复测定的峰面积之差应不大于其平均值的 5%,取其平均值供定量计算用。

7.2.2 计算

计算每个样品杂质的含量,计算式如式(2)所示。

$$w_i = \frac{w_{is} A_i R_i}{A_s R_s} \quad \cdots\cdots\cdots\cdots (2)$$

式中:

w_i——试样中杂质组分 i 的质量分数,用%表示;

w_{is}——外标样中组分 i 的质量分数,用%表示;

A_s——外标样中组分 i 的峰面积;

R_s——外标样中组分 i 的质量校正因子;

A_i——试样中杂质组分 i 的峰面积;

R_i——杂质 i 的质量校正因子。

以差减法计算丁二烯的纯度,计算式如式(3)所示。

$$w_p = 100.00 - \sum w_i - w'_i \quad \cdots\cdots\cdots\cdots (3)$$

式中:

w_p——丁二烯的质量分数,用%表示;

w_i——试样中烃类杂质组分 i 的质量分数,用%表示;

w'_i——其他方法测定的杂质质量分数,用%表示。

8 分析结果的表述

8.1 对于任一试样,分析结果的数值修约按 GB/T 8170 规定进行,并以两次重复测定结果的算术平均值表示其分析结果。

8.2 报告每个杂质的质量分数,应精确至 0.000 1%。

8.3 报告丁二烯的质量分数,应精确至 0.01%。

9 重复性

在同一实验室,由同一操作者使用相同设备,按照相同的测试方法,并在短时间内对同一被测对象相互独立进行测试获得的两次独立测试结果的绝对差值不大于下列重复性限(r),超过重复性限(r)的情况不超过 5%。

杂质组分　　≤0.001 0%(质量分数)　　　　　　　　　为其平均值的 30%

　　　　　　>0.001 0%(质量分数)~≤0.010%(质量分数)　为其平均值的 20%

　　　　　　>0.010%(质量分数)　　　　　　　　　　　为其平均值的 10%

丁二烯纯度　≥98.0%(质量分数)　　　　　　　　　　　为 0.04%(质量分数)

10 报告

报告应包括下列内容:

a) 有关样品的全部资料,例如样品名称、批号、采样地点、采样日期、采样时间等;

b) 本标准编号;

c) 分析结果;

d) 测定中观察到的任何异常现象的细节及其说明;

e) 分析人员的姓名及分析日期等。

附 录 A

（规范性附录）

癸二腈色谱柱条件和色谱图

工业丁二烯纯度及烃类杂质的测定可使用癸二腈填充柱，色谱柱及典型的操作条件列于表 A.1，典型色谱图见图 A.1。

表 A.1 色谱柱及典型操作条件

固定液	癸二腈
固定液（质量分数）/%	20
载体	Chromosorb P NAW
粒径/mm	0.177～0.250（60 目～80 目）
柱质管材	不锈钢或紫铜
柱长/m	9
内径/mm	3
流速/（mL/min）	30（H_2）
柱温/℃	50
检测器类型	FID
进样器温度/℃	150
检测器温度/℃	200
进样量	1 μL（液态）或 1 mL（气态）
注意：当使用氢气作载气时，必须特别注意安全，保证系统无泄漏。	

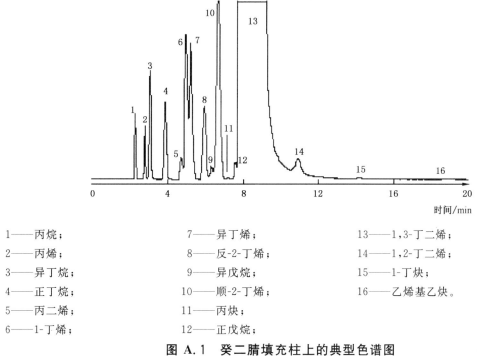

1——丙烷；　　　　　7——异丁烯；　　　　　13——1,3-丁二烯；

2——丙烯；　　　　　8——反-2-丁烯；　　　　14——1,2-丁二烯；

3——异丁烷；　　　　9——异戊烷；　　　　　15——1-丁炔；

4——正丁烷；　　　　10——顺-2-丁烯；　　　　16——乙烯基乙炔。

5——丙二烯；　　　　11——丙炔；

6——1-丁烯；　　　　12——正戊烷；

图 A.1 癸二腈填充柱上的典型色谱图

ICS 71.080.10
G 15

GB/T 6020—2008
代替 GB/T 6020—1999,GB/T 12702—1999

中华人民共和国国家标准

工业用丁二烯中特丁基邻苯二酚（TBC）的测定

Butadiene for industrial use—Determination of tert-butyl-catechol（TBC）

2008-06-19 发布

2009-02-01 实施

中华人民共和国国家质量监督检验检疫总局
中国国家标准化管理委员会 发布

前　言

　　本标准修改采用 ASTM D1157:1991(2004)《分光光度法测定轻烃中特丁基邻苯二酚(TBC)的标准试验方法》(英文版),本标准与 ASTM D1157 的结构性差异参见附录 A。

　　本标准与 ASTM D1157:1991(2004) 的主要差异为:

　　——增加了液相色谱法;

　　——测定范围由 ASTM D1157 规定的 50 mg/kg～500 mg/kg 改为 1 mg/kg～300 mg/kg;

　　——校准曲线直接采用以 TBC 质量为横坐标;

　　——在结果计算中引入密度。

　　本标准代替 GB/T 6020—1999《工业用丁二烯中特丁基邻苯二酚(TBC)的测定 分光光度法》和 GB/T 12702—1999《工业用丁二烯中特丁基邻苯二酚(TBC)的测定　高效液相色谱法》。

　　本标准分光光度法与 GB/T 6020—1999 的主要差异为:

　　——名称修改为《工业用丁二烯中特丁基邻苯二酚(TBC)的测定》;

　　——把测量过程中的参比液统一为蒸馏水。

　　本标准高效液相色谱法与 GB/T 12702—1999 的主要差异为:

　　——名称修改为《工业用丁二烯中特丁基邻苯二酚(TBC)的测定》;

　　——对原来色谱条件中的色谱柱规格及填料粒径作了修改。

　　本标准的附录 A 为资料性附录。

　　本标准由中国石油化工集团公司提出。

　　本标准由全国化学标准化技术委员会石油化学分会(SAC/TC 63/SC 4)归口。

　　本标准起草单位:中国石油化工股份有限公司上海石油化工研究院。

　　本标准主要起草人:庄海青。

　　本标准所代替标准的历次版本发布情况为:

　　——GB/T 6020—1985 ,GB/T 6020—1999;

　　——GB/T 12702—1990,GB/T 12702—1999。

工业用丁二烯中特丁基邻苯二酚
(TBC)的测定

1 范围

1.1 本标准规定了工业用丁二烯中特丁基邻苯二酚[即 4-(1,1 二甲基乙基)-1,2-苯二酚]测定的分光光度法和高效液相色谱法。本标准分光光度法适用的测定范围为 1 mg/kg～300 mg/kg,高效液相色谱法适用的测定范围为 1 mg/kg～250 mg/kg。

1.2 本标准并不是旨在说明与其使用有关的所有安全问题。因此,使用者有责任采取适当的安全与防护措施,保证符合国家有关法规的规定。

2 规范性引用文件

下列文件中的条款通过本标准的引用而成为本标准的条款。凡是注明日期的引用文件,其随后所有的修改单(不包括勘误的内容)或修订版均不适用于本标准,然而,鼓励根据本标准达成协议的各方研究是否可使用这些文件的最新版本。凡是不注明日期的引用文件,其最新版本适用于本标准。

GB/T 8170 数值修约规则

GB/T 6682 分析实验室用水规格和试验方法(GB/T 6682—2008,ISO 3639:1987,MOD)

GB/T 13290 工业用丙烯和丁二烯液体采样法

3 分光光度法

3.1 方法提要

丁二烯经蒸发后,将剩余残渣用水溶解,并加入过量的三氯化铁。在 425 nm 波长处,用分光光度计测定黄色络合物的吸光度,并以校准曲线法测定 TBC 的含量。

3.2 试剂与材料

本方法所用试剂均为分析纯试剂,水为符合 GB/T 6682 规定的三级水要求。

3.2.1 乙醇:95%(体积分数)。

3.2.2 盐酸(密度 1.19 g/mL)。

3.2.3 三氯化铁溶液:称取 20.0 g 三氯化铁($FeCl_3 \cdot 6H_2O$),用 95% 乙醇(3.2.1)溶解后移入 1 000 mL 容量瓶中,加入 9.2 mL 盐酸(3.2.2),用 95% 乙醇稀释至刻度。

3.2.4 特丁基邻苯二酚(TBC)标准溶液:

3.2.4.1 6.7 mg/mL 的 TBC 标准溶液:称取 0.67 g TBC(精确至 0.000 1 g),溶于 10 mL 95% 乙醇中,移入 100 mL 容量瓶中,加水稀释到刻度。此溶液不稳定,须临用前配制。

3.2.4.2 0.67 mg/mL 的 TBC 标准溶液:将 6.7 mg/mL 的 TBC 标准溶液以水稀释 10 倍,混匀。此溶液不稳定,须临用前配制。

注意:TBC 具有潜在危害,可引起皮肤不适或灼伤,可通过皮肤吸收,可能对呼吸系统产生危害,吞咽后可能造成致命危害。应避免碰到眼睛,否则将灼伤眼组织、损伤视力。使用时应注意通风,应贮存于易燃液体存放的区域。

3.3 仪器

3.3.1 分光光度计:备有 1 cm 吸收池。

3.3.2 水银温度计:棒状,温度范围(−30～80)℃,最小分度值1℃。

3.3.3 一般实验室仪器和设备。

3.4 采样

按 GB/T 13290 规定的技术要求采取样品。

3.5 分析步骤

3.5.1 校准曲线的绘制

按照表1给定体积用5 mL吸量管吸取TBC标准溶液(3.2.4.1)或者TBC标准溶液(3.2.4.2),分别注入7个100 mL或50 mL容量瓶中。加水至约90 mL或40 mL,加三氯化铁溶液(3.2.3)5.0 mL或1.0 mL,并用水稀释至刻度,混匀。静置5 min后,以水为参比,在425 nm波长处,用分光光度计测定溶液的吸光度。

将上述各标准溶液的吸光度减去试剂空白的吸光度,以标准溶液中的TBC质量为横坐标,以对应的净吸光度为纵坐标,绘制校准曲线。

表 1 分光光度法校准曲线体积与浓度对应表

试样中 TBC 质量范围/mg		0～20.10		0～3.350 [a]	
TBC 用量	TBC 标准溶液(3.2.4.1)体积/mL	对应的 TBC 质量/mg	TBC 标准溶液(3.2.4.2)体积/mL	对应的 TBC 质量/mg
	0	0	0	0
	0.50	3.35	0.50	0.335
	1.00	6.70	1.00	0.670
	1.50	10.05	2.00	1.340
	2.00	13.40	3.00	2.010
	2.50	16.75	4.00	2.680
	3.00	20.10	5.00	3.350
稀释体积/mL	100		50	
加入三氯化铁溶液体积/mL	5.0		1.0	

[a] 当试液中的 TBC 质量在 0～3.350 mg 范围时,应采用该系列的校准曲线。

3.5.2 试样测定

3.5.2.1 样品的制备

用冷至−20 ℃的量筒取100 mL±1 mL丁二烯样品,用温度计测定液态试样的温度,精确至1℃。将样品倒入250 mL的锥形瓶中,放入通风柜中,在室温下蒸发,然后在水浴上蒸发至完全。

在锥形瓶中加入30 mL水,加盖摇匀。用预先湿润的低灰、快速滤纸过滤此溶液,重复洗涤两次以上,每次都用30 mL的水,将洗涤液并入100 mL容量瓶中,加5.0 mL三氯化铁溶液,并用水稀释至刻度,混匀。

注意:丁二烯为易燃气体,暴露于空气中时可形成易爆的过氧化物,若吸入对身体有害,对眼睛、皮肤和呼吸道黏膜均有刺激性损害。

3.5.2.2 样品的测定

在加入三氯化铁溶液后静置5 min,以水为参比,用分光光度计测定样品溶液的吸光度值。

同时做试剂空白,样品吸光度减去试剂空白的吸光度,其差值即为净吸光度。

3.6 结果计算

3.6.1 计算

在校准曲线上,根据3.5.2.2测得的净吸光度计算 TBC 的含量(mg),然后按式(1)计算试样中 TBC 的含量:

$$w = \frac{m \times 1\,000}{V \times \rho} \quad \cdots\cdots\cdots\cdots\cdots\cdots\cdots\cdots\cdots\cdots\cdots\cdots\cdots (1)$$

式中:

w——丁二烯中 TBC 的含量,单位为毫克每千克(mg/kg);

m——校准曲线上查得的 TBC 质量,单位为毫克(mg);

V——试样体积,单位为毫升(mL);

ρ——试样在某温度下的密度(见表2),单位为克每毫升(g/mL)。

表 2　丁二烯温度与密度对照表

温度/℃	密度/(g/mL)	温度/℃	密度/(g/mL)
−45	0.698 5	−20	0.668 1
−40	0.690 3	−15	0.662 5
−35	0.681 8	−10	0.656 8
−30	0.679 3	−5	0.651 0
−25	0.673 7	0	0.645 2

3.6.2 分析结果的表述

取两次重复测定结果的算术平均值作为分析结果。测定结果按 GB/T 8170 的规定进行修约,精确至 0.1 mg/kg。

3.7 精密度

3.7.1 重复性

在同一实验室,由同一操作者使用同一仪器,按相同的测试方法,并在短时间内对同一被测对象相互独立进行测试获得的两次独立测试结果的绝对值,不应超过表3重复性限(r),超过重复性限(r)的情况不超过5%。

表 3　分光光度法的重复性

TBC 含量范围/(mg/kg)	重复性限 r/(mg/kg)
50～300	12
<50	8

4　高效液相色谱法

4.1 方法提要

将试样与间硝基酚溶液(内标)混合,在室温下待丁二烯蒸发后,残余溶液经反相高效液相色谱分离和紫外检测器(波长 280 nm)检测,测量物质的色谱峰面积或峰高,以内标法测定 TBC 的含量。

4.2 试剂与材料

除非另有说明,本方法所用试剂均为分析纯试剂,水为符合 GB/T 6682 规定的二级水要求。

4.2.1 甲醇,HPLC 级。

4.2.2 氯仿。

4.2.3 TBC[即 4-(1,1 二甲基乙基)-1,2-苯二酚],25 g/L 氯仿溶液。

4.2.4 间硝基酚,25 mg/L 水溶液。

4.2.5 乙酸。

4.3 仪器

4.3.1 微量注射器:容积为 $10\mu L$,$25\mu L$,$50\mu L$ 和 $100\mu L$。

4.3.2 高效液相色谱仪:所用的高效液相色谱仪应符合下列要求,且在检测波长处对浓度为 10 mg/L TBC 所产生的峰高应至少为噪声水平的两倍。

4.3.2.1 输液泵:高压平流泵,其流量范围一般为 0.1 mL/ min ～9.9 mL/ min,工作压力一般为 0 MPa ～40 MPa,压力脉动应小于 $\pm 1\%$。

4.3.2.2 进样装置:配有 $20\mu L$ 定量管的高效液相色谱手动进样阀或自动进样装置。

4.3.2.3 检测器:紫外(UV)检测器,检测波长为 280 nm

4.3.3 色谱柱:不锈钢材质,长 150 mm,内径 4.6 mm。固定相为十八烷基化学键合相型硅胶,粒度为 $5\mu m$。或者能满足分离和定量的其他规格色谱柱。

4.3.4 流动相:V(甲醇):V(水):V(乙酸)＝67:32:1(体积比),流量为 1.0 mL/ min ～1.5 mL/ min。

4.3.5 一般实验室仪器和设备。

4.4 分析步骤

4.4.1 校准曲线的绘制

4.4.1.1 配制标准溶液

在 6 个 50 mL 具塞锥形烧瓶中分别加入 25.0 mL 间硝基酚溶液(4.2.4),然后用注射器按表 4 所示体积逐个加入相应量的 TBC 标准溶液(4.2.3),摇匀。

表 4 TBC 标准溶液体积与浓度对应表

TBC 标准溶液(4.2.4)体积/μL	标准溶液中 TBC 浓度/(mg/L)
0	0
10	10
25	25
50	50
100	100
150	150

4.4.1.2 校准

用注射器将上述配制的标准溶液逐一充满进样阀的样品定量管,并注入色谱仪,记录所得到的 TBC 和间硝基酚的色谱峰面积(或峰高)。

4.4.1.3 绘制校准曲线

以 TBC 浓度(mg/L)为横坐标,以 TBC-间硝基酚的峰面积(或峰高)比值为纵坐标,绘制校准曲线。

4.4.2 试验溶液的准备

将长 1 m,内径 3 mm 的不锈钢盘管和容量为 25 mL 的玻璃量筒冷却至－20℃ 左右。将盘管与试样钢瓶相连,通过盘管使液态丁二烯流入量筒约 25 mL 左右,准确读取试样体积。测量试样温度,精确至 1℃。然后将此试样倒入已盛有 25 mL 间硝基酚的 50 mL 具塞锥形瓶中,室温下使丁二烯自然挥发。塞上瓶塞,摇匀 1 min。

上述操作应在通风橱中进行,应远离明火,并将钢瓶接地,以防止因静电可能产生的爆炸危险。

4.4.3 测定

用注射器将试验溶液(4.4.2)充满进样阀的样品定量管,并注入色谱仪。记录所得到的 TBC 和间硝基酚的峰面积(或峰高),并计算 TBC-间硝基酚的峰面积(或峰高)的比值。

典型色谱图见图 1。

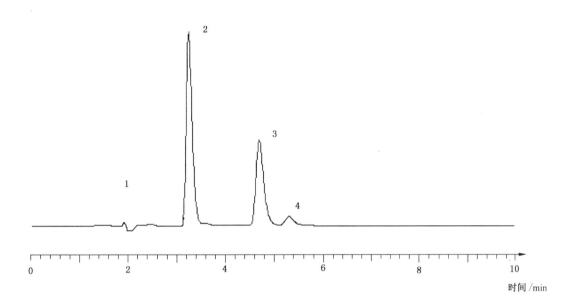

1——溶剂峰;

2——间硝基酚;

3——TBC;

4——TBC 氧化物。

图 1　工业用丁二烯中 TBC 含量测定的典型色谱图

4.5　结果计算

4.5.1　计算

在校准曲线上,根据测定结果(4.4.3),计算试验溶液中的 TBC 含量(mg/L)。然后按式(2)计算试样中 TBC 的含量:

$$w = \frac{\rho_T \times 25}{V \times \rho} \qquad\qquad\cdots\cdots\cdots\cdots\cdots\cdots\cdots\cdots(2)$$

式中:

w——试样中 TBC 的含量,单位为毫克每千克(mg/kg);

ρ_T——试验溶液中 TBC 含量,单位为毫克每升(mg/L);

ρ——试样在 4.4.2 所测得温度时的密度(见表 2),单位为克每毫升(g/mL);

V——实际取样量,单位为毫升(mL)。

4.5.2　分析结果的表述

取二次重复测定结果的算术平均值作为分析结果。其数值按 GB/T 8170 的规定进行修约,精确至 0.1 mg/kg。

4.6　重复性

在同一实验室,由同一操作者使用相同设备,按相同的测试方法,并在短时间内对同一被测对象相互独立进行测试获得的两次独立测试结果的绝对值,不应超过表 5 重复性限(r),超过重复性限(r)的情况不超过 5%。

表 5　液相色谱法的重复性

TBC 含量范围/(mg/kg)	重复性限 r
≤250	为其平均值的 3.8%

5　报告

报告应包括下列内容：

a)　有关样品的全部资料,例如样品名称、批号、采样地点、采样日期、采样时间等。

b)　本标准编号。

c)　分析结果。

d)　测定中观察到的任何异常现象的细节及其说明。

e)　分析人员的姓名及分析日期等。

附　录　A
（资料性附录）

本标准章条编号与 ASTM D1157:1991(2004)章条编号对照

表 A.1 给出了本标准章条编号与 ASTM D1157:1991(2004)章条编号对照一览表。

表 A.1　本标准章条编号与 ASTM D1157:1991(2004)章条编号对照

本标准章条编号	ASTM D1157:1991(2004)章条编号
1	1.1、1.3
2	2
3.1	3
—	4
3.2	6
3.3	5
3.4	7
3.5.1	8
3.5.2	9.1
3.6	10
3.7	11
4	—
5	—
	12

ICS 71.080.10
G 15

中华人民共和国国家标准

GB/T 6022—2008
代替 GB/T 6022—1999

工业用丁二烯液上气相中氧的测定

Butadiene for industrial use—Determination of oxygen in
gaseous phase above liquid butadiene

2008-06-19 发布

2009-02-01 实施

中华人民共和国国家质量监督检验检疫总局
中国国家标准化管理委员会 发布

前　言

本标准代替 GB/T 6022—1999《工业用液态丁二烯液上气相中氧的测定　气相色谱法》。

本标准与 GB/T 6022—1999 相比主要变化如下：

——名称修改为《工业用丁二烯液上气相中氧的测定》；

——增加了薄膜覆盖电池电化学法测定丁二烯液上气相中的氧含量；

——增加了 3.5.2 气相色谱法测定流程图；

——3.5.3 中柱温由原来的 15 ℃～25 ℃ 改为了 25 ℃～50 ℃；

——标准气中的底气由原来的氩气改为氮气或氩气；

——丁二烯液上气相氧的采样方法修改为 GB/T 6681 中规定的方法。

本标准由中国石油化工集团公司提出。

本标准由全国化学标准化技术委员会石油化学分技术委员会(SAC/TC 63/SC 4)归口。

本标准主要起草单位:中国石化扬子石油化工有限公司。

本标准主要起草人:史春保、陆海萍。

本标准所代替标准的历次版本发布情况为:GB/T 6022—1999。

工业用丁二烯液上气相中氧的测定

1 范围

1.1 本标准规定了测定工业用丁二烯液上气相中氧含量的气相色谱法和薄膜覆盖电池电化学法,气相色谱法测定范围为 100 mL/m³ ～ 5 000 mL/m³,薄膜覆盖电池电化学法测定范围为 1 mL/m³ ～ 5 000 mL/m³。

1.2 本标准并没有说明与使用有关的所有安全问题。因此,使用者有责任采取适当的安全与健康措施,保证符合国家有关法规的规定。

2 规范性引用文件

下列文件中的条款通过本标准的引用而成为本标准的条款。凡是注日期的引用文件,其随后所有的修改单(不包括勘误的内容)或修订版均不适用于本标准,然而,鼓励根据本标准达成协议的各方研究可使用这些文件的最新版本。凡是不注日期的引用文件,其最新版本适用于本标准。

GB/T 3723 工业用化学产品采样安全通则(GB/T 3723—1999,idt ISO 3165:1976)

GB/T 6681 气体化工产品采样通则

GB/T 8170 数值修约规则

3 气相色谱法

3.1 方法概要

气体试样通过进样装置注入色谱仪,并被载气带入预分离柱,烃类组分被预分离柱吸附后,反吹预分离柱,将烃类组分放空。其余组分进入分离柱分离,用热导检测器检测。由于在环境温度下氧与氩在分离柱上不被分离,因此采用氩气作载气,使样品中的氩在热导池上不产生响应。将得到的氧色谱峰面积与从标准样品得到的氧色谱峰面积相比较,从而测定试样中的氧含量。

3.2 试剂和材料

3.2.1 载气

氩气:纯度不小于99.99%(体积分数),氧含量不大于0.002%(体积分数),不含有机杂质、水及二氧化碳。

3.2.2 制备标准样品用气体

氮气或氩气:纯度不小于99.999%(体积分数),氧含量不大于2 mL/m³。

氧气:纯度不小于99.99%(体积分数)。

3.2.3 系列氧标准气:氧含量为50 mL/m³～5 000 mL/m³,底气为氮气或氩气(3.2.2)。

3.2.4 色谱柱固定相

活性炭(色谱用):粒径0.17 mm～0.25 mm(60 目～80 目);

5A 分子筛(色谱用):粒径0.17 mm～0.25 mm(60 目～80 目)。

3.3 仪器和设备

3.3.1 气相色谱仪:具有气体定量进样装置、反吹装置及热导检测器的气相色谱仪,该仪器在本标准给定的操作条件下产生的峰高,至少要大于仪器噪声的两倍。

3.3.2 定量管:1 mL 或 5 mL。

3.3.3 预分离柱

固定相:活性炭(3.2.4);

柱管:不锈钢,长 1 m,内径 4 mm。

3.3.4 分离柱

固定相:5A 分子筛(3.2.4);

柱管:不锈钢,长 2 m,内径 4 mm;

5A 分子筛的活化:将 5A 分子筛用蒸馏水洗涤去尘,置入烘箱加热至 120 ℃,恒温 4 h,装柱。在氩气流下(约 100 mL/min)将分离柱升温至 310 ℃~320 ℃,恒温 1 h~4 h,以除去水、二氧化碳及痕量有机物。活化时间取决于分子筛吸湿量。

3.3.5 记录装置:电子积分仪或色谱工作站。

3.3.6 气体进样阀。

3.3.7 反吹装置:六通阀。

3.4 采样

按照 GB/T 3723 和 GB/T 6681 规定的方法采取丁二烯液上气相样品。

3.5 测定步骤

3.5.1 仪器准备

用不锈钢毛细管将下列部件按顺序相连:色谱仪汽化室出口、预分离柱、反吹装置、分离柱、色谱仪热导池入口。连接处不得漏气,连接用不锈钢毛细管应尽可能短,其外部应用保温材质保温。

3.5.2 仪器流程图(见图 1)

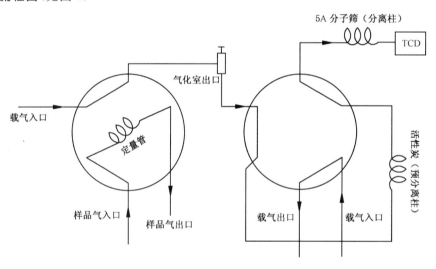

图 1 气相色谱法仪器流程图

3.5.3 设定操作条件

根据仪器操作说明书,在色谱仪中老化色谱柱。然后调节仪器至表 1 所示的操作条件,待仪器稳定后即可开始测定。其他能达到同等分离程度的操作条件也可使用。

表 1 推荐的典型操作条件

柱温/℃		25~50(恒定在±1 ℃)
流速/(mL/min)		30
气化室温度/℃		50
检测器温度/℃		200
定量管	氧含量高于 2 000 mL/m³	1 mL
	氧含量低于 2 000 mL/m³	5 mL

3.5.4 校正

在推荐的操作条件下,用气体进样阀注入与待测试样中氧含量相近的标准样品(3.2.3),得到相应的氧的峰面积。

3.5.5 测定

取与标准样品相同体积的试样,用气体进样阀注入色谱仪,测定并记录试样中氧的峰面积,并与标准样品比较。

3.5.6 计算

样品中氧含量按式(1)计算:

$$\rho_i = \rho_E \times \frac{A_i}{A_E} \qquad\qquad\qquad\cdots\cdots\cdots\cdots\cdots\cdots\cdots\cdots\cdots\cdots\cdots(1)$$

式中:

ρ_i——样品中氧含量,单位为毫升每立方米(mL/m³);

ρ_E——标准样品氧含量,单位为毫升每立方米(mL/m³);

A_i——样品中氧相应峰面积;

A_E——标准样品中氧相应峰面积。

3.5.7 典型色谱图(见图2)

1——氧气;

2——氮气。

图 2 典型色谱图

3.6 结果的表示

样品中的氧含量,用两次重复测定值的算术平均值表示,按 GB/T 8170 修约,精确至 1 mL/m³。

3.7 重复性限

在同一实验室,由同一操作者使用相同设备,按相同的测试方法,并在短时间内对同一被测对象相互独立进行测试获得的两次独立测试结果的差值,不应超过表2重复性限(r),以超过重复性限(r)的情况不超过 5% 为前提。

表 2 气相色谱法分析样品中氧含量的重复性

样品含氧量/(mL/m³)	重复性/(mL/m³)
<200	10
200～<1 000	25
1 000～<2 000	40
2 000～<5 000	50

4 薄膜覆盖电池电化学法

4.1 方法概要

当气体以恒定速率流经装有原电池(燃料电池)的测量室时,气体中的氧分子扩散透过原电池表面覆盖的聚合物薄膜,在不活泼金属制成的阴极发生还原反应,氧分子从外电路得到电子:

$$O_2 + 2H_2O + 4e = 4OH^-$$

同时铅阳极被含水胶状电解质中的 KOH 腐蚀发生氧化反应,向外电路输出电子:

$$2OH^- + Pb = PbO + H_2O + 2e$$

原电池总反应为:

$$2Pb + O_2 = 2PbO$$

外电路电流的大小与气体中氧的分压成比例,即在总压恒定下,电流与气体中氧的浓度成比例。

4.2 试剂与材料

4.2.1 制备标准样品用气体

氮气或氩气:纯度不小于 99.999%(体积分数),氧含量不大于 2 mL/m^3。

氧气:纯度不小于 99.99%(体积分数)。

4.2.2 系列氧标准气:氧含量为 $50 \text{ mL/m}^3 \sim 5\,000 \text{ mL/m}^3$,底气为氮气或氩气。

4.2.3 压缩空气:无油、干燥。

4.3 仪器

4.3.1 测氧仪:用于测定气体样品,由检测电池和放大器组成。检测电池的外部无极性;放大器用于温度补偿和指示电池的电流变化。仪器的检测限小于 1 mL/m^3。

4.3.2 原电池:阴极构造为银、金、铂等不活泼金属;阳极构造为铅或锌。保证电池中含有的胶状电解液处于湿润状态。

4.3.3 流量计:$100 \text{ mL/min} \sim 1 \text{ L/min}$;

4.3.4 螺旋不锈钢管:内径 3 mm,长 5 m;

4.3.5 增湿器:容器中装有塑料筒,其上绕有长 1 m、内径 1 mm 的硅胶管;

4.4 采样

采样步骤同 3.4,薄膜覆盖电池电化学法可用于现场检测。

4.5 测定步骤

4.5.1 仪器组装

依次连接样品或标准气源、流量调节阀、测氧仪,连接管线均为不锈钢管,测氧仪出口接一根 50 cm 长、3 mm 内径不锈钢管,然后再以适当方式连接至流量计。

4.5.2 仪器流程图(见图 3)

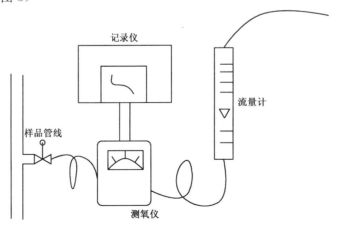

图 3 测氧仪仪器流程图

4.5.3 测量装置的检查

在正式测定以前,应检查连接管线和接头是否存在渗漏。将气体流速提高到正式测定所采用的气体流速的两倍,测氧仪的读数应观察不到明显的变化,否则说明测量装置存在渗漏。

4.5.4 校正

按仪器使用说明书用大气或适当氧含量的标准气体校正仪器,大气或标准气体的流速应与测定样品时采用的气体流速一致。

4.5.5 样品测定

按 4.5.1 所述组装仪器,并按仪器使用说明准备仪器和调整工作参数。以给定的流速导入气态样品,样品气的流速以测氧仪能获得稳定的读数为宜,读数稳定时间不小于 2 min。

为保持仪器良好的工作状态,定期用经增湿器增湿的氮气流以 1 L/h~2 L/h 的流速流经测量池以保持原电池胶状电解质的水分。在测定前后,用高纯氮气以较低的流速冲洗测量室。

4.6 结果的表示

样品中的氧含量,用两次重复测定值的算术平均值表示,按 GB/T 8170 修约,精确至 1 mL/m³。

4.7 重复性限

在同一实验室,由同一操作者使用相同设备,按相同的测试方法,并在短时间内对同一被测对象相互独立进行测试获得的两次独立测试结果的差值,不应超过表 3 重复性限(r),超过重复性限(r)的情况不超过 5%。

表 3 薄膜覆盖电池电化学法测定样品氧含量的重复性

样品含氧量/(mL/m³)	重复性/(mL/m³)
<200	10
200~<1 000	20
1 000~<5 000	50

5 报告

报告应包括如下内容:

a) 有关样品所需的所有资料,例如样品名称、批号、采样地点、采样日期、采样时间等;

b) 本标准的编号;

c) 标准样品中的氧含量;

d) 测定结果;

e) 分析人员的姓名和分析日期等;

f) 在测定期间观察到的任何异常情况的详细记录。

ICS 71.080.10
G 15

中华人民共和国国家标准

GB/T 6023—2008
代替 GB/T 6023—1999

工业用丁二烯中微量水的测定
卡尔·费休库仑法

Butadiene for industrial use—
Determination of trace water—
Coulometric Karl Fischer method

2008-06-19 发布

2009-02-01 实施

中华人民共和国国家质量监督检验检疫总局
中国国家标准化管理委员会 发布

前　言

本标准代替 GB/T 6023—1999《工业用丁二烯中微量水的测定 卡尔·费休库仑法》。

本标准与 GB/T 6023—1999 相比主要变化如下：

——检测范围由"(10～500)mg/kg"改为"(5～500)mg/kg"；

——增加了采用闪蒸仪气化样品的内容；

——取消了进样钢瓶，改用采样钢瓶直接进样。

本标准由中国石油化工集团公司提出。

本标准由全国化学标准化技术委员会石油化学分会(SAC/TC 63/SC 4)归口。

本标准由中国石油化工股份有限公司上海石油化工研究院起草。

本标准主要起草人：王川、李唯佳。

本标准所代替标准的历次版本发布情况为：

——GB 6023—1985、GB/T 6023—1999。

工业用丁二烯中微量水的测定
卡尔·费休库仑法

1 范围

1.1 本标准规定了用卡尔·费休库仑法测定工业用丁二烯中微量水的含量。

本标准适用于工业用丁二烯及其他碳四烯烃中微量水的测定,测定范围为(5~500)mg/kg。

1.2 本标准并不是旨在说明与其使用有关的所有安全问题。因此,本标准的使用者应有责任事先建立适当的安全与防护措施,并确定适当的规章制度。

2 规范性引用文件

下列文件中的条款通过本标准的引用而成为本标准的条款。凡是注日期的引用文件,其随后所有的修改单(不包括勘误的内容)或修订版均不适用于本标准,然而,鼓励根据本标准达成协议的各方研究是否可使用这些文件的最新版本。凡是不注日期的引用文件,其最新版本适用于本标准。

GB/T 2366—1986 化工产品中水分含量的测定 气相色谱法

GB/T 8170 数值修约规则

GB/T 13290 工业用丙烯和丁二烯液态采样法

3 方法提要

被测样品流经专用气化装置完全气化,在通过卡尔·费休库仑分析仪的电解池时,气化样品中的水与卡尔·费休试剂中的碘、二氧化硫在有机碱(如吡啶)和甲醇存在下,发生下列反应:

$$H_2O + I_2 + SO_2 + CH_3OH + 3RN \longrightarrow (RNH)SO_4CH_3 + 2(RNH)I$$

消耗的碘由含有碘离子的阳极电解液电解补充:

$$2I^- \longrightarrow I_2 + 2e$$

反应所需碘的量与通过电解池的电量成正比,因此,记录电解所消耗的电量,根据法拉第电解定律,即可求出试样中的水含量。

4 试剂和材料

4.1 弹性石英毛细管:内径(0.20±0.01)mm,长(1.5±0.1)m;

4.2 微量注射器:100 μL;

4.3 医用注射针:9号;

4.4 压紧螺帽;

4.5 不锈钢卡套:中间开孔,孔径1.5 mm;

4.6 密封垫:硅橡胶;

4.7 塑料隔垫:聚四氟乙烯,中间开孔,孔径1.5 mm;

4.8 苯-水平衡溶液:按照GB/T 2366—1986中5.2.1配制;

4.9 卡尔·费休库仑法电解液(阴极液、阳极液);

4.10 乙二醇:水的质量分数不大于0.05%;

4.11 氮气:纯度(体积分数)不低于99.995%。

5 仪器和设备

5.1 卡尔·费休库仑仪:检测限应不高于 10 μg;

5.2 电子天平:a) 感量 0.1 g 或 0.01 g,称量范围应满足 5.5 钢瓶称重的要求;

                b) 感量 0.1 mg,称量范围(0～160)g;

5.3 鼓风干燥箱;

5.4 水浴;

5.5 进样钢瓶:容积不低于 500 mL,符合 GB/T 13290 规定,内壁应予抛光;

5.6 闪蒸仪:带有质量流量计。

6 采样

采样前钢瓶(5.5)应保持清洁和干燥。按 GB/T 13290 的技术要求采取液态样品。

注:已清洁的钢瓶可置于温度为 110 ℃ 的鼓风干燥箱中,并通氮气(4.11)30 min 以获得更佳的干燥效果。

7 分析准备

7.1 按仪器使用说明书准备仪器,在电解池中装入卡尔·费休阴极液和阳极液(4.9),液面略低于电解池进样口。

注:可在阳极液中加入适量的乙二醇(如总体积的 10%),以促进样品中微量水的吸收。

7.2 开启仪器并进行空白滴定,使之处于准备进样状态。

7.3 卡尔·费休库仑仪性能检查:用微量注射器(4.2)吸取(50～60)μL 苯-水平衡溶液(4.8)注入电解池中进行滴定。用电子天平(5.2b)以差减法准确称量所加入的苯-水平衡溶液。重复测定两次,计算其平均含水量(两次测定结果之差应不超过其平均值的 5%),该值与苯-水平衡溶液理论含水量(见GB/T 2366—1986 中表1)的相对误差应不超过 ±10%。

7.4 进样钢瓶取样后,静置至室温,擦干表面的冷凝水,并确保与毛细管连接的出气口的腔体充分干燥。

8 测定步骤

8.1 毛细管气化法

8.1.1 按图 1 所示组装进样钢瓶(5.5)、钢瓶支架、电子天平(5.2a)、石英毛细管(4.1)、卡尔·费休库仑仪(5.1)。将毛细管(4.1)盘成圆环状,毛细管一端插入医用注射针(4.3)内,并依次插入压紧螺帽(4.4)、不锈钢卡套(4.5)、密封垫(4.6)和塑料隔垫(4.7),然后与进样钢瓶出气口连接(见图1),连好后拔出注射针,使毛细管留在密封垫内。将毛细管另一端插入医用注射针(4.3)内,一同插入卡尔·费休库仑仪电解池进样口的橡胶隔垫,毛细管口保持在阳极液面上,拔出注射针,使毛细管留在进样口的橡胶隔垫内。

注:若环境温度低于 25 ℃ 会影响样品的气化效果,此时可将毛细管盘管浸入(25～35)℃ 水浴中。

8.1.2 打开进样钢瓶出气口阀门,使品流出气化,吹扫进样系统至少 30 min,将电解池一端的毛细管口插入到电解池底部,继续吹扫 5 min 后,关闭钢瓶阀门。

8.1.3 根据进样时间设置水分仪的延时时间,水分仪进入测定状态后,用电子天平(5.2a)准确称量进样钢瓶重量。开启钢瓶阀门进样,进样量按表1进行控制,进样后关闭钢瓶阀门,启动水分仪进行滴定。进样完成后,将进样钢瓶再次准确称量,二次称量之差即为试样质量。滴定完毕,记录所测得的水分含量。

表 1 毛细管气化法进样控制要求

样品含水量/(mg/kg)	进样量/g
5～20	5～10
>20	3～5

8.2 闪蒸仪气化法

8.2.1 按仪器说明书要求组装进样钢瓶(5.5)和闪蒸仪(5.6),用洁净的聚乙烯管连接闪蒸仪气体出口和卡尔·费休库仑仪(5.1)的滴定池,将聚乙烯管插入滴定池底部。设置闪蒸仪气化温度为 100 ℃,进样速度为 2 L/min。

注:闪蒸仪附带的质量流量计均以氮气为基础进行校准和显示,本节中所涉及的体积设定也均指以氮气为基础的表观数值。

8.2.2 打开进样钢瓶出气口阀门,使样品流经闪蒸仪,采用至少 30 L 样品气吹扫进样系统。

8.2.3 根据表 2 设置闪蒸仪进样体积,并设置水分仪的延时时间。水分仪进入测定状态后,开启闪蒸仪进样,进样结束后启动水分仪进行滴定。滴定完毕,记录所测得的水分含量。

表 2 闪蒸仪气化法进样控制要求

样品含水量/(mg/kg)	进样量(以氮气为基准)/L
5～20	5～10
>20	5

9 结果计算

9.1 毛细管气化法

以质量分数(mg/kg)表示样品中的水分含量(w_1),并按式(1)进行计算:

$$w_1 = \frac{m_1}{m} \qquad \cdots\cdots\cdots\cdots\cdots\cdots\cdots\cdots (1)$$

式中:

m_1——仪器显示的水分绝对值,单位为微克(µg);

m——样品质量,单位为克(g)。

9.2 闪蒸仪气化法

以质量分数(mg/kg)表示样品中的水分含量(w_2),并按式(2)进行计算:

$$w_2 = \frac{m_1}{V\rho n} = \frac{22.4 \times m_1}{VMn} \qquad \cdots\cdots\cdots\cdots\cdots\cdots (2)$$

式中:

m_1——仪器显示的水分绝对值,单位为微克(µg);

V——进样表观体积,单位为升(L);

　　ρ——样品在 0 ℃、101 325 Pa 条件下的密度,单位为克每升(g/L);

　　M——样品的相对分子质量;

　　n——样品以氮气为基础的质量流量计转换系数(由闪蒸仪仪器制造商提供)。

9.3　取两次重复测定结果的算术平均值作为分析结果,并按 GB/T 8170 的规定修约至 0.1 mg/kg。

10　重复性

　　在同一实验室,由同一操作者使用相同设备,按相同的测试方法,并在短时间内对同一被测对象相互独立进行测试获得的两次独立测试结果的绝对差值不应超过表 3 列出的重复性限(r),以超过重复性限(r)的情况不超过 5% 为前提。

表 3　重复性

含量/(mg/kg)	重复性/(mg/kg)
≤20	3
>20~≤50	5
>50~≤200	10
>200~≤500	20

11　报告

　　报告应包括以下内容:

　　a)　有关样品的全部资料,例如样品名称、批号、采样地点、采样日期、采样时间等;

　　b)　本标准的编号和测定方法;

　　c)　测定结果;

　　d)　测定中观察到的任何异常现象的细节及说明;

　　e)　分析人员的姓名和分析日期等。

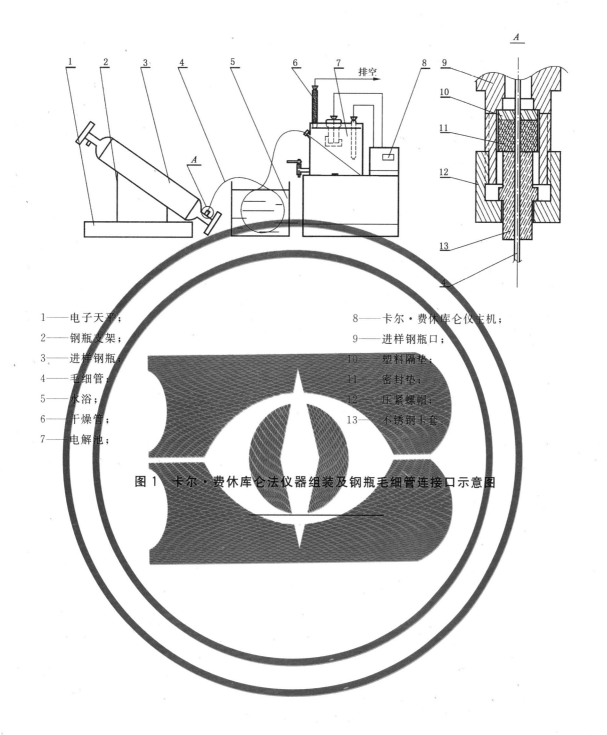

1——电子天平； 8——卡尔·费休库仑仪主机；

2——钢瓶支架； 9——进样钢瓶口；

3——进样钢瓶； 10——塑料隔垫；

4——毛细管； 11——密封垫；

5——水浴； 12——压紧螺帽；

6——干燥管； 13——不锈钢卡套。

7——电解池；

图1 卡尔·费休库仑法仪器组装及钢瓶毛细管连接口示意图

前　　言

本标准采用容量法测定丁二烯中的微量胺,本次对 GB/T 6025—1985《工业用丁二烯中微量胺的测定》进行了复审和修订,并按数理统计方法确定了 95％置信水平条件的精密度(重复性)。

本标准自实施之日起代替 GB/T 6025—1985。

本标准由国家石油和化学工业局提出。

本标准由北京化工研究院归口。

本标准由北京燕山石油化学工业公司胜利化工厂负责起草。

本标准主要起草人:张惠峰、曾兰筠。

本标准于 1985 年 5 月 24 日首次发布,于 1999 年由北京燕化石油化工股份有限公司合成橡胶厂俞培富,赵晓钟进行了复审和修订。

中华人民共和国国家标准

GB/T 6025—1999

工业用丁二烯中微量胺的测定

代替 GB/T 6025—1985

Butadiene for industrial use—Determination of trace amine

1 适用范围

本标准规定用容量法测定工业用丁二烯中胺的含量。

本标准适用于二甲基甲酰胺(DMF)抽提法生产的丁二烯中微量胺的测定。测定范围为 0.2～5.0 mg/kg。

2 引用标准

下列标准所包含的条文,通过在本标准中的引用而构成为本标准的条文。本标准出版时,所示版本均为有效。所有标准都会被修订,使用本标准的各方应探讨使用下列标准最新版本的可能性。

GB/T 601—1988 化学试剂 滴定分析(容量分析)用标准溶液的制备

GB/T 3723—1983 工业用化学产品采样安全通则(eqv ISO 3165:1976)

GB/T 8170—1987 数值修约规则

3 方法提要

在耐压瓶中用蒸馏水萃取丁二烯中的胺,取其萃取液,以中性红-溴百里酚蓝为指示剂,用盐酸标准溶液滴定,测定以氨计的胺含量。

4 试剂

4.1 盐酸标准溶液(0.01 mol/L):按 GB/T 601 配制和标定 0.1 mol/L 标准溶液,临用前稀释使用。

4.2 混合指示剂:1 份 0.1%中性红乙醇溶液和 1 份 0.1%溴百里酚蓝乙醇溶液混合。

5 仪器设备

5.1 耐压玻璃瓶(见图1):材质为 1～1.5 mm 的硬质玻璃,容积为 250 mL,耐压不小于 1 MPa,外缠尼龙带以保安全。外螺纹接头与瓶口用环氧树脂粘结,瓶上标有刻度。

5.2 天平:称量 500 g,感量 50 mg。

5.3 两通针:6～9 号麻醉长针头制成。

5.4 锥形瓶:250 mL。

5.5 玻璃注射器:50 mL。

5.6 微量滴定管:容量 2 mL,分度值 0.02 mL。

国家质量技术监督局 1999-08-10 批准　　　　　　　　　　　　　　2000-06-01 实施

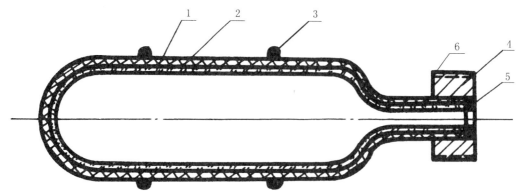

1—瓶壳;2—缠绕层(尼龙带);3—保护圈(乳胶管);4—外螺纹接头;5—垫圈(橡胶);6—螺帽

图 1 耐压玻璃瓶

6 操作步骤

用玻璃注射器往耐压瓶中注入 50 mL 蒸馏水(使用前煮沸冷却或调至中性),在天平上称量。用两通针从密闭取样口取至预先标号的刻度(丁二烯为 50 g±2 g),再称量,计算出样品量。剧烈振荡瓶内物 4 min,将耐压瓶倒放在管架上,让瓶内物静止分层,然后插入两通针将下层水相放入 250 mL 锥形瓶中,加 2 滴混合指示剂,用盐酸标准溶液(4.1)滴定至玫瑰红色,30 s 不褪为终点。记下消耗盐酸标准溶液的体积(mL)。

注:在压力下,丁二烯是易燃气体,应按 GB/T 3723 的有关安全要求采取样品。

7 计算

丁二烯中胺含量按式(1)计算(以 NH₃ 计):

$$x = \frac{c \cdot V \times 0.017\ 0}{m \times 0.90} \times 10^6 \qquad \cdots\cdots\cdots\cdots\cdots\cdots (1)$$

式中:x——丁二烯中胺的含量,mg/kg;

c——盐酸标准溶液的实际浓度,mol/L;

V——盐酸标准溶液的消耗量,mL;

m——样品量,g;

0.90——萃取率;

0.017 0——与 1.00 mL 盐酸标准溶液 $[c(HCl)=1.000\ mol/L]$ 相当的以克表示的氨的质量。

8 结果的表示

取两次重复测定结果的算术平均值作为分析结果,并按 GB/T 8170 的规定修约至 0.1 mg/kg。

9 精密度

9.1 重复性

在同一实验室,由同一人员操作,用相同的仪器设备对同一样品相继做两次重复测定,其结果之差不应大于 0.8 mg/kg(95%置信水平)。

9.2 再现性

待确定。

10 试验报告

报告包括以下内容:

a) 有关样品的全部资料:例如样品名称、取样日期、取样时间、取样地点等;

b) 测定结果;

c) 在试验中观察到的异常现象;

d) 分析人员姓名及分析日期等;

e) 本标准代号。

ICS 71.080.30
G 17

中华人民共和国国家标准

GB/T 7717.5—2008
代替 GB/T 7717.5—1994、GB/T 7717.6—1994、GB/T 7717.13—1994

工业用丙烯腈
第 5 部分：酸度、pH 值和滴定值的测定

Acrylonitrile for industrial use—
Part 5：Determination of acidity and pH value and
titration value

2008-06-19 发布

2009-02-01 实施

中华人民共和国国家质量监督检验检疫总局
中国国家标准化管理委员会 发布

前　言

GB/T 7717《工业用丙烯腈》预计分为如下几部分：
——第1部分:规格;
——第5部分:酸度、pH值和滴定值的测定;
——第8部分:总醛含量的测定　分光光度法;
——第9部分:总氰含量的测定　滴定法;
——第10部分:过氧化物含量的测定　分光光度法;
——第11部分:铁、铜含量的测定　分光光度法;
——第12部分:纯度及杂质含量的测定　气相色谱法;
——第15部分:对羟基苯甲醚含量的测定　分光光度法。

本部分为GB/T 7717的第5部分。

本部分代替GB/T 7717.5—1994《工业用丙烯腈(5%水溶液) pH值的测定》、GB/T 7717.6—1994《工业用丙烯腈(5%水溶液)滴定值的测定》和GB/T 7717.13—1994《工业用丙烯腈酸度的测定　滴定法》。

本部分与上述三个标准相比主要变化如下:
——将三个标准整合成一个标准,技术内容基本不变;
——名称修改为《工业用丙烯腈　第5部分:酸度、pH值和滴定值的测定》;
——增加了第3章"安全"。

本部分由中国石油化工集团公司提出。

本部分由全国化学标准化技术委员会石油化学分会(SAC/TC 63/SC 4)归口。

本部分起草单位:中国石化上海石油化工股份有限公司。

本部分主要起草人:屈玲娣、唐建忠、陈洪德、周华强、朱青。

本部分所代替标准的历次版本发布情况为:
——GB 7717.5—1987、GB/T 7717.5—1994;
——GB 7717.6—1987、GB/T 7717.6—1994;
——GB 7717.13—1987、GB/T 7717.13—1994。

工业用丙烯腈
第 5 部分：酸度、pH 值和滴定值的测定

1 范围

本部分规定了工业用丙烯腈酸度、pH 值和滴定值的测定方法。

本部分适用于工业用丙烯腈酸度、pH 值和滴定值的测定，酸度的最低检测浓度为 1 mg/kg（以乙酸计）。

2 规范性引用文件

下列文件中的条款通过 GB/T 7717 本部分的引用而成为本部分的条款。凡是注日期的引用文件，其随后所有的修改单（不包括勘误的内容）或修订版均不适用于本部分，然而，鼓励根据本部分达成协议的各方研究是否可使用这些文件的最新版本。凡是不注日期的引用文件，其最新版本适用于本部分。

GB/T 601 化学试剂 标准滴定溶液的制备

GB/T 603 化学试剂 试验方法中所用制剂及制品的制备

GB/T 3723 工业用化学产品采样安全通则（GB/T 3723—1999，idt ISO 3165：1976）

GB/T 6678 化工产品采样总则

GB/T 6680 液体化工产品采样通则

GB/T 6682 分析实验室用水规格和试验方法（GB/T 6682—2008，ISO 3696：1987，MOD）

GB/T 8170 数值修约规则

GB/T 9724 化学试剂 pH 值测定通则

3 安全

3.1 工业用丙烯腈属高度危险品，剧毒且易挥发，能通过皮肤及呼吸道为人体吸收，分析应在通风橱中进行，并为接触丙烯腈人员提供保护皮肤和呼吸器官的劳保措施。

3.2 溢出的工业用丙烯腈可在碱性介质中（pH＞8.5）（用 pH 试纸检验），加入适量漂白粉（次氯酸盐）覆盖、收集，放置 12 h 后清除。所有处理和清除步骤应在通风条件下戴上防毒面具进行。

4 方法提要

4.1 酸度的测定：在不与二氧化碳接触的条件下，以百里酚蓝为指示剂，用碱的醇标准滴定溶液滴定酸的总量。

4.2 pH 值测定：用 pH 计直接测定丙烯腈水溶液（5％质量分数）的 pH 值。

4.3 滴定值测定：在规定体积并已按 4.2 测定 pH 值的丙烯腈水溶液中，用 0.1 mol/L 硫酸标准滴定溶液进行电位滴定，滴定至 pH 值等于 5.0 时，记录所需硫酸标准滴定溶液的毫升数，作为试样的滴定值。

5 试剂与溶液

本部分所用试剂和水，在没有注明其他要求时，均指分析纯试剂和 GB/T 6682 中规定的三级水。

本部分所用标准滴定溶液、制剂和制品，在没有注明其他要求时，均按 GB/T 601、GB/T 603 规定制备。

5.1 氢氧化钠；

5.2 氮气：纯度大于 99.9%（体积分数）；

5.3 异丙醇：用经钠石灰除去二氧化碳的氮气吹洗（10～15）min；

5.4 硫酸标准滴定溶液：$c(\frac{1}{2}H_2SO_4)=0.1$ mol/L；

5.5 氢氧化钠异丙醇标准滴定溶液：$c(NaOH-异丙醇)=0.01$ mol/L，按下述方法制备：

  配制氢氧化钠饱和异丙醇溶液，放置（3～4）d，以沉淀碳酸钠，然后吸取上层澄清溶液，其浓度以百里酚蓝为指示剂，用硫酸标准滴定溶液（5.4）标定。再用异丙醇（5.3）稀释至 $c(NaOH-异丙醇)=$ 0.01 mol/L。该溶液贮存于用橡皮塞盖紧的玻璃瓶中，此液在出现浑浊或经多次使用后应重新配制、标定。

5.6 百里香酚蓝指示剂：1 g/L 的异丙醇溶液。

5.7 不含二氧化碳的蒸馏水：将符合 GB/T 6682 的三级水煮沸 10 min，冷却，密封保存待用（使用前制备）。

6 仪器和设备

6.1 带氮气吹管的具塞锥形瓶：250 mL，其结构如图 1 所示。

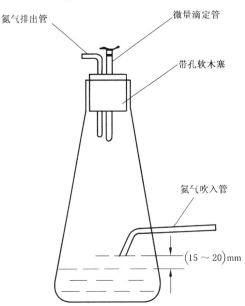

氮气排出管　　　　微量滴定管

带孔软木塞

氮气吹入管

(15～20)mm

图 1 带氮气吹管的具塞锥形瓶

6.2 秒表；

6.3 pH 计：测量精度 0.02 pH；

6.4 电磁搅拌器；

6.5 微量滴定管：5 mL，分度值 0.02 mL；

6.6 移液管：2 mL；

6.7 量筒：50 mL、100 mL、1 000 mL；

6.8 烧杯：1 000 mL；

6.9 氮气流量计。

7 采样

按 GB/T 3723、GB/T 6678、GB/T 6680 的规定采取样品。

8 分析步骤

8.1 酸度的测定:准确量取 75 mL 试样置于预先用氮气置换过的锥形瓶(6.1)中,加入 5 滴百里香酚蓝指示剂(5.6),摇匀,盖上塞子,再用氮气置换 5 min,然后在继续通氮条件下,用氢氧化钠异丙醇标准滴定溶液(5.5)滴定至出现蓝色并在 30 s 内不消失为终点。

注:氮气流量为(200～500)mL/min。

8.2 pH 值测定:准确量取不含二氧化碳的蒸馏水(5.7)760 mL,置于 1 000 mL 烧杯中,准确加入试样 50 mL,混匀。按 GB/T 9724 的规定步骤测定 pH 值。

8.3 滴定值测定:在 8.2 所配置的试样溶液中,边搅拌,边滴加硫酸标准滴定溶液(5.4),直至试样溶液的 pH 值达到 5.0 为止。所消耗的硫酸标准滴定溶液的体积数(mL)即为滴定值。

9 分析结果的表示

9.1 酸度计算

酸度以乙酸的质量分数 w 计,数值以％表示,按式(1)计算:

$$w = \frac{V \times c \times 0.060\,05}{75 \times \rho} \times 100 \quad \cdots\cdots\cdots\cdots\cdots\cdots\cdots (1)$$

式中:

V——试样消耗氢氧化钠异丙醇标准滴定溶液体积的数值,单位为毫升(mL);

c——氢氧化钠异丙醇标准滴定溶液浓度的准确数值,单位为摩尔每升(mol/L);

ρ——试样密度的数值,单位为克每毫升(g/mL);

0.060 05——与 1.00 mL 氢氧化钠异丙醇标准滴定溶液[c(NaOH)＝0.01 mol/L]相当的乙酸质量的数值,单位为克。

9.2 滴定值计算

滴定值 V_Y,以 mL 表示,按式(2)计算:

$$V_Y = c/c_0 \times V \quad \cdots\cdots\cdots\cdots\cdots\cdots\cdots (2)$$

式中:

c ——硫酸标准滴定溶液的实际浓度,单位为摩尔每升(mol/L);

c_0——硫酸标准滴定溶液的理论浓度,数值为 0.1 000,单位为摩尔每升(mol/L);

V——试样消耗硫酸标准滴定溶液的体积数,单位为毫升(mL)。

9.3 结果的表示

取两次重复测定结果的算术平均值作为分析结果,其数值按 GB/T 8170 的规定进行修约,酸度精确至 0.1 mg/kg,pH 值精确至 0.01,滴定值精确至 0.01 mL。

10 重复性

在同一实验室,由同一操作者使用相同设备,按相同的测试方法,并在短时间内对同一被测对象相互独立进行测试获得的两次独立测试结果的绝对差值,不应超过下列重复性限(r)[以超过重复性限(r)的情况不超过 5％为前提]:

酸度: 不大于其平均值的 2 ％;

pH 值: 不大于 0.05;

滴定值： 不大于 0.05 mL。

11 报告

报告应包括如下内容：

a) 有关样品的全部资料,例如样品的名称、批号、采样点、采样日期、时间等；

b) 本部分编号；

c) 分析结果；

d) 测定时观察到的任何异常现象的细节及其说明；

e) 分析人员的姓名及分析日期等。

———————————

中华人民共和国国家标准

工业用丙烯腈中总醛含量的测定 分光光度法

GB/T 7717.8—94

代替 GB 7717.8—87

Acrylonitrile for industrial use—

Determination of content of total aldehydes—

Spectrophotometric method

1 主题内容与适用范围

本标准规定了测定丙烯腈中醛类化合物含量的分光光度法。

本标准适用于丙烯腈中总醛含量(以乙醛计)的测定,测定范围为 0.000 05～0.005% (m/m)。

2 引用标准

GB/T 3723 工业用化学产品采样的安全通则

GB/T 6678 化工产品采样总则

GB/T 6680 液体化工产品的采样通则

GB 6682 分析实验室用水规格和试验方法

GB/T 9721 化学试剂分子吸收分光光度法通则(紫外和可见光部分)

3 方法原理

样品中的醛与 3-甲基-2-苯并噻唑酮腙(MBTH)反应生成吖嗪,同时过量的 MBTH 被三氯化铁氧化成阳离子,该阳离子再与吖嗪反应生成有色的阳离子染料,于 628 nm 处测量其吸光度。

4 试剂与溶液

除另有注明外,所用试剂均为分析纯,所用的水均符合 GB 6682 规定的三级水规格。

4.1 0.008%3-甲基-2-苯并噻唑酮腙(MBTH)溶液:

称取 0.08 gMBTH 试剂,用适量水溶解,移入 1 000 mL 容量瓶中,然后用水稀释至刻度,贮存于棕色瓶中。该溶液使用期不超过一周。

注:MBTH 全名为 3-methyl-2-benzothiazolinone hydrazone;LR 级也可使用。

4.2 氧化剂溶液:

称取 8.0 g 三氯化铁和 8.0 g 氨基磺酸溶于适量水中,移入 1 000 mL 容量瓶中,然后用水稀释至刻度,贮存于棕色瓶中。

4.3 对-羟基苯甲醚(MEHQ)溶液:

为 0.004% (m/m)水溶液。

注:MEHQ 全名为:4-methoxyphenol(monomethyl ether of hydroquinone)。

4.4 乙醛:含量大于 99%。

4.5 0.1% (m/m)乙醛标准贮备溶液:

于 50 mL 容量瓶中注入经冷却的无醛丙烯腈(4.11)至刻度并称重,用经冷却的 50μL 微量注射器吸取 50 μL 乙醛(4.4)注入该容量瓶中并再次称重,二次称量都精确至 0.000 1 g,根据称量计算标准贮备溶液的浓度。

4.6 氢氧化钠溶液:配制成 20%(m/m)水溶液。

4.7 无水硫酸钠:优级纯。

4.8 浓盐酸。

4.9 732 树脂。

4.10 2,4-二硝基苯肼。

4.11 无醛丙烯腈的制备:

推荐下列二种方法以供选用。处理后的丙烯腈需放入棕色瓶并冷藏,可保存一周。

方法 A:取 100 mL 丙烯腈置于分液漏斗中,加入 90 mL 水,10 mL 氢氧化钠溶液(4.6)并振荡 1 min,分层后放出下层溶液,再在分液漏斗中加入 10 g 无水硫酸钠(4.7),振荡后将丙烯腈层滤出并进行蒸馏,收集沸程为 75.5～79.5℃的中间馏分。

方法 B:取 100 mL 丙烯腈,加入 1 g 2,4-二硝基苯肼(4.10),再加入经浓盐酸(4.8)浸泡过的 732 树脂(4.9)10 g,加热回流 4 h 后,蒸馏并收集 75.5～79.5℃的中间馏分。

5 仪器与设备

5.1 分光光度计:适宜于可见光区的测量。

5.2 吸收池:厚度为 10 mm。

5.3 制备无醛丙烯腈用的回流及蒸馏装置:为全玻璃系统,其中包括:

5.3.1 圆底烧瓶:500 mL;

5.3.2 冷凝器:球形和直形;

5.3.3 接受器;

5.3.4 刻度量筒:500 mL;

5.3.5 热源。

6 采样

按 GB/T 3723、GB/T 6678、GB/T 6680 的规定采取样品。

7 分析步骤

7.1 标准曲线的绘制

用移液管吸取 0.1%乙醛标准贮备溶液(4.5)0.5,1.0,1.5,2.0,2.5 mL,分别置于五个 50 mL 容量瓶中,用无醛丙烯腈(4.11)稀释至刻度。所得标准溶液的乙醛浓度相应为:0.0010,0.0020,0.0030,0.0040,0.0050%。

从上述五个容量瓶中各取 1.0 mL 标准溶液,分别置于五个 50 mL 容量瓶中,同时量取 1.0 mL 无醛丙烯腈(4.11)置于另一个 50 mL 容量瓶中,作为对照溶液。所有容量瓶中各加入 25 mL MBTH 溶液(4.1),混匀,静置 45 min。

再吸取 2 mL 氧化剂溶液(4.2)加入各容量瓶中,用水稀释至刻度,混匀,再静置 45±5 min,并在此时间范围内,于波长 628 nm 处,以水作参比,用 10 mm 吸收池测各溶液的吸光度。

以乙醛浓度为横坐标,相应的吸光度(由每个乙醛标准溶液的吸光度扣除对照溶液的吸光度)为纵坐标,绘制标准曲线。

注:如待测样品中含有阻聚剂 MEHQ,则在加入 MBTH 溶液前,在每个容量瓶中各加入 1 mL MEHQ 溶液(4.3)。

7.2 试样测定

吸取 1 mL 试样置于 50 mL 容量瓶中,加入 25 mLMBTH 溶液(4.1)静置 45 min。同时另取一容量瓶作一试剂空白。

以后步骤同(7.1)所述。根据测得的吸光度(此处为将试样溶液的吸光度扣除试剂空白的吸光度),在标准曲线上查得总醛含量(以乙醛计)。

注:① 如果试样中总醛含量大于 0.005 0%,则取样量减半。

② 如试样中含有阻聚剂 MEHQ,则在加入 MBTH 溶液前,在试剂空白中亦应加入 1 mLMEHQ 溶液(4.3)。

8 结果的表示

取两次重复测定结果的算术平均值作为分析结果。两次测定结果之差应符合第 9 章规定的精密度。测定结果应精确至 0.000 01%。

9 精密度

9.1 重复性

在同一实验室,同一操作员使用同一台仪器,在相同的操作条件下,用正常和正确的操作方法对同一试样进行两次重复测定,其测定值之差应不大于其平均值的 10%(95%置信水平)。

10 报告

报告应包括如下内容:

a. 有关样品的全部资料,例如样品的名称、批号、采样点、采样日期、时间等;

b. 本标准代号;

c. 分析结果;

d. 测定时观察到的任何异常现象的细节及其说明;

e. 分析人员的姓名及分析日期等。

附加说明:

本标准由中国石油化工总公司提出。

本标准由全国化学标准化技术委员会石油化学分技术委员会归口。

本标准由上海石油化工研究院负责起草。

本标准主要起草人徐卫宗、庄海青。

中华人民共和国国家标准

工业用丙烯腈中总氰含量的测定
滴 定 法

GB/T 7717.9—94

代替 GB 7717.9—87

Acrylonitrile for industrial use—Determination
of content of total cyanides—Titrimetric method

1 主题内容与适用范围

本标准规定了测定工业用丙烯腈中总氰含量的沉淀滴定法。

本标准适用于总氰含量(以氢氰酸计)大于 0.000 05%(m/m)的工业用丙烯腈试样。

2 引用标准

GB 601 化学试剂 滴定分析(容量分析)用标准溶液的制备

GB/T 3723 工业用化学产品采样的安全通则

GB/T 6678 化工产品采样总则

GB/T 6680 液体化工产品采样通则

GB 6682 分析实验室用水规格和试验方法

3 方法提要

用碘化钾碱性溶液萃取试样中的氰根(CN⁻),使之成为可溶性盐,然后以硝酸银标准滴定溶液滴定。

4 试剂与溶液

除另有注明外,所用试剂均为分析纯,所用的水均符合 GB 6682 规定的三级水规格。

4.1 硝酸银标准滴定溶液[$c(AgNO_3)$＝0.01 mol/L]:按 GB 601 制备。

4.2 碘化钾碱性溶液:称取 44.1 g 氢氧化钠和 3.6 g 碘化钾,一并溶于 700 mL 水中,然后加入180 mL氨水,用水稀释至 1 L。

5 仪器与设备

5.1 微量滴定管:1.0 mL,分度值 0.01 mL。

5.2 量筒:100 mL。

5.3 容量瓶:1 000 mL。

5.4 分液漏斗:250 mL。

5.5 锥形瓶:250 mL。

6 采样

按 GB/T 3723、GB/T 6678、GB/T 6680 的规定采取样品。

国家技术监督局1994-07-04批准

1995-04-01实施

7 分析步骤

7.1 用量筒量取 100 mL 试样置于分液漏斗中,加入 100 mL 碘化钾碱性溶液(4.2),振摇 3 min 后静置分层,将水层放入锥形瓶内,立即用硝酸银标准滴定溶液(4.1)滴定至出现微浑浊。

7.2 同时按 7.1 条同样的步骤进行试剂空白试验。

8 分析结果的表示

8.1 计算

以质量百分数表示的总氰含量 X(以氢氰酸计)按下式计算:

$$X = \frac{(V_2 - V_1) \cdot c \times 0.054}{V \cdot \rho} \times 100$$

式中:V_1——试剂空白所消耗的硝酸银标准滴定溶液的体积,mL;

V_2——滴定试样所消耗的硝酸银标准滴定溶液的体积,mL;

c——硝酸银标准滴定溶液之物质的量浓度,mol/L;

V——试样体积,mL;

ρ——试样密度,g/mL;

0.054——与 1.00 mL 硝酸银标准滴定溶液[$c(AgNO_3) = 1.000$ mol/L]相当的,以克表示的氢氰酸质量。

8.2 结果的表示

取两次重复测定结果的算术平均值作为分析结果,两次重复测定结果之差应符合第 9 章精密度的规定。测定结果应精确至 0.000 01%。

9 精密度

9.1 重复性

在同一实验室,同一操作人员使用同一台仪器,在相同的操作条件下,用正常和正确的操作方法,对同一试样进行两次重复测定,其测定值之差应不大于平均值的 10%(95% 置信水平)。

10 报告

报告应包括如下内容:

a. 有关样品的全部资料,例如样品的名称、批号、采样点、采样日期、时间等。

b. 本标准代号。

c. 分析结果。

d. 测定时观察到的任何异常现象的细节及其说明。

e. 分析人员的姓名及分析日期等。

附加说明：

本标准由中国石油化工总公司提出。

本标准由全国化学标准化技术委员会石油化学分技术委员会归口。

本标准由上海石油化工股份有限公司化工二厂负责起草。

本标准主要起草人梁成发、俞婉青、吕德香、顾晓敏。

ICS 71.080.30
G 17

中华人民共和国国家标准

GB/T 7717.10—2008
代替 GB/T 7717.10—1994

工业用丙烯腈

第 10 部分：过氧化物含量的测定

分光光度法

Acrylonitrile for industrial use—

Part 10：Determination of content of peroxides—

Spectrophotometric method

2008-06-19 发布
2009-02-01 实施

中华人民共和国国家质量监督检验检疫总局
中国国家标准化管理委员会 发 布

前　言

GB/T 7717《工业用丙烯腈》预计分为如下几部分：

——第 1 部分:规格;

——第 5 部分:酸度、pH 值和滴定值的测定;

——第 8 部分:总醛含量的测定　分光光度法;

——第 9 部分:总氰含量的测定　滴定法;

——第 10 部分:过氧化物含量的测定　分光光度法;

——第 11 部分:铁、铜含量的测定　分光光度法;

——第 12 部分:纯度及杂质含量的测定　气相色谱法;

——第 15 部分:对羟基苯甲醚含量的测定　分光光度法。

本部分为 GB/T 7717 的第 10 部分。

本部分修改采用 ASTM E 1784:1997(2002)《丙烯腈中总过氧化物含量测定的标准试验方法》(英文版),本部分与 ASTM E 1784:1997(2002)的结构性差异参见附录 A。

本部分与 ASTM E 1784:1997(2002)的主要差异为:

——规范性引用文件中采用现行国家标准;

——适用的浓度范围修改为 0.05 mg/kg ~1.0 mg/kg;

——在无过氧化物丙烯腈的制备中,删除离子交换树脂法;将碱洗蒸馏法中的碱液浓度降低到 7%(质量分数),删除水洗、增加无水氯化钙脱水步骤;并明确了活性氧化铝吸附法的制备条件;

——调整了显色反应试剂的加入顺序;

——明确规定了加入碘化钾后的摇动时间为 3 min,显色时间改为 40 min;

——吸收池规格由 1 cm 调整为 2 cm;

——改变了校准曲线中各浓度点的配制方法;

——增加了采用高锰酸钾标准滴定溶液标定过氧化氢储备液的方法;

——采用了自行确定的重复性限(r)。

本部分代替 GB/T 7717.10—1994《工业用丙烯腈中过氧化物含量的测定　分光光度法》。

本部分与 GB/T 7717.10—1994 相比的主要变化如下:

——适用的浓度范围修改为 0.05 mg/kg ~1.0 mg/kg;

——将碱洗蒸馏法中的碱液浓度增加到 7%(质量分数),将无水氯化钙脱水时间减少为 4 h;增加了用活性氧化铝制备无过氧化物丙烯腈的方法;

——加入碘化钾后的摇动时间改为 3 min;

——吸收池规格由 1 cm 调整为 2 cm;

——改变了标准溶液的制备方法和校准曲线中各浓度点的配制方式;

——增加了采用硫代硫酸钠标准滴定溶液标定过氧化氢储备液的方法;

——重新确定了重复性限(r)。

本部分的附录 A 为资料性附录。

本部分由中国石油化工集团公司提出。

本部分由全国化学标准化技术委员会石油化学分技术委员会(SAC/TC 63/SC 4)归口。

本部分起草单位：上海石油化工研究院。

本部分主要起草人：高琼、李唯佳、王川。

本部分所代替标准的历次版本发布情况为：

GB 7717.10—1987、GB/T 7717.10—1994。

工业用丙烯腈
第 10 部分:过氧化物含量的测定
分光光度法

1 范围

1.1 本部分规定了测定工业用丙烯腈中过氧化物含量的分光光度法。

本部分适用于过氧化物(以过氧化氢计)含量为 0.05 mg/kg ～1.0 mg/kg 的工业用丙烯腈试样。

1.2 本部分并不是旨在说明与其使用有关的所有安全问题。使用者有责任建立适当的安全与健康措施,保证符合国家有关法规的规定。

2 规范性引用文件

下列文件中的条款通过 GB/T 7717 本部分的引用而成为本部分的条款。凡是注明日期的引用文件,其随后所有的修改单(不包括勘误的内容)或修订版均不适用于本部分,然而,鼓励根据本部分达成协议的各方研究是否可使用这些文件的最新版本。凡是不注明日期的引用文件,其最新版本适用于本部分。

GB/T 601　化学试剂　标准滴定溶液的制备

GB/T 603　化学试剂　试验方法中所用制剂及制品的制备

GB/T 3723　工业用化学产品采样安全通则(GB/T 3723—1999,idt ISO 3165:1976)

GB/T 6680　液体化工产品采样通则

GB/T 6682　分析实验室用水规格和试验方法(GB/T 6682—2008,ISO 3696:1987,MOD)

GB/T 8170　数值修约规则

3 方法提要

在乙酸酐的作用下,试样中过氧化物与碘化钾反应,生成黄色的碘三离子($I_3{}^-$)。用分光光度计于波长 365 nm 处测定溶液的吸光度,根据由过氧化氢标准溶液绘制的校准曲线查得试样中过氧化物(以 H_2O_2 计)的含量。

4 仪器

4.1　分光光度计:精度±0.001 A,配置 2 cm 的石英吸收池;

4.2　电子天平:感量 0.1 mg;

4.3　定时器;

4.4　酸度计:精度 0.1 pH;

4.5　具塞锥形瓶:100 mL;

4.6　碘量瓶:250 mL;

4.7　滴定管:25 mL,棕色;

4.8　容量瓶:50 mL、100 mL 和 500 mL 棕色;

4.9　刻度移液管:1 mL;5mL;

4.10　单标线移液管:0.5 mL、2 mL、5 mL 和 25 mL;

4.11　分液漏斗:1 000 mL;

4.12 全玻璃蒸馏系统；

4.13 色层分析柱：溶液柱内径 40 mm，溶液柱长 400 mm，具有砂芯滤片和活塞，在距砂芯滤片 235 mm 处作一标记。

5 试剂

除另有注明外，所用试剂均为分析纯，水均符合 GB/T 6682 规定的三级水的规格，所用的标准滴定溶液、制剂及制品，均按 GB/T 601、GB/T 603 的规定制备，若使用其他级别试剂，则以其纯度不会降低测定准确度为准。

5.1 碘化钾：粉末状，若为块状结晶须碾细后使用；

5.2 乙酸酐；

5.3 过氧化氢，质量分数为 30%；

5.4 无水氯化钙：若为块状须碾碎后使用；

5.5 盐酸溶液[$c(HCl) = 0.01$ mol/L]；

5.6 氢氧化钠溶液[$c(NaOH) = 0.01$ mol/L]；

5.7 氢氧化钠溶液，质量分数为 7%；

5.8 硫酸溶液[$c(1/2\ H_2SO_4) = 12$ mol/L]：量取 360 mL 浓硫酸（$H_2SO_4\ \rho = 1.84$），缓慢注入约 400 mL 水中，冷却，稀释至 1 000 mL；

5.9 钼酸铵溶液，30 g/L：溶解 1.5 g 钼酸铵[$(NH_4)_6Mo_7O_{24} \cdot 4H_2O$]于适量水中并稀释至 50 mL，用盐酸(5.5)或氢氧化钠(5.6)调节 pH 至 7.0；

5.10 硫代硫酸钠标准滴定溶液[$c(Na_2S_2O_3) = 0.1$ mol/L]；

5.11 淀粉指示剂溶液；

5.12 高锰酸钾标准滴定溶液[$c(1/5KMnO_4) = 0.1$ mol/L]；

5.13 硫酸溶液：1∶4（体积比）；

5.14 活性氧化铝：球形，直径（3～5）mm，氧化铝含量＞92%，比表面积（300～420）m^2/g，孔容≥0.4，堆积密度≥0.7 g/mL。

5.15 无过氧化物丙烯腈：可按下述方法之一制备

5.15.1 碱洗蒸馏法：取 600 mL 丙烯腈和 300 mL 氢氧化钠溶液(5.7)置于同一分液漏斗中，振摇 5 min，静置 10 min，待溶液分层后放出水层，将上层的丙烯腈倒入已盛有 60 g 无水氯化钙(5.4)的棕色试剂瓶中，放置 4 h 后，在全玻璃系统中进行蒸馏，收集沸程为 75.5 ℃～79.0 ℃ 的中间馏分。所制备的无过氧化物丙烯腈应不少于 200 mL。

5.15.2 活性氧化铝柱吸附法：活性氧化铝预先在 175 ℃～315 ℃ 活化处理后备用。在色层分析柱中装入活性氧化铝至标记处（预先在烧杯中用丙烯腈试样漂洗至无粉末出现），称作 A 柱；以相同的方法填充另一根色层分析柱（柱内的活性氧化铝用通过 A 柱的无过氧化物丙烯腈漂洗），称作 B 柱。使丙烯腈试样以 6.0 mL/min～22.0 mL/min 的速度依次通过 A 柱和 B 柱，最后收集通过 B 柱的无过氧化物丙烯腈。所制备的无过氧化物丙烯腈应不少于 200 mL。

注：经上述步骤处理的无过氧化物丙烯腈按 8.1 步骤检测，吸光度应小于 0.170。

6 采样

按 GB/T 3723 和 GB/T 6680 规定的技术要求采取样品，放置至室温。

7 标准溶液的制备和校准曲线的绘制

7.1 过氧化氢标准储备溶液

按下述方法之一制备和标定。

7.1.1 硫代硫酸钠标准滴定溶液标定法

7.1.1.1 过氧化氢储备溶液的制备

用移液管移取 2.5 mL 过氧化氢(5.3),移入 500 mL 容量瓶中,用水稀释至刻度,充分混合。称作溶液 A,该溶液含过氧化氢约 1.5 mg/mL。

7.1.1.2 过氧化氢储备溶液的标定

7.1.1.2.1 在三只盛有 100 mL 水的 250 mL 碘量瓶中各溶解 2 g 碘化钾(5.1),加入 25 mL 硫酸(5.8)和 3 滴钼酸铵溶液(5.9)并摇匀。

注：钼酸铵溶液起催化作用。

7.1.1.2.2 移取 25 mL 溶液 A 于其中的两只碘量瓶中,移取 25 mL 水于另一碘量瓶中作空白,具塞并摇匀。

7.1.1.2.3 在暗处静置 5 min,用硫代硫酸钠标准滴定溶液(5.10)滴定释放出的碘直至溶液变成浅黄色,再加 1 mL ～2 mL 淀粉溶液(5.11),继续滴定至蓝色刚消失为止。

7.1.1.2.4 溶液 A 的准确浓度按式(1)计算,取两次重复测定结果的算术平均值作为分析结果。

$$\rho_A = \frac{(V_1 - V_0) \times c \times 17.01}{V} \quad\quad\quad (1)$$

式中：

ρ_A——过氧化氢储备溶液 A 的准确浓度,单位为毫克每毫升(mg/mL);

V_1——样品所消耗的硫代硫酸钠标准溶液的体积,单位为毫升(mL);

V_0——空白溶液所消耗的硫代硫酸钠标准溶液的体积,单位为毫升(mL);

c——硫代硫酸钠标准滴定溶液之物质的量的浓度,单位为摩尔每升(mol/L);

V——移取的过氧化氢储备溶液 A 的体积,单位为毫升(mL);

17.01——与 1.00 mL 硫代硫酸钠标准滴定溶液[$c(Na_2S_2O_3)=1.000$ mol/L]相当的,以毫克表示的过氧化氢的质量。

7.1.2 高锰酸钾标准滴定溶液标定法

7.1.2.1 过氧化氢储备溶液的制备

用移液管移取 5 mL 过氧化氢(5.3),移入 100 mL 容量瓶中,用水稀释至刻度,充分混合。称作溶液 B,该溶液含过氧化氢约 15 mg/mL。

7.1.2.2 过氧化氢储备溶液的标定

7.1.2.2.1 用移液管移取 2 mL 溶液 B 于 2 只 100 mL 锥形瓶中,加入 10 mL 硫酸溶液(5.13)。

7.1.2.2.2 用高锰酸钾标准滴定溶液(5.12)滴定至出现玫瑰红色,且保持 1 min 内不褪色。

7.1.2.2.3 溶液 B 的准确浓度按式(2)计算,取两次重复测定结果的算术平均值作为分析结果。

$$\rho_B = \frac{V_1 \times c \times 17.01}{V} \quad\quad\quad (2)$$

式中：

ρ_B——过氧化氢储备溶液 B 的准确质量浓度,单位为毫克每毫升(mg/mL);

V_1——样品所消耗的高锰酸钾标准溶液的体积,单位为毫升(mL);

c——高锰酸钾标准滴定溶液之物质的量的浓度,单位为摩尔每升(mol/L);

V——移取的过氧化氢储备溶液 B 的体积;

17.01——与 1.00 mL 高锰酸钾标准滴定溶液[$c(\frac{1}{5}KMnO_4)=1.000$ mol/L]相当的,以毫克表示的过氧化氢的质量。

7.1.2.2.4 用移液管移取 5 mL 溶液 B 于 50mL 容量瓶中,用水稀释至刻度,充分混合,称作溶液 C,该溶液含过氧化氢约 1.5 mg/mL。溶液 C 的准确质量浓度按式(3)计算：

$$\rho_C = \frac{1}{10}\rho_B \quad \cdots\cdots\cdots\cdots\cdots\cdots\cdots(3)$$

式中：

ρ_C——过氧化氢储备溶液 C 的准确质量浓度，单位为毫克每毫升(mg/mL)；

ρ_B——过氧化氢储备溶液 B 的准确质量浓度，单位为毫克每毫升(mg/mL)。

7.2 过氧化氢标准溶液的制备

用移液管移取 0.5 mL 溶液 A 或溶液 C 至已盛有 25 mL 乙酸酐(5.2)的 50 mL 棕色容量瓶中，并用乙酸酐(5.2)稀释至刻度，得到含过氧化氢约 15 μg/mL 的标准溶液，称作溶液 D。按式(4)计算溶液 D 的准确质量浓度：

$$\rho_D = \frac{\rho \times 0.50 \times 1\ 000}{50.00} \quad \cdots\cdots\cdots\cdots\cdots\cdots(4)$$

式中：

ρ_D——过氧化氢标准溶液 D 的准确浓度，单位为微克每毫升(μg/mL)；

ρ——过氧化氢储备溶液 A 或溶液 C 的准确浓度 ρ_A 或 ρ_C，单位为毫克每毫升(mg/mL)；

0.50——移取的过氧化氢储备溶液 A 或溶液 C 的体积，单位为毫升(mL)；

50.00——过氧化氢标准溶液 D 的体积，单位为毫升(mL)。

7.3 校准曲线的绘制

7.3.1 在 6 只已干燥的 100 mL 具塞锥形瓶中，分别移取按表 1 规定的乙酸酐(5.2)和过氧化氢标准溶液 D(7.2)，每只锥形瓶中所含的过氧化氢约为 0.00、0.75 μg、1.5 μg、3.75 μg、7.5 μg 和 11.25 μg。

表 1　制备校准曲线时乙酸酐和过氧化氢标准溶液的加入量

移取的溶液	1	2	3	4	5	6
乙酸酐/mL	5.00	4.95	4.90	4.75	4.50	4.25
溶液 D/mL	0.00	0.05	0.10	0.25	0.50	0.75

7.3.2 依次移取 25 mL 无过氧化物丙烯腈(5.15)于上述 6 只锥形瓶中，摇匀。每只锥形瓶中丙烯腈所含的过氧化氢质量分数约为 0.00、0.037 mg/kg、0.074 mg/kg、0.19 mg/kg、0.37 mg/kg 和 0.56 mg/kg，按式(5)计算各标准溶液的质量分数 w(mg/kg)：

$$w = \frac{\rho_D \times V_i \times 10^{-3}}{\rho \times 25.0 \times 10^{-3}} \quad \cdots\cdots\cdots\cdots\cdots\cdots(5)$$

式中：

w——校准曲线中各点所含过氧化氢的质量分数，单位为毫克每千克(mg/kg)；

ρ_D——溶液 D 的准确浓度，单位为微克每毫升(μg/mL)；

V_i——所移取的溶液 D 的体积，单位为毫升(mL)；

ρ——取样时丙烯腈的密度，单位为克每毫升(g/mL)；

25.0——所移取的无过氧化物丙烯腈体积，单位为毫升(mL)。

7.3.3 加入 0.50 g±0.02 g 碘化钾(5.1)于锥形瓶中，具塞，摇动 3 min，避光反应 40 min。

注：在加入碘化钾之前，锥形瓶需用铝箔避光或使用有色锥形瓶以避光。计时从碘化钾加入锥形瓶开始，避光反应
　　时间中包含摇动溶液的 3 min。

7.3.4 在 365 nm 处，用 2 cm 吸收池，以蒸馏水为参比测定各溶液的吸光度。

7.3.5 以每一个标准溶液净吸光度(标准溶液吸光度减去空白溶液的吸光度)对丙烯腈中过氧化氢质量分数 w(mg/kg)绘制校准曲线。

8　试样的测定

8.1 移取 5 mL 乙酸酐(5.2)和 25 mL 丙烯腈试样到 100 mL 已干燥的具塞锥形瓶中，以下按 7.3.3、

7.3.4 步骤进行。

> 注1：当试样中过氧化物含量超过 0.6 mg/kg 时取样量酌减。
>
> 注2：乙酸酐可吸收丙烯腈中的水分并保持样品溶液呈酸性。

8.2 同时按 8.1 步骤，用无过氧化物丙烯腈(5.15)做一空白试验。

8.3 根据试样的净吸光度(实测试样的吸光度减去空白溶液的吸光度)，在校准曲线上查得丙烯腈试样中的过氧化物(以 H_2O_2 计)含量，单位为毫克每千克(mg/kg)。

9 分析结果的表述

取两次重复测定结果的算术平均值表示其结果，按 GB/T 8170 规定进行修约，精确至 0.01 mg/kg。

10 重复性

在同一实验室，由同一操作者使用相同设备，按相同的测试方法，并在短时间内对同一被测对象相互独立进行测试获得的两次独立测试结果的绝对差值不大于其平均值的 20%，以大于其平均值 20% 的情况不超过 5% 为前提。

11 报告

报告应包括下列内容：

a) 有关样品的全部资料，例如样品名称、批号、采样地点、采样日期、采样时间等。

b) 本部分编号。

c) 分析结果。

d) 测定中观察到的任何异常现象的细节及其说明。

e) 分析人员的姓名及分析日期等。

附　录　A

（资料性附录）

本部分章条编号与 ASTM E 1784:1997(2002)章条编号对照

表 A.1　本部分章条编号与 ASTM E 1784:1997(2002)章条编号对照

本部分章条编号	对应的 ASTM E 1784:1997(2002)章条编号
1	1
2	2
3	3
—	4
4	5,6.6
5	6
6	—
—	7
7	8
7.1	8.1～8.5
7.2	8.6
7.3	8.7～8.10
8	9
8.1	9.1、9.2、9.3
8.2	9.1、9.2、9.3
8.3	9.4
9	10
10	11
11	—
—	12

ICS 71.080.30
G 17

中华人民共和国国家标准

GB/T 7717.11—2008
代替 GB/T 7717.11—1994、GB/T 7717.14—1994

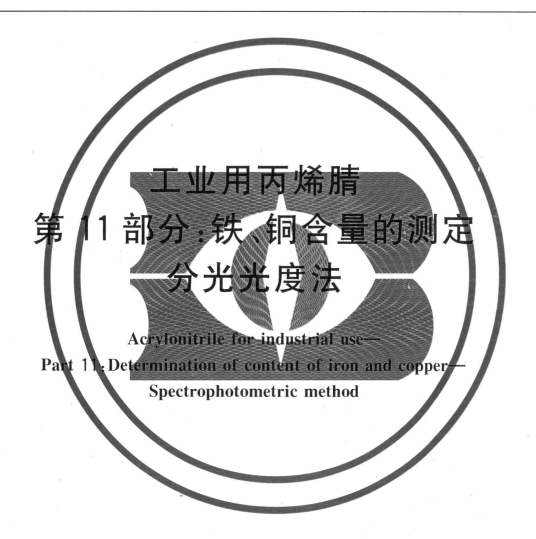

工业用丙烯腈
第 11 部分：铁、铜含量的测定
分光光度法

Acrylonitrile for industrial use—
Part 11: Determination of content of iron and copper—
Spectrophotometric method

2008-06-19 发布

2009-02-01 实施

中华人民共和国国家质量监督检验检疫总局
中国国家标准化管理委员会　发布

前　言

GB/T 7717《工业用丙烯腈》预计分为如下几部分：
——第1部分：规格；
——第5部分：酸度、pH值和滴定值的测定；
——第8部分：总醛含量的测定　分光光度法；
——第9部分：总氰含量的测定　滴定法；
——第10部分：过氧化物含量的测定　分光光度法；
——第11部分：铁、铜含量的测定　分光光度法；
——第12部分：纯度及杂质含量的测定　气相色谱法；
——第15部分：对羟基苯甲醚含量的测定　分光光度法。

本部分为GB/T 7717的第11部分。

本部分代替GB/T 7717.11—1994《工业用丙烯腈中铁含量的测定　分光光度法》和GB/T 7717.14—1994《工业用丙烯腈中铜含量的测定　分光光度法》。

本部分与GB/T 7717.11—1994和GB/T 7717.14—1994标准相比主要变化如下：
——将1994版二个标准整合成一个标准。为方便操作，主要测定章节按铁、铜独立编写，技术内容基本不变；
——名称修改为《工业用丙烯腈　第11部分：铁、铜含量的测定　分光光度法》；
——铜含量测定的取样量由"100 g"改为100 mL；
——增加了第3章"安全"。

本部分由中国石油化工集团公司提出。

本部分由全国化学标准化技术委员会石油化学分会(SAC/TC 63/SC 4)归口。

本部分起草单位：中国石化上海石油化工股份有限公司。

本部分主要起草人：屈玲娣、唐建忠、陈慧丽、周奎良、陈欢。

本部分所代替标准的历次版本发布情况为：
——GB 7717.11—1987、GB/T 7717.11—1994；
——GB 7717.14—1987、GB/T 7717.14—1994。

工业用丙烯腈
第11部分：铁、铜含量的测定
分光光度法

1 范围

本部分规定了工业用丙烯腈中铁、铜含量测定的分光光度法。

本部分适用于铁含量大于 0.05 mg/kg、铜含量范围在(0~1)mg/kg 的工业用丙烯腈试样中铁、铜含量的测定。

当铁的含量超过铜含量的 100 倍时，对铜的测定会产生干扰。

2 规范性引用文件

下列文件中的条款通过 GB/T 7717 本部分的引用而成为本部分的条款。凡是注日期的引用文件，其随后所有的修改单(不包括勘误的内容)或修订版均不适用于本部分，然而，鼓励根据本部分达成协议的各方研究是否可使用这些文件的最新版本。凡是不注日期的引用文件，其最新版本适用于本部分。

GB/T 602 化学试剂 杂质测定用标准溶液的制备

GB/T 603 化学试剂试验方法中所用制剂及制品的制备

GB/T 3723 工业用化学产品采样安全通则(GB/T 3723—1999,idt ISO 3165:1976)

GB/T 6678 化工产品采样总则

GB/T 6680 液体化工产品采样通则

GB/T 6682 分析实验室用水规格和试验方法(GB/T 6682—2008,ISO 3696:1987,MOD)

GB/T 8170 数值修约规则

3 安全

3.1 工业用丙烯腈属高度危险品，剧毒且易挥发，能通过皮肤及呼吸道为人体吸收，分析应在通风橱中进行，并为接触丙烯腈人员提供保护皮肤和呼吸器官的劳保措施。

3.2 溢出的工业用丙烯腈可在碱性介质中(pH>8.5)(用 pH 试纸检验)，加入适量漂白粉(次氯酸盐)覆盖、收集，放置 12 h 后清除。所有处理和清除步骤应在通风条件下戴上防毒面具进行。

4 一般规定

除另有注明外，所有试剂均为分析纯，所用的水均符合 GB/T 6682 的三级水规格。

分析中所用标准溶液、制剂及制品，在没有注明其他要求时，均按 GB/T 602 和 GB/T 603 的规定制备。

5 采样

5.1 按 GB/T 3723、GB/T 6678、GB/T 6680 的规定采取样品。

5.2 若实验室样品存在雾状混浊或悬浮物，应进行过滤，所得清澈滤液作为试样。

6 铁含量测定

6.1 方法提要

将试样蒸干并用混合酸消化除去有机物，铁转化成水溶性盐，用盐酸羟胺将三价铁离子(Fe^{3+})还原为二价铁离子(Fe^{2+}),后者与邻菲啰啉反应生成橙红色络合物,用分光光度计在 510 nm 处测定其吸光度。

6.2 试剂与溶液

6.2.1 硫酸铁铵[$NH_4Fe(SO_4)_2 \cdot 12H_2O$];

6.2.2 盐酸:1+1;

6.2.3 氨水;

6.2.4 混合酸:5 体积硫酸与 2 体积硝酸混合;

6.2.5 高氯酸。

警告:高氯酸是腐蚀性液体,对眼睛、皮肤和黏膜有剧烈的刺激性,吸入或进入消化系统具有高毒性。它的各种溶液与有机物接触,有可能形成强烈的爆炸混合物。震动、遇热或发生化学反应都可能促使发生爆炸。与高氯酸反应必须置于合适结构的通风柜中进行。在贮存时,应与可燃物、有机物、强脱水剂、氧化剂及还原剂隔离,并应保持冷却状态,但不应低于 −20 ℃,以免冻裂玻璃容器。

6.2.6 盐酸羟胺溶液(100 g/L):将 25 g 盐酸羟胺溶解于 250 mL 水中;

6.2.7 邻菲啰啉溶液(1 g/L):将 0.5 g 邻菲啰啉溶解于 500 mL 水中。

6.3 仪器和设备

6.3.1 分光光度计:配备 3 cm 厚度的比色皿;

6.3.2 分析天平:感量 0.1 mg;

6.3.3 烧杯:50 mL、250 mL;

6.3.4 容量瓶:100 mL、1 000 mL;

6.3.5 移液管:5 mL、10 mL;

6.3.6 量筒:25 mL、100 mL、250 mL;

6.3.7 分度吸管:5 mL、10 mL;

6.3.8 玻璃表面皿:ϕ75 mm;

6.3.9 定量滤纸:中速;

6.3.10 加热板:防爆型;

6.3.11 pH 精密试纸。

6.4 分析步骤

6.4.1 铁标准曲线的绘制

6.4.1.1 按 GB/T 602 制备 0.1 mg/mL 铁离子标准溶液。准确吸取此溶液 10 mL,移入 100 mL 容量瓶,再用水稀释至刻度,即得到 10 μg/mL 的铁离子标准溶液。

6.4.1.2 取 5 个 100 mL 容量瓶,依次加入上述标准溶液 0.5 mL、1.0 mL、1.5 mL、2.0 mL、3.0 mL(含铁量分别为 5 μg、10 μg、15 μg、20 μg、30 μg),再各加入 2 mL 盐酸(6.2.2),2 mL 盐酸羟胺溶液(6.2.6)10 mL 邻菲啰啉溶液(6.2.7),用氨水(6.2.3)调节至 pH≈4,然后用水稀释至刻度,摇匀。同时,另取一个 100 mL 容量瓶,除不加入铁标准溶液外,按相同步骤准备标样空白溶液。

6.4.1.3 上述各溶液在室温下静置 15 min 后,分别注入 3 cm 洁净干燥的比色皿中,在波长 510 nm 处,以水为参比,测定吸光度。以每个铁标准溶液的吸光度减去空白溶液的吸光度为纵坐标,相应的铁含量(μg)为横坐标,绘制标准曲线。

6.4.2 试样中铁的测定

6.4.2.1 准确量取 100 mL 待测试样(5.2)置于 250 mL 烧杯中,用玻璃表面皿盖住,在水浴上蒸干,冷却。然后加入 3 mL 混合酸(6.2.4),在电热板上加热至沸,冷却后小心加入 0.2 mL 高氯酸(6.2.5),加热至几乎干燥。如果残留物有色,必须重复进行上述酸处理(上述过程都应在通风柜内进行)。符合要求后,使其冷却,用水溶解残留物并移入 100 mL 容量瓶中,加入 2 mL 盐酸羟胺溶液(6.2.6),充分摇匀,再加入 10 mL 邻菲啰啉溶液(6.2.7),用氨水调节至 pH≈4(用精密试纸判断),用水稀释至刻度,摇匀。同时,另取一烧杯,除不加入丙烯腈试样、蒸干、冷却之外,按与上述同样的步骤准备样品空白溶液。

6.4.2.2 上述待测溶液及空白溶液在室温下静置 15 min 后,注入 3 cm 洁净干燥的比色皿中,以水为参比,在波长 510 nm 处,测定吸光度,根据试样的净吸光度数值,在标准曲线上查得铁的含量(μg)。

7 铜含量测定

7.1 方法提要

将试样蒸干并用混合酸消化除去有机物,铜转化成水溶性的硫酸铜,加入柠檬酸铵进行掩蔽,并把溶液的 pH 值调节至约 9。加入的二乙基二硫代氨基甲酸钠(Sodium diethyldithiocarbamate trihydrate,$C_5H_{10}NS_2Na \cdot 3H_2O$,简称 DDTC)与铜离子反应后形成黄色的络合物。用分光光度计在 448 nm 处测定其吸光度。

7.2 试剂与溶液

7.2.1 高氯酸(安全要求见 6.2.5);

7.2.2 氨水;

7.2.3 硫酸铜;

7.2.4 混合酸:5 体积硫酸与 2 体积硝酸混合;

7.2.5 柠檬酸铵溶液(200 g/L):将 100 g 柠檬酸铵用适量水溶解后稀释至 500 mL,若有混浊则应进行过滤;

7.2.6 二乙基二硫代氨基甲酸钠($C_5H_{10}NS_2Na \cdot 3H_2O$)(DDTC)溶液(1 g/L):将 0.5 g 二乙基二硫代氨基甲酸钠用适量水溶解后稀释至 500 mL;

7.2.7 硝酸溶液:将 250 mL 浓硝酸小心地加入于 580 mL 水中。

7.3 仪器和设备

7.3.1 分光光度计:配备 3 cm 光程的比色皿;

7.3.2 pH 测量仪:精度为 0.1 pH 单位;

7.3.3 分析天平:感量 0.1 mg;

7.3.4 过滤漏斗:玻璃材质;

7.3.5 烧杯:50 mL、250 mL;

7.3.6 容量瓶:25 mL、100 mL、500 mL、1 000 mL;

7.3.7 移液管:5 mL、10 mL;

7.3.8 量筒:250 mL;

7.3.9 分度吸管:5 mL;

7.3.10 玻璃表面皿:φ75 mm;

7.3.11 定量滤纸:中速;

7.3.12 加热板:防爆型。

7.4 分析步骤

7.4.1 铜标准曲线的绘制

在进行分析前,应用热的硝酸溶液(7.2.7)洗涤所有玻璃器皿,并用水淋洗,以除去沾污的痕迹量的铜。

GBT 7717.11—2008

7.4.1.1 按 GB/T 602 制备 0.1mg/mL 铜离子标准溶液。准确吸取此溶液 5 mL,移入 100 mL 容量瓶,再用水稀释至刻度,即得到 5 μg/mL 的铜离子标准溶液。并贮存于聚乙烯材质的试剂瓶中,保存期一个月。

7.4.1.2 取 5 个 50 mL 烧杯,依次加入上述铜标准溶液 1.0 mL,2.0 mL,3.0 mL,4.0 mL 和 5.0 mL(含铜量分别为 5.0μg,10.0μg,15.0μg,20.0μg,25.0 μg),用水稀释至约为 10 mL,然后各加入 5 mL 柠檬酸铵(7.2.5)溶液,分别用氨水调节各溶液至 pH=9.1±0.1。把这些溶液定量地转入对应的 25 mL 容量瓶中,再各加入 1 mL DDTC(7.2.6)溶液,用水稀释至刻度,摇匀,在室温下静置 5 min。同时,另取一个 50 mL 烧杯,除不加入铜标准溶液外,按相同步骤准备标准空白溶液。

7.4.1.3 用 3 cm 吸收池,在波长 448 nm 处,以水作参比,测量溶液的吸光度。以铜含量(μg)为横坐标,净吸光度(扣除空白溶液的吸光度)为纵坐标,绘制标准曲线。

7.4.2 试样中铜的测定

7.4.2.1 准确量取 100 mL 待测试样(5.2)置于 250 mL 烧杯中,用玻璃表面皿盖住,在水浴上蒸干,冷却。加入 3 mL 混合酸(7.2.4),在电热板上加热至沸,直至冒出白色烟雾,并浓缩至溶液体积约(1~2)mL,冷却。如果残留物有色,必须重复进行上述酸处理,或小心加入 0.2 mL 高氯酸进行氧化、加热、冒烟雾至尚存(1~2)mL 溶液(上述过程都应在通风柜内进行)。冷却后,向烧杯缓缓加入 5 mL 水,以溶解残留物。将该溶液定量转入 50 mL 烧杯中,使其总体积保持约为 10 mL。然后加入 5 mL 柠檬酸铵(7.2.5)溶液,分别用氨水调节溶液至 pH=9±0.1。把这些溶液定量地转入对应的 25 mL 容量瓶中,再加入 1 mL DDTC(7.2.6)溶液,用水稀释至刻度,摇匀,在室温下静置 5 min。同时,另取一个 50 mL 烧杯,除不加入丙烯腈试样、蒸干、冷却之外,按与上述同样的步骤准备样品空白溶液。

7.4.2.2 用 3 cm 吸收池,在波长 448 nm 处,以水作参比,测量溶液的吸光度。根据试样的净吸光度数值,在标准曲线上查得铜的含量(μg)。

8 分析结果的表示

8.1 计算

铁或铜含量 w,数值以 mg/kg 表示,按式(1)计算:

$$w = \frac{m}{V \times \rho} \quad \cdots\cdots(1)$$

式中:
m——由标准曲线上查得的铁或铜含量的数值,单位为微克(μg);
V——试样的体积的数值,单位为毫升(mL);
ρ——试样的密度的数值,单位为克每毫升(g/mL)。

8.2 结果的表示

取两次重复测定结果的算术平均值作为分析结果,其数值按 GB/T 8170 的规定进行修约,精确至 0.01 mg/kg。

9 重复性

在同一实验室,由同一操作者使用相同设备,按相同的测试方法,并在短时间内对同一被测对象相互独立进行测试获得的两次独立测试结果的绝对值,不应超过下列重复性限(r)[以超过重复性限(r)的情况不超过 5% 为前提]:

铁　　　　　不大于其平均值的 40%;
铜　　　　　不大于其平均值的 30%。

160

10 报告

报告应包括如下内容：

a) 有关样品的全部资料，例如样品的名称、批号、采样点、采样日期、时间等；

b) 本部分编号；

c) 分析结果；

d) 测定时观察到的任何异常现象的细节及其说明；

e) 分析人员的姓名及分析日期等。

————————

ICS 71.080.30
G 17

中华人民共和国国家标准

GB/T 7717.12—2008
代替 GB/T 7717.12—1994

工业用丙烯腈
第 12 部分：纯度及杂质含量的测定
气相色谱法

Acrylonitrile for industrial use—
Part 12: Determination of purity and impurities—
Gas chromatographic method

2008-06-19 发布　　　　　　　　　　　　2009-02-01 实施

中华人民共和国国家质量监督检验检疫总局
中国国家标准化管理委员会　发布

GB/T 7717.12—2008

前　言

GB/T 7717《工业用丙烯腈》预计分为如下几部分:
——第1部分:规格;
——第5部分:酸度、pH值和滴定值的测定;
——第8部分:总醛含量的测定　分光光度法;
——第9部分:总氰含量的测定　滴定法;
——第10部分:过氧化物含量的测定　分光光度法;
——第11部分:铁、铜含量的测定　分光光度法;
——第12部分:纯度及杂质含量的测定　气相色谱法;
——第15部分:对羟基苯甲醚含量的测定　分光光度法。

本部分为GB/T 7717的第12部分。

本部分修改采用ASTM E1863:2007《气相色谱法分析丙烯腈的标准试验方法》(英文版),本部分与ASTM E1863:2007的结构性差异参见附录A。

本部分与ASTM E1863:2007的主要差异为:
——增加了各杂质的测定范围,并取消了甲基丙烯酸甲酯杂质的测定;
——用FFAP毛细管色谱柱代替Supelcowax 10专利柱;
——将分流比调整为50:1,并将色谱柱初始温度由50℃调整为60℃;
——规范性引用文件中采用现行国家标准;
——采用了自行确定的重复性限(r)。

本部分代替GB/T 7717.12—1994《工业用丙烯腈中乙腈、丙酮和丙烯醛含量的测定　气相色谱法》。

本部分与GB/T 7717.12—1994相比的主要变化如下:
——将部分名称改为《工业用丙烯腈纯度和杂质含量的测定　气相色谱法》;
——以FFAP毛细管柱代替原标准的填充柱;
——修改了校准混合物的配制方法和校正因子的计算公式;
——重新确定了重复性限(r)。

本部分的附录A为资料性附录。

本部分由中国石油化工集团公司提出。

本部分由全国化学标准化技术委员会石油化学分会(SAC/TC 63/SC 4)归口。

本部分起草单位:中国石油化工股份有限公司上海石油化工研究院。

本部分主要起草人:唐琦民、王川。

本部分所代替标准的历次版本发布情况为:
——GB 7717.12—1987、GB/T 7717.12—1994。

工业用丙烯腈
第12部分：纯度及杂质含量的测定
气相色谱法

1 范围

1.1 本部分规定了测定工业用丙烯腈纯度和杂质含量的气相色谱法。这些杂质包括乙醛、丙酮、丙烯醛、苯、甲基丙烯腈、乙腈、噁唑、丙腈、顺-丁烯腈和反-丁烯腈等。

1.2 本部分适用于测定丙烯腈含量不低于99%（质量分数），丙烯醛含量不低于0.000 1%（质量分数），其他杂质不低于0.001%（质量分数）的丙烯腈试样。

1.3 本部分并不是旨在说明与其使用有关的所有安全问题。使用者有责任采取适当的安全与健康措施，保证符合国家有关法规的规定。

2 规范性引用文件

下列文件中的条款通过GB/T 7717本部分的引用而成为本部分的条款。凡是注明日期的引用文件，其随后所有的修改单（不包括勘误的内容）或修订版均不适用于本部分，然而，鼓励根据本部分达成协议的各方研究是否可使用这些文件的最新版本。凡是不注明日期的引用文件，其最新版本适用于本部分。

GB/T 3723 工业用化学产品采样安全通则（GB/T 3723—1999,idt ISO 3165:1976）

GB/T 6283 化工产品中水分含量的测定 卡尔·费休法（通用方法）

GB/T 6680 液体化工产品采样通则

GB/T 7717.15 工业用丙烯腈中对羟基苯甲醚含量的测定 分光光度法

GB/T 8170 数值修约规则

3 方法提要

液态试样气化后通过毛细管色谱柱，使待测定的各组分分离，用氢火焰离子化检测器（FID）检测，记录各杂质组分的色谱峰面积，采用内标法定量。丙烯腈纯度由100.00扣减本部分测定的杂质和用其他部分方法测定的其他杂质（如水分）总量求得。

4 试剂与材料

4.1 载气：高纯氮气，纯度≥99.995%（体积分数）。

4.2 甲苯，内标物，纯度≥99.0%（质量分数）。

4.3 丙烯腈：用作配制标样的基液，纯度应不低于99.5%（质量分数）。

4.4 标准试剂：供测定校正因子用，包括乙醛、丙酮、丙烯醛、乙腈、苯、甲基丙烯腈、噁唑、丙腈、顺-丁烯腈和反-丁烯腈等，其纯度应≥99%（质量分数）。

5 仪器

5.1 色谱仪：配置氢火焰离子化检测器（FID）和分流进样系统，并能按表1条件操作的任何气相色谱仪，该仪器对本部分所规定杂质的最低检测浓度所产生的峰高应至少大于噪声的两倍。

5.2 色谱柱，推荐的色谱柱及典型操作条件见表1，典型色谱图见图1。能给出同等分离的其他色谱柱和分析条件也可使用。

5.3 记录装置,电子积分仪或色谱工作站。

5.4 分析天平:感量 0.1 mg。

5.5 容量瓶:50 mL。

5.6 微量注射器:10 μL。

6 采样

按 GB/T 3723 和 GB/T 6680 规定的技术要求采取样品。

7 分析步骤

7.1 设定操作条件

根据仪器操作说明书,在色谱仪中安装并老化色谱柱。然后调节仪器至表 1 所示的操作条件,待仪器稳定后即可开始测定。

表 1 色谱柱及典型操作条件

色谱柱		FFAP
柱长/m		60
柱内径/mm		0.32
液膜厚度/μm		0.5
载气流速(高纯氮气)/(mL/min)		1.0
柱温	初温/℃	60
	初温保持时间/min	25
	升温速率/(℃/min)	10
	终温/℃	90
	终温保持时间/min	15
进样器温度/℃		230
检测器温度/℃		250
分流比		50∶1
进样量/μL		2.0

7.2 校正因子的测定

7.2.1 准确吸取 2.0 μL 丙烯腈基液,注入色谱仪中,重复测定 3 次,计算出各杂质的平均峰面积 A_{i0}。

7.2.2 在 50 mL 容量瓶中,称取约 40 g 丙烯腈基液(4.3),精确至 0.000 1 g。然后再加入适量预期测定的杂质和 10 μL 甲苯,均称准至 0.000 1 g,充分混匀。所配制标样的丙烯腈纯度和杂质含量均应与待测试样相近(可采用分步稀释法配制)。

7.2.3 准确吸取 2.0 μL 上述标样注入色谱仪中,记录色谱图。

7.2.4 测量所有峰的面积(丙烯腈除外),包括内标峰。按式(1)计算每个杂质相对于内标的校正因子(f_i)。

$$f_i = \frac{A_s \times m_i}{(A_i - A_{i0}) \times m_s} \qquad \cdots\cdots\cdots\cdots\cdots\cdots(1)$$

式中:

A_s——内标物的峰面积;

m_i——被测组分的质量,单位为克(g);

A_i——被测组分的峰面积;

A_{i0}——丙烯腈基液中被测组分的平均峰面积；

m_s——内标物的质量，单位为克（g）。

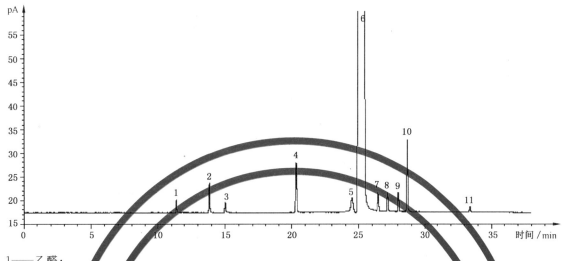

1——乙醛；

2——丙酮；

3——丙烯醛；

4——苯；

5——甲基丙烯腈；

6——丙烯腈；

7——乙腈；

8——噁唑；

9——丙腈；

10——甲苯（内标）；

11——顺-丁烯腈。

图 1　丙烯腈标样在 FFAP 色谱柱上的典型色谱图

7.3　试样测定

在 50 mL 容量瓶中，称取约 40 g 丙烯腈试样，精确至 0.000 1 g。然后再加入甲苯 10 μL，称准至 0.000 1 g，充分混匀。按 7.2.3 同样条件进行色谱分析。

8　分析结果的表述

8.1　计算

8.1.1　杂质含量（质量分数）w_i，以％表示，并按式（2）计算：

$$w_i = \frac{A_i \times f_i \times m_s}{A_s \times m} \times 100 \qquad\cdots\cdots（2）$$

式中：

A_i——被测组分的峰面积；

f_i——被测组分的相对校正因子；

m_s——样品中内标物的质量，单位为克（g）；

A_s——内标物的峰面积；

m——样品的质量，单位为克（g）。

8.1.2　丙烯腈纯度（质量分数）w，以％表示，按式（3）计算：

$$w = 100.00 - \sum w_i - w_s \qquad\cdots\cdots（3）$$

式中：

$\sum w_i$——由本方法测定的杂质总量的质量分数,用%表示;

w_s——由 GB/T 6283、GB/T 7717.15 及其他方法测定的杂质总量的质量分数,用%表示。

8.2 结果的表示

8.2.1 分析结果的数值按 GB/T 8170 规定进行修约,取两次重复测定结果的算术平均值表示其分析结果。

8.2.2 报告杂质含量应精确至 0.000 1%(质量分数),报告丙烯腈纯度应精确至 0.01%(质量分数)。

9 重复性限

在同一实验室,由同一操作者使用相同设备,按相同的测试方法,并在短时间内对同一被测对象相互独立进行测试获得的两次独立测试结果的绝对差值不应超过下列的重复性限(r),以超过重复性限(r)的情况不超过 5% 为前提:

丙烯醛   为其平均值的 20%

其他杂质组分   为其平均值的 15%

丙烯腈纯度   为 0.03%(质量分数)

10 报告

报告应包括下列内容:

a) 有关样品的全部资料,例如样品名称、批号、采样地点、采样日期、采样时间等;

b) 本部分编号;

c) 分析结果;

d) 测定中观察到的任何异常现象的细节及其说明;

e) 分析人员的姓名及分析日期等。

附　录　A

（资料性附录）

本标准章条编号与 ASTM E1863：2007 章条编号对照

表 A.1 给出了本标准章条编号与 ASTM E1863：2007 章条编号对照一览表。

表 A.1　本标准章条编号与 ASTM E1863：2007 章条编号对照

本标准章条编号	ASTM E1863：2007 章条编号
1	1
2	2
3	4
—	3
4	6
5	5
6	—
—	7
7	9
7.1	9.1
7.2	8.1～8.4
7.3	9.2、9.3
8	10
8.1	10.2、10.3
8.2	11.1、11.2
9	12
10	—

ICS 71.080.30
G 17

中华人民共和国国家标准

GB/T 7717.15—2018
代替 GB/T 7717.15—1994

工业用丙烯腈

第 15 部分：对羟基苯甲醚含量的测定

Acrylonitrile for industrial use—
Part 15：Determination of concent of *p*-hydroxylanisole

2018-03-15 发布

2018-10-01 实施

中华人民共和国国家质量监督检验检疫总局
中国国家标准化管理委员会 发布

前　言

GB/T 7717《工业用丙烯腈》已经或计划发布以下几部分：

——第1部分：规格；

——第5部分：酸度、pH值和滴定值的测定；

——第8部分：总醛含量的测定　分光光度法；

——第9部分：总氰含量的测定　滴定法；

——第10部分：过氧化物含量的测定　分光光度法；

——第11部分：铁、铜含量的测定　分光光度法；

——第12部分：纯度及杂质含量的测定　气相色谱法；

——第15部分：对羟基苯甲醚含量的测定；

——第16部分：铁含量的测定　石墨炉原子吸收法；

——第17部分：铜含量的测定　石墨炉原子吸收法。

本部分为GB/T 7717的第15部分。

本部分按照GB/T 1.1—2009给出的规则起草。

本部分代替GB/T 7717.15—1994《工业用丙烯腈中对羟基苯甲醚含量的测定　分光光度法》，本部分与GB/T 7717.15—1994相比主要技术变化如下：

——修改了标准名称；

——修改了范围（见第1章，1994年版的第1章）；

——增加了气相色谱法（见第4章、第5章）；

——增加了质量保证和控制（见第6章）；

——将对羟基苯甲醚含量（质量分数）的计量单位由%修改为mg/kg。

本部分由中国石油化工集团公司提出。

本部分由全国化学标准化技术委员会石油化学分会（SAC/TC 63/SC 4）归口。

本部分起草单位：中国石油化工股份有限公司上海石油化工研究院、上海石油化工股份有限公司、上海赛科石油化工有限责任公司。

本部分主要起草人：彭振磊、潜森芝、刘朝霞、张育红、朱玉萍、范晨亮、葛勤芬。

本部分所代替标准的历次版本发布情况为：

——GB/T 7717.15—1994。

工业用丙烯腈
第 15 部分：对羟基苯甲醚含量的测定

警示——本部分并不是旨在说明与其使用有关的所有安全问题。使用者有责任采取适当的安全与健康措施，保证符合国家有关法规的规定范围。

1 范围

GB/T 7717 的本部分规定了测定工业用丙烯腈中对羟基苯甲醚（MEHQ）含量的分光光度法、气相色谱法、重复性、质量保证和控制、试验报告。

本部分分光光度法适用于对羟基苯甲醚含量不低于 5 mg/kg、色度符合 GB/T 7717.1 规定的工业用丙烯腈的测定；本部分气相色谱法适用于对羟基苯甲醚含量在 1 mg/kg～100 mg/kg 范围的工业用丙烯腈的测定。

注：采用分光光度法时，凡在 295 nm 处有吸收的杂质均干扰测定，经验表明，在超过贮存保证期的丙烯腈中可能产生在该波长有吸收的杂质。

2 规范性引用文件

下列文件对于本文件的应用是必不可少的。凡是注日期的引用文件，仅注日期的版本适用于本文件。凡是不注日期的引用文件，其最新版本（包括所有的修改单）适用于本文件。

GB/T 3723 工业用化学产品采样安全通则

GB/T 6678 化工产品采样总则

GB/T 6680 液体化工产品采样通则

GB/T 6682 分析实验室用水规格和试验方法

GB/T 7717.1 工业用丙烯腈 第 1 部分：规格

GB/T 8170 数值修约规则与极限数值的表示和判定

3 分光光度法

3.1 原理

用紫外分光光度计，在 295 nm 处直接测定试样中对羟基苯甲醚的吸光度，根据标准曲线求出对羟基苯甲醚的含量。

3.2 试剂与材料

除另有注明外，所用试剂均为分析纯，所用的水均符合 GB/T 6682 规定的三级水规格。

3.2.1 对羟基苯甲醚：纯度不低于 99%（质量分数）。

3.2.2 氢氧化钠溶液：4%（质量分数）的水溶液。

3.2.3 无对羟基苯甲醚的丙烯腈：在 500 mL 分液漏斗中，注入 100 mL 丙烯腈和 200 mL 氢氧化钠溶液（3.2.2）进行振摇，放去水层，保留丙烯腈液层。另取丙烯腈，重复上述抽提过程，收集约 500 mL 丙烯腈。然后将此经过处理的丙烯腈蒸馏，收集沸点为 75.5 ℃～79.5 ℃ 的中间馏分。

3.3 仪器设备

3.3.1 紫外分光光度计:配备 1 cm 石英吸收池。

3.3.2 容量瓶:50 mL、100 mL。

3.3.3 分液漏斗:500 mL。

3.3.4 分度吸量管:10 mL。

3.3.5 单标线吸量管:10 mL。

3.3.6 分析天平:感量 0.1 mg。

3.4 样品

按 GB/T 3723、GB/T 6678 和 GB/T 6680 的规定采取样品。

3.5 试验步骤

3.5.1 标准曲线的绘制

3.5.1.1 称取 0.160 g(精确至 0.001 g)对羟基苯甲醚(3.2.1),加入丙烯腈(3.2.3)溶解,定量转移至 100 mL 容量瓶中,再用丙烯腈(3.2.3)稀释至刻度,摇匀。此溶液对羟基苯甲醚的含量为 2 000 mg/kg。

3.5.1.2 用单标线吸量管(3.3.5)吸取上述溶液(3.5.1.1)10 mL,置于 100 mL 容量瓶中,用丙烯腈(3.2.3)稀释至刻度,摇匀,该溶液对羟基苯甲醚的含量为 200 mg/kg。

3.5.1.3 在 4 个 50 mL 容量瓶中,分别吸取 5.0 mL、7.5 mL、10.0 mL 和 12.5 mL 200 mg/kg 对羟基苯甲醚溶液(3.5.1.2),用丙烯腈(3.2.3)稀释至刻度,摇匀,这些溶液分别含 20 mg/kg、30 mg/kg、40 mg/kg、50 mg/kg 的对羟基苯甲醚。以无对羟基苯甲醚的丙烯腈(3.2.3)为空白溶液。用 1 cm 的吸收池,以水作参比,分别测量上述 5 种溶液在 295 nm 处的吸光度。

3.5.1.4 以对羟基苯甲醚的含量为横坐标,相应的净吸光度(不同含量对羟基苯甲醚溶液的吸光度减去空白溶液的吸光度)为纵坐标,绘制标准曲线。

3.5.2 试样测定

以无对羟基苯甲醚的丙烯腈(3.2.3)作空白溶液,在 295 nm 波长处,以水作参比,测定试样和空白溶液的吸光度。

3.6 试验数据处理

3.6.1 根据测得的净吸光度(试样的吸光度减去空白溶液的吸光度),在标准曲线上查得相对应的对羟基苯甲醚的含量,以 mg/kg 表示。

3.6.2 取两次重复测定结果的算术平均值作为分析结果,按 GB/T 8170 的规定进行修约,结果保留小数点后一位小数。

4 气相色谱法

4.1 原理

将适量试样注入配有毛细管色谱柱和氢火焰离子化检测器(FID)的气相色谱仪,对羟基苯甲醚与其他组分在毛细管色谱柱上被有效分离,用 FID 测量对羟基苯甲醚的峰面积,以单点外标法计算对羟基苯甲醚的含量,以 mg/kg 表示。

4.2 试剂与材料

4.2.1 对羟基苯甲醚:纯度不低于99%(质量分数)。

4.2.2 无水乙醇:分析纯。

4.2.3 载气:氮气,纯度不低于99.99%(体积分数),经硅胶及5A分子筛干燥和净化。

4.2.4 燃烧气:氢气,纯度不低于99.99%(体积分数),经硅胶及5A分子筛干燥和净化。

4.2.5 助燃气:空气,无油,经硅胶及5A分子筛干燥和净化。

4.3 仪器设备

4.3.1 气相色谱仪:配置氢火焰离子化检测器(FID),并能按表1推荐的色谱条件进行操作的气相色谱仪。该仪器对试样中1 mg/kg的对羟基苯甲醚所产生的峰高应至少大于噪声的两倍。

4.3.2 色谱柱:推荐的色谱柱及典型操作条件见表1,典型色谱图见图1。其他能达到同等分离程度的色谱柱和操作条件也可使用。

表 1 推荐的色谱柱及典型操作条件

色谱柱		熔融石英毛细管柱
固定相		5%苯基-95%甲基聚硅氧烷
柱长/m		30
柱内径/mm		0.25
液膜厚度/μm		0.25
载气		氮气
载气流速/(mL/min)		2.0
柱温控制	初温/℃	70
	初温时间/min	0
	升温速率/(℃/min)	10
	终温/℃	170
	终温时间/min	0
气化室温度/℃		300
检测器温度/℃		300
分流比		不分流
进样量/μL		1.0

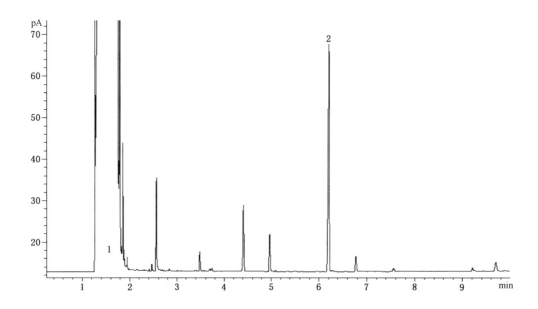

说明：

1——丙烯腈；

2——对羟基苯甲醚。

图 1　典型色谱图

4.3.3 记录仪：积分仪或色谱工作站。

4.3.4 进样系统：微量注射器 1 μL～10 μL；或自动液体进样装置。

4.3.5 分析天平：感量 0.1 mg。

4.3.6 容量瓶：50 mL。

4.4　样品

按 GB/T 3723、GB/T 6678 和 GB/T 6680 的规定采取样品。

4.5　试验步骤

4.5.1　设置操作条件

按照仪器操作说明书，在气相色谱仪上安装并老化色谱柱。参照表 1 所示的典型操作条件调节仪器，待仪器稳定后即可开始测定。

4.5.2　校正因子的测定

4.5.2.1　用称量法配制 40 mg/kg 对羟基苯甲醚乙醇标准溶液。取一个 50 mL 容量瓶，分别加入适量的对羟基苯甲醚(4.2.1)和无水乙醇(4.2.2)，准确称至 0.000 1 g，摇匀。计算对羟基苯甲醚的含量，保留小数点后一位小数。可采用分步稀释。

4.5.2.2　按照表 1 推荐的条件，将 40 mg/kg 对羟基苯甲醚乙醇标准溶液(4.5.2.1)注入气相色谱仪中，记录对羟基苯甲醚的峰面积。重复测定 2 次。

4.5.2.3　对羟基苯甲醚的校正因子 f_i 按式(1)计算：

$$f_i = \frac{w_s}{A_s} \quad \cdots\cdots\cdots\cdots\cdots\cdots\cdots\cdots\cdots\cdots\cdots (1)$$

式中：

f_i——对羟基苯甲醚校正因子；

A_s——标准溶液中对羟基苯甲醚峰面积；

w_s——标准溶液中对羟基苯甲醚含量，单位为毫克每千克（mg/kg）。

取两次测定的平均值作为校正因子，两次重复测定的相对偏差应不大于5%。

结果保留三位有效数字。

4.5.3 试样测定

在与质量校正因子测定相同色谱条件下，取与标准溶液相同体积的试样注入色谱仪，重复测定两次。

为确保定量结果的准确性，测定时的试样温度应与校正因子测定时的标准溶液温度保持一致。

4.6 试验数据处理

丙烯腈中对羟基苯甲醚含量 w 按式（2）计算：

$$w = \frac{f_i \times A}{\rho_2 / \rho_1} \quad\quad\quad\quad\quad\quad\quad\quad\quad\quad\quad\quad\quad\quad (2)$$

式中：

w ——试样中对羟基苯甲醚含量，单位为毫克每千克（mg/kg）；

A ——试样中对羟基苯甲醚峰面积；

ρ_2 ——丙烯腈的密度（20 ℃时为 0.810 g/mL）；

ρ_1 ——无水乙醇的密度（20 ℃时为 0.789 g/mL）。

取两次重复测定结果的算术平均值作为分析结果，按 GB/T 8170 的规定进行修约，结果保留小数点后一位小数。

5 重复性

在同一实验室，由同一操作者使用相同设备，按相同的测试方法，并在短时间内对同一被测对象相互独立进行测试获得的两次独立测试结果的绝对差值应不大于表2中的重复性限（r），以大于重复性限（r）的情况不超过5%为前提。

表 2 重复性限

方法	对羟基苯甲醚含量/(mg/kg)	重复性限(r)
分光光度法	$w \geqslant 5$	平均值的5%
气相色谱法	$1 \leqslant w < 10$ $10 \leqslant w \leqslant 100$	平均值的10% 平均值的5%

6 质量保证和控制

6.1 实验室应定期分析质量控制试样，以保证结果的准确性。

6.2 质量控制试样应当是稳定的，且相对于被分析试样是具有代表性的。质量控制试样可选用自行配制的校准溶液或市售的有证标准溶液。

7 试验报告

试验报告应包括以下内容：

a) 有关试样的全部资料，例如样品名称、批号、采样日期、采样地点、采样时间等；

b) 本部分编号；

c) 分析结果；

d) 测定过程中所观察到的任何异常现象的细节及其说明；

e) 分析人员姓名及分析日期等。

———————————————

ICS 71.080.30
G 17

中华人民共和国国家标准

GB/T 7717.16—2009

工业用丙烯腈

第 16 部分：铁含量的测定

石墨炉原子吸收法

Acrylonitrile for industrial use—
Part 16: Determination of content of iron—Graphite furnace atomic
absorption spectrometer method

2009-10-30 发布

2010-06-01 实施

中华人民共和国国家质量监督检验检疫总局
中国国家标准化管理委员会 发布

前　言

GB/T 7717《工业用丙烯腈》分为如下几部分：
——第1部分：规格；
——第5部分：酸度、pH值和滴定值的测定；
——第8部分：总醛含量的测定　分光光度法；
——第9部分：总氰含量的测定　滴定法；
——第10部分：过氧化物含量的测定　分光光度法；
——第11部分：铁、铜含量的测定　分光光度法；
——第12部分：纯度及杂质含量的测定　气相色谱法；
——第15部分：对羟基苯甲醚含量的测定　分光光度法；
——第16部分：铁含量的测定　石墨炉原子吸收法；
——第17部分：铜含量的测定　石墨炉原子吸收法。

本部分为GB/T 7717的第16部分。

本部分由中国石油化工集团公司提出。

本部分由全国化学标准化技术委员会石油化学分技术委员会(SAC/TC 63/SC 4)归口。

本部分起草单位：中国石化上海石油化工股份有限公司、中国石油化工股份有限公司上海石油化工研究院。

本部分主要起草人：屈玲娣、于伟浩、张正华、江彩英、王川、陈洪德、陈慧丽、陈欢。

工业用丙烯腈
第16部分:铁含量的测定
石墨炉原子吸收法

1 范围

本部分规定了测定工业用丙烯腈中铁含量的石墨炉原子吸收法。

本部分适用于丙烯腈中微量铁的测定,测定范围(0.010~1.000)mg/kg。

本部分并不是旨在说明与其使用有关的所有安全问题。使用者有责任采取适当的安全与健康措施,保证符合国家有关法规的规定。

2 规范性引用文件

下列文件中的条款通过 GB/T 7717 的本部分的引用而成为本部分的条款。凡是注日期的引用文件,其随后所有的修改单(不包括勘误的内容)或修订版均不适用于本部分,然而,鼓励根据本部分达成协议的各方研究是否可使用这些文件的最新版本。凡是不注日期的引用文件,其最新版本适用于本部分。

GB/T 602 化学试剂 杂质测定用标准溶液的制备

GB/T 3723 工业用化学产品采样安全通则(GB/T 3723—1999,idt ISO 3165:1976)

GB/T 6680 液体化工产品采样通则

GB/T 6682 分析实验室用水规格和试验方法(GB/T 6682—2008,ISO 3696:1987,MOD)

GB/T 8170 数值修约规则与极限数值的表示和判定

3 方法提要

将待测的丙烯腈试样和乙醇按照 1:4 的体积比进行稀释后进样,试样中的铁元素在石墨管中原子化,在 243.8 nm 波长处测量吸光度。利用标准曲线定量。

4 试剂与材料

4.1 载气:高纯氩气,纯度(体积分数)不低于 99.999%。

4.2 铁标准溶液:0.1 mg/mL,按 GB/T 602 配制。

4.3 乙醇:GR 级,铁含量低于 5 ng/mL。

4.4 蒸馏水:应符合 GB/T 6682 规定的二级水。

5 仪器

5.1 原子吸收光谱仪:配备石墨炉和自动进样器。

5.2 铁空心阴极灯。

5.3 记录装置:电子积分仪或光谱数据处理装置。

5.4 一般实验室仪器。

6 采样

按 GB/T 3723 和 GB/T 6680 规定的技术要求采取样品。

7 分析步骤

7.1 设定操作条件

根据仪器操作说明书,在原子吸收光谱仪中安装并老化石墨管。然后按表1推荐的测试条件进行设定,待仪器稳定后即可开始测定。

表 1 原子吸收光谱仪推荐工作条件

	阶段	温度/℃	升温时间/s	保持时间/s	载气流量/(mL/min)
石墨炉温度控制程序	干燥	80	10	20	250
	干燥	130	17	10	250
	灰化	1 200	5	10	250
	原子化	2 100	—	5	0
	清理	2 500	8	2	250
测定波长	243.8 nm				

7.2 标准工作曲线的制备

7.2.1 1 μg/mL 铁标准溶液:准确吸取 0.1 mg/mL 铁标准溶液(4.2)1 mL,移入 100 mL 容量瓶,用乙醇(4.3)稀释至刻度,即得到 1 μg/mL 的铁标准溶液,并贮存于聚乙烯材质的试剂瓶中。

7.2.2 80 ng/mL 铁标准溶液:准确吸取 1 μg/mL 铁标准溶液(7.2.1)8 mL,移入 100 mL 容量瓶,用乙醇(4.3)稀释至刻度,即得到 80 ng/mL 的铁标准溶液。

7.2.3 标准工作曲线制备:将 80 ng/mL 的铁标准溶液置于自动进样盘中,在方法中设定 0 ng/mL、20 ng/mL、40 ng/mL、60 ng/mL、80 ng/mL 五点工作曲线,同时设定 20 μL 进样量,15 μL 乙醇稀释剂(4.3)。启动仪器在线稀释功能进行工作曲线制备和测定。以每一点标准溶液净吸光度(扣除空白溶液的吸光度)为纵坐标,以铁含量(ng/mL)为横坐标,绘制标准曲线。所得曲线相关系数应不低于0.99。

注1:若仪器未配备在线稀释功能,也可采用手动方式自 1 μg/mL 铁标准溶液(7.2.1)配制标准曲线所需的系列标准溶液。

7.3 试样测定

7.3.1 试样溶液制备:将待测丙烯腈试样和乙醇(4.3)按照 1∶4 的体积比进行稀释(稀释 5 倍),摇匀后将试样溶液放入进样盘中。

注2:若试样溶液中的铁含量超过 400 ng/mL,可提高试样的稀释比例。

7.3.2 空白检查:试样测定前测定和记录乙醇空白,以保证基线的稳定性,空白测定值应在±5 ng/mL 范围内。

7.3.3 试样测定:按照与标准曲线相同的测定条件测定试样溶液(7.3.1)的吸光度,根据试样溶液的净吸光度值,在标准曲线上查得试样溶液中铁的含量(ng/mL)。

8 分析结果的表述

8.1 计算

试样中铁含量 w 以毫克每千克(mg/kg)计,按式(1)计算:

$$w = \frac{\rho_{Fe} \times n}{\rho \times 1\,000} \quad\quad\cdots\cdots(1)$$

式中:

ρ_{Fe}——稀释后试样溶液实测的铁含量,单位为纳克每毫升(ng/mL);

ρ——测定时丙烯腈试样的密度,单位为克每毫升(g/mL);

n——用乙醇稀释丙烯腈试样的稀释倍数。

8.2 结果的表示

8.2.1 分析结果的数值按 GB/T 8170 规定进行修约,取两次重复测定结果的算术平均值表示其分析结果。

8.2.2 报告丙烯腈中铁含量应精确至 0.001 mg/kg。

9 重复性

在同一实验室,由同一操作者使用相同设备,按相同的测试方法,并在短时间内对同一被测对象相互独立进行测试,获得的两次独立测试结果的绝对差值不应超过下列的重复性限(r),以超过重复性限(r)的情况不超过 5%为前提:

铁含量	重复性限
(0.010～0.050)mg/kg	算术平均值的30%
(0.050～1.000)mg/kg	算术平均值的10%

10 试验报告

试验报告应包括下列内容:

a) 有关样品的全部资料,例如样品名称、批号、采样地点、采样日期、采样时间等;

b) 本部分编号;

c) 分析结果;

d) 测定中观察到的任何异常现象的细节及其说明;

e) 分析人员的姓名及分析日期等。

ICS 71.080.30
G 17

中华人民共和国国家标准

GB/T 7717.17—2009

工业用丙烯腈

第 17 部分：铜含量的测定

石墨炉原子吸收法

Acrylonitrile for industrial use—

Part 17：Determination of content of copper—

Graphite furnace atomic absorption spectrometer method

2009-10-30 发布

2010-06-01 实施

中华人民共和国国家质量监督检验检疫总局
中国国家标准化管理委员会　发布

前　言

GB/T 7717《工业用丙烯腈》分为如下几部分：

——第1部分:规格；

——第5部分:酸度、pH值和滴定值的测定；

——第8部分:总醛含量的测定　分光光度法；

——第9部分:总氰含量的测定　滴定法；

——第10部分:过氧化物含量的测定　分光光度法；

——第11部分:铁、铜含量的测定　分光光度法；

——第12部分:纯度及杂质含量的测定　气相色谱法；

——第15部分:对羟基苯甲醚含量的测定　分光光度法；

——第16部分:铁含量的测定　石墨炉原子吸收法；

——第17部分:铜含量的测定　石墨炉原子吸收法。

本部分为GB/T 7717的第17部分。

本部分由中国石油化工集团公司提出。

本部分由全国化学标准化技术委员会石油化学分技术委员会(SAC/TC 63/SC 4)归口。

本部分起草单位:中国石化上海石油化工股份有限公司、中国石油化工股份有限公司上海石油化工研究院。

本部分主要起草人:于伟浩、屈玲娣、江彩英、张正华、王川、陈洪德、陈慧丽、陈欢。

工业用丙烯腈
第 17 部分：铜含量的测定
石墨炉原子吸收法

1 范围

本部分规定了测定工业用丙烯腈中铜含量的石墨炉原子吸收法。

本部分适用于丙烯腈中微量铜的测定，测定范围(0.010~1.000)mg/kg。

本部分并不是旨在说明与其使用有关的所有安全问题。使用者有责任采取适当的安全与健康措施，保证符合国家有关法规的规定。

2 规范性引用文件

下列文件中的条款通过 GB/T 7717 的本部分的引用而成为本部分的条款。凡是注日期的引用文件，其随后所有的修改单(不包括勘误的内容)或修订版均不适用于本部分，然而，鼓励根据本部分达成协议的各方研究是否可使用这些文件的最新版本。凡是不注日期的引用文件，其最新版本适用于本部分。

GB/T 602　化学试剂　杂质测定用标准溶液的制备

GB/T 3723　工业用化学产品采样安全通则(GB/T 3723—1999,idt ISO 3165:1976)

GB/T 6680　液体化工产品采样通则

GB/T 6682　分析实验室用水规格和试验方法(GB/T 6682—2008,ISO 3696:1987,MOD)

GB/T 8170　数值修约规则与极限数值的表示和判定

3 方法提要

将待测的丙烯腈试样和乙醇按照 1:4 的体积比进行稀释后进样，试样中的铜元素在石墨管中原子化，在 324.8 nm 波长处测量吸光度。利用标准曲线定量。

4 试剂与材料

4.1　载气：高纯氩气，纯度(体积分数)不低于 99.999%。

4.2　铜标准溶液：0.1 mg/mL，按 GB/T 602 配制。

4.3　乙醇：GR 级，铜含量低于 5 ng/mL。

4.4　蒸馏水：应符合 GB/T 6682 规定的二级水。

5 仪器

5.1　原子吸收光谱仪：配备石墨炉和自动进样器。

5.2　铜空心阴极灯。

5.3　记录装置，电子积分仪或光谱数据处理装置。

5.4　一般实验室仪器。

6 采样

按 GB/T 3723 和 GB/T 6680 规定的技术要求采取样品。

7 分析步骤

7.1 设定操作条件

根据仪器操作说明书,在原子吸收光谱仪中安装并老化石墨管。然后按表 1 推荐的测试条件进行设定,待仪器稳定后即可开始测定。

表 1 原子吸收光谱仪推荐工作条件

阶 段		温度/℃	升温时间/s	保持时间/s	载气流量/(mL/min)
石墨炉温度 控制程序	干燥	100	10	30	250
	干燥	130	15	30	250
	灰化	900	20	20	250
	原子化	2 100	—	5	0
	清理	2 450	1	5	250
测定波长		324.8 nm			

7.2 标准工作曲线的制备

7.2.1 1 μg/mL 铜标准溶液:准确吸取 0.1 mg/mL 铜标准溶液(4.2)1 mL,移入 100 mL 容量瓶,用乙醇(4.3)稀释至刻度,即得到 1 μg/mL 的铜标准溶液,并贮存于聚乙烯材质的试剂瓶中。

7.2.2 80 ng/mL 铜标准溶液:准确吸取 1 μg/mL 铜标准溶液(7.2.1)8 mL,移入 100 mL 容量瓶,用乙醇(4.3)稀释至刻度,即得到 80 ng/mL 的铜标准溶液。

7.2.3 标准工作曲线制备:将 80 ng/mL 的铜标准溶液置于自动进样盘中,在方法中设定 0 ng/mL、20 ng/mL、40 ng/mL、60 ng/mL、80 ng/mL 五点工作曲线,同时设定 20 μL 进样量,15 μL 乙醇稀释剂(4.3)。启动仪器在线稀释功能进行工作曲线制备和测定。以每一点标准溶液净吸光度(扣除空白溶液的吸光度)为纵坐标,以铜含量(ng/mL)为横坐标,绘制标准曲线。所得曲线相关系数应不低于 0.99。

注 1:若仪器未配备在线稀释功能,也可采用手动方式自 1 μg/mL 铜标准溶液(7.2.1)配制标准曲线所需的系列标准溶液。

7.3 试样测定

7.3.1 试样溶液制备:将待测丙烯腈试样和乙醇(4.3)按照 1∶4 的体积比进行稀释(稀释 5 倍),摇匀后将试样溶液放入进样盘中。

注 2:若试样溶液中的铜含量超过 400 ng/mL,可提高试样的稀释比例。

7.3.2 空白检查:试样测定前测定和记录乙醇空白,以保证基线的稳定性,空白测定值应在 ±5 ng/mL 范围内。

7.3.3 试样测定:按照与标准曲线相同的测定条件测定试样溶液(7.3.1)的吸光度,根据试样溶液的净吸光度值,在标准曲线上查得试样溶液中铜的含量(ng/mL)。

8 分析结果的表述

8.1 计算

试样中铜含量 w 以毫克每千克(mg/kg)计,按式(1)计算:

$$w = \frac{\rho_{Cu} \times n}{\rho \times 1\ 000} \quad \cdots\cdots\cdots\cdots\cdots\cdots\cdots\cdots\cdots(1)$$

式中:

ρ_{Cu}——稀释后试样溶液实测的铜含量,单位为纳克每毫升(ng/mL);

ρ——测定时丙烯腈试样的密度,单位为克每毫升(g/mL);

n——用乙醇稀释丙烯腈试样的稀释倍数。

8.2 结果的表示

8.2.1 分析结果的数值按 GB/T 8170 规定进行修约,取两次重复测定结果的算术平均值表示其分析结果。

8.2.2 报告丙烯腈中铜含量应精确至 0.001 mg/kg。

9 重复性

在同一实验室,由同一操作者使用相同设备,按相同的测试方法,并在短时间内对同一被测对象相互独立进行测试获得的两次独立测试结果的绝对差值不大于其平均值的 10%,以大于其平均值 10% 的情况不超过 5% 为前提。

10 试验报告

试验报告应包括下列内容:

a) 有关样品的全部资料,例如样品名称、批号、采样地点、采样日期、采样时间等;

b) 本部分编号;

c) 分析结果;

d) 测定中观察到的任何异常现象的细节及其说明;

e) 分析人员的姓名及分析日期等。

ICS 71.080.10
G 16

中华人民共和国国家标准

GB/T 11141—2014
代替 GB/T 11141—1989

工业用轻质烯烃中微量硫的测定

Light olefins for industrial use—Determination of trace sulfur

2014-07-08 发布

2014-12-01 实施

中华人民共和国国家质量监督检验检疫总局
中国国家标准化管理委员会　发布

前　言

本标准按照 GB/T 1.1—2009 给出的规则起草。

本标准代替 GB/T 11141—1989《轻质烯烃中微量硫的测定　氧化微库仑法》。

本标准与 GB/T 11141—1989 相比的主要变化如下：

——修改了标准名称；

——增加了紫外荧光法(见第 3 章)；

——氧化微库仑法中电解液的配制方法改为按照仪器说明书的要求配制(见 4.2.6,1989 年版的 4.6)；

——氧化微库仑法中水浴温度改为 60 ℃～70 ℃,删除了水浴装置图(见 3.3.5.1,1989 版 6.3.2)；

——氧化微库仑法中增加了闪蒸汽化装置(见 4.3.4)。

本标准由中国石油化工集团公司提出。

本标准由全国化学标准化技术委员会石油化学分技术委员会(SAC/TC 63/SC 4)归口。

本标准起草单位:中国石油化工股份有限公司上海石油化工研究院。

本标准主要起草人:李诚炜、许竞早、张育红。

本标准所代替标准的历次版本发布情况为:

——GB/T 11141—1989。

工业用轻质烯烃中微量硫的测定

1 范围

本标准规定了轻质烯烃($C_2 \sim C_4$)中的微量硫测定的紫外荧光法和氧化微库仑法。

本标准中紫外荧光法适用于硫含量在 0.2 mg/kg～100 mg/kg 的轻质烯烃的测定,氧化微库仑法适用于硫含量在 0.5 mg/kg～100 mg/kg 的轻质烯烃的测定。

本标准并不是旨在说明与其使用有关的所有安全问题。使用者有责任采取适当的安全与健康措施,保证符合国家有关法规的规定。

2 规范性引用文件

下列文件对于本文件的应用是必不可少的。凡是注日期的引用文件,仅注日期的版本适用于本文件。凡是不注日期的引用文件,其最新版本(包括所有的修改单)适用于本文件。

GB/T 3723 工业用化学产品采样安全通则(GB/T 3723—1999,idt ISO 3165:1976)

GB/T 6682 分析实验室用水规格和试验方法(GB/T 6682—2008,ISO 3696:1987,MOD)

GB/T 8170 数值修约规则与极限数值的表示和判定

GB/T 13289 工业用乙烯液态和气态采样法(GB/T 13289—2014,ISO 7382:1986,NEQ)

GB/T 13290 工业用丙烯和丁二烯液态采样法(GB/T 13290—2014,ISO 8563:1987,NEQ)

SH/T 1142 工业用裂解碳四液态采样法

3 紫外荧光法

3.1 方法原理

将气态试样或液态试样汽化后由载气带入燃烧管与氧气混合并燃烧,其中微量硫大部分转化为二氧化硫(小部分生成三氧化硫),试样燃烧生成的气体在除去水后被紫外光照射,二氧化硫吸收紫外光的能量转变为激发态的二氧化硫(SO_2^*),当激发态的二氧化硫返回到稳定态的二氧化硫时发射荧光,并由光电倍增管检测,由所得信号值计算出试样的硫含量。

警告:接触过量的紫外光有害健康,试验者必须避免直接照射的紫外光以及次级或散射的辐射对身体各部位,尤其是眼睛的危害。

3.2 试剂与材料

3.2.1 噻吩或二丁基硫醚:纯度不低于 99%(质量分数),用于配制硫标准储备溶液。

3.2.2 异辛烷或正庚烷:用于配制硫标准储备溶液的溶剂。硫含量应不高于 0.2 ng/μL,必要时应对所用溶剂的硫含量进行空白校正。

3.2.3 载气:氩气,纯度不低于 99.99%(体积分数)。

3.2.4 反应气:氧气,纯度不低于 99.99%(体积分数)。

3.2.5 硫标准储备溶液:1 000 ng/μL。称取约 0.46 g 二丁基硫醚(或 0.26 g 噻吩),精确至 0.000 1 g,放入 100 mL 容量瓶中,用异辛烷或正庚烷稀释至刻线。溶液中的硫含量按式(1)计算。

$$c_1 = \frac{m_1 \times 32.07 \times 10^6 a}{V_1 \times M_1} \quad \cdots\cdots\cdots\cdots\cdots\cdots (1)$$

式中：

c_1 ——标准溶液中硫含量，单位为纳克每微升（ng/μL）；

m_1 ——噻吩或二丁基硫醚的质量，单位为克（g）；

a ——噻吩或二丁基硫醚的纯度（质量分数）；

V_1 ——异辛烷或正庚烷所稀释至的体积，单位为毫升（mL）；

M_1 ——噻吩或者二丁基硫醚相对分子质量；

32.07——硫的相对分子质量。

3.3 仪器与设备

3.3.1 紫外荧光仪

3.3.1.1 燃烧炉

电加热，温度能达到足以使试样受热裂解，并将其中的硫氧化成二氧化硫。

3.3.1.2 燃烧管

石英制成，可使试样直接进入高温氧化区。燃烧管应有引入氧气和载气的支管，氧化区应足够大。

3.3.1.3 流量控制

仪器应配备流量控制器，以确保氧气和载气的稳定供应。

3.3.1.4 干燥管

仪器应配备有除去水蒸气的设备，以除去进入检测器前反应产物中的水蒸气。

3.3.1.5 紫外荧光（UV）检测器

定性定量检测器，能测量由紫外光源照射二氧化硫激发所发射的荧光。

3.3.2 注射器

液体进样用 100 μL 或其他适宜体积的微量注射器。

3.3.3 气体进样装置

气体进样装置需配制六通气体进样阀，定量环体积为 10 mL 或其他适宜的体积。

3.3.4 采样器

3.3.4.1 乙烯采样钢瓶应符合 GB/T 13289 规定。

3.3.4.2 丙烯采样钢瓶应符合 GB/T 13290 规定。

3.3.4.3 碳四烯烃采样钢瓶应符合 SH/T 1142 或 GB/T 13290 规定。

3.3.5 汽化装置

3.3.5.1 恒温水浴温度控制在 60 ℃～70 ℃，配加热盘管，规格为内径 3 mm，长度 2 m 的不锈钢管。

3.3.5.2 闪蒸汽化装置应能确保液态样品完全汽化。

注：需要时，可对3.3.4 及3.3.5 中所用的采样钢瓶、控制阀、汽化装置和连接管线的内表面进行钝化处理，防止硫化

物被吸附。

3.4 仪器操作条件

仪器操作条件按照仪器说明书设置。

3.5 采样

按 GB/T 3723 和 GB/T 13289、GB/T 13290 或 SH/T 1142 规定的要求采取样品。

3.6 测定步骤

3.6.1 仪器操作

3.6.1.1 将石英燃烧管装入燃烧炉内,连接载气和反应气管线。

3.6.1.2 接通电源与气源,并将炉温、气体流量等参数调节至仪器说明书推荐的条件。待基线稳定后,即可进行样品测定。

3.6.2 标准曲线的绘制

3.6.2.1 取不同量硫标准储备溶液,用所选溶剂稀释,以配制一系列校准标准溶液。针对不同浓度范围的样品采用不同的标准曲线,推荐标准曲线的浓度范围见表 1。

注：也可采用市售的有证液体硫标样。

表 1 不同标准曲线的浓度范围

进样条件	曲线 1	曲线 2
硫的浓度/(ng/μL)	0.2	5.0
	0.5	10.0
	1.0	15.0
	3.0	50.0
	5.0	100.0
进样量	50 μL(或其他适宜的体积)	20 μL(或其他适宜的体积)

3.6.2.2 在分析前,用标准溶液充分润洗注射器。如果液柱中存有气泡,要再次润洗注射器并重新抽取标准溶液。

3.6.2.3 将一定体积的标准溶液注入燃烧管,记录硫化物的响应值,每个样品应重复测定三次,三次测定结果的相对标准偏差不超过 5%。用每个校准标准溶液的硫质量(ng)值与其三次测定的平均响应值建立曲线,此曲线应是线性的。每天需用校准标准溶液检查系统性能至少一次。

3.6.3 液态样品的汽化

液态样品需经汽化后方可进行硫含量的测定。汽化方式可采用水浴汽化和闪蒸汽化。

3.6.4 样品的测定

用气体进样器将样品导入燃烧管中。进样前,先用样品气冲洗定量环,时间约为 50 s,随后关闭进样阀门,等待 10 s,待压力平衡后进样。每个样品测定两次,计算平均响应值,选择合适浓度范围的标准曲线计算样品中硫的质量。

3.7 分析结果的表述

3.7.1 计算

试样的硫含量 w_1 由式(2)进行计算,以毫克每千克计:

$$w_1 = \frac{m_2 \times (273 + t_1) \times 101\,325 \times 22\,410}{V_2 \times 273 \times p_1 \times M_2 \times 10^3}$$

$$= \frac{m_2 \times (273 + t_1) \times 8\,317.6}{V_2 \times p_1 \times M_2} \qquad \cdots\cdots\cdots\cdots\cdots\cdots(2)$$

式中:

m_2 ——由标准曲线计算出的硫的质量,单位为纳克(ng);

t_1 ——试样温度,单位为摄氏度(℃);

101 325——标准状态下气压,单位为帕斯卡(Pa);

22 410 ——标准状态下理想气体摩尔体积,单位为毫升每摩尔(mL/mol);

V_2 ——注入的气体试样体积,单位为毫升(mL);

273 ——标准状态下温度,单位为开尔文(K);

p_1 ——试验时的大气压值,单位为帕斯卡(Pa);

M_2 ——试样的摩尔质量,单位为克每摩尔(g/mol);

8 317.6——标准状态下理想气体换算系数,单位为帕斯卡毫升每摩尔开尔文[Pa•mL/(mol•K)]。

3.7.2 结果的表示

以两次重复测定结果的算术平均值报告其分析结果,按 GB/T 8170 的规定修约至 0.1 mg/kg。

4 氧化微库仑法

4.1 方法原理

将气态试样或液态试样汽化后由载气带入燃烧管与氧气混合并燃烧,其中微量硫大部分转化为二氧化硫(小部分生成三氧化硫),燃烧产物随后进入滴定池,与电解液中碘三离子(I_3^-)发生如下反应:

$$SO_2 + I_3^- + H_2O \rightarrow SO_3 + 3I^- + 2H^+$$

由于电解液中的碘三离子(I_3^-)被消耗,指示电极对间的电位差发生变化,随即电解电极对有相应的电流通过,在阳极表面发生如下反应:

$$3I^- \rightarrow I_3^- + 2e$$

当电解产生的碘三离子(I_3^-)使电解液中碘三离子(I_3^-)恢复到测定前的浓度时,电解电极停止工作。此时所消耗的总电量是试样中硫含量的一个测定值。根据法拉第电解定律及所测得的标样回收率即可计算出试样中的硫含量。

4.2 试剂与材料

4.2.1 噻吩或二丁基硫醚:纯度不低于 99%(质量分数),用于配制硫标准溶液。

4.2.2 异辛烷或正庚烷:用于配制硫标准溶液的溶剂,硫含量应不高于 0.2 ng/μL,必要时应对所用溶剂的硫含量进行空白校正。

4.2.3 水:符合 GB/T 6682 规定的二级水。

4.2.4 载气:氮气,纯度不低于 99.99%(体积分数)。

4.2.5 反应气:氧气,纯度不低于 99.99%(体积分数)。

4.2.6　电解液:按照仪器说明书的要求配制。

4.2.7　硫标准溶液:称取一定量的噻吩或二丁基硫醚,准确至 0.000 1 g,用异辛烷或正庚烷稀释至一定体积,摇匀备用。标准溶液硫含量应与待测试样中的硫含量相近。标准溶液的硫含量按 3.2.5 中式(1)计算。

> 注:也可采用市售的与被测试样硫含量相近的液体硫标样。

4.3　仪器与设备

4.3.1　微库仑仪

4.3.1.1　微库仑计

测量参比-测量电极对电位差,并将该电位差与偏压进行比较,放大此差值至电解电极对产生电流,微库仑计输出电压信号与电解电流成正比。

4.3.1.2　燃烧炉

燃烧炉由温度能调节控制的三个不同电加热区组成。预热区温度要保证试样完全汽化;燃烧区温度保证试样燃烧完全并尽可能有利于二氧化硫的生成;出口区温度保证试样燃烧生成的产物无变化地进入滴定池。

4.3.1.3　石英燃烧管

燃烧管装在燃烧炉内,试样注入口用硅橡胶垫密封,出口与滴定池进气口相连。

4.3.1.4　滴定池

由玻璃烧制而成,池中盛有电解液,并插入一对电解电极和一对指示电极。

4.3.1.5　数据处理装置

微库仑积分仪或仪器自带数据处理系统。

4.3.2　注射器

气体进样用 1 mL 或 5 mL 医用注射器,或气体进样装置。

液体进样用 10 μL 微量注射器,注射器针头长度应能达到预热区。

4.3.3　采样器

同 3.3.4。

4.3.4　汽化装置

同 3.3.5。

4.4　仪器的操作条件

仪器操作条件按照仪器说明书设置。

4.5　采样

同 3.5。

4.6 测定步骤

4.6.1 仪器操作

4.6.1.1 将洗净、烘干的石英燃烧管装入燃烧炉内,连接载气和反应气管线。

4.6.1.2 用电解液冲洗滴定池2次~3次,然后将电解液注入滴定池中,液面应高于电极5 mm~10 mm。放入搅拌子,并将滴定池置于电磁搅拌器上,再将滴定池进口与燃烧管出口相连接。最后将指示电极对和电解电极对的引线分别接至微库仑计的相应接线端子。

4.6.1.3 接通电源与气源,并将炉温、气体流量等参数调节至仪器说明书推荐的操作条件。

4.6.1.4 开启电磁搅拌器的电源,调节搅拌速度至形成轻微旋涡。待指示电极对间电位差恒定于工作电位后,即可进行如下测定。

4.6.2 校正

每次分析试样前需用与待测试样硫含量相近的硫标准溶液进行校正,以测定硫的回收率。

先用10 μL微量注射器吸取约8 μL的硫标准溶液,擦干针头,然后将针芯慢慢拉出,直至液体与空气交界的弯月面对准在1 μL刻度处,记下针芯端位置的读数。进样时针头一定要插至预热区,并匀速4 μL/min~5 μL/min进样,至针芯接近1 μL刻度时停止进样,拉出针芯,使液体和空气的弯月面再次对准在1 μL处,记下针芯端位置的读数,两个读数之差就是液体标样的体积。进样后,指示电极对间的电位差发生变化,滴定至原来的工作电位,记下库仑计读数。

硫的回收率 F(%)按式(3)计算:

$$F = \frac{m_3}{c_1 \times V_3} \times 100 \qquad\qquad \cdots\cdots\cdots\cdots\cdots\cdots(3)$$

式中:

m_3——微库仑计滴定出的硫的质量,单位为纳克(ng);

c_1——标准溶液中硫含量,单位为纳克每微升(ng/μL);

V_3——注入标准溶液的体积,单位为微升(μL)。

每个标准溶液重复测定三次,三次测定结果的相对标准偏差不超过5%,取其回收率的算术平均值作为校正因子。回收率应在75%~95%之间,如果回收率超出要求,则应检查仪器系统。

4.6.3 液态样品的汽化

液态样品需经汽化后方可进行硫含量的测定。汽化方式可采用水浴汽化和闪蒸汽化。

4.6.4 试样量

根据待测试样硫含量范围,应按表2所示采取适量试样。

表 2 不同硫含量范围的待测试样的取样量

硫含量 mg/kg	取样量 mL
<1	5
1~10	3~5
10~100	1~3

4.6.5 样品的测定

选取 5 mL 医用注射器从样品容器中抽取气态试样。取样时,先用样品气置换 3 次~5 次后再取样,并以 2 mL/min~3 mL/min 匀速进样,每个样品测定两次,滴定并记下库仑计读数(ng)。

注:为避免对针筒的污染,对硫含量差别较大的试样或标准液,微量注射器和针筒要区别专用。

4.7 分析结果的表述

4.7.1 计算

试样的硫含量 w_2 由式(4)进行计算,以毫克每千克(mg/kg)计。

$$w_2 = \frac{m_4 \times (273 + t_2) \times 101\,325 \times 22\,410}{V_4 \times 273 \times p_2 \times M_3 \times 10^3 \times F}$$

$$= \frac{m_4 \times (273 + t_2) \times 8\,317.6}{V_4 \times p_2 \times M_3 \times F} \quad\cdots\cdots\cdots\cdots\cdots\cdots (4)$$

式中:

m_4 —— 微库仑计显示的硫的质量,单位为纳克(ng);

t_2 —— 试样温度,单位为摄氏度(℃);

101 325—— 标准状态下气压,单位为帕斯卡(Pa);

22 410 —— 标准状态下理想气体摩尔体积,单位为毫升每摩尔(mL/mol);

V_4 —— 注入的气体试样体积,单位为毫升(mL);

273 —— 标准状态下温度,单位为开尔文(K);

p_2 —— 试验时的大气压值,单位为帕斯卡(Pa);

M_3 —— 试样的摩尔质量,单位为克每摩尔(g/mol);

F —— 硫的回收率(质量分数),%;

8 317.6—— 标准状态下理想气体换算系数,单位为帕斯卡毫升每摩尔开尔文[Pa·mL/(mol·K)]。

4.7.2 结果的表示

以两次重复测定结果的算术平均值报告其分析结果,按 GB/T 8170 的规定修约至 0.1 mg/kg。

5 重复性

在同一实验室,由同一操作者使用相同设备,按相同的测试方法,并在短时间内对同一被测对象相互独立进行测试获得的两次独立测试结果的绝对差值不大于表 3 中重复性限(r),以超过重复性限(r)的情况不超过 5% 为前提。

表 3 不同硫含量样品的重复性限(r)

硫含量 X mg/kg	重复性限(r) mg/kg	
	紫外荧光法	氧化微库仑法
$X \leqslant 1$	0.2	0.4
$1 < X \leqslant 10$	1	1
$10 < X \leqslant 100$	4	4

6 报告

报告应包括以下内容：

a) 有关试样的全部资料,例如名称、批号、采样地点、采样时间等；

b) 本标准代号；

c) 测定结果；

d) 测定中观察到的任何异常现象的细节及其说明；

e) 分析人员的姓名及分析日期等；

f) 未包括在本标准中的任何操作及自由选择的操作条件的说明。

———————————

ICS 71.080.15
G 16

中华人民共和国国家标准

GB/T 12688.1—2019
代替 GB/T 12688.1—2011

工业用苯乙烯试验方法
第1部分：纯度及烃类杂质的测定
气相色谱法

Test method of styrene for industrial use—Part 1:Determination of
purity and hydrocarbon impurities—Gas chromatography

2019-06-04 发布

2020-05-01 实施

国家市场监督管理总局
中国国家标准化管理委员会   发布

前　言

GB/T 12688《工业用苯乙烯试验方法》分为如下几部分：

——第1部分：纯度及烃类杂质的测定　气相色谱法；

——第3部分：聚合物含量的测定；

——第4部分：过氧化物含量的测定　滴定法；

——第5部分：总醛含量的测定　滴定法；

——第8部分：阻聚剂（对-叔丁基邻苯二酚）含量的测定　分光光度法；

——第9部分：微量苯的测定　气相色谱法；

——第10部分　含氧化合物的测定　气相色谱法。

本部分为GB/T 12688的第1部分。

本部分按照GB/T 1.1—2009给出的规则起草。

本部分代替GB/T 12688.1—2011《工业用苯乙烯试验方法　第1部分：纯度和烃类杂质的测定　气相色谱法》。

本部分与GB/T 12688.1—2011相比除编辑性修改外，主要技术变化如下：

——增加了可测定杂质的种类，调整了测定范围（见1.2、4.2、图1、图2，2011年版的1、4.2、图1、图2）；

——规范性引用文件增加了GB/T 6678（见第2章，2011年版的第2章）；

——修改了气相色谱仪的要求（见5.1，2011年版的5.1）；

——修改了典型色谱操作条件（见表1，2011年版的表1）；

——修改了公式（1）［见公式（1），2011年版的公式（1）］；

——修改了图2（见图2，2011年版的图2）；

——增加了有效碳数校正面积归一化法及相关内容（见第9章）；

——删除了外标法及相关内容（2011年版的第8章）；

——修改了重复性限，增加了再现性限（见第11章，2011年版的第11章）。

本部分由中国石油和化学工业联合会提出。

本部分由全国化学标准化技术委员会（SAC/TC 63）归口。

本部分起草单位：中国石油化工股份有限公司北京燕山分公司、中国石油化工股份有限公司上海石油化工研究院、上海赛科石油化工有限责任公司、广东新华粤华德科技有限公司。

本部分主要起草人：史阳阳、崔广洪、姜连成、范晨亮、刘朝霞、曾远森、车金凤、王敏、成红、乔建军。

本部分所代替标准的历次版本发布情况为：

——GB/T 12688.1—1990、GB/T 12688.1—1998、GB/T 12688.1—2011。

工业用苯乙烯试验方法
第1部分：纯度及烃类杂质的测定
气相色谱法

警示——本部分并不是旨在说明与其使用有关的所有安全问题。使用者有责任采取适当的安全与健康措施，保证符合国家有关法规的规定。

1 范围

GB/T 12688的本部分规定了工业用苯乙烯的纯度及烃类杂质测定的气相色谱法。

本部分适用于纯度（质量分数）不低于99%、烃类杂质浓度（质量分数）范围为0.001%～1.000%的苯乙烯的测定。

注：典型的烃类杂质包括：乙苯、对二甲苯、间二甲苯、邻二甲苯、异丙苯、正丙苯、间甲乙苯、对甲乙苯、丙烯基苯、α-甲基苯乙烯、间甲基苯乙烯、对甲基苯乙烯、苯乙炔及其他杂质。

2 规范性引用文件

下列文件对于本文件的应用是必不可少的。凡是注日期的引用文件，仅注日期的版本适用于本文件。凡是不注日期的引用文件，其最新版本（包括所有的修改单）适用于本文件。

GB/T 3723 工业用化学产品采样安全通则

GB/T 6678 化工产品采样总则

GB/T 6680 液体化工产品采样通则

GB/T 8170 数值修约规则与极限数值的表示和判定

3 方法提要

3.1 内标法

在本部分规定的条件下，将适量含内标物的试样注入配置氢火焰离子化检测器（FID）的色谱仪。苯乙烯与烃类杂质组分在色谱柱上被有效分离，测量除苯乙烯组分外所有峰的峰面积，以内标法计算各烃类杂质的含量。用100.00减去烃类杂质的总量，以计算苯乙烯的纯度。

3.2 校正面积归一法

在本部分规定的条件下，将适量试样注入配置氢火焰离子化检测器（FID）的色谱仪。苯乙烯与烃类杂质组分在色谱柱上被有效分离，测量所有峰的峰面积，以实测校正面积归一化法或有效碳数校正面积归一化法计算各组分含量。

4 试剂和材料

4.1 内标物：正庚烷、甲苯或其他合适的化合物，纯度应大于99%（质量分数）。

4.2 标准试剂：乙苯、对二甲苯、间二甲苯、邻二甲苯、异丙苯、正丙苯、间甲乙苯、对甲乙苯、丙烯基苯、二氢噻喃、2-乙烯基噻吩、α-甲基苯乙烯、间甲基苯乙烯、对甲基苯乙烯、苯乙炔,各标准试剂纯度不低于99%(质量分数)。若标准试剂纯度不能满足要求,则应对其在校准混合物中的组成进行修正。

4.3 苯乙烯:用作测定校正因子的基液,纯度应不低于99.9%(质量分数)。

4.4 氮气:纯度大于99.995%(体积分数)。

4.5 氦气:纯度大于99.995%(体积分数)。

4.6 氢气:纯度大于99.995%(体积分数)。

4.7 空气:无油,经硅胶、分子筛充分干燥和净化。

5 仪器和设备

5.1 气相色谱仪:应配置氢火焰离子化检测器及进样分流装置。对本部分所规定的最低测定浓度下的烃类组分所产生的峰高应至少大于噪声的两倍。

当采用实测校正面积归一化法和有效碳数校正面积归一法分析样品时,仪器的动态线性范围应满足定量要求。

5.2 记录系统:积分仪或色谱工作站。

5.3 微量注射器或自动进样器,1 μL~10 μL。

5.4 色谱柱:推荐的色谱柱及典型色谱条件见表1。满足本部分所规定的分离效果和定量要求的其他色谱柱和条件均可采用。

5.5 分析天平:感量为0.1 mg。

5.6 容量瓶:100 mL。

表 1 推荐的色谱柱及典型操作条件

色谱柱	A		B	
柱管材料	弹性石英毛细管		弹性石英毛细管	
固定相	键合 PEG20M[a]		键合 FFAP[b]	
柱长/m	60		60	
液膜厚度/μm	0.32		0.32	
柱内径/mm	0.50		0.50	
柱温/℃	85		80	
检测器	FID			
载气	氦气	氮气	氦气	氮气
载气流量/(mL/min)	2.0~2.5	1.8~2.0	2.0~2.5	1.6~2.0
补充气	氮气			
补充气流量/(mL/min)	30			
进样体积/μL	0.5~1.0		0.5~1.0	
分流比	80∶1		100∶1	
检测器温度/℃	250		250	
进样口温度/℃	250		250	
氢气流量/(mL/min)	30		30	
空气流量/(mL/min)	275		275	
[a] PEG20M 为聚乙二醇 20M。				
[b] FFAP 为聚乙二醇 20M 与 2-硝基对苯二甲酸的反应产物。				

6 样品

按照 GB/T 3723 、GB/T 6678 和 GB/T 6680 规定的安全和技术要求采取样品。

7 内标法

7.1 校正因子的测定

7.1.1 校准混合物溶液 A:含有适当含量的典型烃类杂质的混合物,用苯乙烯(4.3)配制。称量所有烃类杂质(4.2)组分,称准至 0.000 1 g。计算各组分的含量,精确至 0.000 1%(质量分数)。配制的苯乙烯纯度和烃类杂质含量应与待测试样相近(可适当分步稀释)。亦可采用外购的有证标准样品。

7.1.2 按照仪器说明书,在色谱仪中安装并老化色谱柱。调节仪器至表 1 推荐的操作条件,待仪器稳定后即可开始测试。

7.1.3 在推荐的色谱条件下把适量的苯乙烯(4.3)注入色谱仪,检查是否存在干扰内标物(4.1)的烃类杂质,如果该苯乙烯中的烃类杂质与所选的内标物同时出峰,则应改用其他合适的内标物。

7.1.4 校准混合物溶液 B:在事先装有约 75 mL 的校准混合物溶液 A 的 100 mL 容量瓶中,准确加入 50 μL(或适量)内标物,再用校准混合物溶液 A 稀释至刻度。若用正庚烷作内标,正庚烷的密度为 0.684 g/cm³,苯乙烯的密度为 0.906 g/cm³,则该溶液中内标物的浓度为 0.037 7%(质量分数)。

7.1.5 含内标物的苯乙烯基液:另取苯乙烯(4.3),按 7.1.4 的方法加入内标物,用于测定存在于该苯乙烯中的烃类杂质与内标物的色谱峰面积比值。

7.1.6 将适量的含内标物的苯乙烯基液(7.1.5)和校准混合物溶液 B(7.1.4)注入色谱仪,以获得色谱图。各重复测定三次,测量除苯乙烯以外的所有色谱峰的面积,包括内标峰。其中苯乙烯与丙烯基苯若未达到基线分离,丙烯基苯的色谱峰应按照拖尾峰斜切处理。典型色谱图见图 1。

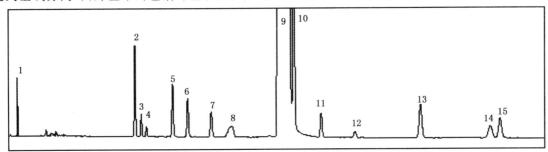
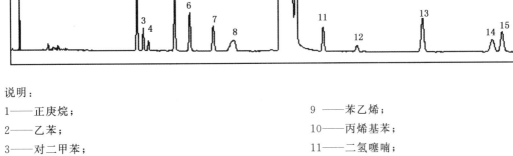

说明:

1——正庚烷;

2——乙苯;

3——对二甲苯;

4——间二甲苯;

5——异丙苯;

6——邻二甲苯;

7——正丙苯;

8——间、对甲乙苯;

9 ——苯乙烯;

10——丙烯基苯;

11——二氢噻喃;

12——2-乙烯基噻吩;

13——α-甲基苯乙烯;

14——间、对甲基苯乙烯;

15——苯乙炔。

图 1 内标法典型色谱图

7.1.7 按式(1)计算各烃类杂质相对于内标物的质量校正因子。

$$f_i = \frac{w_{is}}{w_s(A_i/A_s - \overline{A_{ib}/A_{sb}})} \quad\cdots\cdots\cdots\cdots\cdots(1)$$

式中：

f_i ——烃类杂质 i 相对于内标物的质量校正因子；

w_{is} ——校准混合物溶液 B 中烃类杂质 i 的含量（质量分数），%；

w_i ——校准混合物溶液 B 中内标物的含量（质量分数），%；

A_i ——在校准混合物溶液 B 中烃类杂质 i 的峰面积；

A_s ——在校准混合物溶液 B 中内标物的峰面积；

A_{ib} ——配有内标物的苯乙烯基液中的烃类杂质 i 的峰面积；

A_{sb} ——配有内标物的苯乙烯基液中的内标物的峰面积；

$\overline{A_{ib}/A_{sb}}$ ——三次重复测定的含内标物的苯乙烯基液烃类杂质 i 与内标物峰面积之比的平均值。

各组分三次质量校正因子（f_i）测定结果的相对标准偏差应不大于 10%，取其平均值作为该组分的质量校正因子 $\overline{f_i}$，应保留三位有效数字。

7.2 试样测定

7.2.1 按 7.1.4 的方法将内标物加入到苯乙烯试样中，计算内标物的含量，精确至 0.000 1%（质量分数）。

7.2.2 在与质量校正因子测定相同色谱条件下，将 7.2.1 得到的苯乙烯试样注入色谱仪，测量除苯乙烯外所有的杂质峰面积，其中苯乙烯与丙烯基苯若未达到基线分离，丙烯基苯的色谱峰应按照拖尾峰斜切处理。

7.3 结果计算

7.3.1 苯乙烯试样中各烃类杂质的含量按式（2）计算：

$$w_i = \frac{A_i'\,\overline{f_i}'\,w_s'}{A_s'} \quad\cdots\cdots\cdots\cdots\cdots(2)$$

式中：

w_i ——试样中烃类杂质 i 的含量（质量分数），%；

A_i' ——试样中烃类杂质 i 的峰面积；

$\overline{f_i}$ ——烃类杂质 i 相对于内标物的质量校正因子；

w_s' ——试样中内标物的含量（质量分数），%；

A_s' ——试样中内标物的峰面积。

对少数不能获得相对质量校正因子的烃类杂质组分，采用临近组分校正因子计算。

7.3.2 按式（3）计算苯乙烯试样的纯度：

$$w_p = 100 - \sum w_i \quad\cdots\cdots\cdots\cdots\cdots(3)$$

式中：

w_p ——苯乙烯试样的纯度（质量分数），%；

$\sum w_i$ ——本方法测得的试样中烃类杂质的总量（质量分数），%。

8 实测校正面积归一化法

8.1 校正因子的测定

8.1.1 按 7.1.1 配制校准混合物溶液 A。

8.1.2 按7.1.2调整色谱仪,并在仪器稳定运行后,准确抽取相同体积的苯乙烯基液(4.3)和校准混合物溶液A注入色谱仪,各重复测定三次。典型色谱图见图2。测量所有色谱峰的面积,其中苯乙烯与丙烯基苯若未达到基线分离,丙烯基苯的色谱峰应按照拖尾峰斜切处理。

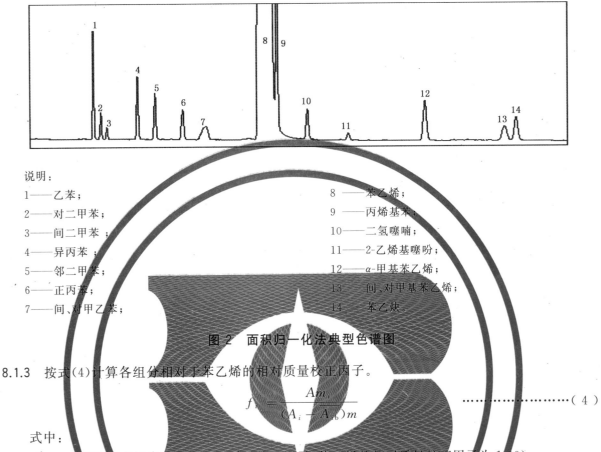

说明:

1——乙苯;

2——对二甲苯;

3——间二甲苯;

4——异丙苯;

5——邻二甲苯;

6——正丙苯;

7——间、对甲乙苯;

8——苯乙烯;

9——丙烯基苯;

10——二氢噻喃;

11——2-乙烯基噻吩;

12——α-甲基苯乙烯;

13——间,对甲基苯乙烯;

14——苯乙炔。

图 2 面积归一化法典型色谱图

8.1.3 按式(4)计算各组分相对于苯乙烯的相对质量校正因子。

$$f'_i = \frac{Am_i}{(A_i - \overline{A_{ib}})m} \quad \cdots\cdots\cdots\cdots\cdots\cdots (4)$$

式中:

f'_i ——苯乙烯或烃类杂质的相对质量校正因子(苯乙烯的相对质量校正因子为1.00);

A ——校准混合物溶液A中苯乙烯的峰面积;

m_i ——校准混合物溶液A中烃类杂质i的质量,单位为克(g);

A_i ——在校准混合物溶液A中烃类杂质i的峰面积;

$\overline{A_{ib}}$ ——苯乙烯基液中烃类杂质i三次测定峰面积的平均值;

m ——校准混合物溶液A中苯乙烯的质量,单位为克(g)。

各组分三次相对质量校正因子(f'_i)测定结果的相对标准偏差应不大于5%,取其平均值作为该组分的质量校正因子$\overline{f'_i}$,应保留三位有效数字。

8.2 试样测定

在与质量校正因子测定相同色谱条件下,将适量苯乙烯试样注入色谱仪,测量苯乙烯和所有烃类杂质的色谱峰面积。其中苯乙烯与丙烯基苯若未达到基线分离,丙烯基苯的色谱峰应按照拖尾峰斜切处理。

8.3 结果计算

按式(5)计算苯乙烯试样的纯度或烃类杂质的含量。

$$w_i = \frac{A_i \overline{f'}_i}{\sum A_i \overline{f'}_i} \times 100 \quad \cdots\cdots\cdots\cdots\cdots\cdots (5)$$

式中：

w_i——苯乙烯试样的纯度或烃类杂质的含量（质量分数），%；

A_i——试样中组分 i 的峰面积；

$\overline{f}'_i$——组分 i 的相对质量校正因子（苯乙烯的相对质量校正因子为 1.00）。

对少数不能获得相对质量校正因子的烃类杂质组分，采用临近组分校正因子计算。

9 有效碳数校正面积归一化法

9.1 仪器核查

9.1.1 采用本方法测定样品时，仪器性能对定量结果准确性至关重要，在试验前应采用质量控制样品对仪器的定量准确性和分离性能进行核查。质量控制样品可按 7.1.1 配制或采用市售的有证标准样品。

9.1.2 按 7.1.2 调整气相色谱仪。将适量的质量控制样品注入色谱仪。测量所有组分的色谱峰面积，其中苯乙烯与丙烯基苯若未达到基线分离，丙烯基苯的色谱峰应按照拖尾峰斜切处理。

9.1.3 根据表 2 所列有效碳数校正因子，按式（6）计算质量控制样品中苯乙烯的纯度及各杂质的含量（质量分数）w_i，以 % 计。

$$w_i = \frac{f_i A_i}{\sum A_i f_i} \times 100 \qquad\cdots\cdots\cdots\cdots\cdots\cdots\cdots\cdots(6)$$

式中：

f_i——组分 i 的有效碳数质量校正因子，见表 2；

A_i——质量控制样品或试样中组分 i 的峰面积。

9.1.4 对比质量控制样品各组分的测定结果和质量控制样品的标称值，苯乙烯纯度差值应不超过 0.04%（质量分数），其他杂质组分的回收率均应在 90%～110% 之间。满足该条件时才可进行样品分析。

表 2 各组分的有效碳数质量校正因子

组分	有效碳数质量校正因子[a]
非芳烃	1.000 0
甲苯	0.919 5
乙苯	0.927 1
对二甲苯	0.927 1
间二甲苯	0.927 1
邻二甲苯	0.927 1
正丙苯	0.932 9
异丙苯	0.932 9
丙烯基苯	0.932 9
二氢噻喃	1.534 2[b]
2-乙烯基噻吩	1.234 0[b]
苯乙烯	0.921 0

表 2（续）

组分	有效碳数质量校正因子[a]
苯乙炔	0.829 6
α-甲基苯乙烯	0.927 6
C_9 及以上芳烃	0.932 9
[a] 除二氢噻喃、2-乙烯基噻吩外，表中各校正因子均为各组分相对于正庚烷的有效碳数质量校正因子。	
[b] 二氢噻喃、2-乙烯基噻吩校正因子为相对于正庚烷的实测质量校正因子。	

9.2 试样测定

按表 1 推荐的色谱条件，将适量的试样注入色谱仪。测量所有组分的色谱峰面积，其中，苯乙烯与丙烯基苯若未达到基线分离，丙烯基苯的色谱峰应按照拖尾峰斜切处理。

9.3 结果计算

苯乙烯的纯度及各杂质含量（质量分数）w_i，按式（6）计算，以％表示。

10 试验数据处理

以两次重复测定结果的算术平均值报告其分析结果，按 GB/T 8170 的规定进行修约，苯乙烯纯度（质量分数）精确至 0.01％，各烃类杂质含量（质量分数）精确至 0.001％，烃类杂质含量（质量分数）低于 0.001％ 时，按＜0.001％报出。

11 精密度

11.1 重复性

在同一实验室，由同一操作者使用相同设备，按相同的测试方法，并在短时间内对同一被测对象相互独立进行测试获得的两次独立测试结果的绝对差值不应超过表 3 中的重复性限（r），以超过重复性限（r）的情况不超过 5％为前提。

表 3 重复性限（r）

组分含量	重复性限（r）
烃类杂质含量（质量分数） $0.001\% \leqslant w_i \leqslant 0.010\%$	0.001 0％
烃类杂质含量（质量分数） $w_i > 0.010\%$	其平均值的 10％
苯乙烯纯度（质量分数）	0.02％

11.2 再现性

在不同的实验室，由不同操作者使用不同设备，按相同的测试方法，对同一被测对象相互独立进行测试获得的两次独立测试结果的绝对差值不大于表 4 中的再现性限（R），以大于再现性限（R）的情况不超过 5％为前提。

表 4 再现性限（R）

组分含量	再现性限（R）		
	内标法	实测校正面积归一化法	有效碳数校正面积归一化法
烃类杂质含量（质量分数） $0.001\% \leqslant w_i \leqslant 0.010\%$		0.001 5%	0.002 5%
烃类杂质含量（质量分数） $w_i > 0.010\%$		平均值的 15%	平均值的 20%
苯乙烯纯度（质量分数）	0.05%	0.04%	0.04%

12 质量保证和控制

12.1 实验室应定期分析质量控制样品,以保证测试结果的准确性。

12.2 质量控制样品应当是稳定的,且相对于被分析样品是具有代表性的。质量控制样品可选用按7.1.1自行配制的校准溶液或市售的有证标准溶液。

13 试验报告

试验报告应包括下列内容：

a) 有关样品的全部资料,例如样品的名称、批号、采样地点、采样日期、采样时间等；

b) 本部分的编号；

c) 分析结果；

d) 测定中观察到的任何异常现象的细节及其说明；

e) 分析人员的姓名及分析日期等。

ICS 71.080.15
G 16

中华人民共和国国家标准

GB/T 12688.3—2011
代替 GB/T 12688.3—1990

工业用苯乙烯试验方法
第 3 部分：聚合物含量的测定

Test method of styrene for industrial use—
Part 3：Determination of content of polymer

2011-05-12 发布

2011-11-01 实施

中华人民共和国国家质量监督检验检疫总局
中国国家标准化管理委员会 发布

前　言

GB/T 12688《工业用苯乙烯试验方法》分为以下部分：
——第 1 部分:纯度和烃类杂质的测定　气相色谱法；
——第 3 部分:聚合物含量的测定；
——第 4 部分:过氧化物含量的测定　滴定法；
——第 5 部分:总醛含量的测定　滴定法；
——第 6 部分:工业用苯乙烯中微量硫的测定　氧化微库仑法；
——第 8 部分:阻聚剂(对-叔丁基邻苯二酚)含量的测定　分光光度法；
——第 9 部分:微量苯的测定　气相色谱法。

本部分为 GB/T 12688 的第 3 部分。

本部分修改采用 ASTM D2121-07《苯乙烯单体中聚合物含量的标准测定方法》(英文版)。本部分与 ASTM D2121-07 的结构性差异见附录 A。

本部分与 ASTM D2121-07 相比主要技术内容变化如下：
——规范性引用文件中引用我国标准；
——对高纯聚苯乙烯粒子的验收进行了规定；
——删除了标准曲线绘制中 25 ℃的温度要求。

本部分代替 GB/T 12688.3—1990《工业用苯乙烯中聚合物含量的测定　光度法》。

本部分与 GB/T 12688.3—1990 的主要差异为：
——修改了标准的名称；
——将光度法的测定范围修改为 1 mg/kg～15 mg/kg；
——增加了高纯聚苯乙烯粒子配制聚苯乙烯标准贮备溶液的方法；
——增加了目视法；
——删除了标准曲线绘制中 25 ℃的温度要求。

本部分的附录 A 为资料性附录。

本部分由中国石油化工集团公司提出。

本部分由全国化学标准化技术委员会石油化学分技术委员会(SAC/TC 63/SC 4)归口。

本部分起草单位:中国石油化工股份有限公司北京燕山分公司。

本部分主要起草人:杨伟、陆慧丽、姜连成、田江南、李向阳。

本部分所代替标准的历次版本发布情况为：
——GB/T 12688.3—1990。

工业用苯乙烯试验方法
第3部分:聚合物含量的测定

1 范围

本部分规定了工业用苯乙烯中聚合物含量的测定方法。

本部分的光度法适用于聚合物含量范围为 1 mg/kg~15 mg/kg 的苯乙烯样品的测定。样品聚合物含量若大于 15 mg/kg 时,则应在测定前进行适当稀释。

本部分的目视法适用于聚合物含量(质量分数)不大于 1.0% 的苯乙烯样品的测定。样品聚合物含量(质量分数)大于 1.0% 时,应在测定前进行适当稀释。

本部分不适用于工业用苯乙烯中二聚体和三聚体的检测。

本部分并不是旨在说明与其使用有关的安全问题,使用者有责任采取适当的安全和健康措施,并保证符合国家有关法规的规定。

> **注意**:苯乙烯为易燃物,在与过氧化物、无机酸和三氯化铝等接触时会发生放热聚合反应。高浓度的液态苯乙烯及
> 其蒸气对眼睛和呼吸系统都有刺激性。

2 规范性引用文件

下列文件中的条款通过 GB/T 12688 的本部分的引用而成为本部分的条款。凡是注日期的引用文件,其随后所有的修改单(不包括勘误的内容)或修订版均不适用于本部分,然而,鼓励根据本部分达成协议的各方研究是否可使用这些文件的最新版本。凡是不注日期的引用文件,其最新版本适用于本部分。

GB/T 3723 工业用化学产品采样安全通则(GB/T 3723—1999,ISO 3165:1976,idt)

GB/T 6680 液体化工产品采样通则

GB/T 6682 分析实验室用水规格和试验方法(GB/T 6682—2008,ISO 3696:1987,MOD)

GB/T 8170 数值修约规则与极限数值的表示和判定

3 方法原理

3.1 分光光度法

利用苯乙烯单体中存在的苯乙烯聚合物不溶于甲醇的原理,在苯乙烯试样中加入无水甲醇,在 420 nm 处测定其吸光度,并与定量校准曲线进行比较,确定聚合物的含量。

3.2 目视法

在苯乙烯试样中加入无水甲醇,用目视法观测溶液的浊度,并与标准溶液进行比较,确定聚合物的含量。

4 试剂和材料

除另有注明,本部分使用的试剂应为分析纯。所用的水应符合 GB/T 6682 规定的三级水规格。

4.1 正己烷。

4.2 无水甲醇。

4.3 甲苯。

4.4 氢氧化钠溶液:40 g/L。

4.5 苯乙烯:纯度(质量分数)≥99.6%。

4.6 聚苯乙烯:用等体积氢氧化钠溶液洗涤 50 mL 苯乙烯(4.5)3 次,再用等体积水洗涤 2 次。在第二次水洗后,使苯乙烯通过二层折叠滤纸进行快速过滤。再将约 20 mL 滤得的苯乙烯倒入试管中,置于 100 ℃的烘箱中加热 24 h,促其聚合。结束时打碎试管,取出聚苯乙烯,弃去所有玻璃,在玛瑙研钵中将聚苯乙烯磨成细粉。

4.7 商品高纯聚苯乙烯:需使用高分子量的聚苯乙烯。

注:商品聚苯乙烯粒子中含有的添加剂可能会影响标准溶液的吸光度,选择时应注意。

5 仪器和设备

5.1 分光光度计:能在波长 420 nm 处测定吸光度,且灵敏度能满足含量为 1 mg/kg 的苯乙烯聚合物的测定。

5.2 光度计吸收池:光径长度 50 mm～150 mm。

5.3 吸量管:1 mL、10 mL、15 mL。

5.4 移液管:10 mL、15 mL。

5.5 具塞锥形瓶:100 mL。

5.6 容量瓶:100 mL、1 000 mL。

5.7 试管:(25×150)mm。

5.8 日光灯管。

5.9 电子天平:精度为 0.1 mg。

6 采样

按 GB/T 3723 和 GB/T 6680 的规定采取样品。

7 分光光度法

7.1 分析步骤

7.1.1 校准曲线绘制

7.1.1.1 将 0.090 5 g 聚苯乙烯(4.6 或 4.7)溶解于 1.0 L 甲苯中。该标准贮备溶液相当于在苯乙烯中含有 100 mg/kg 的聚苯乙烯。

7.1.1.2 分别吸取聚苯乙烯标准贮备溶液 1 mL、3 mL、6 mL、9 mL、12 mL 和 15 mL,置于 6 个 100 mL 容量瓶中,用甲苯稀释至刻度,配成分别含 1 mg/kg、3 mg/kg、6 mg/kg、9 mg/kg、12 mg/kg 和 15 mg/kg 的聚苯乙烯标准溶液。

7.1.1.3 分别移取 10 mL 上述聚苯乙烯标准溶液和 15 mL 无水甲醇至一组具塞锥形瓶中,充分混合。在另一组对应的锥形瓶中,分别加入 10 mL 聚苯乙烯标准溶液和 15 mL 正己烷,充分混合。只要保持聚苯乙烯标准溶液与甲醇(或正己烷)的体积比为 2:3,也可根据光度计吸收池的容量,调整聚苯乙烯标准溶液与甲醇(或正己烷)的加入量。

7.1.1.4 使混合溶液在具塞锥形瓶中静置(15±1)min,立即将混合溶液倒入光度计吸收池中测定其吸光度,波长为 420 nm。用相应的聚苯乙烯/正己烷的混合溶液作空白。

7.1.1.5 根据聚苯乙烯的含量(mg/kg)与对应的吸光度绘制校准曲线。

7.1.2 测定

在两只具塞锥形瓶中,分别移入 10 mL 苯乙烯试样。在一只锥形瓶中再移入 15 mL 无水甲醇,另一只移入 15 mL 正己烷,均充分混匀。按 7.1.1.3 和 7.1.1.4 步骤操作,用苯乙烯试样和正己烷的混合液作空白,对试样进行测定,并从事先绘制的校准曲线上查得聚苯乙烯的含量(mg/kg)。

7.2 分析结果的表述

以两次重复测定结果的算术平均值报告其分析结果,按 GB/T 8170 的规定进行修约,精确至1 mg/kg。

7.3 精密度

7.3.1 重复性

在同一实验室,由同一操作者使用相同设备,按相同的测试方法,并在短时间内对同一被测对象相互独立进行测试获得的两次独立测试结果,对聚合物含量为 1 mg/kg～15 mg/kg 的试样,其绝对差值不大于 0.5 mg/kg,以大于 0.5 mg/kg 的情况不超过 5% 为前提。

7.3.2 再现性

在两个不同实验室,由不同操作员,用不同仪器和设备,按相同的测试方法,对同一被测对象相互独立进行测试获得的两个测试结果,对聚合物含量为 1 mg/kg～15 mg/kg 的试样,其绝对差值不大于 1.0 mg/kg,以大于 1.0 mg/kg 的情况不超过 5% 为前提。

8 目视法

8.1 分析步骤

8.1.1 表1给出了不同苯乙烯聚合物含量与苯乙烯和甲醇混合液浊度之间的定性描述,也可采用聚苯乙烯和甲苯制备符合表1规定的或其他已知浓度的标准样品。

表 1 苯乙烯聚合物含量与苯乙烯和甲醇混合液浊度之间的关系

苯乙烯中聚合物含量(质量分数)/%	苯乙烯-甲醇混合液的浊度描述
1.0 或大于 1.0	乳白色不透明液体,有大量白色沉淀析出
0.1	乳白色不透明液体,无明显沉淀
0.01	容易看见浑浊物,混合液仍为透明状态
0.001	极微量的浑浊物,只有通过与纯净的无水甲醇进行比较才能观测到
无	通过与纯净的无水甲醇进行比较也观测不到混浊物

8.1.2 吸取 2 mL 试样置于干燥洁净的试管(5.7),并用移液管吸取 10 mL 无水甲醇加入其中,用铝箔覆盖的软木塞塞住试管并用力振荡几秒钟。

8.1.3 对试管进行振荡后,透过日光灯管(5.8)检查该试管中的混合溶液。将观察到的试样混合溶液的混浊度,与表1中所给出的混浊度的描述,或与其他已知聚合物含量的标准样品的混浊度进行对比。

8.2 分析结果的表述

从表1选择最接近样品的浊度描述,或根据其他已知聚合物含量的标准样品的浊度,报告试样的聚合物含量。

9 报告

报告应包括下列内容:

    a) 有关样品的全部资料,例如样品的名称、批号、采样地点、采样日期、采样时间等;

    b) 本部分的编号;

    c) 分析结果;

    d) 测定中观察到的任何异常现象的细节及其说明;

    e) 分析人员的姓名及分析日期等。

附　录　A

（资料性附录）

本部分章条编号与 ASTM D 2121-07 章条编号对照表

表 A.1 给出了本部分章条编号与 ASTM D 2121-07 章条编号对照一览表。

表 A.1　本部分章条编号与 ASTM D 2121-07 章条编号对照表

本部分章条编号	对应的 ASTM D 2121-07 章条编号
1	1
2	2
3	3
—	4,5
4	7
5	6
6	9
7	10～14
8	16～20
9	—

ICS 71.080.15
G 16

中华人民共和国国家标准

GB/T 12688.4—2011
代替 GB/T 12688.4—1990

工业用苯乙烯试验方法
第4部分：过氧化物含量的测定
滴定法

Test method of styrene for industrial use—
Part 4：Determination of content of peroxides—
Titrimetric method

2011-05-12 发布

2011-11-01 实施

中华人民共和国国家质量监督检验检疫总局
中国国家标准化管理委员会 发布

前　　言

GB/T 12688《工业用苯乙烯试验方法》分为以下部分：

——第1部分:纯度和烃类杂质的测定　气相色谱法;

——第3部分:聚合物含量的测定;

——第4部分:过氧化物含量的测定　滴定法;

——第5部分:总醛含量的测定　滴定法;

——第6部分:工业用苯乙烯中微量硫的测定　氧化微库仑法;

——第8部分:阻聚剂(对-叔丁基邻苯二酚)含量的测定　分光光度法;

——第9部分:微量苯的测定　气相色谱法。

本部分为 GB/T 12688 的第4部分。

本部分修改采用 ASTM D 2340-09《苯乙烯单体中过氧化物含量的标准测定方法》(英文版)。本部分与 ASTM D 2340-09 的结构性差异参见附录 A。

本部分与 ASTM D 2340-09 相比主要技术内容变化如下:

——删除了过氧化物测定范围的限制;

——规范性引用文件中引用我国标准。

本部分代替 GB/T 12688.4—1990《工业用苯乙烯中过氧化物含量的测定　滴定法》。

本部分与 GB/T 12688.4—1990 的主要差异为:

——修改了标准名称;

——增加了附录 A。

本部分的附录 A 为资料性附录。

本部分由中国石油化工集团公司提出。

本部分由全国化学标准化技术委员会石油化学分技术委员会(SAC/TC 63/SC 4)归口。

本部分起草单位:中国石油化工股份有限公司北京燕山分公司。

本部分主要起草人:杨伟、陆慧丽、姜连成、田江南、李向阳。

本部分所代替标准的历次版本发布情况为:

——GB/T 12688.4—1990。

工业用苯乙烯试验方法
第4部分:过氧化物含量的测定
滴定法

1 范围

本部分规定了工业用苯乙烯中过氧化物含量的测定方法。

本部分并不是旨在说明与其使用有关的所有安全问题。使用者有责任建立适当的安全与健康措施,保证符合国家有关法规的规定。

注意:苯乙烯为易燃物,在与过氧化物、无机酸和三氯化铝等接触时会发生放热聚合反应。高浓度的液态苯乙烯及其蒸气对眼睛和呼吸系统都有刺激性。

2 规范性引用文件

下列文件中的条款通过GB/T 12688的本部分的引用而成为本部分的条款。凡是注日期的引用文件,其随后所有的修改单(不包括勘误的内容)或修订版均不适用于本部分,然而,鼓励根据本部分达成协议的各方研究是否可使用这些文件的最新版本。凡是不注日期的引用文件,其最新版本适用于本部分。

GB/T 601 化学试剂 滴定分析(容量分析)用标准溶液的制备

GB/T 3723 工业用化学产品采样安全通则(GB/T 3723—1999,ISO 3165:1976,idt)

GB/T 6680 液体化工产品采样通则

GB/T 6682 分析实验室用水规格和试验方法(GB/T 6682—2008,ISO 3696:1987,MOD)

GB/T 8170 数值修约规则与极限数值的表示和判定

3 方法原理

将苯乙烯试样加到异丙醇和乙酸溶液中,再加入碘化钠异丙醇饱和溶液,加热回流。试样中的过氧化物与碘化钠反应定量地释放出碘,用硫代硫酸钠标准滴定溶液滴定至无色为终点,根据硫代硫酸钠标准滴定溶液的消耗体积计算得到过氧化物的含量。

4 试剂和材料

除另有注明,本部分使用的试剂应为分析纯。所用的水应符合GB/T 6682规定的三级水规格。

4.1 冰乙酸。

4.2 异丙醇。

注意:异丙醇为易燃物,应远离明火。在本试验中应使用全密封的加热器。

4.3 硫代硫酸钠标准滴定溶液[$c(Na_2S_2O_3)=0.01$ mol/L]:按GB/T 601的规定进行配制和标定,使用前稀释。

4.4 碘化钠异丙醇饱和溶液:约200 g/L。

5 仪器和设备

5.1 电加热器(全密封式)。

5.2 具塞碘量瓶:500 mL,配有300 mm球形冷凝管,标准磨口连接。

5.3 移液管:50 mL。

5.4 量筒:10 mL、50 mL。

5.5 滴定管:容量为 10 mL。

5.6 沸石。

6 采样

按 GB/T 3723 和 GB/T 6680 的规定采取样品。

7 分析步骤

7.1 在两个 500 mL 具塞碘量瓶中,先各加入 200 mL 异丙醇及数粒沸石,再各加入 10 mL 冰乙酸。用移液管吸 50 mL 苯乙烯试样加入到其中一个碘量瓶中,而另一个作为空白。然后装上球形冷凝器并开启冷却水。加热碘量瓶中液体至沸腾,再从球形冷凝器顶部向两个碘量瓶中各加入 50 mL 碘化钠异丙醇饱和溶液。

7.2 继续缓和地加热,煮沸 10 min 后,移去电加热器。分别用 10 mL 水冲洗两个冷凝器,并将冲洗液收集在各自的碘量瓶中。将碘量瓶冷却至室温。析出的碘用硫代硫酸钠标准滴定溶液先滴定至淡黄色,再继续缓慢地滴定至淡黄色刚好消失,即为终点。

8 结果计算

过氧化物(以 H_2O_2 计)的含量 w(mg/kg)按式(1)计算:

$$w = \frac{(V_1 - V_2)cM}{\rho \times 2 \times 50 \times 1\ 000} \times 10^6 \qquad \cdots\cdots\cdots\cdots\cdots (1)$$

式中:

V_1——滴定试样所消耗的硫代硫酸钠标准滴定溶液的体积的数值,单位为毫升(mL);

V_2——滴定空白所消耗硫代硫酸钠标准滴定溶液的体积的数值,单位为毫升(mL);

c——硫代硫酸钠标准滴定溶液浓度的数值,单位为摩尔每升(mol/L);

M——过氧化氢的摩尔质量的数值,单位为克每摩尔(g/mol)($M=34.02$);

ρ——苯乙烯的密度的数值,单位为克每立方厘米(g/cm³)。

9 分析结果的表述

以两次重复测定结果的算术平均值报告其分析结果,按 GB/T 8170 的规定进行修约,精确至 1 mg/kg。

10 精密度

10.1 重复性

在同一实验室,由同一操作者使用相同设备,按相同的测试方法,并在短时间内对同一被测对象相互独立进行测试获得的两次独立测试结果,对过氧化物含量为 1 mg/kg～60 mg/kg 的试样,其绝对差值不大于 6 mg/kg,以大于 6 mg/kg 的情况不超过 5% 为前提。

10.2 再现性

在两个不同实验室,由不同操作员,用不同仪器和设备,按相同的测试方法,对同一被测对象相互独立进行测试获得的两个测试结果,对过氧化物含量为 1 mg/kg～60 mg/kg 的试样,其差值不大于 13 mg/kg,以大于 13 mg/kg 的情况不超过 5% 为前提。

11 报告

报告应包括下列内容:

a) 有关样品的全部资料,例如样品的名称、批号、采样地点、采样日期、采样时间等;

b) 本部分的编号;

c) 分析结果;

d) 测定中观察到的任何异常现象的细节及其说明;

e) 分析人员的姓名及分析日期等。

附　录　A

（资料性附录）

本部分章条编号与 ASTM D 2340-09 章条编号对照表

表 A.1 给出了本部分章条编号与 ASTM D 2340-09 章条编号对照一览表。

表 A.1　本部分章条编号与 ASTM D 2340-09 章条编号对照表

本部分章条编号	对应的 ASTM D 2340-09 章条编号
1	1
2	2
3	3
—	4
4	6
5	5
6	8
7	9
8,9	10,11
10	12
11	—
—	13

ICS 71.080.15
G 16

中华人民共和国国家标准

GB/T 12688.5—2019
代替 GB/T 12688.5—2011

工业用苯乙烯试验方法
第 5 部分：总醛含量的测定　滴定法

Test method of styrene for industrial use—
Part 5：Determination of the content of total aldehydes—
Titrimetric method

2019-06-04 发布

2020-05-01 实施

国家市场监督管理总局
中国国家标准化管理委员会　发布

前　言

GB/T 12688《工业用苯乙烯试验方法》分为以下部分：

——第 1 部分：纯度及烃类杂质的测定　气相色谱法；

——第 3 部分：聚合物含量的测定；

——第 4 部分：过氧化物含量的测定　滴定法；

——第 5 部分：总醛含量的测定　滴定法；

——第 8 部分：阻聚剂(对-叔丁基邻苯二酚)含量的测定　分光光度法；

——第 9 部分：微量苯的测定　气相色谱法；

——第 10 部分：含氧化合物的测定　气相色谱法。

本部分为 GB/T 12688 的第 5 部分。

本部分按照 GB/T 1.1—2009 给出的规则起草。

本部分代替 GB/T 12688.5—2011《工业用苯乙烯试验方法　第 5 部分：总醛含量的测定　滴定法》。

本部分与 GB/T 12688.5—2011 相比除编辑性修改外，主要技术变化如下：

——增加了电位滴定法(见第 5 章、表 3)。

本部分由中国石油和化学工业联合会提出。

本部分由全国化学标准化技术委员会(SAC/TC 63)归口。

本部分起草单位：中国石油化工股份有限公司北京燕山分公司、中国石油化工股份有限公司上海石油化工研究院、广东新华粤华德科技有限公司。

本部分主要起草人：祁桂义、姜连成、彭振磊、曾远森、于洪洸、郝亚冉、赵亮。

本部分所代替标准的历次版本发布情况为：

——GB/T 12688.5—1990、GB/T 12688.5—2011。

工业用苯乙烯试验方法
第5部分：总醛含量的测定　滴定法

警示——本部分并不是旨在说明与其使用有关的所有安全问题。使用者有责任建立适当的安全与健康措施,保证符合国家有关法规的规定。

1　范围

GB/T 12688 的本部分规定了工业用苯乙烯中总醛含量测定的手动滴定法和电位滴定法。

本部分适用于总醛含量为 10 mg/kg～300 mg/kg 的苯乙烯样品的测定。

注： 样品中如存在酮类会干扰测定。

2　规范性引用文件

下列文件对于本文件的应用是必不可少的。凡是注日期的引用文件,仅注日期的版本适用于本文件。凡是不注日期的引用文件,其最新版本(包括所有的修改单)适用于本文件。

GB/T 601　化学试剂　标准滴定溶液的制备

GB/T 3723　工业用化学产品采样安全通则

GB/T 6678　化工产品采样总则

GB/T 6680　液体化工产品采样通则

GB/T 6682　分析实验室用水规格和试验方法

GB/T 8170　数值修约规则与极限数值的表示和判定

3　方法原理

将盐酸羟胺的甲醇溶液加到苯乙烯试样中,试样中的活泼醛与盐酸羟胺发生如下反应,生成的盐酸的量和试样中醛类的量相当。

$$RCHO + NH_2OH \cdot HCl \longrightarrow RCHNOH + H_2O + HCl$$

用氢氧化钠或氢氧化钾-甲醇标准滴定溶液滴定反应生成的盐酸,测得苯乙烯中总醛含量。总醛的含量以苯甲醛形式进行计算和报告。

4　方法 A——手动滴定法

4.1　试剂和材料

4.1.1　除另有注明,本部分使用的试剂应为分析纯。所用的水应符合 GB/T 6682 规定的三级水规格。

4.1.2　甲醇。

4.1.3　盐酸溶液[$c(HCl) = 0.025$ mol/L]：移取 2.08 mL 浓盐酸($\rho = 1.19$ g/cm^3)用水稀释至 1 L。

4.1.4　氢氧化钠标准滴定溶液[$c(NaOH) = 0.5$ mol/L]：按 GB/T 601 方法规定进行配制和标定。

4.1.5 氢氧化钠标准滴定溶液[c(NaOH)＝0.05 mol/L]:氢氧化钠标准滴定溶液(4.1.4)用水稀释10倍。

4.1.6 氢氧化钠溶液[c(NaOH)＝0.025 mol/L]:移取10 mL氢氧化钠标准滴定溶液(4.1.5),用水稀释至20 mL。

4.1.7 百里酚蓝指示剂溶液:将0.1 g百里酚蓝溶解在10 mL氢氧化钠标准滴定溶液(4.1.5)中,用水稀释至250 mL。

4.1.8 盐酸羟胺溶液:将20 g盐酸羟胺(NH$_2$OH·HCl)溶解于1 L的甲醇中。以百里酚蓝为指示剂,用盐酸溶液(4.1.3)或氢氧化钠溶液(4.1.5)中和该溶液至刚呈橙色为止。

4.2 仪器和设备

4.2.1 容量瓶:250 mL、1 000 mL 。

4.2.2 具塞锥形瓶:250 mL。

4.2.3 移液管:25 mL。

4.2.4 滴定管:2 mL,分度值0.01 mL。

4.2.5 分析天平:感量0.1 mg。

4.3 样品

按照GB/T 3723、GB/T 6678和GB/T 6680的规定采取样品。

4.4 分析步骤

用移液管(4.2.3)吸取25 mL苯乙烯试样,加入预先置有25 mL甲醇(4.1.2)的具塞锥形瓶(4.2.2)中。加5滴百里酚蓝指示剂溶液(4.1.7),用氢氧化钠溶液(4.1.6)或盐酸溶液(4.1.3)中和至刚呈橙色为止(不需要记录刻度)。加25 mL盐酸羟胺溶液(4.1.8)摇匀,放置1 h,其间摇动具塞锥形瓶数次。用氢氧化钠标准滴定溶液(4.1.5)滴定至原先的橙色为终点,记录消耗的体积。

用25 mL甲醇作一空白试验。

4.5 结果计算

试样中的总醛(以苯甲醛计)含量w(mg/kg)按式(1)计算:

$$w=\frac{(V_1-V_2)c \times 106.12}{\rho \times 25 \times 1\ 000} \times 10^6 \qquad\cdots\cdots\cdots\cdots\cdots\cdots\cdots(1)$$

式中:

V_1 ——测定试样所消耗的氢氧化钠标准滴定溶液的体积,单位为毫升(mL);

V_2 ——测定甲醇空白所消耗的氢氧化钠标准滴定溶液的体积,单位为毫升(mL);

c ——氢氧化钠标准滴定溶液浓度,单位为摩尔每升(mol/L);

ρ ——苯乙烯的密度,单位为克每立方厘米(g/cm³);

106.12 ——苯甲醛的摩尔质量,单位为克每摩尔(g/mol)。

5 方法 B——电位滴定法

5.1 试剂和材料

5.1.1 同4.1.1。

5.1.2 甲醇。

5.1.3 酚酞指示液:10 g/L。

5.1.4 氢氧化钾-甲醇标准滴定溶液:$c(KOH)=0.1$ mol/L,有效期14天。按以下要求进行配制和标定。

取6.6 g的氢氧化钾溶于1 L甲醇中。将工作基准试剂邻苯二甲酸氢钾置于105 ℃～110 ℃烘箱中干燥至恒重。称取0.6 g邻苯二甲酸氢钾,准确至0.000 1 g。溶于50 mL无二氧化碳的水中,加2滴酚酞指示液,用配制的氢氧化钾-甲醇溶液滴定至溶液呈粉红色,同时做空白试验。

氢氧化钾-甲醇滴定溶液的浓度[$c(KOH)$]按式(2)计算:

$$c(KOH)=\frac{m \times 1\,000}{(V_3-V_4) \times 204.22} \quad\cdots\cdots\cdots\cdots\cdots\cdots\cdots\cdots\cdots\cdots(2)$$

式中:

m ——邻苯二甲酸氢钾的质量,单位为克(g);

V_3 ——标定时消耗的氢氧化钾-甲醇溶液的体积,单位为毫升(mL);

V_4 ——空白试验时消耗的氢氧化钾-甲醇溶液的体积,单位为毫升(mL);

204.22——邻苯二甲酸氢钾的摩尔质量,单位为克每摩尔(g/mol)。

5.1.5 氢氧化钾-甲醇标准滴定溶液[$c(KOH)=0.02$ mol/L]:将氢氧化钾-甲醇标准滴定溶液(5.1.4)用甲醇稀释5倍。

5.1.6 盐酸羟胺溶液:将20 g盐酸羟胺($NH_2OH \cdot HCl$)溶于1 L甲醇中。取一定体积的盐酸羟胺甲醇溶液(如50 mL),用氢氧化钾-甲醇标准滴定溶液(5.1.5)滴定至终点,记录消耗的体积,重复滴定3次。计算中和每毫升盐酸羟胺溶液需要加入氢氧化钾-甲醇标准滴定溶液(5.1.5)的体积数,取其平均值。在剩余的盐酸羟胺溶液中加入经计算得到的氢氧化钾-甲醇标准滴定溶液(5.1.5)的体积数进行中和,摇匀。此溶液有效期10天。

5.2 仪器和设备

5.2.1 分析天平:感量0.1 mg。

5.2.2 电位滴定仪:能实现在一定时间间隔内以恒定或变化的滴加量进行滴定的自动电位滴定系统。

5.2.3 电位滴定仪用滴定管:5 mL,最低滴定增量不大于0.02 mL。

5.2.4 pH玻璃电极:适用于有机溶液非水滴定的非水相复合pH玻璃电极。

5.2.5 滴定烧杯:100 mL、150 mL硼硅酸盐玻璃或塑料烧杯,或由制造商推荐的规格,应保证电极浸没在溶液中。

5.2.6 搅拌器:可调速的机械搅拌器,也可用磁性搅拌器。

5.2.7 移液管:25 mL、5 mL、0.2 mL。

5.2.8 容量瓶:1 000 mL。

5.3 样品

按照GB/T 3723、GB/T 6678和GB/T 6680的规定采取样品。

5.4 仪器准备

按照仪器说明书开启滴定仪,开启搅拌器,控制搅拌速度,以滴定烧杯内的溶液不产生漩涡为宜;确保滴定管内无气泡。滴定模式推荐选用动态模式。

5.5 分析步骤

5.5.1 按表1规定,用移液管(5.2.7)吸取一定体积的苯乙烯试样,加入滴定烧杯(5.2.5)中,再依次加入25 mL甲醇(5.1.2)、0.2 mL水、25 mL盐酸羟胺溶液(5.1.6),搅拌0.5 h,用氢氧化钾-甲醇标准滴定溶液(5.1.5)滴定,直到出现第一个等当点,记录消耗的体积V_5。

表 1　苯乙烯的取样量

总醛含量/(mg/kg)	苯乙烯取样量/mL
10～150	25.0
150～300	5.0

5.5.2　用 25 mL 甲醇溶液做空白,记录消耗的体积V_6。

5.5.3　重复 5.5.1 的步骤,但不添加盐酸羟胺溶液,不搅拌直接滴定,以测定苯乙烯中的酸,记录消耗的体积V_7。

5.6　计算

试样中的总醛(以苯甲醛计)含量w(mg/kg)按式(3)计算:

$$w=\frac{(V_5-V_6-V_7)c\times106.12}{V_8\times\rho\times1\,000}\times10^6 \qquad\cdots\cdots\cdots\cdots\cdots\cdots\cdots\cdots\cdots（3）$$

式中:

V_5　——测定试样所消耗的氢氧化钾-甲醇标准滴定溶液(5.1.5)的体积,单位为毫升(mL);

V_6　——测定甲醇空白所消耗的氢氧化钾-甲醇标准滴定溶液(5.1.5)的体积,单位为毫升(mL);

V_7　——测定苯乙烯中的酸所消耗的氢氧化钾-甲醇标准滴定溶液(5.1.5)的体积,单位为毫升(mL);

c　——氢氧化钾-甲醇标准滴定溶液(5.1.5)的浓度,单位为摩尔每升(mol/L);

V_8　——苯乙烯样品的体积,单位为毫升(mL);

ρ　——苯乙烯的密度,单位为克每立方厘米(g/cm^3);

106.12　——苯甲醛的摩尔质量,单位为克每摩尔(g/mol)。

6　分析结果的表述

以两次重复测定结果的算术平均值报告其分析结果,按 GB/T 8170 的规定进行修约,精确至 1 mg/kg。

7　精密度

7.1　重复性

在同一实验室,由同一操作者使用相同设备,按相同的测试方法,并在短时间内对同一被测对象相互独立进行测试获得的两次独立测试结果的绝对差值不大于表 2 或表 3 中的重复性限(r),以大于重复性限(r)的情况不超过 5% 为前提。

7.2　再现性

在不同的实验室,由不同操作者使用不同的设备,按相同的测试方法,对同一被测对象相互独立进行测试获得的两次独立测试结果的绝对差值不大于表 2 或表 3 中的再现性限(R),以大于再现性限(R)的情况不超过 5% 为前提。

表 2　手动滴定法重复性限（r）和再现性限（R）

醛含量/(mg/kg)	重复性限(r)/(mg/kg)	再现性限(R)/(mg/kg)
40	6	16

表 3　电位滴定法重复性限（r）和再现性限（R）

醛含量 X/(mg/kg)	重复性限(r)/(mg/kg)	再现性限(R)/(mg/kg)
$10 \leqslant X \leqslant 50$	5	15
$50 < X \leqslant 100$	12	20
$100 < X \leqslant 300$	15	30

8　试验报告

试验报告应包括下列内容：

a)　有关样品的全部资料,例如样品的名称、批号、采样地点、采样日期、采样时间等；

b)　本部分的编号；

c)　分析结果；

d)　测定中观察到的任何异常现象的细节及其说明；

e)　分析人员的姓名及分析日期等。

ICS 71.080.15
G 16

中华人民共和国国家标准

GB/T 12688.8—2011
代替 GB/T 12688.8—1998

工业用苯乙烯试验方法
第 8 部分：阻聚剂（对-叔丁基邻苯二酚）
含量的测定 分光光度法

Test method of styrene for industrial use—
Part 8:Determination of content of inhibitor (p-tert-butylcatechol)—
Spectrophotometric method

2011-05-12 发布

2011-11-01 实施

中华人民共和国国家质量监督检验检疫总局
中国国家标准化管理委员会　　发布

前　言

GB/T 12688《工业用苯乙烯试验方法》分为以下部分：
——第1部分:纯度和烃类杂质的测定　气相色谱法;
——第3部分:聚合物含量的测定;
——第4部分:过氧化物含量的测定　滴定法;
——第5部分:总醛含量的测定　滴定法;
——第6部分:工业用苯乙烯中微量硫的测定　氧化微库仑法;
——第8部分:阻聚剂(对-叔丁基邻苯二酚)含量的测定　分光光度法;
——第9部分:微量苯的测定　气相色谱法。

本部分为 GB/T 12688 的第8部分。

本部分修改采用 ASTM D4590-09《分光光度计测定苯乙烯单体或 α-甲基苯乙烯中对-叔丁基邻苯二酚含量的标准试验方法》(英文版),本部分与 ASTM D4590-09 的结构性差异参见附录 A。

本部分与 ASTM D4590-09 相比主要技术内容变化如下:
——规范性引用文件中引用我国标准;
——重复性限采用我国的规定。

本部分代替 GB/T 12688.8—1998《工业用苯乙烯阻聚剂(对-特丁基邻苯二酚)含量的测定　分光光度法》。

本部分与 GB/T 12688.8—1998 主要差异如下:
——修改了标准的名称;
——修改了对-叔丁基邻苯二酚的测定范围;
——修改了氢氧化钠醇溶液的配制方法和储存期限;
——修改了样品和试剂用量;
——修改了标准曲线绘制和试样测定中的参比溶液;
——修改了7.1.2 的注;
——增加了测定结果计算公式的密度修正。

本部分的附录 A 为资料性附录。

本部分由中国石油化工集团公司提出。

本部分由全国化学标准化技术委员会石油化学分技术委员会(SAC/TC 63/SC 4)归口。

本部分起草单位:中国石油化工股份有限公司北京燕山分公司。

本部分主要起草人:杨伟、陆慧丽、李向阳、李晓艳、张坤。

本部分所代替标准的历次版本发布情况为:
——GB/T 12688.8—1998。

工业用苯乙烯试验方法
第8部分:阻聚剂(对-叔丁基邻苯二酚)
含量的测定 分光光度法

1 范围

本部分规定了工业用苯乙烯中的对-叔丁基邻苯二酚(TBC)含量的测定方法。

本部分适用于工业用苯乙烯中 TBC 含量的测定,其适用范围为 1 mg/kg～100 mg/kg。

苯乙烯中含有的任何能与氢氧化钠醇溶液生成颜色的其他化合物,对测定均有干扰。但如果已知该化合物及其在样品中的浓度,也许可在配制标准溶液时加入这一化合物而予以补偿。

本部分并不是旨在说明与其使用有关的所有安全问题。使用者有责任建立适当的安全与健康措施,保证符合国家有关法规的规定。

注意:苯乙烯为易燃物。在与过氧化物、无机酸和三氯化铝等接触时会发生放热聚合反应。高浓度的液态苯乙烯及其蒸气对眼睛和呼吸系统都有刺激性。

2 规范性引用文件

下列文件中的条款通过 GB/T 12688 的本部分的引用而成为本部分的条款。凡是注日期的引用文件,其随后所有的修改单(不包括勘误的内容)或修订版均不适用于本部分,然而,鼓励根据本部分达成协议的各方研究是否可使用这些文件的最新版本。凡是不注日期的引用文件,其最新版本适用于本部分。

GB/T 3723 工业用化学产品采样安全通则(GB/T 3723—1999,ISO 3165:1976,idt)

GB/T 6680 液体化工产品采样通则

GB/T 6682 分析实验室用水规格和试验方法(GB/T 6682—2008,ISO 3696:1987,MOD)

GB/T 8170 数值修约规则与极限数值的表示和判定

3 方法原理

将氢氧化钠醇溶液加入到苯乙烯试样中,产生粉红色。用分光光度计在 490 nm 处测量其吸光度,并与校准曲线进行比较,确定阻聚剂含量。

4 试剂和材料

除另有注明,本部分使用的试剂应为分析纯。所用的水应符合 GB/T 6682 规定的三级水规格。

4.1 对-叔丁基邻苯二酚(TBC):含量大于99%,熔点 52 ℃～55 ℃。

4.2 甲苯。

4.3 甲醇。

4.4 氢氧化钠溶液:约为 10 mol/L,溶解 4 g 氢氧化钠于 10 mL 水中。

4.5 正辛醇。

4.6 氢氧化钠醇溶液:约0.15 mol/L。量取 0.75 mL 氢氧化钠溶液置于 25 mL 甲醇中,保持搅拌并加入 25 mL 正辛醇和 0.75 mL 水。溶液贮存在棕色瓶中,此溶液可立即使用,储存期 2 个月。为减少此溶液与空气接触,将溶液分装在几个小清洁瓶中。

4.7 TBC 贮备液:称取 0.500 g TBC 溶解于 499.5 g 甲苯中。该溶液含有 1 000 mg/kg 的 TBC。贮

备液应贮存在棕色瓶中,并放入冰箱中保存。贮存期一年。

注意:TBC 对皮肤有严重的腐蚀性,特别是熔化或浓溶液状态时其腐蚀性更强,如果由口或皮肤直接吸收一定的量,也是一种对全身有害的毒物。

5 仪器与设备

5.1 分光光度计:能在波长为 490 nm 处测量吸光度,配有厚度(1~5)cm 吸收池。

5.2 吸量管:0.5 mL、1.0 mL、5 mL、10 mL。

5.3 单标线移液管:15 mL。

5.4 锥形瓶:50 mL。

6 取样

按 GB/T 3723 和 GB/T 6680 的规定采取样品。

7 分析步骤

7.1 校准曲线的绘制

7.1.1 将 0 mL、0.5 mL、1 mL、2 mL、3 mL、4 mL、5 mL、7 mL、10 mL 的 TBC 贮备液分别移入一组 100 mL 容量瓶中,用甲苯稀释至刻度。此组标准溶液含有 0 mg/kg(空白)、5 mg/kg、10 mg/kg、20 mg/kg、30 mg/kg、40 mg/kg、50 mg/kg、70 mg/kg、100 mg/kg 的 TBC。

7.1.2 分别移取 15 mL 上述标准溶液至锥形瓶中,分别移入经剧烈摇匀的 0.3 mL 氢氧化钠醇溶液,剧烈混合 30 s。将 0.6 mL 甲醇分别移入各容器中,振摇 15 s。

注:用纯净的丙酮或甲醇清洗玻璃器皿,若有劣质的甲醇存在,会造成结果偏低。

7.1.3 在 5 min 之内,以未加入 TBC 的空白标准溶液作参比,于 490 nm 处测量吸光度。

7.1.4 按 7.1.3 测得的各标准溶液的吸光度值,对相应的 TBC 含量(mg/kg)绘制校准曲线。

7.2 试样的测定

移取 15 mL 苯乙烯试样至锥形瓶中。按 7.1.2 规定的步骤进行,在 5 min 之内以苯乙烯试样作参比,于 490 nm 处测量吸光度。从 7.1.4 所绘制的标准曲线上查得 TBC 浓度,并按式(1)计算阻聚剂含量:

$$w = w_1 \times 0.96 \qquad\qquad\cdots\cdots\cdots\cdots\cdots\cdots(1)$$

式中:

w——样品中阻聚剂的含量的数值,单位为毫克每千克(mg/kg);

w_1——标准曲线上查得的阻聚剂含量的数值,单位为毫克每千克(mg/kg);

0.96——甲苯的密度与苯乙烯的密度的比值。

8 分析结果的表述

以两次重复测定结果的算术平均值报告其分析结果,按 GB/T 8170 的规定进行修约,精确至 0.1 mg/kg。

9 精密度

在同一实验室,由同一操作者使用相同设备,按相同的测试方法,并在短时间内对同一被测对象相互独立进行测试获得的两次独立测试结果的绝对差值不超过下列的重复性限(r),以超过重复性限(r)的情况不超过 5 % 为前提:

TBC 含量	重复性限
1 mg/kg≤X≤15 mg/kg	为其平均值的 20%

15 mg/kg<X≤100 mg/kg   为其平均值的 10%

10 报告

报告应包括下列内容：

a) 有关样品的全部资料,例如样品的名称、批号、采样地点、采样日期、采样时间等；

b) 本部分的编号；

c) 分析结果；

d) 测定中观察到的任何异常现象的细节及其说明；

e) 分析人员的姓名及分析日期等。

附　录　A

（资料性附录）

本部分章条编号与 ASTM D4590-09 章条编号对照表

表 A.1 给出了本部分章条编号与 ASTM D4590-09 章条编号对照一览表。

表 A.1　本部分章条编号与 ASTM D4590-09 章条编号对照表

本部分章条编号	对应的 ASTM D4590-09 章条编号
1	1
2	2
3	4
4	7
5	6
6	9
7	10～11
8	12
9	13
10	—

ICS 71.080.15
G 16

中华人民共和国国家标准

GB/T 12688.9—2011

工业用苯乙烯试验方法
第 9 部分：微量苯的测定
气相色谱法

Test method of styrene for industrial use—
Part 9：Determination of trace benzene—
Gas chromatographic method

2011-05-12 发布

2011-11-01 实施

中华人民共和国国家质量监督检验检疫总局
中国国家标准化管理委员会　发布

前　言

GB/T 12688《工业用苯乙烯试验方法》分为以下部分：

——第 1 部分:纯度和烃类杂质的测定　气相色谱法;

——第 3 部分:聚合物含量的测定;

——第 4 部分:过氧化物含量的测定　滴定法;

——第 5 部分:总醛含量的测定　滴定法;

——第 6 部分:工业用苯乙烯中微量硫的测定　氧化微库仑法;

——第 8 部分:阻聚剂(对-叔丁基邻苯二酚)含量的测定　分光光度法;

——第 9 部分:微量苯的测定　气相色谱法。

本部分为 GB/T 12688 的第 9 部分。

本部分修改采用 ASTM D6229-06《气相色谱法测定烃类溶剂中微量苯的试验方法》(英文版),本部分与 ASTM D6229-06 的结构性差异参见附录 A。

本部分与 ASTM D6229-06 相比主要技术内容变化如下:

——检测范围调整为 0.2 mg/kg～100 mg/kg;

——增加了微板流路控制系统;

——重复性限采用我国的规定;

——规范性引用文件中引用我国标准。

本部分的附录 A 为资料性附录。

本部分由中国石油化工集团公司提出。

本部分由全国化学标准化技术委员会石油化学分技术委员会(SAC/TC 63/SC 4)归口。

本部分起草单位:中国石油化工股份有限公司上海石油化工研究院。

本部分主要起草人:李薇、彭振磊、李继文。

工业用苯乙烯试验方法
第9部分:微量苯的测定
气相色谱法

1 范围

本部分规定了用气相色谱法测定工业用苯乙烯中微量苯的含量。

本部分适用于工业用苯乙烯中含量范围为 0.2 mg/kg~100 mg/kg 的苯的测定。

本部分并不是旨在说明与其使用有关的安全问题,使用者有责任采取适当的安全和健康措施,并保证符合国家有关法规的规定。

注意:苯乙烯单体为易燃物。在与过氧化物、无机酸和三氯化铝等接触时会发生放热聚合反应。高浓度的液态苯乙烯及其蒸气对眼睛和呼吸系统都有刺激性。

2 规范性引用文件

下列文件中的条款通过 GB/T 12688 的本部分的引用而成为本部分的条款。凡是注日期的引用文件,其随后所有的修改单(不包括勘误的内容)或修订版均不适用于本部分,然而,鼓励根据本部分达成协议的各方研究是否可使用这些文件的最新版本。凡是不注日期的引用文件,其最新版本适用于本部分。

GB/T 3723 工业用化学产品采样安全通则(GB/T 3723—1999,ISO 3165:1976,idt)

GB/T 6680 液体化工产品采样通则

GB/T 8170 数值修约规则与极限数值的表示和判定

3 方法原理

3.1 双柱串联阀系统

将适量试样注入配有两根毛细管柱和切换阀的气相色谱仪中,试样先通过非极性柱,各组分按沸点分离,当辛烷流出后进行柱阀切换,将重组分反吹放空和将苯及轻组分切入极性毛细管柱,使苯和非芳烃有效分离,用氢火焰离子化检测器(FID)测量苯的峰面积,以外标法计算苯的浓度,以 mg/kg 表示。

3.2 微板流路控制系统

将适量试样注入配有中心切割技术和双 FID 检测器的气相色谱仪中,试样先通过非极性柱,各组分按沸点分离,根据苯出峰时间确定中心切割的时间段,并将其切至极性毛细管柱,使苯和非芳烃有效分离,之后将重组分反吹放空,用氢火焰离子化检测器(FID)测量苯的峰面积,以外标法计算苯的浓度,以 mg/kg 表示。

4 试剂与材料

4.1 载气:氮气,纯度(体积分数)≥99.995%,经硅胶及 5 A 分子筛干燥、净化。

4.2 燃烧气(FID):氢气,纯度(体积分数)≥99.99%。

4.3 助燃气:空气,无油,经硅胶及 5 A 分子筛干燥、净化。

4.4 苯:纯度(质量分数)不低于 99.5%。

4.5 苯乙烯:纯度(质量分数)不低于 99.7%,不含苯。

4.6 正庚烷:纯度(质量分数)不低于 99%。

4.7 正辛烷:纯度(质量分数)不低于99%。

4.8 正壬烷:纯度(质量分数)不低于99%。

5 仪器

5.1 气相色谱仪

5.1.1 双柱串联阀系统:配置带有温度控制的六通阀(阀箱的最高使用温度不低于175 ℃)、反吹系统和氢火焰离子化检测器(FID)的气相色谱仪。该仪器对本部分所规定的最低测定浓度下的苯所产生的峰高应至少大于噪声的两倍。进样反吹系统如图1所示。满足本部分分离和定量效果的其他进样和反吹装置也可使用。

5.1.2 微板流路控制系统:备有中心切割技术、双氢火焰离子化检测器(FID)的气相色谱仪,该仪器对本部分所规定的最低测定浓度下的苯所产生的峰高应至少大于噪声的两倍。气路连接系统如图2所示。满足本部分分离和定量效果的其他流路控制系统也可使用。

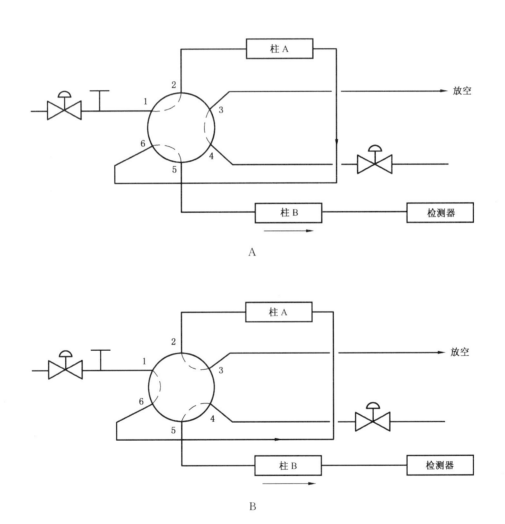

A——预分离状态(a位);

B——反吹状态(b位)。

图 1 双柱串联阀系统的六通阀连接示意图

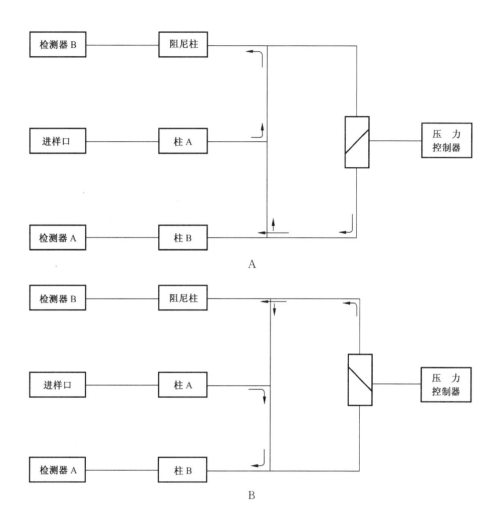

A——预分离状态(a位);

B——中心切割状态(b位)。

图 2　微板流路控制系统气路连接示意图

5.2　色谱柱

推荐的色谱柱及典型操作条件见表 1,典型色谱图见图 3、图 4,能给出同等分离和定量效果的其他色谱柱和分析条件也可使用。

表 1　推荐的色谱柱及典型操作条件

	双柱串联阀系统	微板流路控制系统
色谱柱 A 固定相	聚甲基硅氧烷	聚甲基硅氧烷
柱长/m	2	15
内径/mm	0.53	0.53
液膜厚/μm	0.5	1.5
色谱柱 B 固定相	聚乙二醇	聚乙二醇
柱长/m	30	30
内径/mm	0.53	0.53
液膜厚/μm	0.5	0.5
载气	N_2	N_2
色谱柱 A 流量/(mL/min)	3	3.5(恒压模式)
色谱柱 B 流量/(mL/min)	3	5.5(恒压模式)
阀箱温度/℃	150	/
柱温/℃	35(8 min)	50(16 min)
升温速率/(℃/min)	20	/
终温/℃	70(1 min)	/
汽化室温度/℃	150	150
分流比	5∶1	5∶1
检测器	FID	FID
检测器温度/℃	250	250
进样量/μL	1.0	1.0
阀切换时间/min[a]	4.5(b 位),10.0(a 位)	3.65(b 位),3.95(a 位)
反吹时间/min	4.5	8.0

[a] 表中阀切换和反吹时间供参考,对于任何新建立的或操作条件发生改变的分离系统,应按照7.1规定确定阀切换及反吹时间。

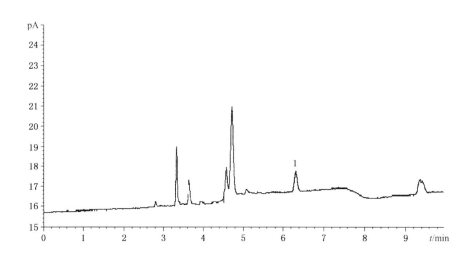

1——苯。

图 3　双柱串联阀系统的典型色谱图

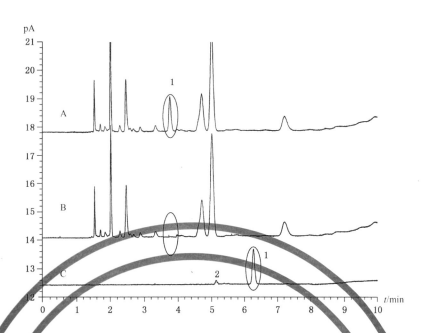

1——苯；
2——非芳组分。
A：切割前，柱 A 上的分离色谱图（FID B）；
B：切割后，柱 A 上的分离色谱图（FID B）；
C：切割后，柱 B 上的分离色谱图（FID A）。

图 4　微板流路控制系统上切割前后的典型色谱图

5.3　记录装置

积分仪或色谱工作站。

6　采样

按 GB/T 6680 和 GB/T 3723 的规定采取样品。

7　测定步骤

7.1　设定操作条件

根据仪器操作说明书，在色谱仪中按 5.1 安装色谱柱并连接气路系统，老化色谱柱。然后调节仪器至表 1 所示的操作条件，待仪器稳定后即可开始测定。应在双柱串联阀系统连接六通阀的放空端连接一阻尼阀，并调节阻尼阀使之与柱 B 的阻力相等，以保证六通阀切换过程中的气体流量稳定。

7.1.1　双柱串联阀切换系统中阀切换时间的确定

配制含有正辛烷和正壬烷的正庚烷溶液，在阀路处于图 1 预分离状态下（a 位）进样，记录从进样到正辛烷完全出峰，而正壬烷还没有流出时的时间。该时间的一半即为阀自预分离状态（a 位）切换至反吹状态（b 位）的阀切换时间。微调阀切换时间，恰好使得苯没有损失且分析时间满足实际需求。

7.1.2　微板流路控制系统中阀切换时间的确定

配制苯含量约为 100 mg/kg 的苯乙烯溶液，在电磁切换阀处于图 2 预分离状态下（a 位）进样，被测组分经柱 A 预分离后，经过阻尼柱，进入检测器 B，确定苯出峰的起止时间，因样品组分在阻尼柱没有保留，停留时间小于 0.01 min，因此苯在检测器 B 上的出峰起止时间即为电磁切换阀自预分离状态切换至中心切割状态（自 a 位切至 b 位）和切回预分离状态（自 b 位切回 a 位）的阀切换时间。微调阀切换时间，确保苯完全切入柱 B。

7.2　校正因子测定

7.2.1　以苯乙烯为溶剂，用称量法配制含有苯的标样，精确至 0.000 1 g。配制的苯浓度应与待测试样中苯的浓度相近(可适当分步稀释)。

7.2.2 在规定的条件下向色谱仪注入 1.0 μL 标样,重复测定两次,计算苯的平均峰面积,作为定量计算的依据。两次重复测定的峰面积之差应不大于其平均值的 5%。

注 1:苯乙烯标样储存过程中,会发生自聚现象,需要及时更换校准混合物。

7.3 试样测定

取 1.0 μL 试样注入色谱仪,重复测定两次,测量并记录试样中苯的峰面积,并与外标样的测定结果进行比较。

注:测定试样时,试样温度应与校准混合物的温度保持一致。

8 分析结果的表述

8.1 计算

苯乙烯中苯含量以 w 计,数值以毫克每千克(mg/kg)表示,按式(1)计算:

$$w = w_s \times \frac{A}{A_s} \quad\quad\quad\quad\quad\quad\quad\quad\quad (1)$$

式中:

w_s——标样中苯含量的数值,单位为毫克每千克(mg/kg);

A_s——标样中苯的峰面积的数值;

A——试样中苯的峰面积的数值。

8.2 结果的表示

8.2.1 以两次重复测定结果的算术平均值表示其分析结果,数值修约按 GB/T 8170 规定进行。

8.2.2 报告苯的含量,应精确至 0.1 mg/kg。

9 重复性

在同一实验室,由同一操作者使用相同设备,按相同的测试方法,并在短时间内对同一被测对象相互独立进行测试获得的两次独立测试结果的绝对差值不超过下列的重复性限(r),以超过重复性限(r)的情况不超过 5% 为前提:

0.2 mg/kg≤w<1 mg/kg   为其平均值的 30%

1 mg/kg≤w<100 mg/kg   为其平均值的 20%

10 报告

报告应包括下列内容:

a) 有关样品的全部资料,例如,样品名称、批号、采样地点、采样日期、采样时间等。

b) 本部分编号。

c) 分析结果。

d) 测定中观察到的任何异常现象的细节及其说明。

e) 分析人员的姓名及分析日期等。

附　录　A

（资料性附录）

本部分章条编号与 ASTM D6229-06 章条编号对照表

表 A.1 给出了本部分章条编号与 ASTM D6229-06 章条编号对照一览表。

表 A.1　本部分章条编号与 ASTM D6229-06 章条编号对照表

本部分章条编号	ASTM D6229-06 章条编号
1	1
2	2
3	3
—	4
4	6
5	5
6	7
7.1	9
7.2	10
—	11
8.1	12
8.2	13
9	14
10	—
—	15

ICS 71.080.10
G 16

中华人民共和国国家标准

GB/T 12701—2014
代替 GB/T 12701—1990

工业用乙烯、丙烯中微量含氧化合物的测定 气相色谱法

Ethylene and propylene for industrial use—Determination of
trace oxygenates—Gas chromatographic method

2014-07-08 发布

2014-12-01 实施

中华人民共和国国家质量监督检验检疫总局
中国国家标准化管理委员会　发布

前　言

本标准按照 GB/T 1.1—2009 给出的规则起草。

本标准代替 GB/T 12701—1990《工业用乙烯、丙烯中微量甲醇的测定　气相色谱法》。

本标准与 GB/T 12701—1990 相比主要变化如下：

——标准名称修改为《工业用乙烯、丙烯中微量含氧化合物的测定　气相色谱法》；

——标准的范围由"适用于甲醇含量大于 1 mg/kg 的试样"修改为"适用于甲醇、二甲醚、甲基叔丁基醚、乙醛、乙醇、异丙醇、丙酮和丁酮浓度不低于 0.5 mg/m³ 的乙烯、丙烯"（见第 1 章，1990年版的第 1 章）；

——色谱柱由填充柱修改为毛细管柱（见第 5 章表 1，1990 年版的第 5 章）；

——修改了标样配制的相关内容（见第 4 章，1990 年版的第 4 章）；

——修改了汽化装置和进样装置相关内容（见第 5 章，1990 年版的第 5 章）；

——取消了原标准中吸收装置及试样的富集操作相关内容（见 1990 年版的第 5 章、第 6 章）；

——修改了计算和结果的表示相关内容（见第 8 章，1990 年版的第 7 章、第 8 章）。

本标准由中国石油化工集团公司提出。

本标准由全国化学标准化技术委员会石油化学分技术委员会（SAC/TC 63/SC 4）归口。

本标准起草单位：中国石油化工股份有限公司上海石油化工研究院。

本标准主要起草人：李薇、唐琦民。

本标准所代替标准的历次版本发布情况为：

——GB/T 12701—1990。

工业用乙烯、丙烯中微量含氧化合物的测定　气相色谱法

1　范围

1.1　本标准规定了用气相色谱法测定工业用乙烯、丙烯中微量含氧化合物的含量。

1.2　本标准适用于甲醇、二甲醚、甲基叔丁基醚、乙醛、乙醇、异丙醇、丙酮和丁酮浓度不低于 $0.5\ mL/m^3$ 的乙烯、丙烯的测定。

> 注：传统石油路线生产的乙烯、丙烯产品中通常只含有甲醇一种含氧化合物杂质；煤制烯烃技术生产的乙烯、丙烯产品可能含有甲醇及 1.2 中的其他含氧化合物杂质。

1.3　本标准并不是旨在说明与其使用有关的所有安全问题。使用者有责任采取适当的安全与健康措施，保证符合国家有关法规的规定。

2　规范性引用文件

下列文件对于本文件的应用是必不可少的。凡是注日期的引用文件，仅注日期的版本适用于本文件。凡是不注日期的引用文件，其最新版本（包括所有的修改单）适用于本文件。

GB/T 3723　工业用化学产品采样安全通则(GB/T 3723—1999，idt ISO 3165:1976)

GB/T 8170　数值修约规则与极限数值的表示和判定

GB/T 13289　工业用乙烯液态和气态采样法(GB/T 13289—2014，ISO 7382:1986，NEQ)

GB/T 13290　工业用丙烯和丁二烯液态采样法(GB/T 13290—2014，ISO 8563:1987，NEQ)

3　方法原理

在本标准规定的条件下，气体（或液体汽化后）试样通过气体进样装置被载气带入色谱柱。使各含氧化合物组分分离，用氢火焰离子化检测器(FID)检测。记录各含氧化合物组分的峰面积，采用外标法定量。

4　试剂与材料

4.1　载气

氦气或氮气：纯度≥99.99%（体积分数），经硅胶及 5 A 分子筛干燥，净化。

4.2　辅助气

4.2.1　氢气：纯度≥99.99%（体积分数），经硅胶及 5 A 分子筛干燥，净化。

4.2.2　空气：经硅胶及 5 A 分子筛干燥，净化。

4.3　含氧化合物

甲醇、二甲醚、甲基叔丁基醚、乙醛、乙醇、异丙醇、丙酮和丁酮等，供配制标样用。纯度应不低于 99.0%（质量分数）。

4.4 正戊烷

用作配制液体标样的溶剂,纯度不小于99.5%(质量分数),应不含有4.3所述含氧化合物杂质,其他满足要求的溶剂也可使用。

4.5 标样

4.5.1 气体标样:包含乙烯和丙烯产品中常见的含氧化合物组分,以4.3标准试剂甲醇、二甲醚及丙酮等配制而成。各组分的含量为10 mL/m³,底气为氦气或氮气。可采用市售的有证标样。

4.5.2 液体标样:含氧化合物组分(如甲基叔丁基醚、乙醛、乙醇、异丙醇和丁酮)的饱和蒸汽压低,不易配制气体标样,因此可配制液体标样。方法如下:按重量法将丙酮和上述含氧化合物组分配制于正戊烷或其他合适的溶剂中,配制各组分含量为200 mg/kg左右的液体标样,用于测定这些组分相对于丙酮的相对校正因子。

> 注:标样根据工艺和样品分析的需要配制。液体标样作为气体标样的补充,仅在实际样品中待测的含氧化合物杂质组分未配入气体标样时需要。

5 仪器

5.1 气相色谱仪

配置六通气体进样阀(定量管容积1.0 mL)和氢火焰离子化检测器(FID)的气相色谱仪。该仪器对本标准所规定的最低测定浓度下的含氧化合物所产生的峰高应至少大于噪声的两倍。

5.2 色谱柱

推荐的色谱柱及典型操作条件见表1,典型色谱图见图1和图2。能满足分离要求的其他色谱柱和色谱条件也可使用。

表 1 推荐的色谱柱及典型操作条件

色谱条件	色谱条件 1	色谱条件 2[a]
色谱柱	CP-Lowox	键合(交联)聚乙二醇
柱长/m	10	15
柱内径/mm	0.53	0.53
液膜厚度/μm	—	1.2
载气流量/(mL/min)	15 (He) /8 (N₂)	8(N₂)
柱温		
初始温度/℃	110	40
保持时间/min	1	4
升温速率/(℃/min)	8	—
到达温度/℃	170	—
保持时间/min	0	—
二次升温速率/(℃/min)	15	—
终止温度/℃	200	—

表 1（续）

色谱条件	色谱条件 1	色谱条件 2[a]
终温保持时间/min	3	—
汽化室温度/℃	150	150
检测器温度/℃	250	250
阀箱温度/℃	100	100
气体样品进样量/mL	1.0	1.0
液体标样进样量/μL	1.0	1.0
分流比	2∶1	2∶1
[a] 色谱条件 2 仅适用于测定甲醇一种含氧化合物杂质。		

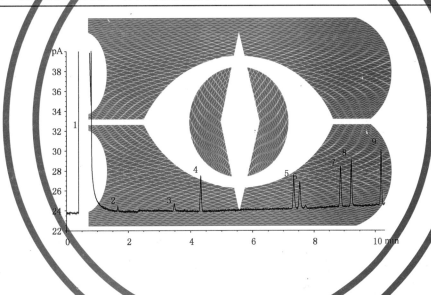

说明：

1——乙烯或丙烯；

2——二甲醚；

3——乙醛；

4——甲基叔丁基醚；

5——甲醇；

6——丙酮；

7——丁酮；

8——乙醇；

9——异丙醇。

图 1　CP-Lowox 色谱柱上的典型色谱图

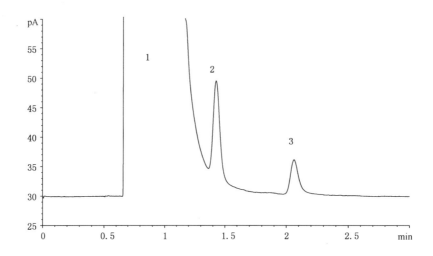

说明:

1——乙烯或丙烯;

2——丙酮;

3——甲醇。

图 2　聚乙二醇色谱柱上的典型色谱图

5.3　记录装置

积分仪或色谱工作站。

5.4　汽化装置

液态丙烯试样可采用闪蒸汽化装置、水浴汽化装置或其他合适的样品汽化方式汽化。汽化装置应保证液体样品完全汽化,样品的代表性不发生变化,即色谱取样装置所取气体样品与被汽化的液体样品组成的一致性。

5.5　进样装置

气体标样和样品采用六通气体进样阀进样,进样体积为 1.0 mL。

液体标样(4.5.2)采用 10 μL 微量注射器进样,进样体积为 1.0 μL。

注:需要时可对 5.4 及 5.5 中所用的采样钢瓶、汽化装置、气体进样阀、进样口及连接管线进行钝化处理,防止微量的含氧化合物被吸附。

6　采样

按 GB/T 13289、GB/T 13290 和 GB/T 3723 的规定采取样品。

7　测定步骤

7.1　设定操作条件

根据仪器操作说明书,在色谱仪中安装并老化色谱柱。然后调节仪器至表 1 所示的操作条件,待仪器稳定后即可开始测定。

7.2 校正

7.2.1 用六通气体进样阀,在规定的条件下向色谱仪注入1.0 mL气体标样,重复测定两次,测量各含氧化合物组分的平均峰面积,作为定量计算的依据。两次重复测定的峰面积之差应不大于其平均值的5%。

7.2.2 如果样品中含有气体标样中未配制的含氧化合物杂质组分,则需要配制4.5.2的液体标样,并按以下方法测定该杂质组分对丙酮的相对摩尔校正因子。

采用微量注射器(5.5),在规定的条件下向色谱仪注入1.0 μL液体标样,重复测定两次,测量各含氧化合物组分的平均峰面积。两次重复测定的峰面积之差应不大于其平均值的5%。

计算这些组分对丙酮的相对摩尔校正因子,作为定量计算的依据。相对摩尔校正因子按式(1)计算。部分含氧化合物组分的相对分子质量见表2。

$$R_i = \frac{m_i}{m_f} \times \frac{A_f}{A_i} \times \frac{M_f}{M_i} \qquad\qquad\cdots\cdots\cdots\cdots\cdots\cdots (1)$$

式中:

R_i——组分 i 对丙酮的相对摩尔校正因子;

m_i——标样中含氧化合物组分 i 的质量,单位为毫克(mg);

m_f——标样中丙酮的质量,单位为毫克(mg);

M_i——含氧化合物组分 i 的相对分子质量;

A_i——标样中含氧化合物组分 i 的峰面积;

A_f——标样中丙酮的峰面积;

M_f——丙酮的相对分子质量。

表 2 部分含氧化合物组分的相对分子质量

组分名称	相对分子质量
二甲醚	46.07
甲醇	32.04
乙醛	44.05
甲基叔丁基醚	88.15
乙醇	46.07
异丙醇	60.10
丙酮	58.08
丁酮	72.11

7.3 试样汽化

用采样钢瓶所取得的液态丙烯试样,需先经充分汽化后才能导入进样装置。将5.4中汽化装置加热至所需温度,并将加热系统的一端与试样钢瓶的出口阀相连接,而另一端接至进样装置,此时开启钢瓶的出口阀,试样即进入汽化装置并获得充分汽化。当用气体进样阀进样时,需用试样对进样装置进行足够的冲洗。

7.4 试样测定

用六通气体进样阀准确注入1.0 mL气态样品,重复测定两次,记录并测得各含氧化合物组分的峰面积。

8 分析结果的表述

8.1 计算

8.1.1 样品中待测的含氧化合物杂质组分已在气体标样中配制时,这些待测组分的含量 φ_i 按式(2)计算,以毫升每立方米(mL/m³)计:

$$\varphi_i = \varphi_s \times \frac{A_i}{A_s} \qquad\qquad\cdots\cdots\cdots\cdots\cdots\cdots\cdots\cdots (2)$$

式中:

φ_s——标样中含氧化合物组分 i 的含量,单位为毫升每立方米(mL/m³);

A_i——试样中含氧化合物组分 i 的峰面积;

A_s——标样中含氧化合物组分 i 的峰面积。

8.1.2 样品中待测的含氧化合物杂质组分未在气体标样中配制时,需结合气体标样中丙酮的含量、测得的峰面积和7.2.2液体标样测定的相对摩尔校正因子计算这些组分的含量。这些待测组分的含量 φ_i 按式(3)计算,以毫升每立方米(mL/m³)计:

$$\varphi_i = \varphi_f \times \frac{A_i}{A_f} \times R_i \qquad\qquad\cdots\cdots\cdots\cdots\cdots\cdots\cdots\cdots (3)$$

式中:

φ_f——气体标样中丙酮的含量,单位为毫升每立方米(mL/m³);

A_i——试样中组分 i 的峰面积;

A_f——气体标样中丙酮的峰面积;

R_i——组分 i 对丙酮的相对摩尔校正因子。

8.1.3 以毫克每千克(mg/kg)表示的含氧化合物的含量由式(4)给出:

$$w_i = \varphi_i \times \frac{M_i}{M} \qquad\qquad\cdots\cdots\cdots\cdots\cdots\cdots\cdots\cdots (4)$$

式中:

w_i——试样中含氧化合物的含量,单位为毫克每千克(mg/kg);

M_i——试样中含氧化合物的相对分子质量;

M——试样的相对分子质量,乙烯为28.05,丙烯为42.08。

8.2 结果的表示

对于任一试样,以两次重复测定结果的算术平均值报告其分析结果,按GB/T 8170的规定修约至0.1 mg/kg 或 0.1 mL/m³。

9 重复性

在同一实验室,由同一操作者使用相同设备,按相同的测试方法,并在短时间内对同一被测对象相互独立进行测试获得的两次独立测试结果的绝对差值不应超过下列的重复性限(r),以超过重复性限(r)的情况不超过5%为前提:

$X \leqslant 10$ mL/m³ 时,r 为其平均值的20%。

$X > 10$ mL/m³ 时,r 为其平均值的15%。

10 报告

报告应包括下列内容：

a) 有关试样的全部资料，例如名称、批号、采样地点、采样时间等；

b) 本标准编号；

c) 测定结果；

d) 测定中观察到的任何异常现象的细节及其说明；

e) 分析人员的姓名及分析日期等；

f) 未包括在本标准中的任何操作及自由选择的操作条件的说明。

ICS 71.080.10
G 16

中华人民共和国国家标准

GB/T 13289—2014
代替 GB/T 13289—1991

工业用乙烯液态和气态采样法

Ethylene for industrial use—Sampling in the liquid and the gaseous phase

（ISO 7382:1986，NEQ）

2014-07-08 发布　　　　　　　　　2014-12-01 实施

中华人民共和国国家质量监督检验检疫总局
中国国家标准化管理委员会　　发　布

前　言

本标准按照 GB/T 1.1—2009 给出的规则起草。

本标准代替 GB/T 13289—1991《工业用乙烯液态和气态采样法》。

本标准与 GB/T 13289—1991 的主要差异为：

——修改了"规范性引用文件"(见第 2 章)；

——调整了标准的结构(见第 3 章、第 4 章、第 5 章,1991 年版的第 4 章、第 5 章)；

——增加了"采样中的安全要求应符合 GB/T 3723"的规定；

——增加了微量极性化合物分析时采样器及其连接管线内部特殊处理的相关要求(见 4.1.3)；

——将原标准中的采样管线改名为"非密闭采样管线",修改了示意图(见 4.2.1 和图 2,1991 年版的 3.2 和图 2),增加了密闭采样管线和示意图(见 4.2.2 和图 3、图 4)；

——修改了非密闭采样采样器置换方式(见 5.1,1991 年版的第 4 章)；

——增加了密闭采样要求(见 5.2)。

本标准使用重新起草法参考 ISO 7382:1986《工业用乙烯　液态和气态采样法》(英文版),与 ISO 7382:1986 的一致性程度为非等效；

本标准与 ISO 7382:1986 的主要差异为：

——增加了"规范性引用文件"；

——增加了微量极性化合物分析时采样器及其连接管线内部特殊处理的相关要求；

——修改了采样器置换方式；

——增加了密闭采样要求。

本标准由中国石油化工集团公司提出。

本标准由全国化学标准化技术委员会石油化学分技术委员会(SAC/TC 63/SC 4)归口。

本标准起草单位:中国石油化工股份有限公司上海石油化工研究院、中国石油化工股份有限公司北京燕山分公司。

本标准主要起草人:庄海青、叶志良、崔广洪、王川。

本标准所代替标准的历次版本发布情况为：

——GB/T 13289—1991。

工业用乙烯液态和气态采样法

1 范围

本标准适用于工业用乙烯液态和气态采样。本标准规定了采取液态乙烯以及气态乙烯样品的方法和有关注意事项,所采取的样品用于乙烯的各项分析。

本标准并不是旨在说明与其使用有关的所有安全问题。使用者有责任采取适当的安全与健康措施,保证符合国家有关法律法规的规定。

2 规范性引用文件

下列文件对于本文件的应用是必不可少的。凡是注日期的引用文件,仅注日期的版本适用于本文件。凡是不注日期的引用文件,其最新版本(包括所有的修改单)适用于本文件。

GB/T 3723 工业用化学产品采样安全通则(GB/T 3723—1999,idt ISO 3165:1976)

3 安全注意事项

3.1 工业用乙烯为易燃易爆挥发物,采样中的安全要求应符合 GB/T 3723。

3.2 当液态乙烯从金属表面蒸发时,会引起剧冷,如果接触钢瓶表面则会引起冻伤,因此采样器可配置手柄,操作者应佩戴护目镜和防护手套。

3.3 乙烯极易燃烧,能与空气混合形成爆炸气氛。因此,采样现场应保证良好的通风条件。

3.4 由于液态乙烯的沸点为—103.9 ℃,故试样放空时所产生的大量蒸气会立即蔓延至周围大气中。因此处理液态试样时,应遵守以下规则:

    a) 为了消除静电,在样品排空时,采样器应予接地;

    b) 如果操作不在露天进行,应使用高风速通风橱;

    c) 所用电源、通风橱、风扇、马达电器等设备,均应为防爆型结构,并符合国家的有关规定。

3.5 在清洗采样器、排出采样器内样品、处理废液及蒸气时要注意安全,排放点应有安全设施并符合安全和环境要求。在附录 A 中给出了剩余样品的排放系统的图示说明。

3.6 如果需要运输盛有样品的高压采样器,应遵守危险品运输相关的法律法规。

4 采样装置

4.1 采样器

4.1.1 选用双阀带调整管型专用采样钢瓶(见图 1)。容积为 0.1 L～1 L,工作压力 19.6 MPa (200 kg/cm²)。为保证采样量不超过容积的 30%,调整管末端的位置应确保采样器内有 70% 的预留空间。采样器出口端应设置防爆片。采样器每两年进行一次耐压检验,水压试验压力为 29.4 MPa (300 kg/cm²)。

    注:当采取气态乙烯时,也可采用不带调整管的采样钢瓶。

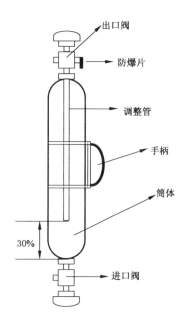

图 1 采样器

4.1.2 乙烯的临界温度是 9.5 ℃,临界压力为 10.5 MPa,在大气压下的沸点为－103.9 ℃,因此所采取的液态乙烯,在室温下不能保持其液体状态,采样器应能承受其完全汽化后的压力。在采样过程中,由于乙烯的上述物性,温度可在 1 min～2 min 内从－100 ℃升至 20 ℃,因此采样设备的结构和材质应能承受温度的急剧变化,应优先选用经钝化处理的不锈钢材质。

4.1.3 为保证样品中微量甲醇和硫化物等极性化合物的有效采集和分析,避免可能引起的测定误差,应使用带有不锈钢阀的惰性采样器,采样器内部、采样管线和固定件可以进行内部涂覆或者钝化处理,以减少裸露的金属表面与微量活泼元素的反应以及对极性化合物的吸附。

4.1.4 采样器的维护保养:采样器在使用了一段时间后可能被油、水或溶剂污染,从而造成分析结果的差异。此时可用过热蒸汽冲洗,并在钢瓶冷却之前立即再用干燥氮气冲洗。对新钢瓶可用氮气等惰性气体冲洗,以驱除空气和水分。

4.2 液态采样系统

4.2.1 非密闭采样系统

由不锈钢管、金属软管和排放阀 B 组成。金属软管一端有螺纹接口以便与采样器进口阀 C 相连接(如图 2 所示)。

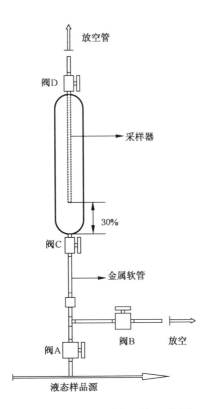

图 2 非密闭采样系统示意图

4.2.2 密闭采样系统

4.2.2.1 密闭采样系统一

由不锈钢管和阀 A、阀 D 组成,并附带压力表(如图 3 所示)。阀 A 为三通阀,阀 D 为普通两通阀。

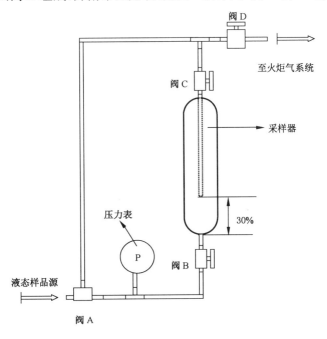

图 3 密闭采样系统一

4.2.2.2　密闭采样系统二

由不锈钢管、金属软管和阀 A、阀 B、阀 C 组成（如图 4 所示）。金属软管一端有螺纹接口以便与采样器进口阀 D 和出口阀 E 相连接,阀 A、阀 B、阀 C 为普通两通阀。

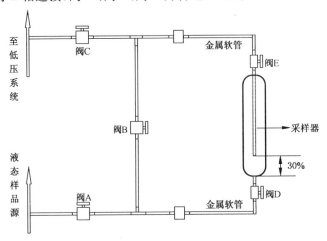

图 4　密闭采样系统二

4.3　气态采样系统

由内径 4 mm、长度不超过 2 m 的不锈钢管和调节阀 B、排放阀 E 组成(如图 5 所示)。不锈钢管一端有螺纹接口与采样器进口阀 C 相连接,不锈钢管另一端与阀 B 相连接。

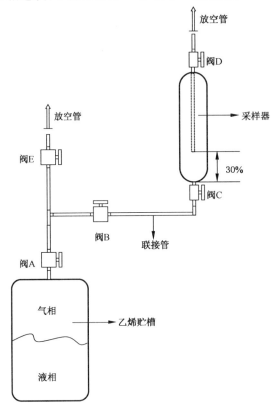

图 5　气态乙烯采样系统示意图

注:4.2、4.3 均可采用快速接头连接采样器和采样系统。

5 采样

将采样器(4.1.1,采样器内如有残留样品应全部放清)用氮气吹扫并干燥。采样器尽可能专样专用。

5.1 液态采样

5.1.1 非密闭采样系统

5.1.1.1 安装

按图2所示,用采样管线将采样器与样品源连接。并确认采样器进口阀 C 和出口阀 D 处于关闭位置。

5.1.1.2 置换

5.1.1.2.1 管线置换

打开采样阀 A,然后打开排放阀 B,以冲洗采样管线。当液态试样在阀 B 的放空管末端出现时,立即关闭排放阀 B。

5.1.1.2.2 采样器置换

打开采样器进口阀 C 和出口阀 D,待适量液态样品进入采样器后,关闭阀 D、阀 C 和阀 A,并轻轻摇动采样器,然后开启阀 C 和阀 B,将样品全部排出。重复此操作不应少于三次。

采样器冲洗完毕后,关闭阀 C 和阀 B,准备采样。

5.1.1.3 采样

依次打开阀 A、阀 C 和阀 D,当有液态样品在阀 D 的放空管末端出现时,依次关闭采样器进口阀 C 和出口阀 D,随即关闭阀 A。

开启排放阀 B 排出采样管线内残留的样品。待采样管线完全泄压后,取下采样器。

检查采样器有无泄漏,如发现有泄漏,则弃去该试样,重新取样。

5.1.2 密闭采样系统

5.1.2.1 密闭系统采样一

5.1.2.1.1 安装

按图3所示连接采样器。采样前确认阀 A 处于旁通位置(通往阀 D 方向),确认采样器进口阀 B 和出口阀 C 处于关闭位置。

5.1.2.1.2 置换

依次打开物料主管线上的采样阀和阀 D,使样品经过旁通管线冲洗、置换采样管线。

5.1.2.1.3 采样

打开采样器出口阀 C 和进口阀 B,并将阀 A 由旁通位置切换到采样位置,使样品流经采样器,冲洗采样器至少 5 min。将阀 C 开度关小,在采样器中采取适量的样品。

关闭阀 C、阀 B,将阀 A 由采样位置切换到旁通位置。关闭主管线上的采样阀,待采样管线完全泄压后,取下采样器,关闭阀 D,采样结束。

检查采样器有无泄漏,如发现有泄漏,则弃去该试样,重新取样。

5.1.2.2 密闭系统采样二

5.1.2.2.1 安装

按图4所示连接采样器。采样前确认采样管线阀 A、阀 B、阀 C 和采样器进口阀 D、采样器出口阀 E 处于关闭位置。

5.1.2.2.2 置换

依次打开阀 A、阀 B、阀 C,使样品经过旁通管线冲洗、置换采样管线。

5.1.2.2.3 采样

打开采样器进口阀 D,出口阀 E,关闭阀 B,对采样器进行冲洗、置换。冲洗采样器至少 5 min 后,将阀 E 开度关小,在采样器中采取适量样品。

依次关闭采样器阀 E、阀 D、阀 A,再打开阀 B,待采样管线完全泄压后,关闭阀 B、阀 C,取下采样器,采样结束。

检查采样器有无泄漏,如发现有泄漏,则弃去该试样,重新取样。

5.1.3 采样器试样量调整

采取液态试样后,应立即将高压采样器直立放置,使带有调整管一端处于顶部。轻轻打开出口阀,放掉过量的液体,当开始出现气态样品时,立即关闭出口阀。

5.2 气态采样

5.2.1 安装

如图5所示连接采样装置。采样前确认阀 A、阀 B 和阀 E 处于关闭位置。

5.2.2 置换

5.2.2.1 管线置换

连接管线后,开启样品源采样阀 A 和排放阀 E,充分吹扫、置换采样管线,然后关闭阀 E。

5.2.2.2 采样器置换

打开调节阀 B,然后开启采样器进口阀 C,待适量气态乙烯样品进入采样器后,关闭阀 B,再开启采样器出口阀 D,将样品全部排出,关闭阀 D。重复此操作应不少于 10 次。

5.2.3 采样

打开调节阀 B,再开启采样器出口阀 D 采取样品。采样结束后,依次关闭采样器出口阀 D、采样器进口阀 C、阀 A,打开阀 E,待采样管线完全泄压后,关闭阀 B、阀 E,卸下采样器。

检查采样器有无泄漏,如发现有泄漏,则弃去该试样,重新取样。

6 采样报告

采样报告应写明有关样品的全部资料,至少应包含如下内容:
a) 样品鉴别标记,如:名称和采样器编号等;
b) 采样日期、采样地点和部位;
c) 样品量;
d) 采样者;
e) 异常现象的说明。

附　录　A
（资料性附录）
液态或气态轻质烯烃样品的排放系统

A.1 液态或气态烯烃样品的排放系统如图 A.1 所示。

A.2 根据所使用的采样器,选择合适的软管与排放系统连接。排放之前,应采用合适措施将采样器接地。

A.3 空气喷射器应选择适当型号。

A.4 图 A.1 所示空气和水蒸气压力仅供参考。

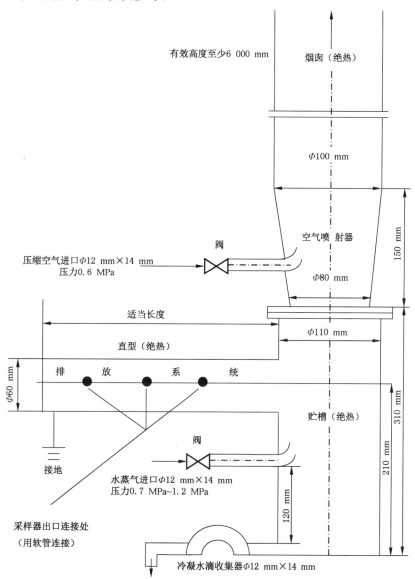

图 A.1　液态或气态烯烃样品的排放系统

ICS 71.080.10
G 16

中华人民共和国国家标准

GB/T 13290—2014
代替 GB/T 13290—1991

工业用丙烯和丁二烯液态采样法

Propylene and butadiene for industrial use—Sampling in the liquid phase

(ISO 8563:1987,NEQ)

2014-07-08 发布

2014-12-01 实施

中华人民共和国国家质量监督检验检疫总局
中国国家标准化管理委员会 发布

前　言

本标准按照 GB/T 1.1—2009 给出的规则起草。

本标准代替 GB/T 13290—1991《工业用丙烯和丁二烯液态采样法》。

本标准与 GB/T 13290—1991 的主要差异为：

——增加了"规范性引用文件"(见第 2 章)；

——增加了"采样中的安全要求应符合 GB/T 3723"(见 3.1)；

——增加了微量极性化合物分析时采样器及其连接管线内部特殊处理的相关要求(见 4.1.2)；

——将原标准中的采样管线改名为"非密闭采样管线"，修改了示意图(见 4.2.1 和图 2，1991 年版的 3.2 和图 2)，增加了密闭采样管线和示意图(见 4.2.2 和图 3、图 4)；

——修改了非密闭采样采样器置换方式(见 5.1，1991 年版的第 4 章)；

——增加了密闭采样要求(见 5.2)。

本标准使用重新起草法参考 ISO 8563:1987《工业用丙烯和丁二烯—液态采样法》(英文版)，与 ISO 8563:1987 的一致性程度为非等效。

本标准与 ISO 8563:1987 的主要差异为：

——增加了"规范性引用文件"；

——增加了微量极性化合物分析时采样器及其连接管线内部特殊处理的相关要求；

——修改了采样器置换方式；

——增加了密闭采样要求。

本标准由中国石油化工集团公司提出。

本标准由全国化学标准化技术委员会石油化学分技术委员会(SAC/TC 63/SC 4)归口。

本标准起草单位：中国石油化工股份有限公司上海石油化工研究院、中国石油化工股份有限公司北京燕山分公司。

本标准主要起草人：庄海青、叶志良、崔广洪、王川。

本标准所代替标准的历次版本发布情况为：

——GB/T 13290—1991。

工业用丙烯和丁二烯液态采样法

1 范围

本标准规定了采取液态丙烯和丁二烯样品的方法和有关注意事项。所采取的样品适用于丙烯或丁二烯的各项分析。

本标准也适用于液态1-丁烯或异丁烯的采样。

本标准并不是旨在说明与其使用有关的所有安全问题。使用者有责任采取适当的安全与健康措施,保证符合国家有关法律法规的规定。

2 规范性引用文件

下列文件对于本文件的应用是必不可少的。凡是注日期的引用文件,仅注日期的版本适用于本文件。凡是不注日期的引用文件,其最新版本(包括所有的修改单)适用于本文件。

GB/T 3723 工业用化学产品采样安全通则(GB/T 3723—1999,idt ISO 3165:1976)

3 安全注意事项

3.1 工业用丙烯和丁二烯均为易燃易爆挥发物,采样中的安全要求应符合GB/T 3723。

3.2 当液态丙烯或丁二烯从金属表面蒸发时,将会引起剧冷,如果接触钢瓶表面则会引起冻伤,因此采样器可配置手柄,操作者应佩戴护目镜和防护手套。

3.3 丙烯属窒息性物质,丁二烯作为有害物质,在空气中的最高允许浓度为100 mg/m³,而且两者均能与空气混合形成爆炸气氛。因此,采样现场必须保证良好的通风条件。

3.4 由于液态丙烯或丁二烯的蒸气密度比空气大,故试样放空时所产生的大量蒸气会立即蔓延至周围大气中,并聚积在低处。因此处理液态试样时,应遵守以下规则:

    a) 为了消除静电,在样品排空时,采样器应予接地。

    b) 如果操作不在露天进行,应使用高风速通风橱。

    c) 所用电源、通风橱、风扇、马达等电器设备,均应为防爆型结构,并符合国家的有关规定。

3.5 在清洗采样器、排出采样器内样品、处理废液及蒸气时要注意安全,排放点应有安全设施并符合安全和环境要求。在附录A中给出了剩余样品的排放系统的图示说明。

3.6 如果需要运输盛有样品的高压采样器,应遵守危险品运输相关的法律法规。

    注:如采取液态1-丁烯或异丁烯样品时,均应遵守以上安全事项。

4 采样装置

4.1 采样器

4.1.1 选用双阀带调整管形采样器(如图1所示)。材质为不锈钢(1Cr18Ni9Ti)或优质碳素钢,容积0.15 L~2.0 L,一般情况下选用0.25 L和1.5 L。用于液态丙烯的采样器,工作压力为4 MPa;用于液态丁二烯的采样器,工作压力为3 MPa。调整管末端的位置应确保采样器内有20%的预留空间。采样器每两年进行一次耐压检验,水压试验分别为5.9 MPa(60 kg/cm²)和4.5 MPa(46 kg/cm²)。

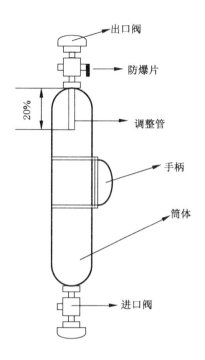

图 1 采样器

4.1.2 为保证样品中微量甲醇和硫化物等极性化合物的有效采集和分析,避免可能引起的测定误差,应使用带有不锈钢阀的惰性采样器,采样器内部、采样管线和固定件可以进行内部涂覆或者钝化处理,以减少裸露的金属表面与微量活泼元素的反应以及对极性化合物的吸附。

4.1.3 采样器的维护保养:采样器在使用了一段时间后可被油、水或溶剂污染,从而造成分析结果的差异。此时可用过热蒸汽冲洗,并在钢瓶冷却之前立即再用干燥氮气冲洗。对新钢瓶可用氮气等惰性气体冲洗,以驱除空气和水分。

4.2 液态采样系统

4.2.1 非密闭采样系统

由不锈钢管、金属软管和排放阀 B 组成。金属软管一端有螺纹接口以便与采样器进口阀 C 相连接(如图 2 所示)。

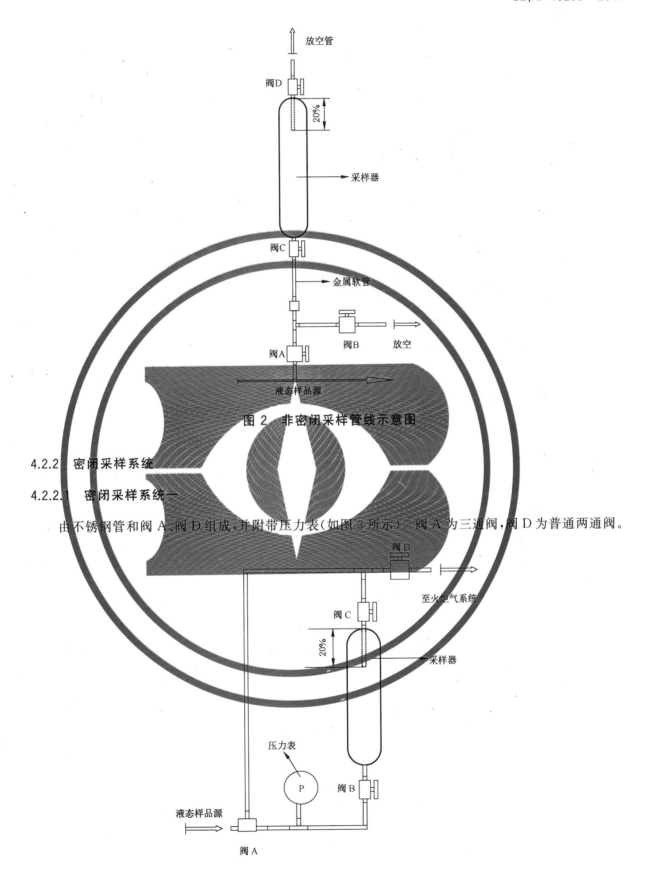

图 2　非密闭采样管线示意图

4.2.2　密闭采样系统

4.2.2.1　密闭采样系统一

由不锈钢管和阀 A、阀 D 组成,并附带压力表(如图 3 所示)。阀 A 为三通阀,阀 D 为普通两通阀。

图 3　密闭采样系统一

4.2.2.2 密闭采样系统二

由不锈钢管、金属软管和阀 A、阀 B、阀 C 组成（如图 4 所示）。金属软管一端有螺纹接口以便与采样器进口阀 D 和出口阀 E 相连接，阀 A、阀 B、阀 C 为普通两通阀。

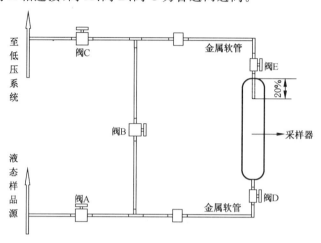

图 4　密闭采样系统二

注：可采用快速接头连接采样器和采样系统。

5　采样

将采样器(4.1.1,采样器内如有残留样品应全部放清)用氮气吹扫并干燥。采样器尽可能专样专用。

5.1　非密闭采样系统

5.1.1　安装

按图 2 所示,用采样管线将采样器与样品源连接。并确认采样器进口阀 C 和出口阀 D 处于关闭位置。

5.1.2　置换

5.1.2.1　管线置换

打开采样阀 A,然后打开排放阀 B,以冲洗采样管线。当液态试样在阀 B 的放空管末端出现时,立即关闭排放阀 B。

5.1.2.2　采样器置换

打开采样器进口阀 C 和出口阀 D,待适量液态样品进入采样器后,关闭阀 D、阀 C 和阀 A,并轻轻摇动采样器,然后开启阀 C 和阀 B,将样品全部排出。重复此操作不应少于三次。

采样器冲洗完毕后,关闭阀 C、阀 D 和阀 B,准备采样。

5.1.3　采样

依次打开阀 A、阀 C 和阀 D,当有液态样品在阀 D 的放空管末端出现时,依次关闭采样器进口阀 C

和出口阀 D,随即关闭阀 A。

开启排放阀 B 排出采样管线内残留的样品。待采样管线完全泄压后,取下采样器。

检查采样器有无泄漏,如发现有泄漏,则弃去该试样,重新取样。

5.2 密闭系统采样

5.2.1 密闭系统采样一

5.2.1.1 安装

按图 3 所示连接采样器。采样前确认阀 A 处于旁通位置(通往阀 D 方向),确认采样器进口阀 B 和出口阀 C 处于关闭位置。

5.2.1.2 置换

依次打开物料主管线上的采样阀和阀 D,使样品经过旁通管线冲洗、置换采样管线。

5.2.1.3 采样

打开采样器出口阀 C 和进口阀 B,并将阀 A 由旁通位置切换到采样位置,使样品流经采样器,冲洗采样器至少 5 min。将阀 C 开度关小,在采样器中采取适量的样品。

关闭阀 C、阀 B,将阀 A 由采样位置切换到旁通位置。关闭主管线上的采样阀,待采样管线完全泄压后,取下采样器,关闭阀 D,采样结束。

检查采样器有无泄漏,如发现有泄漏,则弃去该试样,重新取样。

5.2.2 密闭系统采样二

5.2.2.1 安装

按图 4 所示连接采样器。采样前确认采样管线阀 A、阀 B、阀 C 和采样器进口阀 D、采样器出口阀 E 处于关闭位置。

5.2.2.2 置换

依次打开阀 A、阀 B、阀 C,使样品经过旁通管线冲洗、置换采样管线。

5.2.2.3 采样

然后打开采样器进口阀 D、出口阀 E,关闭阀 B,对采样器进行冲洗、置换。冲洗采样器至少 5 min 后,将阀 E 开度关小,在采样器中采取适量样品。

依次关闭采样器阀 E、阀 D、阀 A,再打开阀 B,待采样管线完全泄压后。关闭阀 B、阀 C,取下采样器,采样结束。

检查采样器有无泄漏,如发现有泄漏,则弃去该试样,重新取样。

5.3 采样器试样量调整

采取试样后,应立即将高压采样器直立放置,使带有调整管一端处于顶部。轻轻打开出口阀,放掉过量的液体,当开始出现气态样品时,立即关闭出口阀。

6 采样报告

采样报告应写明有关样品的全部资料,至少应包含如下内容:

a) 样品鉴别标记,如名称和采样器编号等;

b) 采样日期、采样地点和部位;

c) 样品量;

d) 采样者;

e) 异常现象的说明。

附　录　A
（资料性附录）
液态或气态轻质烯烃样品的排放系统

A.1　液态或气态烯烃样品的排放系统如图 A.1 所示。

A.2　根据所使用的采样器,选择合适的软管与排放系统连接。排放之前,应采用合适措施将采样器接地。

A.3　空气喷射器,应选择适当型号。

A.4　图 A.1 所示空气和水蒸气压力仅供参考。

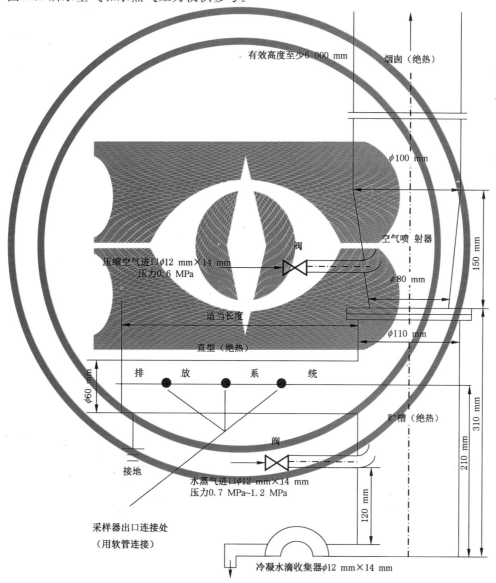

图 A.1　液态或气态烯烃样品的排放系统

ICS 71.080.60
G 16

中华人民共和国国家标准

GB/T 14571.1—2016
代替 GB/T 14571.1—1993

工业用乙二醇试验方法
第1部分：酸度的测定　滴定法

Test method of monoethylene glycol for industrial use—
Part 1：Determination of acidity—Titration method

2016-10-13 发布

2017-05-01 实施

中华人民共和国国家质量监督检验检疫总局
中国国家标准化管理委员会　发 布

前　言

GB/T 14571 分为如下几部分：

GB/T 14571.1　工业用乙二醇试验方法　第 1 部分:酸度的测定　滴定法；

GB/T 14571.2　工业用乙二醇试验方法　第 2 部分:纯度和杂质的测定　气相色谱法；

GB/T 14571.3　工业用乙二醇中醛含量的测定　分光光度法；

GB/T 14571.4　工业用乙二醇紫外透光率的测定　紫外分光光度法；

GB/T 14571.5　工业用乙二醇试验方法　第 5 部分:氯离子的测定　离子色谱法。

本部分为 GB/T 14571 的第 1 部分。

本部分按照 GB/T 1.1—2009 给出的规则起草。

本部分代替 GB/T 14571.1—1993,本部分与 GB/T 14571.1—1993 相比主要技术变化如下：

——增加了范围(见第 1 章,1993 年版中的第 1 章)；

——增加了电位滴定法(见第 4 章)；

——将酸度的单位由％(质量分数)修改为 mg/kg。

本部分由中国石油化工集团公司提出。

本部分由全国化学标准化技术委员会石油化学分技术委员会(SAC/TC 63/SC 4)归口。

本部分起草单位:中国石油化工股份有限公司北京燕山分公司。

本部分主要起草人:祁桂义、崔广洪、姜连成、于洪洸、成红。

本部分所代替标准的历次版本发布情况为：

——GB/T 14571.1—1993。

工业用乙二醇试验方法
第1部分：酸度的测定　滴定法

警告：本部分并不是旨在说明与其使用有关的所有安全问题。使用者有责任采取适当的安全与健康措施，保证符合国家有关法规的规定。

1　范围

GB/T 14571 的本部分规定了工业用乙二醇酸度测定的手动滴定法和电位滴定法。

本部分手动滴定法适用于酸度为 2 mg/kg～200 mg/kg 的工业用乙二醇的测定，电位滴定法适用于酸度为 1 mg/kg～200 mg/kg 的工业用乙二醇的测定。

2　规范性引用文件

下列文件对于本文件的应用是必不可少的。凡是注日期的引用文件，仅注日期的版本适用于本文件。凡是不注日期的引用文件，其最新版本（包括所有的修改单）适用于本文件。

GB/T 601　化学试剂　标准滴定溶液的制备

GB/T 603　化学试剂　试验方法中所用制剂及制品的制备

GB/T 3723　工业用化学产品采样安全通则

GB/T 6680　液体化工产品采样通则

GB/T 6682　分析实验室用水规格和试验方法

GB/T 8170　数值修约规则与极限数值的表示和判定

3　试验方法 A——手动滴定法

3.1　方法提要

将乙二醇样品溶于水中，用氢氧化钠标准溶液滴定试样中的酸，采用酚酞指示液变色来指示滴定终点，根据消耗的氢氧化钠标准溶液的量计算样品的酸度，以乙酸（mg/kg）计。

3.2　试剂与材料

3.2.1　除另有注明外，所用试剂均为分析纯，所用标准溶液、制剂均按 GB/T 601 或 GB/T 603 制备，所用水均符合 GB/T 6682 中规定的三级水的规格。

3.2.2　氢氧化钠标准滴定溶液：$c(\text{NaOH})=0.01$ mol/L。

3.2.3　酚酞指示液：10 g/L。

3.2.4　氮气：纯度不低于 99.99%（体积分数）。

3.3　仪器与设备

3.3.1　分析天平：感量为 0.000 1 g。

3.3.2　锥形瓶：500 mL，带开口磨口塞和氮气吹管，如图1。

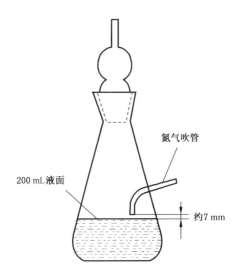

图 1 锥形瓶图

3.3.3 量筒：100 mL。

3.3.4 碱式滴定管：5 mL，分度为 0.02 mL。

3.4 采样

按照 GB/T 3723 和 GB/T 6680 规定的要求采取样品。

3.5 分析步骤

以 300 mL/min～500 mL/min 的流速向 500 mL 锥形瓶内通入氮气约 5 min，在通氮气条件下用量筒量取 100 mL 水倾入锥形瓶内，加入 0.2 mL～0.3 mL(约 5～6 滴)酚酞指示液(3.2.3)，用氢氧化钠标准滴定溶液(3.2.2)滴定至溶液呈微红色并保持 15 s 不褪色为终点(不计体积)。称取乙二醇试样约 50 g(精确至 0.000 1 g)，加入锥形瓶中混匀，继续在通氮气条件下用氢氧化钠标准滴定溶液滴定至终点。

4 试验方法 B——电位滴定法

4.1 方法提要

用氢氧化钠标准溶液滴定乙二醇试样中的酸，采用电位滴定仪滴定和判定终点，根据消耗的氢氧化钠标准溶液的量计算样品的酸度，以乙酸(mg/kg)计。

4.2 试剂与材料

4.2.1 同 3.2.1。

4.2.2 氢氧化钠标准滴定溶液：$c(NaOH)=0.01$ mol/L。

4.2.3 pH 缓冲溶液：pH 值约为 4.0 和 7.0。市售或按以下方法配制：
 a) pH 为 4 的缓冲溶液：称取于(115.0±5.0)℃干燥 2 h～3 h 的邻苯二甲酸氢钾基准试剂 10.12 g，溶于无二氧化碳的水中，于 25 ℃下稀释至 1 000 mL。
 b) pH 为 7 的缓冲溶液：称取于(115.0±5.0)℃干燥 2 h～3 h 的磷酸二氢钾基准试剂 4.81 g，加入 0.1 mol/L 氢氧化钠溶液 291 mL，用无二氧化碳的水于 25 ℃下稀释至 1 000 mL。

4.2.4 氯化锂乙醇电解液：1 mol/L～3 mol/L 氯化锂乙醇溶液，按仪器制造商推荐方法配制或市售。

4.3 仪器与设备

4.3.1 电位滴定仪:5 mL滴定管,可实现恒定或动态增量模式,能以0.02 mL或更大的增量进行滴定。

4.3.2 复合pH电极:电极中内置Ag/AgCl参比电极,推荐使用为有机溶液非水滴定而设计的非水相复合pH电极。复合pH电极有套管和参比室连接,选用1 mol/L～3 mol/L氯化锂乙醇溶液为电解液,并配有可移动的、便于冲洗和滴加电解液的套管。

4.3.3 滴定烧杯:硼硅酸盐玻璃或塑料烧杯,125 mL或由制造商推荐的规格。

4.3.4 搅拌器:可调速的螺旋桨式机械搅拌器,也可用磁性搅拌器和搅拌棒。

4.3.5 分析天平:感量为0.000 1 g。

4.4 仪器准备

4.4.1 开机准备

按照仪器说明书开启滴定仪,开启搅拌器,控制搅拌速度,以不产生漩涡为宜;确保滴定管内无气泡。

滴定模式可选用恒定或动态增量模式。在滴定中,滴加速度和滴加体积应根据滴定体系的变化而定,对于低酸度样品的测量,最小滴加增量为0.02 mL,最大滴加增量为0.05 mL。当采用恒定增量模式时,滴加滴定液的间隔时间至少为10 s,以确保样品混合和电极反应的时间。

4.4.2 电极准备和维护

按照厂家说明储存和使用电极。每次滴定前,电极应在水中浸泡至少2 min。每次滴定乙二醇后玻璃隔膜都需要重新活化。在样品滴定间隙,不允许将电极长时间浸没在滴定样品中,不使用时,将非水相复合电极下半部浸入氯化锂乙醇电解液。

4.4.3 仪器校准

将50 mL pH值约为4.0和7.0的两种缓冲溶液分别置于125 mL烧杯中。按照制造商说明书要求进行仪器校准。将电极浸入缓冲液中,调节搅拌速度使其充分混合且不产生漩涡,待仪器读数稳定后记录pH值和温度值。pH值精确至0.01,温度值精确至0.1 ℃。用蒸馏水冲洗电极,浸入另一缓冲溶液进行校准。所测得的pH值应该在缓冲溶液pH值±0.05范围内。

确认校准斜率在0.95～1.02。理想的pH玻璃电极的斜率为1.00(100%能斯特斜率),电极零点0 mV时在25 ℃下pH为7。

4.5 采样

采样要求同3.4。

4.6 分析步骤

4.6.1 称量(85±5)g乙二醇试样至滴定烧杯中,精确至0.001 g。

4.6.2 将样品滴定烧杯置于搅拌器上,按照制造商说明书准备电极,将电极、滴定管尖浸入样品中,调节搅拌速度确保样品充分混合且不产生漩涡。

4.6.3 开始滴定,电位滴定仪根据电位突越判定终点,记录该样品的滴定体积。

5 计算

乙二醇酸度ω_i(以乙酸计),以mg/kg计,按式(1)计算:

$$\omega_i = \frac{c \times V \times 60.05 \times 1\,000}{m} \qquad\cdots\cdots\cdots\cdots\cdots\cdots\cdots\cdots\cdots\cdots\cdots\cdots\cdots（1）$$

式中：

c ——氢氧化钠标准滴定溶液的浓度，单位为摩尔每升（mol/L）；

V ——试样滴定所消耗的氢氧化钠标准滴定溶液体积，单位为毫升（mL）；

m ——试样质量，单位为克（g）；

60.05——乙酸（CH_3COOH）的摩尔质量，单位为克每摩尔（g/mol）。

6 分析结果的表述

对于任一试样，以两次重复测定结果的算术平均值报告其分析结果，按 GB/T 8170 的规定进行修约，精确至 0.1 mg/kg。

7 重复性

在同一实验室，由同一操作者使用相同设备，按相同的测试方法，并在短时间内对同一被测对象相互独立进行测试获得的两次独立测试结果的绝对差值不大于表 1 列出的重复性限（r），以大于重复性限（r）的情况不超过 5% 为前提。

表 1 重复性限（r）

方法	重复性限 r/(mg/kg)
手动滴定法	3
电位滴定法	1.5

8 试验报告

试验报告应包括下列内容：

a) 有关样品的全部资料，例如样品名称、批号、采样地点、采样日期、采样时间等。

b) 本部分编号。

c) 分析结果。

d) 测定中观察到的任何异常现象的细节及其说明。

e) 分析人员的姓名及分析日期等。

ICS 71.080.60
G 16

中华人民共和国国家标准

GB/T 14571.2—2018
代替 GB/T 14571.2—1993

工业用乙二醇试验方法
第 2 部分：纯度和杂质的测定
气相色谱法

Test method of ethylene glycol for industrial use—
Part 2：Determination of purity and impurities—
Gas chromatography

2018-03-15 发布

2018-10-01 实施

中华人民共和国国家质量监督检验检疫总局
中国国家标准化管理委员会　发布

前　言

GB/T 14571《工业用乙二醇试验方法》已经或计划发布以下几部分：
——第1部分:酸度的测定　滴定法；
——第2部分:纯度和杂质的测定　气相色谱法；
——第3部分:总醛含量的测定　分光光度法；
——第4部分:紫外透过率的测定　紫外分光光度法；
——第5部分:氯离子的测定。
本部分为 GB/T 14571 的第2部分。
本部分按照 GB/T 1.1—2009 给出的规则起草。
本部分代替 GB/T 14571.2—1993《工业用乙二醇中二乙二醇和三乙二醇含量的测定　气相色谱法》。
本部分与 GB/T 14571.2—1993 相比,主要变化如下:
——修改了标准名称；
——修改了相关章条的标题(见第3章~第11章,1993年版的第3章~第9章)；
——修改了范围(见第1章,1993年版的第1章)；
——规范性引用文件增加了相关标准(见第2章,1993年版的第2章)；
——修改了原理(见第3章,1993年版的第3章)；
——删除了填充柱,修改了毛细管柱类型及色谱分析条件(见表1,1993年版的表1)；
——增加了乙二醇纯度的计算(见第8章)；
——增加了 1,2-丙二醇、1,2-丁二醇、1,4-丁二醇、1,2-己二醇、碳酸乙烯酯和1,3-二氧杂烷-2-甲醇
　　的测定的相关内容(见第1章、第7章、4.5.2)；
——定量方法由外标法和内标法修改为校正面积归一化法(见第8章,1993年版的7.3和附录A)；
——修改了方法的精密度数据(见表2,1993年版的表2)；
——增加了质量保证和控制(见第10章)；
——删除了附录 A(见1993年版的附录 A)。
本部分由中国石油化工集团公司提出。
本部分由全国化学标准化技术委员会石油化学分会(SAC/TC 63/SC 4)归口。
本部分起草单位:中国石油化工股份有限公司上海石油化工研究院。
本部分主要起草人:范晨亮、高枝荣、王川、张育红。
本部分所代替标准的历次版本发布情况为:
——GB/T 14571.2—1993。

工业用乙二醇试验方法
第2部分:纯度和杂质的测定
气相色谱法

警示——本部分并不是旨在说明与其使用有关的所有安全问题。使用者有责任采取适当的安全与健康措施,保证符合国家有关法规的规定。

1 范围

GB/T 14571的本部分规定了测定工业用乙二醇中纯度及杂质气相色谱法的原理、试剂或材料、仪器设备、样品、试验步骤、试验数据处理、精密度、质量保证和控制、试验报告。

本部分适用于测定纯度不低于98.0%(质量分数)的工业用乙二醇样品。其中,1,2-丙二醇和三乙二醇的检测限为0.002 0%(质量分数),1,3-二氧杂烷-2-甲醇、二乙二醇、1,2-丁二醇、1,4-丁二醇、1,2-己二醇和碳酸乙烯酯的检测限为0.001 0%(质量分数)。

2 规范性引用文件

下列文件对于本文件的应用是必不可少的。凡是注日期的引用文件,仅注日期的版本适用于本文件。凡是不注日期的引用文件,其最新版本(包括所有的修改单)适用于本文件。

GB/T 3723 工业用化学产品采样安全通则
GB/T 6678 化工产品采样总则
GB/T 6680 液体化工产品采样通则
GB/T 8170 数值修约规则与极限数值的表示和判定

3 原理

在规定的条件下,将适量试样注入配置氢火焰离子化检测器(FID)的色谱仪。乙二醇与各杂质组分在色谱柱上被有效分离,测量所有组分的峰面积,根据校正面积归一化法计算乙二醇纯度及各杂质的含量。

4 试剂或材料

警示——4.1~4.4气体为高压压缩气体或带压力的极易燃气体,4.5标准试剂中大多为易燃或有毒的液体,使用时注意安全。

4.1 载气

氦气或氮气,纯度不低于99.99%(体积分数),经硅胶及5A分子筛干燥和净化。

4.2 燃烧气

氢气,纯度不低于99.99%(体积分数),经硅胶及5A分子筛干燥和净化。

4.3 助燃气

空气,无油,经硅胶及5A分子筛干燥和净化。

4.4 辅助气

氮气,纯度不低于99.99%(体积分数),经硅胶及5A分子筛干燥和净化。

4.5 试剂

4.5.1 高纯度乙二醇:用于配制校准溶液的基液。将纯度不低于99.90%(质量分数)的乙二醇进行蒸馏提纯,收集中间30%的馏分备用。该馏分按本部分规定条件分析,不应检出本部分所涉及的杂质;否则,在进行校正因子测定和计算时应扣除本底。

4.5.2 1,2-丙二醇、1,2-丁二醇、1,4-丁二醇、1,2-己二醇、二乙二醇、三乙二醇、碳酸乙烯酯、1,3-二氧杂烷-2-甲醇:用于配制校准溶液的杂质组分。各试剂纯度应不低于99.0%(质量分数),否则配制标样时按各试剂实际纯度计算。

5 仪器设备

5.1 **气相色谱仪**:配置氢火焰离子化检测器,对本部分所规定的最低测定浓度的杂质所产生的峰高应至少大于噪声的两倍,动态线性范围满足定量要求。

5.2 **色谱柱**:推荐的色谱柱及典型操作条件参见表1,也可使用能满足分离要求的其他色谱柱和色谱条件。

表 1 推荐的色谱柱及典型操作条件

色谱柱固定相		6%-氰丙基苯基-94%-二甲基聚硅氧烷	
柱长/ m		30	60
内径/mm		0.32	0.25
液膜厚度/μm		1.8	1.4
载气及流量/(mL/min)		0.7(N_2)	1.0(N_2)
柱温控制	初温/℃	80	80
	初温保持时间/ min	5	5
	升温速率/(℃/min)	15	10
	终温/℃	230	230
	终温保持时间/min	5	15
汽化室温度/℃		300	
检测器温度/℃		300	
分流比		50:1	
进样量/μL		0.6~0.8	

5.3 **分析天平**:感量0.1 mg。

5.4 **进样装置**:10 μL 微量注射器或液体自动进样器。

5.5 **记录装置**:电子积分仪或色谱工作站。

6 样品

按 GB/T 3723、GB/T 6678、GB/T 6680 的规定取样。

7 试验步骤

7.1 仪器准备

按照仪器操作说明书,在色谱仪中安装并老化色谱柱。调节仪器至表 1 推荐的操作条件或能达到等同分离效果的其他适宜条件。待仪器稳定后即可开始测定。

7.2 校准溶液的配制

用称量法配制含有高纯度乙二醇(4.5.1)和待测杂质(4.5.2)的校准溶液。各组分应准确称量至 0.000 1 g,计算标样中各杂质组分的配制浓度(w_i),精确至 0.000 1%(质量分数)。所配制的杂质浓度应与待测试样中的相近。

> 注:若测定乙烯氧化/环氧乙烷水合工艺的乙二醇,校准溶液中可不配入 1,2-丙二醇、1,2-丁二醇、1,4-丁二醇、1,2-己二醇、碳酸乙烯酯等杂质。

7.3 校正因子的测定

在表 1 推荐的色谱条件下,取适量校准溶液(7.2)注入色谱仪,重复测定 3 次。典型的色谱图见图 1。测量所有色谱峰面积,1,2-丙二醇与乙二醇若未达到基线分离,1,2-丙二醇的色谱峰应按照拖尾峰斜切处理。

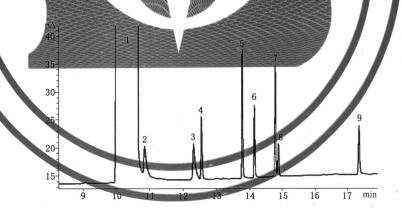

a) 30 m 色谱柱

图 1 标样典型色谱图

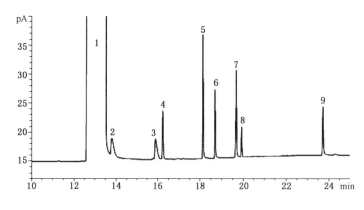

b) 60 m色谱柱

说明：

1——乙二醇；

2——1,2-丙二醇；

3——1,2-丁二醇；

4——1,3-二氧杂烷-2-甲醇；

5——1,4-丁二醇；

6——二乙二醇；

7——1,2-己二醇；

8——碳酸乙烯酯；

9——三乙二醇。

图 1（续）

7.4 试样的测定

在表1推荐的色谱条件下，取适量待测试样注入色谱仪，测量各组分的色谱峰面积。1,2-丙二醇与乙二醇若未达到基线分离，1,2-丙二醇的色谱峰应按照拖尾峰斜切处理。

8 试验数据处理

8.1 校正因子的计算

按式（1）计算各杂质相对于乙二醇的校正因子（f_i）：

$$f_i = \frac{w_i \times A_0}{A_i \times w_0} \quad\quad\cdots\cdots\cdots\cdots\cdots\cdots\cdots\cdots (1)$$

式中：

w_i——校准溶液中组分 i 的含量（质量分数），％；

w_0——校准溶液中乙二醇的含量（质量分数），％；

A_i——校准溶液中组分 i 的色谱峰面积；

A_0——校准溶液中乙二醇的色谱峰面积。

3次重复测定结果的相对标准偏差（RSD）应不大于5％，取3次的平均值（$\overline{f_i}$）作为校正因子，保留3位有效数字。

8.2 分析结果的计算

乙二醇试样的纯度及杂质的含量（w'_i），以％（质量分数）表示，按式（2）计算：

$$w'_i = \frac{\overline{f_i} \times A'_i}{\sum \overline{f_i} \times A'_i} \times (100 - w_{水}) \quad \cdots\cdots\cdots\cdots\cdots\cdots\cdots\cdots\cdots (2)$$

式中：

$\overline{f_i}$ ——试样中组分 i 的校正因子；

A'_i ——试样中组分 i 的色谱峰面积；

$w_{水}$ ——试样中的水分含量(质量分数)，%。

注：试样中若存在其他未知组分，其校正因子以 1.00 计。

8.3 分析结果的表述

对于任一试样，各组分的含量以两次平行测定结果的算术平均值表示。

按 GB/T 8170 的规定进行修约，纯度计算结果表示到小数点后两位，杂质含量计算结果表示到小数点后四位。

9 精密度

9.1 重复性

在同一实验室，由同一操作者使用相同设备，按相同的测试方法，并在短时间内对同一被测对象相互独立进行测试获得的两次独立测试结果的绝对差值应不大于表 2 中的重复性限(r)，以大于重复性限(r)的情况不超过 5% 为前提。

9.2 再现性

在任意两个实验室，由不同操作者使用不同设备，按相同的测试方法，对同一被测对象相互独立测试，获得的两个独立测试的结果绝对差值应不大于表 2 中的再现性限(R)，以大于再现性限(R)的情况不超过 5% 为前提。

表 2 重复性限与再现性限

组分名称	重复性限(r)	再现性限(R)
三乙二醇(质量分数)/%	平均值的 20%	平均值的 25%
其他杂质组分(质量分数)/% 　　　　　$0.001 \leqslant w \leqslant 0.010$ 　　　　　$w > 0.010$	平均值的 20% 平均值的 10%	平均值的 25% 平均值的 15%
乙二醇纯度(质量分数)/%	0.02	0.03

10 质量保证和控制

10.1 实验室应定期分析质量控制样品，以保证测试结果的准确性。

10.2 质量控制样品应当是稳定的，且相对于被分析样品是具有代表性的。质量控制样品可选用按 7.2 自行配制的校准溶液或市售的有证标准溶液。

11 试验报告

报告应包括以下内容：

a) 有关样品的全部资料,例如样品名称、批号、采样日期、采样地点、采样时间等;

b) 本部分编号;

c) 分析结果;

d) 测定过程中所观察到的任何异常现象的细节及其说明;

e) 分析人员姓名,分析日期。

———————————

ICS 71.080.60
G 16

中华人民共和国国家标准

GB/T 14571.3—2008
代替 GB/T 14571.3—1993

工业用乙二醇中醛含量的测定
分光光度法

Ethylene glycol for industrial use—Determination of content
of total aldehydes present—Spectrophotometric method

2008-02-26 发布

2008-08-01 实施

中华人民共和国国家质量监督检验检疫总局
中国国家标准化管理委员会　发布

前　　言

GB/T 14571 共分为四个部分：

——第 1 部分：工业用乙二醇酸度的测定；

——第 2 部分：工业用乙二醇中二乙二醇和三乙二醇含量的测定　气相色谱法；

——第 3 部分：工业用乙二醇中醛含量的测定　分光光度法；

——第 4 部分：工业用乙二醇紫外透光率的测定　紫外分光光度法。

本部分为 GB/T 14571 的第 3 部分。

本部分修改采用 ASTM E 2313—2004《分光光度法测定乙二醇中醛含量的标准试验方法》（英文版）。本部分与 ASTM E 2313—2004 的结构差异参见附录 A。本部分与 ASTM E 2313 的主要技术差异为：

——测定波长由 635 nm 改为 620 nm。

——比色容量由 100 mL 改为 50 mL。

——稀释剂由丙酮或甲醇改为水。

——采用了自行确定的重复性限(r)。

——规范性引用文件中采用现行国家标准。

本部分代替 GB/T 14571.3—1993《工业用乙二醇中醛含量的测定　分光光度法》，与GB/T 14571.3—1993 相比主要变化如下：

——3-甲基-2-苯并噻唑酮腙(MBTH)试剂由 0.20%（质量分数）改为 0.30%（质量分数），比色容量由 25 mL 改为 50 mL，测定范围由 0.000 01%~0.003%（质量分数）改为 0.000 01%~0.005 %（质量分数）。

——重新确定了重复性限(r)。

本部分的附录 A 为资料性附录。

本部分由中国石油化工集团公司提出。

本部分由全国化学标准化技术委员会石油化学分技术委员会(SAC/TC 63/SC 4)归口。

本部分起草单位：上海石油化工研究院。

本部分主要起草人：庄海青、冯钰安。

本部分所代替标准的历次版本发布情况为：

——GB/T 14571.3—1993。

工业用乙二醇中醛含量的测定
分光光度法

1 范围

本部分规定了工业用乙二醇中醛含量测定的分光光度法。本部分适用于工业用乙二醇中醛含量的测定,测定范围为 0.000 01%～0.005%(质量分数)。

本部分并不是旨在说明与其使用有关的所有安全问题。因此,使用者有责任采取适当的安全与健康措施,并保证符合国家有关法规的规定。

2 规范性引用文件

下列文件中的条款通过本部分的引用而成为本部分的条款。凡是注日期的引用文件,其随后所有的修改单(不包括勘误的内容)或修订版均不适用于本部分,然而,鼓励根据本部分达成协议的各方研究是否可使用这些文件的最新版本。凡是不注日期的引用文件,其最新版本适用于本部分。

GB/T 6680—2003　液体化工产品采样通则

GB/T 6682—1992　分析实验室用水规格和试验方法(neq ISO 3639:1987)

GB/T 8170—1987　数值修约规则

GB/T 9009—1998　工业甲醛溶液

3 方法提要

试样中脂肪族醛,在氯化铁存在下,与 3-甲基-2-苯并噻唑酮腙(MBTH)反应,生成蓝-绿色稠合阳离子,在波长 620 nm 处用分光光度计测量吸光度。

4 试剂与材料

除非另有规定,仅使用分析纯试剂。

4.1　水,GB/T 6682,三级。

4.2　0.3% 3-甲基-2-苯并噻唑酮腙(MBTH)溶液:称取 0.40 g MBTH(盐酸盐的单水合物)溶于适量水中,然后移入 100 mL 容量瓶中,并用水稀释至刻度。溶液应呈无色,如浑浊应予过滤。宜贮存于棕色瓶中,并放置于暗冷处,每天新鲜配制。

注:MBTH 全名为:3-methyl-2-Benzothiazolinone hydrazone。

4.3　氧化剂溶液(1.0%氯化铁+1.2%氨基磺酸):分别称取六水合氯化铁 1.67 g 和氨基磺酸 1.20 g 溶于适量水中,并稀释至 100 mL。

4.4　甲醛(>36%的水溶液):使用前,按 GB/T 9009—1998 规定方法标定。

4.5　甲醛标准溶液:称取约 50 μL 的甲醛(4.4),精确至 0.1 mg,置于 50 mL 容量瓶中(瓶中先放置约 40 mL 水),然后用水稀释至刻度,摇匀。用移液管准确吸取该溶液 1.00 mL 注入 100 mL 容量瓶,再用水稀释至刻度,摇匀备用。该标准溶液甲醛含量约为 4 μg/mL(按 4.4 甲醛实际标定浓度进行计算)。该标准溶液临用前配制。

5 仪器

5.1　分光光度计:精度:0.001 A。

5.2   吸收池:光径 10 mm。

6   采样

按 GB/T 6680—2003 规定的技术要求采取样品。

7   分析步骤

7.1   工作曲线的绘制

在 6 个 50 mL 容量瓶中分别加入标准溶液(4.5)0 mL、1.0 mL、2.0 mL、3.0 mL、4.0 mL、5.0 mL,再依次分别加入水 5.0 mL、4.0 mL、3.0 mL、2.0 mL、1.0 mL、0 mL,摇匀。然后各加入5.0 mL MBTH 溶液(4.2),充分摇匀,室温反应 30 min。然后再各加入氧化剂溶液(4.3)5.0 mL,充分摇匀,放置 20 min。最后用蒸馏水稀释至刻度,于 620 nm 处,以水作参比液,使用 10 mm 吸收池测定其吸光度。

以甲醛的质量(μg)为横坐标,以相应的净吸光度(扣去试剂空白的吸光度)为纵坐标,绘制工作曲线。工作曲线的方程以 $C = K \times A + B$ 表示,相关系数应大于 0.99。

注:操作场所应避免阳光直射,试剂空白的吸光度应小于 0.070。如果空白溶液的吸光度超过控制的上限,则必须重新清洗玻璃器皿,并再重新进行校准。

7.2   试样测定

于 50 mL 容量瓶中称取适量试样(精确至 0.000 2 g),加入 4.0 mL 水,以后步骤同 7.1。

同时做一试剂空白试验。

8   结果计算

8.1   计算

在工作曲线方程(7.1)上,根据净吸光度计算醛的质量(μg),然后按式(1)计算试样中醛的质量分数(以甲醛计):

$$w = \frac{m_1}{m} \times 10^{-4} \qquad\qquad \cdots\cdots\cdots\cdots\cdots\cdots (1)$$

式中:

w——试样中醛的质量分数,%;

m_1——工作曲线上查得的醛的质量,单位为微克(μg);

m——试样质量,单位为克(g)。

8.2   分析结果

取二次重复测定结果的算术平均值作为分析结果。其数值按 GB/T 8170—1987 的规定进行修约,精确至 0.000 01%。

9   重复性

在同一实验室,由同一操作者使用相同设备,按相同的测试方法,并在短时间内对同一被测对象相互独立进行测试获得的两次独立测试结果的绝对值,不应超过下列重复性限(r),以超过重复性限(r)的情况不超过 5% 为前提:

醛的质量分数≤0.005%,r 为其平均值的 10%。

10   报告

报告应包括下列内容:

a)   有关样品的全部资料,例如样品名称、批号、采样地点、采样日期、采样时间等。

b) 本部分代号。

c) 分析结果。

d) 测定中观察到的任何异常现象的细节及其说明。

e) 分析人员的姓名及分析日期等。

附　录　A

（资料性附录）

本部分章条编号与 ASTM E2313—2004 章条编号对照

表 A.1 给出了本部分章条编号与 ASTM E 2313—2004 章条编号对照一览表

表 A.1　本标准章条编号与 ASTM E 2313—2004 章条编号对照

本部分章条编号	ASTM E 2313—2004 章条编号
1	1.1、1.4
2	2
3	3
4	6
4.1	6.2
4.2	6.3.4
4.3	6.3.3
4.4～4.5	6.3.1
.5	5
5.1～5.2	5.1
6	7
7	9
7.1	9.1～9.5
7.2	10
8	11
8.1	11.1～11.2
9	13.1.1
10	—

ICS 71.080.60
G 16

中华人民共和国国家标准

GB/T 14571.4—2008

工业用乙二醇紫外透光率的测定
紫外分光光度法

Ethylene glycol for industrial use—Determination of
ultraviolet transmittance—Ultraviolet spectrophotometric method

2008-02-26 发布

2008-08-01 实施

中华人民共和国国家质量监督检验检疫总局
中国国家标准化管理委员会 发布

前　言

GB/T 14571 共分为四个部分:

——第 1 部分:工业用乙二醇酸度的测定;

——第 2 部分:工业用乙二醇中二乙二醇和三乙二醇含量的测定　气相色谱法;

——第 3 部分:工业用乙二醇中醛含量的测定　分光光度法;

——第 4 部分:工业用乙二醇紫外透光率的测定　紫外分光光度法。

本部分为 GB/T 14571 的第 4 部分。

本标准修改采用 ASTM E2193—2004《乙二醇紫外透光率测定的标准试验方法　紫外分光光度法》(英文版)。本部分与 ASTM E2193—2004 的结构差异参见附录 A。本部分与 ASTM E2193—2004 的主要技术差异为:

——未推荐使用单光束分光光度计测定乙二醇的紫外透光率;

——补充了脱除试样中溶解氧所需的氮气流量;

——规范性引用文件中采用现行国家标准;

——采用了本部分自行确定的重复性限(r);

——增加了附录 B。

本部分的附录 B 为规范性附录,附录 A 为资料性附录。

本部分由中国石油化工集团公司提出。

本部分由全国化学标准化技术委员会石油化学分技术委员会(SAC/TC63/SC4)归口。

本部分起草单位:上海石油化工研究院。

本部分主要起草人:张育红、冯钰安。

本部分为第一次发布。

工业用乙二醇紫外透光率的测定
紫外分光光度法

1 范围

本部分规定了工业用乙二醇在 200 nm～350 nm 波长范围内紫外透光率的测定方法。

本部分并不是旨在说明与其使用有关的所有安全问题。因此,使用者有责任采取适当的安全与健康措施,并保证符合国家有关法规的规定。

2 规范性引用文件

下列文件中的条款通过本部分的引用而成为本部分的条款。凡是注日期的引用文件,其随后所有的修改单(不包括勘误的内容)或修订版均不适用于本部分,然而,鼓励根据本部分达成协议的各方研究是否可使用这些文件的最新版本。凡是不注日期的引用文件,其最新版本适用于本部分。

GB/T 6680—2008 液体化工产品采样通则

GB/T 6682—1992 分析实验室用水规格和试验方法(neq ISO 3696:1987)

GB/T 8170—1987 数值修约规则

JJG 682—1990 双光束紫外可见分光光度计检定规程

3 方法概要

将试样置于 50 mm 或 10 mm 吸收池中,以水为参比,测定其在 220 nm、275 nm 和 350 nm 处的吸光度,计算得到在 10 mm 光径下试样的紫外透光率。必要时,可通入氮气脱除试样中的溶解氧,再测定其紫外透光率。

4 试剂与材料

试剂纯度——除非另有说明,所用化学品均为分析纯。

水的纯度——除非另有说明,所用水均符合 GB/T 6682—1992 中规定的三级水的规格。

4.1 萘溶液(1 mg/L):溶解 1 mg 萘于 1 000 mL 光谱纯异辛烷中。

4.2 氧化钬标准溶液(质量分数为 4%):按 JJG 682—1990 中 3.12 配制。

4.3 氧化钬波长校准滤光片,经校准。

4.4 重铬酸钾标准溶液(质量分数为 0.6%):按 JJG 682—1990 中 3.12 配制。

4.5 标准吸光度滤光片,经校准。

4.6 碘化钠(或碘化钾)溶液(10 g/L):溶解 10 g 碘化钠(或碘化钾)于 1 L 水中。

4.7 杂散光滤光片。

4.8 氮气:体积分数>99.99%,无油。

4.9 参比水:吸光度符合附录 B 中 B.1 规定的实验室用水。

5 仪器

5.1 紫外分光光度计:双光束,测定波长 200 nm～400 nm。在 220 nm 处,带宽不大于 2.0 nm,波长准确度为±0.5 nm,波长重复性为±0.3 nm。透光率大于 50% 时,透光率准确度为±0.5%。在 220 nm 处杂散光不大于 0.1%。配备光径分别为 50 mm±0.1 mm 或 10 mm±0.01 mm 的配对的石英吸收池。

5.2 氮气吹脱装置:将无油减压阀固定在氮气钢瓶上,并通过适当材质的管线(如聚乙烯管)与流量控制阀及插入 25 mL 容量瓶中的收口玻璃管(5.5)相连。各部件需清洁、无污染。试样应避免与含有增塑剂的塑料制品接触。

5.3 试剂瓶:容量至少 500 mL,配备密封性较好的磨口瓶盖。

5.4 容量瓶:25 mL。

5.5 收口玻璃管。

6 采样

按 GB/T 6680—2003 的规定,以平缓流速采取样品,当液面与瓶口的距离少于 10 mm 时,停止采样,立即加盖保存样品。样品应避免剧烈振荡,并尽快分析。

7 仪器的准备

7.1 紫外分光光度计:根据以下步骤,按 JJG 682—1990 规定的方法,检验光度计的性能。

7.1.1 波长准确度:建议使用萘溶液(4.1),检验光度计在 220 nm 处的波长准确度。以光谱纯异辛烷为参比,用 10 mm 吸收池测定萘的最大吸收波长,测定值应在 220.6 nm±0.3 nm 范围内,否则应在低于此测定值 0.6 nm 的波长处测定乙二醇试样的吸光度。

也可使用氧化钬标准溶液(4.2)或氧化钬校准滤光片(4.3)检验波长准确度,应满足 5.1 要求。

注:乙二醇的吸光度在 220 nm 附近变化较大,因此应确保光度计在 220 nm 处的波长准确性。

7.1.2 透光率准确度:用重铬酸钾标准溶液(4.4)或标准吸光度滤光片(4.5),检验光度计透光率准确度,应满足 5.1 要求。

7.1.3 杂散光:用碘化钠或碘化钾溶液(4.6),或杂散光滤光片(4.7)测定光度计在 220 nm 处的透光率(即杂散光),应满足 5.1 要求。

7.2 玻璃器皿:使用盐酸-水-甲醇溶液(1:3:4,体积比)或铬酸洗液,彻底清洗吸收池及其他玻璃器皿。

7.3 氮气吹脱装置:用氮气彻底吹扫管路。在 25 mL 容量瓶中加入 20 mL 乙二醇试样,通入氮气,考察试样在 220 nm 处的吸光度是否随着乙二醇中溶解氧的脱除而降低直到基本保持不变,以检查氮气的纯度。

8 试样预处理

8.1 通常情况下,可按第 9 章直接测定所采集的试样的吸光度。如果测定结果可疑,或试样在 220 nm 处的透光率低于规定的临界值(如产品指标),可按 8.2 要求,对试样进行预处理。

8.2 在 25 mL 容量瓶中加入约 20 mL 乙二醇试样,用一个干净的收口玻璃管(5.5)向试样底部通入氮气 15 min,具塞保存。

注:乙二醇在远紫外区 180 nm 处有一吸收峰。当试样中有溶解氧(空气)时,溶解氧与乙二醇发生缔合,导致乙二醇的吸收峰向长波方向转移,并使乙二醇在 220 nm 处的透光率降低。因此向试样中通入氮气可排除溶解氧对 220 nm 处乙二醇透光率的影响。对新鲜试样(贮存时间在三天之内)进行通氮处理时,氮气流量应大于 50 mL/min,同时以鼓泡时溶液不溅出为限。

9 分析步骤

9.1 调节光度计至最佳设置,一般采用 2.0 nm 的带宽,因为带宽太小会引起基线噪声的增大。

9.2 在两个配对的 50 mm 或 10 mm 石英吸收池中装入参比水(4.9)。将吸收池放入光度计的池架中,注意吸收池的方向,并测定在 220 nm、275 nm 和 350 nm 波长处或相关产品规格所规定的其他波长处的吸光度。以吸光度值较高的吸收池作为样品池,另一个作为参比池,记录吸光度值作为在不同波长处吸收池的校正值。

注:对于配对的吸收池,其吸收池校正值应不大于 0.01 AU。

9.3 将样品池中的水倒出,用氮气干燥。在样品池中装入待测试样,以水(4.9)为参比,测定并记录9.2中各波长处试样的吸光度值。注意池架中吸收池的方向应与9.2中的一致。进行每套测定(9.2和9.3)时应更换参比池中的水。

注:转移试样时应十分小心,以免产生气泡,影响测试结果。

9.4 倒空吸收池并用水淋洗,按7.2要求清洗吸收池,装满水贮存。

10 结果计算

10.1 使用 50 mm 吸收池时,按式(1)计算 10 mm 光径下试样在各波长处的净吸光度 A_λ:

$$A_\lambda = \frac{A_S - A_C}{5} \quad\cdots\cdots\cdots\cdots\cdots\cdots\cdots\cdots (1)$$

式中:

A_S——在相关波长处测定的试样的吸光度;

A_C——在相关波长处吸收池的吸光度校正值。

如使用 10 mm 吸收池,按式(2)计算 10 mm 光径下试样在各波长处的净吸光度 A_λ。

$$A_\lambda = A_S - A_C \quad\cdots\cdots\cdots\cdots\cdots\cdots\cdots\cdots (2)$$

10.2 按式(3)计算 10 mm 光径下试样在各波长处的透光率 T_λ,数值以百分数表示。

$$T_\lambda = 10^{(2-A_\lambda)} \quad\cdots\cdots\cdots\cdots\cdots\cdots\cdots\cdots (3)$$

10.3 分析结果

取两次重复测定结果的算术平均值报告试样在相关波长处的透光率,按 GB/T 8170—1987 的规定修约,精确至 0.1%。

11 重复性限(经氮气吹脱处理)

在同一实验室,由同一操作者使用相同设备,按相同的测试方法,并在短时间内对同一被测对象相互独立进行测试获得的两次独立测试结果的绝对值,不应超过表1中列出的重复性限(r),以超过重复性限(r)的情况不超过 5% 为前提。

表 1 乙二醇紫外透光率的重复性限(经氮气吹脱处理)

波长/nm	透光率范围/%	$r/\%$
220	75.7～89.0	1.4
275	89.0～97.1	0.5
350	98.9～99.8	0.4

12 报告

报告应包括下列内容:

a) 有关试样的全部资料,例如试样名称、批号、采样地点、采样日期、采样时间等。报告中还应包括试样是否经氮气吹脱处理,吸收池光径等内容。

b) 本部分代号。

c) 分析结果。

d) 测定中观察到的任何异常现象的细节及其说明。

e) 分析人员的姓名及分析日期等。

附 录 A

（资料性附录）

本部分章条编号与 ASTM E2193—2004 章条编号对照

表 A.1 给出了本部分章条编号与 ASTM E2193—2004 章条编号对照一览表。

表 A.1 本部分章条编号与 ASTM E2193—2004 章条编号对照

本部分章条编号	对应的 ASTM E2193—2004 章条编号
1	1
2	2
3	3
4	6
4.1	6.5
4.2	—
4.3	6.2
4.4	6.7
4.5	6.3
4.6	6.8
4.7	6.4
4.8	6.6
4.9	—
5	5
5.1	5.1
5.2	5.2
5.3	5.3
5.4	5.4.1
5.5	5.2
6	7
7	8
7.1	8.1
7.1.1～7.1.3	8.1.1～8.1.3
7.2～7.3	8.2～8.3
8	9
8.1	4.2.2
8.2	9.1
9	10
9.1～9.4	10.1～10.4
10	11
10.1～10.2	11.1～11.2
10.3	—
11	13
第 11 章与 E2193 中 13.1.1.1～13.2.1.1 形式对应，内容不同	
12	12

附 录 B

（规范性附录）

参比水的吸光度指标及水的吸光度测试方法

B.1 参比水的吸光度指标（10 mm 光径）

见表 B.1。

表 B.1 参比水的吸光度指标（10 mm 光径）

波长/nm		300	254	210	200
吸光度/AU	≤	0.005	0.005	0.010	0.010

B.2 水的吸光度测试方法

将待测水样分别注入 10 mm 光径的石英吸收池中，在 200 nm～300 nm 波长范围内自动校正光度计基线。将样品池换成 20 mm 光径的石英吸收池，分别在 300 nm、254 nm、210 nm 和 200 nm 波长处，以 10 mm 吸收池中水样为参比，测定 20 mm 吸收池中水样的吸光度。

本部分中参比水的吸光度值应满足 B.1 的规定。

注：参比水的吸光度指标参见 Reagent chemicals，American chemical society specification，American chemical society，p686，2002，10th ed.。水的吸光度测试方法参见 ISO 3696:1987 Water for analytical laboratory use-Specification and test methods。

ICS 71.080.60
G 16

中华人民共和国国家标准

GB/T 14571.5—2016

工业用乙二醇试验方法
第 5 部分：氯离子的测定
离子色谱法

Test method of monoethylene glycol for industrial use—
Part 5：Determination of chloride ion—
Ion chromatography

2016-10-13 发布

2017-05-01 实施

中华人民共和国国家质量监督检验检疫总局
中国国家标准化管理委员会 发 布

前　言

GB/T 14571《工业用乙二醇试验方法》分为如下几部分：

GB/T 14571.1　工业用乙二醇试验方法　第1部分：酸度的测定　滴定法；

GB/T 14571.2　工业用乙二醇试验方法　第2部分：纯度和杂质的测定　气相色谱法；

GB/T 14571.3　工业用乙二醇中醛含量的测定　分光光度法；

GB/T 14571.4　工业用乙二醇紫外透光率的测定　紫外分光光度法；

GB/T 14571.5　工业用乙二醇试验方法　第5部分：氯离子的测定　离子色谱法。

本部分为 GB/T 14571 的第5部分。

本部分按照 GB/T 1.1—2009 给出的规则起草。

本部分由中国石油化工集团公司提出。

本部分由全国化学标准化技术委员会石油化学分技术委员会(SAC/TC 63/SC 4)归口。

本部分起草单位：中国石油化工股份有限公司上海石油化工研究院。

本部分主要起草人：彭振磊、张育红、曹嘉翌、许竞早。

工业用乙二醇试验方法
第5部分：氯离子的测定
离子色谱法

警告：本方法并未指出与其使用有关的所有安全问题。使用者有责任采取适当的安全和健康措施，并保证符合国家有关法规的规定。

1 范围

GB/T 14571的本部分规定了工业用乙二醇中氯离子含量测定的离子色谱法。

本部分适用于测定工业用乙二醇中浓度范围为 0.01 mg/kg～1.0 mg/kg 的氯离子。

2 规范性引用文件

下列文件对于本文件的应用是必不可少的。凡是注日期的引用文件，仅注日期的版本适用于本文件。凡是不注日期的引用文件，其最新版本（包括所有的修改单）适用于本文件。

GB/T 3723 工业用化学产品采样安全通则

GB/T 6680 液体化工产品采样通则

GB/T 6682 分析实验室用水规格和试验方法

GB/T 8170 数值修约规则与极限数值的表示和判定

3 方法概要

用注射器抽取方式，将样品引入样品定量环，由淋洗液经六通阀载入阴离子交换柱，分离氯离子与其他阴离子，用电导检测器检测。氯离子由保留时间定性，采用峰面积标准曲线法定量。

4 试剂及材料

4.1 水：GB/T 6682 中规定的一级水，且经过脱气处理。

4.2 氯化钠：工作基准。

4.3 氢氧化钾：优级纯。

4.4 碳酸钠：优级纯。

4.5 碳酸氢钠：优级纯。

4.6 乙二醇：用作配制标准溶液，纯度不低于 99.90％（质量分数），氯离子含量不大于 0.01 mg/kg。

4.7 氮气：纯度不低于 99.99％（体积分数）。

4.8 质量控制样品：选取有代表性的稳定的乙二醇样品作为质量控制样品，或按7.2.1方法配制质量控制样品，其氯离子浓度与乙二醇试样中氯离子浓度相近。质量控制样品应置于聚丙烯材质的容器中，密封储存于冰箱冷藏室。

4.9 氯离子标准储备液:按以下方法配制;或购买标准溶液。

  a) 氯离子标准储备液(1 000 mg/kg):使用前,在500 ℃~600 ℃灼烧氯化钠(4.2)至恒重。准确
    称量0.165 g氯化钠,移入100 mL容量瓶中,用水定容,混匀,配制得到1 000 mg/kg氯离子
    标准储备液A;

  b) 氯离子标准储备液(10 mg/kg):准确移取1.0 mL上述标准储备液A,置于100 mL容量瓶中,
    用水定容,混匀,配制得到10 mg/kg氯离子标准储备液B。

4.10 碳酸钠/碳酸氢钠淋洗液:4.5 mmol/L碳酸钠和0.8 mmol/L碳酸氢钠混合溶液,推荐使用淋洗
液发生器生成,也可以按如下方式配制:

  a) 碳酸钠/碳酸氢钠储备液(4.5 mol/L碳酸钠和0.8 mol/L碳酸氢钠溶液):使用前,在270 ℃~
    300 ℃灼烧碳酸钠(4.4)至恒重。称量47.70 g碳酸钠和6.72 g碳酸氢钠(4.5),置于100 mL
    容量瓶中,用水溶解后,定容,配制得到4.5 mol/L碳酸钠和0.8 mol/L碳酸氢钠混合溶液,作
    为碳酸钠/碳酸氢钠储备液。密封储备于冰箱冷藏室,有效期不超过3个月;

  b) 碳酸钠/碳酸氢钠淋洗液(4.5 mmol/L碳酸钠和0.8 mmol/L碳酸氢钠溶液):将上述碳酸钠/
    碳酸氢钠储备液用水稀释,混匀,配制4.5 mmol/L碳酸钠和0.8 mmol/L碳酸氢钠溶液,作为
    淋洗液。临用前配制。

4.11 氢氧化钾淋洗液:5 mmol/L氢氧化钾溶液,推荐使用淋洗液发生器生成,也可以按如下方式
配制:

  a) 氢氧化钾储备液(5 mol/L):称量28.05 g氢氧化钾(4.3),置于100 mL容量瓶中,用水溶解
    后,定容,配制得到5 mol/L的氢氧化钾溶液,作为淋洗液储备液。密封储存于冰箱冷藏室,有
    效期不超过3个月;

  b) 氢氧化钾淋洗液(5 mmol/L):将上述氢氧化钾储备液用水稀释,混匀,配制5 mmol/L氢氧化
    钾溶液,作为淋洗液。临用前配制。

5 仪器设备

5.1 离子色谱仪

5.1.1 淋洗液泵:泵接触淋洗液的部件应为非金属材料,且耐强酸强碱。可用氮气代替泵输送淋洗液。

5.1.2 淋洗液发生器(可选):自动生成所需浓度的淋洗液。

5.1.3 阴离子捕获柱(可选):当使用淋洗液发生器(5.1.2)时,使用阴离子捕获柱来除去淋洗液发生器
所用水中的阴离子。

5.1.4 样品进样装置:包括六通阀、样品定量环和注射器。

5.1.5 抑制器:电解自动再生微膜抑制器或其他抑制器。

5.1.6 电导检测器:可以进行温度补偿或自动调整量程。

5.1.7 色谱数据系统。

5.2 色谱柱

推荐色谱柱及典型操作条件见表1,其典型色谱图见图1和图2。满足本部分所规定的分离效果和
定量要求的其他色谱柱和操作条件均可采用。

表 1 典型操作条件

条件	A	B
淋洗液体系	碳酸钠/碳酸氢钠	氢氧化钾
色谱柱固定相	大孔的乙基乙烯基苯交联 55％二乙烯基苯聚合物,外层涂覆烷基/烷醇季铵盐阴离子交换功能基	大孔的乙基乙烯基苯交联 55％二乙烯基苯聚合物,外层涂覆烷醇季铵盐阴离子交换功能基
色谱柱规格/mm×mm×μm	分析柱(250×4×6.0)保护柱(50×4×11.0)	分析柱(250×4×7.5)保护柱(50×4×11.0)
淋洗液	4.5 mmol/L 碳酸钠、0.8 mmol/L 碳酸氢钠	5 mmol/L 氢氧化钾
淋洗液流速/(mL/min)	1	
色谱柱温度/℃	30	
进样器	六通阀	
样品定量环/μL	100	
样品引入方式	将六通阀样品入口端 Peek 管置于乙二醇中,出口端 Peek 管与注射器相连,采用抽取方式,将样品引入定量环	
抑制器	外加水模式	
检测器	电导检测器	
检测器温度/℃	35	
背景电导/μS	＜20	＜2

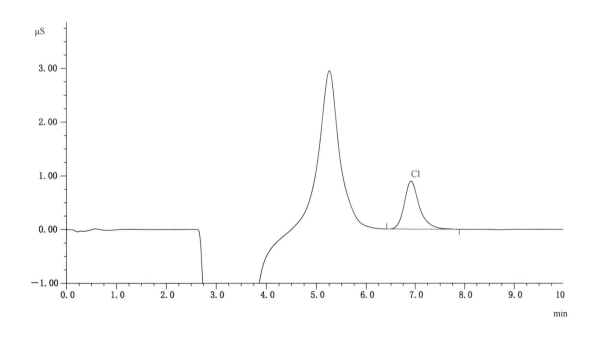

图 1 碳酸钠/碳酸氢钠淋洗液体系下乙二醇中氯离子的离子色谱图

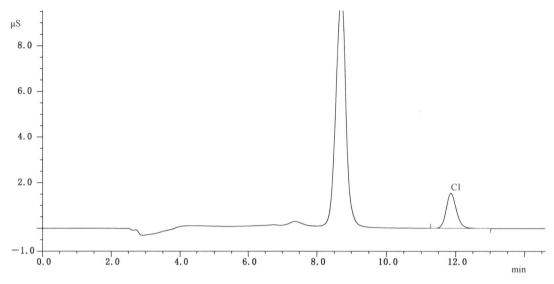

图 2 氢氧化钾淋洗液体系下乙二醇中氯离子的离子色谱图

5.3 容量瓶:聚丙烯材质,100 mL。

5.4 分析天平:感量 0.000 1 g。

5.5 注射器:平头,5 mL。

5.6 移液管。

6 采样

按 GB/T 3723 和 GB/T 6680 的规定进行。

7 分析步骤

7.1 仪器准备

开启离子色谱仪,按照仪器使用说明书调试、准备仪器,以达到表 1 所示的典型操作条件或能获得同等分离的其他适宜条件。用氮气加压保护淋洗液及在线脱气,待基线稳定后进行样品的测定。

7.2 标准曲线

7.2.1 标准溶液的配制

根据样品中的氯离子含量,按照表 2 选择适当的标准曲线。准确称量标准储备液 B(4.9b)),移入 100 mL 容量瓶中,再加入相应量的乙二醇(4.6),混匀,配制得到如表 2 所示的一系列标准溶液。

表 2 标准溶液的配制

标准曲线	标准溶液浓度 mg/kg	标准储备液 B 质量 g	乙二醇质量 g
低浓度标准曲线 0.00 mg/kg～0.10 mg/kg	0.00	0.0	100
	0.01	0.1	99.9
	0.02	0.2	99.8

表 2（续）

标准曲线	标准溶液浓度 mg/kg	标准储备液 B 质量 g	乙二醇质量 g
低浓度标准曲线 0.00 mg/kg～0.10 mg/kg	0.05	0.5	99.5
	0.10	1.0	99.0
高浓度标准曲线 0.10 mg/kg～1.00 mg/kg	0.10	1.0	99.0
	0.20	2.0	98.0
	0.50	5.0	95.0
	1.00	10.0	90.0

7.2.2 标准曲线的绘制

取上述标准溶液从低浓度到高浓度，采用注射器抽取方式，依次将标准溶液引入定量环中，由淋洗液经六通阀载入阴离子交换柱，分离并检测氯离子。记录色谱图上氯离子的出峰时间，以确定氯离子的保留时间；以氯离子浓度为横坐标，以峰面积为纵坐标，绘制标准曲线或计算线性回归方程，线性相关系数应不小于 0.99。

7.3 试样测定

在与分析标准溶液相同的测试条件下，对试样进行分析测定。

注 1：若样品中氯离子含量超过标准曲线最高浓度范围，可采用乙二醇(4.6)稀释样品，再进行分析。

注 2：测定结果可能会受到容量瓶、玻璃器皿、淋洗液和试剂中氯离子的干扰。应确保试验用容量瓶、玻璃器皿和仪器没有受到氯离子污染。在接触样品和试剂时，需要带橡胶手套避免氯离子的污染。

注 3：在推荐的试验条件下，若方法运行时间不足，在氯离子之后洗脱的阴离子，可能会进入下一次样品分析过程，并且对氯离子测定形成干扰。

8 分析结果的计算

根据氯离子的峰面积，由相应的标准曲线确定其浓度（mg/kg）。

9 分析结果的表述

对于任一试样，以两次重复测定结果的算术平均值报告其分析结果，按 GB/T 8170 的规定修约至 0.01 mg/kg。

10 精密度

10.1 重复性

在同一实验室，由同一操作者使用相同设备，按相同的测试方法，并在短时间内对同一被测对象相互独立进行测试获得的两次独立测试结果的绝对差值不大于表 3 列出的重复性限(r)，以大于重复性限（r）的情况不超过 5% 为前提。

10.2 再现性

在不同的实验室,由不同操作者操作不同的设备,按相同的测试方法,对同一被测对象相互独立进行测试所获得的两次独立测试结果的绝对差值不大于表3列出的再现性限(R),以大于再现性限(R)的情况不超过5%为前提。

表 3 重复性限(r)和再现性限(R)

氯离子含量/(mg/kg)	重复性限(r)/(mg/kg)	再现性限(R)/(mg/kg)
$0.01 \leqslant X < 0.10$	0.01	0.02
$0.10 \leqslant X \leqslant 1.00$	0.03	0.05

11 质量控制

11.1 通过分析一种受控的质控样品保证仪器的性能和试验步骤的准确。

11.2 为了建立实验过程的统计控制状态,在进行了最新的有效校准后,将妥善保存的4.8中的质量控制样品,作为未知试样进行定期测定。记录测定结果,用统计图表或其他相应的统计技术进行分析,以确定整个测试过程的统计控制状态。如果超过质量控制范围,应采取适当的措施,例如检查器皿是否被污染、水的纯度是否达标,或者重新配制淋洗液、校准仪器等。根据测量和验证了的质量临界状态以及实验过程的稳定性,确定质量控制样品的测定频率。

12 报告

报告应包括以下内容:

a) 有关试样的全部资料,例如样品名称、批号、采样日期、采样地点、采样时间等;

b) 本部分编号;

c) 分析结果;

d) 测定过程中所观察到的任何异常现象的细节及其说明;

e) 分析人员姓名,分析日期。

前　　言

本标准等同采用 ASTM D5799:1995《丁二烯中过氧化物测定的标准试验方法》。

本标准与 ASTM D5799 主要差异在于编辑形式上的修改,以及结合国情补充了附录 A《冷冻取样法》。

本标准的附录 A 为标准的附录。

本标准由中国石油化工集团公司提出。

本标准由全国化学标准化技术委员会石油化学分技术委员会归口。

本标准由上海石油化工研究院负责起草。

本标准主要起草人:高　琼、冯钰安。

本标准于 1999 年 8 月 10 日首次发布。

中华人民共和国国家标准

工业用丁二烯中过氧化物
含量的测定　滴定法

GB/T 17828—1999

Butadiene for industrial use—
Determination of peroxides—
Titrimetric method

1　范围

本标准规定了工业用丁二烯中过氧化物含量测定的方法。

本标准适用于工业用丁二烯中以有效氧质量($1/2O_2$)计的过氧化物含量的测定,其测定范围为1～10 mg/kg。

2　引用标准

下列标准所包含的条文,通过在本标准中引用而构成为本标准的条文。本标准出版时,所示版本均为有效。所有标准都会被修订,使用本标准的各方应探讨使用下列标准最新版本的可能性。

GB/T 601—1988　化学试剂　滴定分析(容量分析)用标准溶液的制备

GB/T 6682—1992　分析实验室用水规格和试验方法

GB/T 8170—1987　数值修约规则

GB/T 13290—1991　工业用丙烯和丁二烯液态采样法

3　方法提要

取适量丁二烯试样,置于锥形瓶中,在60℃水浴上蒸发,然后,将此残渣与醋酸和碘化钠试剂一起回流,用标准硫代硫酸钠溶液滴定反应释放出的碘,以目视法确定滴定终点。用氟化钠络合掩蔽痕量铁的干扰。

4　试剂和溶液

除非另有说明,本标准所使用的试剂均为分析纯试剂,所用的水均符合 GB/T 6682 中三级水的规格。

4.1　干冰。

注意:操作时应戴手套以免冻伤。

4.2　氟化钠。

4.3　碘化钠。

4.4　醋酸(94%,V/V):取 60 mL 的水与 940 mL 冰醋酸(CH_3COOH)混合。

注意:有毒和有腐蚀性,易燃。吸入有害,误食会致命。与皮肤接触,可引起严重灼伤。

4.5　硫代硫酸钠标准滴定溶液[$c(Na_2S_2O_3)=0.1$ mol/L]:按 GB/T 601 中 4.6 条规定进行配制和标

国家质量技术监督局 1999-08-10 批准　　　　　　　　　　　　　　　　2000-06-01 实施

定[1]。

5 仪器和设备

5.1 锥形瓶:容量 250 mL,具有标准磨砂口,并在 100 mL 处作一记号;

5.2 冷凝管:长 300 mm 的直形冷凝管,具有标准磨砂口;

5.3 刻度量筒:容量 100 mL 和 50 mL;

5.4 微量滴定管:容量 5 mL,分刻度为 0.02 mL;

5.5 电加热板:加热功率可调;

5.6 水浴:能恒温控制水浴温度并维持在 60℃±1℃;

5.7 天平:适合丁二烯取样钢瓶的称量,感量 0.1 g。

6 采样

按 GB/T 13290 的规定采取样品。

7 测定步骤

7.1 在 250 mL 锥形瓶中投入几粒约 1 cm 大小的干冰,使瓶内空气完全被二氧化碳置换,此过程约需 5 min。

7.2 首先在天平(5.7)上称取试样钢瓶的质量(m_1),精确至 0.1 g。然后从钢瓶中放出约 100 mL 丁二烯试样于上述锥形瓶中。再次称取试样钢瓶的质量(m_2)。所取试样的质量为两次质量之差($m = m_1 - m_2$)。

注意:丁二烯是易燃气体。

7.3 在通风橱中,将锥形瓶置于 60℃ 的水浴中,使丁二烯蒸发,与此同时不时地加入几粒干冰,以使液态丁二烯上方保持惰性气氛,直至丁二烯试样蒸发完毕。

注意:过氧化物不稳定,当它接近干涸时会发生剧烈反应。本方法试验期间,在所试验的过氧化物水平条件下尚未引起过问题,但是应注意:操作中使用个人防护设备。

7.4 将锥形瓶从水浴上取下,冷却至室温,加入 50 mL 醋酸(4.4)和 0.20 g±0.02 g 氟化钠(4.2)。再多加几粒干冰于锥形瓶中,并放置 5 min。

7.5 加入 6.0 g±0.2 g 碘化钠(4.3)于锥形瓶中,立即接上冷凝管,并将其置于电加热板上,加热、回流 25 min±5 min。在回流期间,装置需避免强光照射。

7.6 在反应结束时,关闭电加热板,将带着冷凝管的锥形瓶从电加热板上移开,并立即从冷凝管顶端加入 100 mL 水,接着再加入几粒干冰。

7.7 将锥形瓶取下,用流水冷却至室温,同时继续用干冰保持惰性气氛。用硫代硫酸钠标准滴定溶液(4.5)滴定至淡黄色,继续慢慢滴定至淡黄色刚好褪去为终点。

7.8 同时按 7.1、7.4～7.7 步骤,做试剂空白。

8 计算

8.1 丁二烯中过氧化物(以 1/2O₂ 计)的含量 x(mg/kg)按式(1)计算:

$$x = \frac{c(V_1 - V_2) \times 0.016\,0}{m} \times 10^6 \quad \cdots\cdots\cdots\cdots\cdots\cdots\cdots\cdots\cdots (1)$$

式中:c——硫代硫酸钠标准滴定溶液的实际浓度,mol/L;

采用说明:

1] ASTM D5799 另加 0.2 g Na₂CO₃。

V_1——滴定样品所消耗的硫代硫酸钠溶液的体积,mL;

V_2——滴定试剂空白所消耗的硫代硫酸钠溶液的体积,mL;

m——丁二烯样品的质量,g;

0.016 0——与 1.00 mL 硫代硫酸钠标准滴定溶液$[c(Na_2S_2O_3)=1.000 \text{ mol/L}]$相当的以克表示的氧的质量。

8.2 分析结果的表述

丁二烯中过氧化物(以 $1/2O_2$ 计)的含量以 mg/kg 表示,按 GB/T 8170 的规定进行修约,精确至 0.1 mg/kg。取两次重复测定结果的算术平均值作为分析结果。

9 精密度

9.1 重复性

在同一实验室由同一操作人员,使用同一仪器,对同一试样相继做两次重复测定,所得结果之差应不大于 1.4 mg/kg。

9.2 再现性

在任意两个不同的实验室,由不同操作员,使用不同仪器和设备,在不同或相同时间内,对同一试样所测得的两个独立测定结果,其差值应不大于 3.4 mg/kg。

10 报告

试验报告应包含以下内容:

a) 有关样品的全部资料(名称、批号、日期、采样地点等);

b) 本标准代号;

c) 分析结果;

d) 测定过程中观察到的任何异常现象的说明;

e) 分析人员姓名和分析日期等。

附 录 A

（标准的附录）

冷 冻 取 样 法

由于称量天平技术参数的限制，无法采用称量法取样时，可采用本方法取样。

A1 仪器和设备

A1.1 异颈量筒：容量 100 mL，细颈分度值 0.1 mL。

A1.2 水银温度计：−30～20℃，分度值 1.0℃。

A2 操作步骤

A2.1 将装有丁二烯试样的取样钢瓶与异颈量筒冷却至−10～−20℃，用异颈量筒从钢瓶中量取液态丁二烯 100 mL，并迅速测量其温度。

A2.2 将液态丁二烯迅速倒入按 7.1 准备的锥形瓶中，以后按规定的步骤进行。

A3 计算

丁二烯中过氧化物（以 $1/2O_2$ 计）的含量 x（mg/kg）按式（A1）计算：

$$x = \frac{c(V_1 - V_2) \times 0.016\ 0}{V \cdot \rho} \times 10^6 \quad \cdots\cdots\cdots\cdots\cdots\cdots\cdots\cdots\cdots (\text{A1})$$

式中：V_1——滴定样品所消耗的硫代硫酸钠溶液的体积，mL；

V_2——滴定试剂空白所消耗的硫代硫酸钠溶液的体积，mL；

c——硫代硫酸钠标准滴定溶液的实际浓度，mol/L；

V——丁二烯试样的体积，mL；

ρ——丁二烯试样在某温度下的密度值（见表 A1）；

0.016 0——与 1.00 mL 硫代硫酸钠标准滴定溶液[$c(Na_2S_2O_3) = 1.000$ mol/L]相当的以克表示的氧的质量。

表 A1 丁二烯在不同温度下的密度值

温度，℃	密度，g/mL	温度，℃	密度，g/mL
−45	0.695 8	−20	0.668 1
−40	0.690 3	−15	0.662 5
−35	0.684 8	−10	0.656 8
−30	0.679 3	−5	0.651 0
−25	0.673 7	0	0.645 2

ICS 71.080
G 16

中华人民共和国国家标准

GB/T 19186—2003

工业用丙烯中齐聚物含量的测定
气相色谱法

Propylene for industrial use—Determination of oligomers—
Gas chromatographic method

2003-06-09 发布

2003-12-01 实施

中 华 人 民 共 和 国
国家质量监督检验检疫总局 发 布

前　言

本标准由中国石油化工股份有限公司提出。

本标准由全国化学标准化技术委员会石油化学分技术委员会(SAC/TC63/SC4)归口。

本标准起草单位:中国石油化工股份有限公司上海石油化工研究院。

本标准主要起草人:徐红斌、王川。

本标准为首次制定。

工业用丙烯中齐聚物含量的测定
气相色谱法

1 范围

1.1 本标准规定了用气相色谱法测定工业用丙烯中二聚物、三聚物的含量。

本标准适用于工业用丙烯中丙烯二聚物（己烯）大于 20 mg/kg、丙烯三聚物（壬烯）大于 30 mg/kg 的试样测定。

> 注：丙烯二聚物为丙烯工业生产装置中称谓"绿油"的主要成分，它形成于从丙烯中除去丙二烯和丙炔的部分加氢过程。丙烯二聚物主要由下列物质组成：甲基戊烯、2,3-二甲基丁烯（约占 25%）、1-己烯（约占 12%）和 C_6 二烯烃（约占 20%）。

1.2 本标准并不是旨在说明与其使用有关的所有安全问题。因此，本标准的使用者应事先建立适当的安全与防护措施，并确定适当的规章制度。

2 规范性引用文件

下列文件中的条款通过本标准的引用而成为本标准的条款。凡是注明日期的引用文件，其随后所有的修改单（不包括勘误的内容）或修订版均不适用于本标准，然而，鼓励根据本标准达成协议的各方研究是否可使用这些文件的最新版本。凡是不注明日期的引用文件，其最新版本适用于本标准。

GB/T 3723—1999 工业用化学产品采样安全通则（idt ISO 3165：1976）

GB/T 8170—1987 数值修约规则

GB/T 13290—1991 工业用丙烯和丁二烯液态采样法

3 方法提要

将液态丙烯试样经液体进样阀注入气相色谱仪，试样中丙烯二聚物、三聚物等组分，在色谱柱中分离后，采用氢火焰离子化检测器（FID）检测，外标法定量。

4 材料及试剂

4.1 载气

氮气，纯度大于 99.99%（体积分数）。

4.2 标准样品

已知己烯（二聚物）含量的液态标样可由市场购买的有证标样或用重量法自行制备。标样中的己烯含量应与待测试样相近。如果需要可加入壬烯（三聚物），并应测定 1-癸烯的保留时间，以估计齐聚物的保留时间。制备时使用的丙烯本底样品必须在本标准规定条件下进行检查，应无沸点高于 C_4 烃的杂质流出。盛放标样的钢瓶应符合 GB/T 13290—1991 的技术要求。

5 仪器

5.1 气相色谱仪：配有氢火焰离子化检测器（FID）的气相色谱仪。该仪器对二聚物在本标准所规定的最低测定浓度下所产生的峰高应至少大于噪音的二倍。

5.2 色谱柱：推荐的色谱柱及典型操作条件见表1，典型色谱图见图1。其他能达到同等分离程度的色谱柱也可使用。

表 1 色谱柱及典型操作条件

色谱柱		聚甲基硅氧烷
柱长/m		60
柱内径/mm		0.32
液膜厚度/μm		0.5
载气平均线速/(cm/s)		17
柱 温	初温/℃	40
	初温保持时间/min	15
	升温速率/(℃/min)	20
	终温/℃	160
	终温保持时间/min	10
汽化室温度/℃		200
检测器温度/℃		250
分流比		30：1
进样量/μL		1

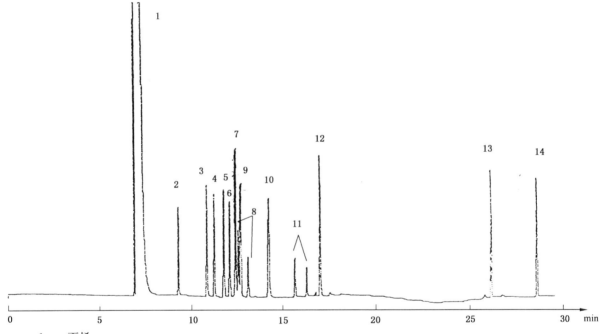

1——丙烯；

2——3,3-二甲基-1-丁烯；

3——2,3-二甲基-1-丁烯；

4——1,5-己二烯；

5——2-甲基-1-戊烯＋1-己烯；

6——1,4-己二烯；

7——反式-3-己烯；

8——2-己烯；

9——2-甲基-2-戊烯；

10——2,3-二甲基-2-丁烯；

11——2,4-己二烯；

12——环己烯；

13——1-壬烯；

14——1-癸烯。

图 1 典型色谱图

5.3 液体进样阀(定量管容积 1 μL)或合适的其他液体进样装置。

凡能满足以下要求的液体进样阀均可使用:在不低于使用温度时的丙烯蒸气压下,能将丙烯以液体状态重复进样,并满足色谱分离要求。

液体进样装置的流程示意图见图2。金属过滤器中的不锈钢烧结砂芯的孔径为 2 μm~4 μm,以滤除样品中可能存在的机械杂质,保护进样阀。进样阀出口安装适当长度的不锈钢毛细管或减压阀,以避免样品汽化,造成失真,影响重复性。进样时,将采样钢瓶出口阀开启,用液态样品冲洗定量管数秒钟后,即可操作进样阀,将试样注入色谱仪,然后关闭采样钢瓶出口阀。

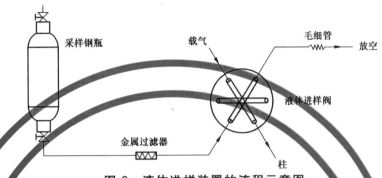

图 2 液体进样装置的流程示意图

5.4 记录装置:电子积分仪或色谱数据处理机。

6 采样

按 GB/T 3723—1999 和 GB/T 13290—1991 所规定的安全与技术要求采取样品。液态的齐聚物具有沉积在采样钢瓶底部的倾向,因此样品采回后应立即进行分析,并在进样前应尽可能的摇匀。

7 测定步骤

7.1 设定操作条件

色谱仪启动后进行必要的调节,以达到表1所列的典型操作条件或能获得同等分离的其他适宜条件。仪器稳定后即可开始测定。

7.2 测定

7.2.1 校正

在每次试样分析前或分析后,均需用标准样品进行校正。进样前用细内径的不锈钢管按5.3的要求将盛有标样的钢瓶与液体进样阀连接,并进样,重复测定两次。待各组分流出后,记录二聚物(三聚物)的峰面积。两次重复测定的峰面积之差应不大于其平均值的5%,取其平均值供定量计算用。

7.2.2 试样测定

按 7.2.1 同样的方式将试样钢瓶与液体进样阀连接,并注入与标准样品相同体积的试样。重复测定两次,测得二聚物(三聚物)各组分的峰面积。

按式(1)计算二聚物(三聚物)的含量:

$$C_i = \frac{\sum A_i}{A_s} \times C_s \qquad \cdots\cdots\cdots\cdots\cdots\cdots (1)$$

式中:

C_i——试样中二聚物(三聚物)的含量,mg/kg;

$\sum A_i$——试样中二聚物(三聚物)各组分的峰面积之和;

A_s——标准样品中二聚物(三聚物)的峰面积;

C_s——标准样品中二聚物(三聚物)的含量,mg/kg。

8　结果的表示

对于任一试样,均要以两次或两次以上重复测定结果的算术平均值表示其分析结果,并按 GB/T 8170—1987规定修约至 1 mg/kg。

9　精密度

9.1　重复性

在同一实验室,由同一操作员,用同一台仪器,对同一试样相继做两次重复测定,在 95% 置信水平条件下,当二聚物(三聚物)的含量不大于 100 mg/kg 时,所得结果之差应不大于其平均值的 20%。

10　试验报告

报告应包括下列内容:

a)　有关样品的全部资料,例如样品的名称、批号、采样地点、采样日期、采样时间等。

b)　本标准代号。

c)　分析结果。

d)　测定中观察到的任何异常现象的细节及其说明。

e)　分析人员的姓名及分析日期等。

ICS 71.080.40
G 16

中华人民共和国国家标准

GB/T 30921.1—2014

工业用精对苯二甲酸(PTA)试验方法 第1部分:对羧基苯甲醛(4-CBA)和 对甲基苯甲酸(p-TOL)含量的测定

Test method of purified terephthalic acid(PTA) for industrial use—
Part 1: Determination of concentrations of 4-carboxybenzaldehyde(4-CBA)
and p-toluic acid(p-TOL)

2014-07-08 发布　　　　　　　　　　　　2014-12-01 实施

中华人民共和国国家质量监督检验检疫总局
中国国家标准化管理委员会　发布

前　言

GB/T 30921《工业用精对苯二甲酸(PTA)试验方法》分为如下几部分：

——第1部分：对羧基苯甲醛(4-CBA)和对甲基苯甲酸(p-TOL)含量的测定；

——第2部分：金属含量的测定；

——第3部分：水含量的测定　卡尔·费休容量法；

——第4部分：钛含量的测定　二安替比林甲烷分光光度法；

——第5部分：酸值的测定；

——第6部分：粒度分布的测定　激光衍射法；

——第7部分：b^*值的测定　色差计法。

本部分为 GB/T 30921 的第1部分。

本部分按照 GB/T 1.1—2009 给出的规则起草。

本部分由中国石油化工集团公司提出。

本部分由全国化学标准化技术委员会石油化学分技术委员会(SAC/TC 63/SC 4)归口。

本部分起草单位：中国石油化工股份有限公司上海石油化工研究院。

本部分主要起草人：彭振磊、郭一丹、张育红、庄海青、王川。

工业用精对苯二甲酸(PTA)试验方法
第1部分:对羧基苯甲醛(4-CBA)和
对甲基苯甲酸(p-TOL)含量的测定

1 范围

GB/T 30921 的本部分规定了测定工业用精对苯二甲酸(PTA)中对羧基苯甲醛(4-CBA)和对甲基苯甲酸(p-TOL)含量的高效液相色谱法和高效毛细管电泳法。

本部分规定的高效液相色谱法适用于 4-CBA 和 p-TOL 的含量分别在 2 mg/kg 和 10 mg/kg 以上的精对苯二甲酸试样的测定;高效毛细管电泳法适用于 4-CBA 和 p-TOL 的含量分别在 1 mg/kg 和 5 mg/kg 以上的精对苯二甲酸试样的测定。

2 规范性引用文件

下列文件对于本文件的应用是必不可少的。凡是注日期的引用文件,仅注日期的版本适用于本文件。凡是不注日期的引用文件,其最新版本(包括所有的修改单)适用于本文件。

GB/T 3723 工业用化学产品采样安全通则(GB/T 3723—1999,idt ISO 3165:1976)

GB/T 6679 固体化工产品采样通则

GB/T 6682 分析实验室用水规格和试验方法(GB/T 6682—2008,ISO 3696:1987,MOD)

GB/T 8170 数值修约规则与极限数值的表示和判定

3 高效液相色谱法

3.1 方法原理

在本部分规定的条件下,将适量溶解于氨水溶液中的 PTA 试样注入到高效液相色谱仪中,采用阴离子交换色谱柱,以乙腈(或甲醇)-磷酸盐水溶液为流动相,或采用十八烷基化学键合型色谱柱,以乙腈-磷酸水溶液为流动相,对试样中的 4-CBA 和 p-TOL 进行分离,用紫外检测器进行检测,外标法定量。

3.2 试剂与材料

3.2.1 磷酸二氢铵:分析纯。

3.2.2 甲醇:高效液相色谱(HPLC)级。

3.2.3 乙腈:高效液相色谱(HPLC)级。

3.2.4 磷酸:分析纯。

3.2.5 氨水:分析纯。

3.2.6 水:符合 GB/T 6682 中规定的二级水。

3.2.7 磷酸溶液:以磷酸和水配制成体积比为 1:4 的溶液。

3.2.8 氨水溶液:以浓氨水和水配制成体积比为 1:1 的溶液。

3.2.9 微孔滤膜:0.22 μm。

3.2.10 流动相:按以下方法配制:

a) 离子交换色谱法:称取 11.50 g 磷酸二氢铵,溶于 850 mL 水中,滴加磷酸溶液,调节 pH 至4.3,转移至 1 000 mL 容量瓶中,再加入 100 mL 乙腈(或甲醇),混匀后用水稀释至刻度。该流动相中,磷酸二氢铵溶液的浓度为 0.10 mol/L,使用前需经微孔滤膜真空过滤并脱气。

b) 反相色谱法:量取 0.6 mL 磷酸,加至盛有约 900 mL 水的 1 000 mL 容量瓶中,再加入水稀释至刻度。用此溶液与乙腈配制成 82∶18(体积分数)的流动相。使用前经微孔滤膜过滤并脱气。

3.2.11 PTA 标准样品:可使用市售的有证标准物质,如无法得到已知 4-CBA 和 p-TOL 含量的 PTA 标准样品时,可按照附录 A 进行标定。

3.2.12 PTA 标准溶液:按以下方法配制:

a) 离子交换色谱法:称取约 0.5 g(精确至 0.000 1 g)PTA 标准样品于 25 mL 烧杯中,加入 3 mL 氨水溶液(3.2.8),再加入水至约 10 mL,使其完全溶解,然后滴加磷酸溶液(3.2.7),调节溶液 pH 至 6～7,移入 50 mL 容量瓶中,用水稀释至刻度。使用前过滤。

b) 反相色谱法:称取约 0.5 g(精确至 0.000 1 g)PTA 标准样品于 25 mL 烧杯中,加入 3 mL 氨水溶液(3.2.8),再加入水至约 10 mL,使其完全溶解,移入 250 mL 容量瓶中,用水稀释至刻度。使用前过滤。

注:PTA 标准溶液中 4-CBA 不稳定,配制后宜尽快使用。

3.3 仪器与设备

3.3.1 高效液相色谱仪:配置紫外检测器。含量为 2 mg/kg 的 4-CBA 和 10 mg/kg 的 p-TOL 所产生的峰高应不低于噪声水平的 5 倍。

3.3.2 输液泵:高压平流泵。

3.3.3 分析天平:感量 0.000 1 g。

3.3.4 真空过滤器:配备孔径为 0.22 μm 的微孔滤膜。

3.3.5 超声波清洗器。

3.3.6 pH 计:精度 0.01 pH。

3.3.7 色谱柱:推荐的色谱柱见表 1。

3.4 仪器操作条件

推荐的典型操作条件见表 1,其典型色谱图见图 1 和图 2。满足本部分所规定的分离效果和定量要求的其他色谱柱和操作条件均可采用。

表 1 推荐的色谱柱及典型操作条件

检测方法	离子交换色谱法		反相色谱法
色谱柱	强碱性阴离子交换柱	弱碱性阴离子交换柱[a]	C_18 柱
填料	季胺基化学键合型硅胶 如:Spherisorb SAX	叔胺基化学键合型硅胶 如:Shim-pack WAX	十八烷基化学键合相型硅胶 如:Zorbax Eclipse Plus C_18
粒径	5 μm	3 μm	5 μm
内径	4.6 mm	4.0 mm	4.6 mm
柱长	250 mm	50 mm	150 mm
流动相	0.1 mol/L 的 $NH_4H_2PO_4$ 水溶液(pH＝4.3)∶乙腈(或甲醇)＝9∶1(体积比)		水(含 0.06% 的磷酸)∶乙腈＝82∶18(体积比)

表 1(续)

流速	0.8 mL/min～1.2 mL/min	0.8 mL/min～1.0 mL/min
检测波长	4-CBA　258 nm p-TOL　236 nm	4-CBA　254 nm p-TOL　240 nm
进样量	20 μL	20 μL
柱温	30 ℃～40 ℃	35 ℃～45 ℃
a　使用弱碱性离子交换柱时,需加预柱,为不锈钢材质,内径一般为 3 mm～5 mm,柱长一般为 50 mm～100 mm, 　填料与分析柱相同或为与其配套的亲水化学键合型硅胶,粒径一般为 10 μm～20 μm。		

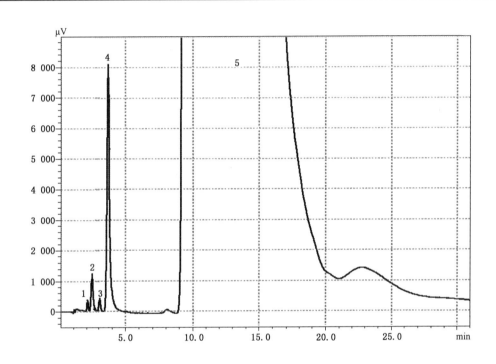

说明:

1——羟甲基苯甲酸;

2——对羧基苯甲醛;

3——苯甲酸;

4——对甲基苯甲酸;

5——对苯二甲酸。

图 1　PTA 样品离子交换色谱法典型色谱图

GB/T 30921.1—2014

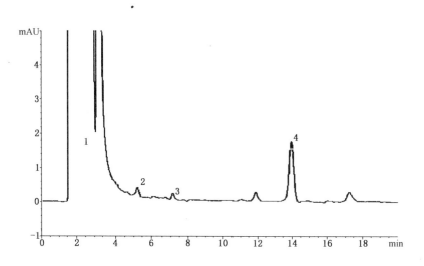

说明：
1——对苯二甲酸；
2——对羧基苯甲醛；
3——苯甲酸；
4——对甲基苯甲酸。

图 2　PTA 样品反相色谱法典型色谱图

3.5　采样

按 GB/T 3723 和 GB/T 6679 规定的要求采取样品。

3.6　测定步骤

3.6.1　设定操作条件

开启色谱仪并进行必要的调试,以达到表 1 所示的典型操作条件或能获得同等分离的其他适宜条件。待基线稳定后可开始进行样品的测定。

注：新色谱柱达到平衡约需 4 h~6 h,使用前应按照说明书进行活化处理。

3.6.2　外标校准

将标准溶液(3.2.12)注入色谱仪中进行分离测定,记录色谱图,并由此得到相应的 4-CBA 和 p-TOL 的峰高值或峰面积值。

3.6.3　试样测定

按照 3.2.12 称取样品并配制 PTA 试样溶液。将配制好的试样溶液注入色谱仪进行分离测定,记录色谱图,并由此得到待测试样中的 4-CBA 和 p-TOL 的峰高值或峰面积值。

4　高效毛细管电泳法

4.1　方法原理

在本部分规定的条件下,将适量溶解于稀氨水中的 PTA 试样过滤后注入毛细管电泳仪中,对试样中的 4-CBA 和 p-TOL 进行分离,用紫外检测器进行检测,外标法定量。

4.2 试剂与材料

4.2.1 正己烷磺酸钠:纯度不低于 99%(质量分数)。

4.2.2 正庚烷磺酸钠:纯度不低于 99%(质量分数)。

4.2.3 3-环己胺丙磺酸(CAPS):纯度不低于 99%(质量分数)。

4.2.4 十二水磷酸氢二钠:分析纯。

4.2.5 十二水磷酸钠:分析纯。

4.2.6 氨水:分析纯。

4.2.7 氯化十四烷基三甲基铵(TTAC):纯度不低于 99%(质量分数)。

4.2.8 微孔滤膜:0.45 μm。

4.2.9 水:符合 GB/T 6682 规定的二级水。

4.2.10 氢氧化钠溶液:0.5 mol/L,使用前经微孔滤膜过滤后再脱气 15 min。

4.2.11 氨水溶液:2.5%(质量分数)。

4.2.12 电渗流(EOF)改性剂:称取 0.750 g TTAC,加入适量水溶解后,移入 50 mL 容量瓶中,加水定容,摇匀。

4.2.13 电解液:按以下方法配制:

    a) 电解液 A(用于方法 A):称取正己烷磺酸钠 0.50 g 和十二水磷酸氢二钠 0.19 g(或 CAPS 0.06 g),精确至 0.001 g,置于 100 mL 烧杯中,加水 49 mL,移取 1.0 mL TTAC 溶液至烧杯中,搅拌均匀后滴加氢氧化钠溶液调节 pH 10.5~11.0。使用前经 0.45 μm 的滤膜过滤后再脱气 15 min。

    b) 电解液 B(用于方法 B):称取正庚烷磺酸钠 0.50 g 和十二水磷酸二钠 0.19 g,精确至 0.001 g,置于 100 mL 烧杯中,加 50 mL 水,搅拌均匀。使用前经 0.45 μm 的滤膜过滤后再脱气 15 min。

4.2.14 PTA 标准样品:可使用市售的有证标准物质,如无法得到已知 4-CBA 和 p-TOL 含量的 PTA 标准样品时,可按照附录 A 进行标定。

4.2.15 PTA 标准溶液:称取 PTA 标准样品 0.500 g,精确至 0.001 g,置于 25 mL 烧杯中,加入 7 mL 氨水溶液(4.2.11),使其完全溶解,移入 25 mL 容量瓶中,用水稀释至刻度。使用前经 0.45 μm 的滤膜过滤。

4.3 仪器与设备

4.3.1 毛细管电泳仪:配置紫外检测器。含量为 1 mg/kg 的 4-CBA 和 5 mg/kg 的 p-TOL 所产生的峰高应不低于噪声水平的 5 倍。

4.3.2 分析天平:感量 0.000 1 g。

4.3.3 pH 计:精度 0.01 pH。

4.3.4 超声波清洗器。

4.4 仪器操作条件

推荐的典型操作条件见表 2,其典型电泳谱图见图 3 和图 4。满足本部分所规定的分离效果和定量要求的其他电解液和条件均可采用。

表 2 推荐的典型操作条件

操作条件	方法 A(负电压模式)		方法 B(正电压模式)
施加电压	−15 kV~−25 kV		+15 kV~+25 kV
进样方式及条件	电动进样 −10 kV×90 s	压力进样 3.3 kPa×5 s	压力进样 3.3 kPa×15 s

GBT 30921.1—2014

表2 （续）

毛细管冲洗程序	氢氧化钠溶液 1 min；水 2 min；电解液 3 min	水 10 min；电解液 6 min
熔融石英毛细管	内径 50 μm～100 μm；有效长度 40 cm～70 cm	
检测波长	200 nm 或其他适宜波长	
柱温	20 ℃～30 ℃	

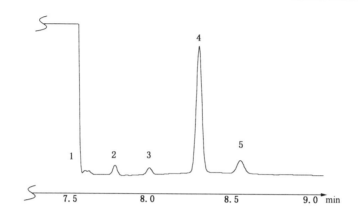

说明：
1——对苯二甲酸；
2——苯甲酸；
3——对羧基苯甲醛；
4——对甲基苯甲酸；
5——羟甲基苯甲酸。

图 3　PTA 样品方法 A 的典型毛细管电泳图

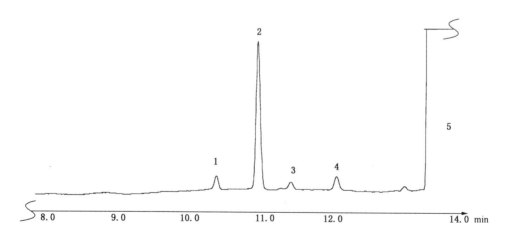

说明：
1——羟甲基苯甲酸；
2——对甲基苯甲酸；
3——对羧基苯甲醛；
4——苯甲酸；
5——对苯二甲酸。

图 4　PTA 样品方法 B 的典型毛细管电泳图

4.5 采样

按 GB/T 3723 和 GB/T 6679 规定的要求采取样品。

4.6 测定步骤

4.6.1 设定操作条件

按仪器说明书开启电泳仪并进行必要的调节,以达到表 2 所示的典型操作条件或能获得同等分离的其他适宜条件。在达到设定的操作条件后即可开始进样分析。

注:初次使用的毛细管,一般应用氢氧化钠溶液(4.2.10)和水分别冲洗,以进行活化处理。

4.6.2 外标校准

将标准溶液(4.2.15)注入毛细管电泳仪中进行分离测定,记录电泳图,并由此得到相应的 4-CBA 和 p-TOL 的峰高值或峰面积值。

4.6.3 试样测定

按照 4.2.15 称取样品并配制 PTA 试样溶液,将配制好的试样溶液注入毛细管电泳仪中进行分离测定,记录电泳图,并由此得到待测试样中 4-CBA 和 p-TOL 的峰高值或峰面积值。

5 分析结果的表述

5.1 计算

PTA 试样中 4-CBA 或 p-TOL 的含量以 w_i 计,数值以毫克每千克(mg/kg)表示,按式(1)计算:

$$w_i = \frac{m_s \cdot H_i \cdot w_s}{m_i \cdot H_s} \qquad \cdots\cdots\cdots\cdots\cdots\cdots\cdots\cdots\cdots (1)$$

式中:

w_s ——标准样品中 4-CBA 或 p-TOL 的含量,单位为毫克每千克(mg/kg);

H_s ——标准样品中 4-CBA 或 p-TOL 的峰高值或峰面积值;

H_i ——试样中 4-CBA 或 p-TOL 的峰高值或峰面积值;

m_s ——所称取标准样品的质量,单位为克(g);

m_i ——所称取试样的质量,单位为克(g)。

5.2 结果的表示

以两次重复测定结果的算术平均值报告其分析结果,按 GB/T 8170 的规定修约至 1 mg/kg。

6 精密度

6.1 重复性

在同一实验室,由同一操作者使用相同设备,按相同的测试方法,并在短时间内对同一被测对象相互独立进行测试获得的两次独立测试结果的绝对差值不大于表 3 列出的重复性限(r),以大于重复性限(r)的情况不超过 5% 为前提。

表 3　分析方法的重复性限（r）　单位为毫克每千克

化合物含量范围	液相色谱法	毛细管电泳法
4-CBA 含量 w_i		
$2 \leqslant w_i \leqslant 10$	1	1
$10 < w_i \leqslant 25$	2	2
p-TOL 含量 w_i		
$50 \leqslant w_i \leqslant 100$	5	5
$100 < w_i \leqslant 250$	10	10

6.2　再现性

在不同的实验室,由不同操作者操作不同的设备,按相同的测试方法,对同一被测对象相互独立进行测试所获得的两次独立测试结果的绝对差值不大于表4列出的再现性限（R）,以大于再现性限（R）的情况不超过 5% 为前提。

表 4　分析方法的再现性限（R）　单位为毫克每千克

化合物含量范围	液相色谱法	毛细管电泳法
4-CBA 含量 w_i		
$2 \leqslant w_i \leqslant 10$	2	2.5
$10 < w_i \leqslant 25$	5	5
p-TOL 含量 w_i		
$50 \leqslant w_i \leqslant 100$	10	15
$100 < w_i \leqslant 250$	20	30

7　报告

报告应包括以下内容:

a)　有关试样的全部资料,例如样品名称、批号、采样日期、采样地点、采样时间等;

b)　本部分编号;

c)　分析结果;

d)　测定过程中所观察到的任何异常现象的细节及其说明;

e)　分析人员姓名,分析日期。

附 录 A

（规范性附录）

PTA 样品中 4-CBA 和 *p*-TOL 的标定方法

当使用者无法得到已知 4-CBA 和 *p*-TOL 含量的 PTA 标准样品时，可选用 4-CBA 含量在 10 mg/kg～20 mg/kg，*p*-TOL 含量在 100 mg/kg～150 mg/kg 之间，粒度在 100 μm～125 μm（120 目～150 目）之间的 PTA 样品，按照本附录推荐的标准加入法，对 4-CBA 和 *p*-TOL 的含量进行标定，标定后的 PTA 样品可作为 PTA 标准样品使用。

A.1 试剂

A.1.1 对羧基苯甲醛（4-CBA）：纯度不低于 98.0%（质量分数）。
A.1.2 对甲基苯甲酸（*p*-TOL）：纯度不低于 98.0%（质量分数）。

A.2 标准溶液的制备

A.2.1 4-CBA 标准溶液

称取 0.025 g（精确至 0.000 1 g）4-CBA 于 25 mL 烧杯中，加入适量水，滴入数滴氨水溶液（3.2.8），搅拌使其完全溶解，然后滴加磷酸溶液（3.2.7），调节 pH 至 6～7，移入 50 mL 容量瓶中，用水稀释至刻度，混匀。得到浓度为 500 μg/mL 的溶液，再用水稀释 50 倍，得到浓度为 10 μg/mL 的 4-CBA 标准溶液。使用前配制。

A.2.2 *p*-TOL 标准溶液

称取 0.020 g（精确至 0.000 1 g）*p*-TOL 于 25 mL 烧杯中，按 A.2.1 相同步骤进行配制，得到浓度为 400 μg/mL 的溶液。再用水稀释 5 倍，得到浓度为 80 μg/mL 的 *p*-TOL 标准溶液。使用前配制。

A.2.3 加标标准溶液

加标标准溶液中加入的标样含量分别是：4-CBA 0.0 mg/kg，10.0 mg/kg，20.0 mg/kg，30.0 mg/kg，40.0 mg/kg；*p*-TOL 0.0 mg/kg，80.0 mg/kg，160.0 mg/kg，240.0 mg/kg，320.0 mg/kg。溶液的配制分别按照以下步骤进行：

a) 离子交换色谱法：准确称取 5 份 0.500 g 混匀后的 PTA 实样，按照 3.2.12a)步骤溶解，并移入 5 只 50 mL 容量瓶中。然后移取浓度为 10 μg/mL 的 4-CBA 标准溶液（A.2.1）：0.00 mL，0.50 mL，1.00 mL，1.50 mL，2.00 mL，分别加入上述 5 只容量瓶中；再移取浓度为 80 μg/mL 的 *p*-TOL 标准溶液（A.2.2）：0.00 mL，0.50 mL，1.00 mL，1.50 mL，2.00 mL，分别加入上述 5 只容量瓶中；最后用水稀释至刻度，混匀。

b) 反相色谱法：准确称取 5 份 0.500 g 混匀后的 PTA 实样，按照 3.2.12b)步骤溶解样品，并移入 5 只 250 mL 容量瓶中。然后按照 A.2.3a)配制 4-CBA 和 *p*-TOL 加标标准溶液。

c) 毛细管电泳法：准确称取 5 份 0.500 g 混匀后的 PTA 实样，按照 4.2.15 步骤溶解样品，并移入 5 只 25 mL 容量瓶中。然后按 A.2.3a)配制 4-CBA 和 *p*-TOL 加标标准溶液。

A.3 测定步骤

按照 3.6.2 或 4.6.2 步骤,分别测定上述 5 个加标标准溶液中 4-CBA 和 p-TOL 的峰高值或峰面积值,每个样品重复测定两次以上,取其峰高或峰面积的平均值。

A.4 计算

以加入的 4-CBA 或 p-TOL 标样含量(w_i)为纵坐标,以峰高值或峰面积值(H_i)为横坐标,绘制标准曲线,标准曲线的回归方程见式(A.1):

$$w = a + bH \qquad\qquad\cdots\cdots\cdots\cdots\cdots\cdots（A.1）$$

式中:

w —— 加入的 4-CBA 或 p-TOL 含量,单位为毫克每千克(mg/kg);

a —— 标准曲线的截距;

b —— 标准曲线的斜率;

H —— 测定的 4-CBA 或 p-TOL 的峰高值或峰面积值。

斜率 b 按式(A.2)求得:

$$b = \frac{\sum w_i H_i - \dfrac{1}{n} \cdot (\sum w_i)(\sum H_i)}{\sum H_i^2 - \dfrac{1}{n} \cdot (\sum H_i)^2} \qquad\qquad\cdots\cdots\cdots\cdots\cdots\cdots（A.2）$$

式中:

w_i —— 加入的 4-CBA 或 p-TOL 标样的含量,单位为毫克每千克(mg/kg);

H_i —— 测定的 4-CBA 或 p-TOL 的峰高值或峰面积值;

n —— 配制的加标标准溶液的个数。

截距 a 按式(A.3)求得:

$$a = \overline{w} - b\overline{H} \qquad\qquad\cdots\cdots\cdots\cdots\cdots\cdots（A.3）$$

式中:

$\overline{w}$ —— w_i 的平均值;

$\overline{H}$ —— H_i 的平均值。

标准曲线的相关系数的平方(R^2)不得小于 0.99,否则需要重新标定。相关系数按式(A.4)求得:

$$R = b\sqrt{\frac{\sum(H_i - \overline{H})^2}{\sum(w_i - \overline{w})^2}} \qquad\qquad\cdots\cdots\cdots\cdots\cdots\cdots（A.4）$$

PTA 样品中 4-CBA 或 p-TOL 的含量即为($-a$)。

ICS 71.080.40
G 16

中华人民共和国国家标准

GB/T 30921.2—2016

工业用精对苯二甲酸(PTA)试验方法
第2部分:金属含量的测定

Test method of purified terephthalic acid (PTA) for industrial use—
Part 2 :Determination of metal content

2016-06-14 发布

2017-01-01 实施

中华人民共和国国家质量监督检验检疫总局
中国国家标准化管理委员会   发布

前　言

GB/T 30921《工业用精对苯二甲酸(PTA)试验方法》分为如下几部分：

——第1部分：对羧基苯甲醛(4-CBA)和对甲基苯甲酸(p-TOL)含量的测定；

——第2部分：金属含量的测定；

——第3部分：水含量的测定；

——第4部分：钛含量的测定　二安替吡啉甲烷分光光度法；

——第5部分：酸值的测定；

——第6部分：粒度分布的测定；

——第7部分：b*值的测定　色差计法。

本部分为GB/T 30921的第2部分。

本部分按照GB/T 1.1—2009给出的规则起草。

本部分由中国石油化工集团公司提出。

本部分由全国化学标准化技术委员会(SAC/TC 63)归口。

本部分起草单位：中国石化扬子石油化工有限公司、中国石化仪征化纤有限责任公司。

本部分主要起草人：钱彦虎、赵付平、徐宏、周爱华、丁大喜、薛月霞、戴玉娣、许金林、龚柳柳、李顶松。

工业用精对苯二甲酸(PTA)试验方法
第2部分:金属含量的测定

警告:本标准并未指出与其使用有关的所有安全问题。使用者有责任采取适当的安全和健康措施,并保证符合国家有关法规的规定。

1 范围

GB/T 30921 的本部分规定了工业用精对苯二甲酸(PTA)中金属含量测定的原子吸收分光光度法和电感耦合等离子发射光谱法。

本部分火焰原子吸收分光光度法适用于钠、钴、锰、铁、铬、镍、钼、铝含量不低于 0.05 mg/kg 的 PTA 试样的测定;石墨炉原子吸收分光光度法适用于钠含量不低于 0.001 mg/kg,钴、锰、铁、铬、镍、钼、钛、铝含量不低于 0.005 mg/kg 的 PTA 试样的测定;电感耦合等离子发射光谱法适用于钠、铬、钴、铝、钛、钾、镁含量不低于 0.020 mg/kg,锰、铁、镍、钼、钙含量不低于 0.055 mg/kg 的 PTA 试样的测定。

2 规范性引用文件

下列文件对于本文件的应用是必不可少的。凡是注日期的引用文件,仅注日期的版本适用于本文件。凡是不注日期的引用文件,其最新版本(包括所有的修改单)适用于本文件。

GB/T 602—2002 化学试剂 杂质测定用标准溶液的制备

GB/T 6679 固体化工产品采样通则

GB/T 6682 分析实验室用水规格和试验方法

GB 6819 溶解乙炔

GB/T 8170 数值修约规则与极限数值的表示和判定

3 A法——火焰原子吸收分光光度法

3.1 方法提要

在本部分规定的条件下,将 PTA 试样点火燃烧,再在 750 ℃下灰化 45 min,以稀硝酸溶解灰分。然后用火焰原子吸收分光光度法进行分析,以工作曲线法定量。

3.2 试剂与材料

3.2.1 除非另有规定,所用试剂均为分析纯,实验用水符合 GB/T 6682 中二级水规定;标准溶液按GB/T 602—2002配制,或市售。

3.2.2 硝酸溶液:1+1,用优级纯硝酸配制。

3.2.3 无水乙醇:优级纯。

3.2.4 硝酸铯乙醇水溶液(铯含量 6.25 g/L):称取 0.917 g 硝酸铯溶于适量水中,转移至 100 mL 容量瓶中,加入 40 mL 无水乙醇摇匀,再以水稀释至刻度,摇匀。

3.2.5 硝酸铯溶液(铯含量 50 g/L):称取 7.332 g 硝酸铯溶于水中,转移至 100 mL 容量瓶中,以水稀释至刻度,摇匀。

3.2.6 铁标准溶液:0.1 mg/mL。

3.2.7 钴标准溶液:0.1 mg/mL。取适量按照 GB/T 602—2002 表1中序号57配制的标准溶液,稀释10倍。

3.2.8 锰标准溶液:0.1 mg/mL。

3.2.9 铬标准溶液:0.1 mg/mL。

3.2.10 镍标准溶液:0.1 mg/mL。

3.2.11 钼标准溶液:0.1 mg/mL。

3.2.12 铝标准溶液:0.1 mg/mL。

3.2.13 混合金属标准溶液:取适量金属标准溶液(3.2.6~3.2.12)稀释10倍,配成10.0 mg/L 的混合金属标准溶液。

3.2.14 钠标准溶液:10.0 mg/L。取适量按照 GB/T 602—2002 表1中序号42配制的标准溶液,稀释10倍。

3.2.15 一氧化二氮(笑气):纯度不小于95 %。

3.2.16 溶解乙炔:符合 GB 6819 的规定。

3.2.17 压缩空气:清洁干燥,压力应大于350 kPa。

3.2.18 定量滤纸。

3.3 仪器与设备

3.3.1 高温炉:能保持温度在(750±25)℃。

3.3.2 铂坩埚:容积为 60 mL~100 mL,质量≤22 g 的铂坩埚。

3.3.3 原子吸收分光光度计,附有空气-乙炔燃烧头和一氧化二氮-乙炔燃烧头。

3.3.4 各种待测元素的空心阴极灯。

3.3.5 天平:感量 0.1 mg。

3.4 采样

按 GB/T 6679 规定的技术要求采取样品。

3.5 测定步骤

3.5.1 试样的预处理

3.5.1.1 称取 50 g(精确至 0.01 g)PTA 试样于干净的铂坩埚中,吸取 2.0 mL 硝酸铈乙醇水溶液(3.2.4)均匀地滴加在试样表面。在通风橱中将铂坩埚放在可调式电炉上加热,用保温砖将每个坩埚围成独立空间,一次集中烧样不超过 4 只,待试样冒烟即以燃烧的滤纸点燃,引燃后开启通风橱,调节电炉功率防止火焰过大,使试样慢慢地燃烧碳化,燃烧停止后,把坩埚放入高温炉中灼烧灰化 45 min。

3.5.1.2 取出铂坩埚,冷却后沿铂坩埚内壁周围滴入 5 mL 硝酸溶液(3.2.2),把坩埚置于可调式电炉上缓缓加热,使液体处于亚沸或微沸状态下挥发,加热过程中轻轻摇动坩埚 2~3 次,至溶液恰好蒸干。再沿坩埚内壁加入 1 mL 硝酸溶液(3.2.2),用少量水冲洗内壁,再置于可调式电炉上加热片刻,轻轻摇动坩埚数次,然后取下坩埚冷却。将溶液转移至 25 mL 容量瓶中,再往容量瓶中加入硝酸铈溶液(3.2.5)0.75 mL,用水稀释至刻度,摇匀。此为试样溶液。

3.5.1.3 与此同时在另一只铂坩埚中加 2.0 mL 硝酸铈乙醇水溶液(3.2.4),在可调式电炉上蒸干,再按3.5.1.2 同样处理,此为空白溶液。

3.5.2 标准曲线溶液的配制

在 6 只 100 mL 容量瓶中各加入 4 mL 硝酸铈溶液(3.2.5),依次加入 0.00 mL、0.50 mL、1.00 mL、

5.00 mL、10.00 mL、15.00 mL 混合金属标准溶液(3.2.13),以水稀释至刻度,摇匀。该系列溶液各金属含量依次为 0.00 mg/L、0.05 mg/L、0.10 mg/L、0.50 mg/L、1.00 mg/L、1.50 mg/L,铯含量均为2 000 mg/L。

在 6 只 100 mL 容量瓶中各加入 4 mL 硝酸铯溶液(3.2.5),依次加入 0.00 mL、0.50 mL、1.00 mL、5.00 mL、10.00 mL、15.00 mL 钠标准溶液(3.2.14),以水稀释至刻度,摇匀。该系列溶液钠含量依次为0.00 mg/L、0.05 mg/L、0.10 mg/L、0.50 mg/L、1.00 mg/L、1.50 mg/L,铯含量均为 2 000 mg/L。配制好后存放在塑料瓶中。

3.5.3 校正和测定

3.5.3.1 原子吸收分光光度计典型工作条件见表1。

表 1 原子吸收分光光度计典型工作条件

测定元素	波长 nm	通带 nm	灯电流 mA	火焰类型	燃气流速 L/min	助燃气流速 L/min	观测高度 mm	提吸速度 mL/min
Al	309.3	0.5	10	一氧化二氮-乙炔	7.0	12.4	9.0	9.0
Cr	357.9	0.2	7	一氧化二氮-乙炔	7.0	11.0	7.5	9.0
Co	240.7	0.2	5	空气-乙炔	2.2	14.7	7.0	6.5
Fe	248.3	0.2	5	空气-乙炔	2.1	14.7	8.0	6.5
Mn	279.5	0.2	5	空气-乙炔	2.2	14.7	8.0	6.5
Mo	313.3	0.5	7	一氧化二氮-乙炔	7.0	12.0	7.5	9.0
Na	589.0	0.5	5	空气-乙炔	2.2	13.3	6.5	6.5
Ni	232.0	0.2	4	空气-乙炔	2.2	14.7	8.0	6.5

3.5.3.2 工作曲线的绘制和试样溶液的测定

按表1设定仪器的工作条件,待仪器稳定后,以水调零,测定标准曲线溶液、试样溶液和空白溶液中各元素的吸光值。以各标准曲线溶液的浓度和对应的吸光值绘制工作曲线,试样溶液测定时如试样浓度超过曲线上限,采取适当倍数稀释试样溶液,使试样溶液浓度落在曲线范围内。从工作曲线上查出试样溶液和空白溶液中各元素的浓度。

3.6 分析结果的表述

3.6.1 计算

PTA 试样中各金属元素的含量按式(1)计算。

$$X_i = \frac{(c_i - c_0) \times 25}{m} \qquad\cdots\cdots\cdots\cdots\cdots\cdots\cdots\cdots(1)$$

式中:

X_i ——PTA 试样中各金属元素的含量,单位为毫克每千克(mg/kg);

c_i ——试样溶液中各金属元素的浓度,单位为毫克每升(mg/L);

c_0 ——空白溶液中各金属元素的浓度,单位为毫克每升(mg/L);

25 ——容量瓶体积,单位为毫升(mL);

m ——称取的 PTA 试样的质量,单位为克(g)。

3.6.2 结果的表示

取两次测定结果的算术平均值作为测定结果,按 GB/T 8170 的规定精确到 0.001 mg/kg。当试样中某金属含量测定结果小于 0.05 mg/kg 时,按<0.05 mg/kg 报告。

4 B 法——石墨炉原子吸收分光光度法

4.1 方法提要

在本部分规定的条件下,将 PTA 试样点火燃烧,再在 750 ℃下灰化 45 min,以硫酸溶液溶解灰分。然后用石墨炉原子吸收分光光度法进行分析,以工作曲线法定量。

4.2 试剂与材料

4.2.1 除非另有规定,所用试剂均为分析纯,实验用水符合 GB/T 6682 中二级水规定;标准溶液按 GB/T 602—2002 配制,或市售。

4.2.2 硫酸溶液:1+1,用优级纯硫酸配制。

4.2.3 铁标准溶液:0.1 mg/mL。

4.2.4 钴标准溶液:0.1 mg/mL。取适量按照 GB/T 602—2002 表 1 中序号 57 配制的标准溶液,稀释 10 倍。

4.2.5 锰标准溶液:0.1 mg/mL。

4.2.6 铬标准溶液:0.1 mg/mL。

4.2.7 镍标准溶液:0.1 mg/mL。

4.2.8 钛标准溶液:0.1 mg/mL。

4.2.9 钼标准溶液:0.1 mg/mL。

4.2.10 铝标准溶液:0.1 mg/mL。

4.2.11 混合金属标准溶液:取适量金属标准溶液(4.2.3～4.2.10)稀释 100 倍配成 1.0 mg/L 的混合金属标准溶液。

4.2.12 钠标准溶液:0.1 mg/L。取适量按照 GB/T 602—2002 表 1 中序号 42 配制的标准溶液,稀释 1 000 倍。

4.2.13 水:符合 GB/T 6682 规定的一级水。

4.2.14 高纯氩气:纯度不小于 99.999 %。

4.2.15 无水乙醇:优级纯。

4.2.16 定量滤纸。

4.3 仪器与设备

4.3.1 高温炉:能保持温度在(750±25)℃。

4.3.2 铂坩埚:容积为 60 mL～100 mL,质量≤22 g 的铂坩埚。

4.3.3 原子吸收分光光度计,附有石墨炉。

4.3.4 各种待测元素的空心阴极灯。

4.3.5 天平,感量 0.1 mg。

4.4 采样

按 GB/T 6679 规定的技术要求采取样品。

4.5 测定步骤

4.5.1 试样的预处理

4.5.1.1 称取 50 g(精确至 0.01 g)PTA 试样于干净的铂坩埚中,吸取 1 mL～2 mL 无水乙醇均匀地滴加在试样表面,不需加入硝酸铈乙醇水溶液(3.2.4),其余按 3.5.1.1 进行燃烧、灼烧、灰化处理。

4.5.1.2 取出铂坩埚,冷却后沿铂坩埚内壁周围滴入 5 mL 硫酸溶液(4.2.2),把坩埚置于可调式电炉上缓缓加热,使液体处于亚沸或微沸状态下挥发,加热过程中轻轻摇动坩埚 2～3 次,至溶液恰好蒸干。再沿坩埚内壁加入 1 mL 硫酸溶液(4.2.2),用少量水(4.2.13)冲洗内壁,再置于可调式电炉上加热片刻,轻轻摇动坩埚数次,然后取下坩埚冷却。将溶液转移至 50 mL 容量瓶中,用水(4.2.13)稀释至刻度,摇匀。此为试样溶液。

在测定正常 PTA 产品中的钠含量时,将上述试样溶液用水(4.2.13)稀释 25～50 倍后再进行测试。

4.5.1.3 与此同时,在另一只铂坩埚中滴加 1 mL～2 mL 无水乙醇,在可调式电炉上蒸干,再按 4.5.1.2 同样处理,此为空白溶液。

4.5.2 标准曲线溶液的配制

铁、钴、锰、铬、镍、钛、钼、铝混合金属元素标准曲线溶液:在 12 只 100 mL 容量瓶中依次加入 0.00 mL、0.20 mL、0.40 mL、0.60 mL、0.80 mL、1.00 mL、2.00 mL、4.00 mL、6.00 mL、8.00 mL、10.00 mL、12.00 mL 混合金属元素标准溶液(4.2.11),以水(4.2.13)稀释至刻度,摇匀。该系列标准溶液金属含量依次为 0.0 μg/L、2.0 μg/L、4.0 μg/L、6.0 μg/L、8.0 μg/L、10.0 μg/L、20.0 μg/L、40.0 μg/L、60.0 μg/L、80.0 μg/L、100.0 μg/L、120.0 μg/L。其中铁和镍两种元素的工作曲线范围 0 μg/L～20 μg/L,其余元素工作曲线范围 0 μg/L～120 μg/L。

钠金属元素标准溶液:在 6 只 100 mL 容量瓶中依次加入 0.00 mL、1.00 mL、2.00 mL、3.00 mL、4.00 mL、5.00 mL 钠标准溶液(4.2.12),以水(4.2.13)稀释至刻度,摇匀。该系列溶液钠含量依次为 0.0 μg/L、1.0 μg/L、2.0 μg/L、3.0 μg/L、4.0 μg/L、5.0 μg/L。配制好后存放在塑料瓶中。

4.5.3 校正和测定

4.5.3.1 石墨炉原子吸收分光光度计典型工作条件见表2。

表 2 石墨炉原子吸收分光光度计典型工作条件

测定元素	波长 nm	通带 nm	灰化温度 ℃	原子化温度 ℃
Al	309.3	0.7	900	2 600
Cr	357.9	0.2	800	2 300
Co	240.7	0.2	400	2 500
Ti	364.3	0.2	900	2 600
Fe	248.3	0.2	800	2 500
Mn	279.5	0.2	1 000	2 200
Mo	313.3	0.7	1 000	2 600
Na	589.0	0.2	500	2 000
Ni	232.0	0.2	800	2 500

4.5.3.2 工作曲线的绘制和试样溶液的测定

按表2设定仪器的工作条件,待仪器稳定后,以水(4.2.13)调零,测定标准曲线溶液、试样溶液和空白溶液中各元素的吸光值。以各标准曲线溶液的浓度和对应的吸光值绘制工作曲线。试样溶液测定时如试样浓度超过曲线上限,采取适当倍数稀释试样溶液,使试样溶液浓度落在曲线范围内。从工作曲线上查出试样溶液和试剂空白溶液中各元素的浓度。

4.6 分析结果的表述

4.6.1 计算

PTA试样中各金属元素的含量,按式(2)计算。

$$X_i = \frac{(c_i - c_0) \times 0.05 \times n}{m} \qquad\qquad (2)$$

式中:

X_i ——PTA试样中各金属元素的含量,单位为毫克每千克(mg/kg);

c_i ——试样溶液中各金属元素的浓度,单位为微克每升(μg/L);

c_0 ——试剂空白溶液中各金属元素的浓度,单位为微克每升(μg/L);

0.05 ——容量瓶体积,单位为升(L);

n ——试样预处理时针对钠元素所附加采取的稀释倍数;

m ——称取的PTA试样的质量,单位为克(g)。

4.6.2 结果的表示

取两次测定结果的算术平均值作为测定结果,按GB/T 8170的规定修约至0.001 mg/kg。当试样中钠含量测定结果小于0.001 mg/kg时,按<0.001 mg/kg报告,其他金属含量测定结果小于0.005 mg/kg时,按<0.005 mg/kg报告。

5 C法——电感耦合等离子发射光谱法

5.1 方法提要

在本部分规定的条件下,将PTA试样用电子级氨水溶解,用电感耦合等离子发射光谱仪测定,以镉元素作内标,采用内标工作曲线法定量。

5.2 试剂与材料

5.2.1 除非另有规定,所用试剂均为分析纯,实验用水符合GB/T 6682中一级水规定;标准溶液按GB/T 602—2002配制,或市售。

5.2.2 氩气:纯度 ≥99.99%(体积分数)。

5.2.3 氮气:纯度 ≥99.99%(体积分数)。

5.2.4 氨水溶液:量取氨水(BV-Ⅲ级)13 mL,加入87 mL水,混匀。

5.2.5 镉标准溶液:100 mg/L,用作内标物。

5.2.6 单元素的标准溶液:铝、钙、铬、铁、锰、钼、镁、镍、钾、钠、钛、钴等金属标准溶液,浓度为100 mg/L。

5.2.7 多元素混合标准贮备液:吸取5.2.6中各单元素的标准溶液1 mL于100 mL容量瓶中,用水定容,混匀备用。此贮备液中各单元素浓度为1.0 mg/L,临用时配制。

5.3 仪器与设备

5.3.1 电子天平,感量 0.000 1 g。

5.3.2 电感耦合等离子发射光谱仪。

5.4 采样

按 GB/T 6679 规定的技术要求采取样品。

5.5 测定步骤

5.5.1 试样处理

准确称取 7.0 g～7.5 gPTA 样品,精确至 0.000 1 g,置于 100 mL 的容量瓶中,加入 85 mL 氨水溶液(5.2.4)将 PTA 溶解,再加入 0.2 mL 镉标准溶液(5.2.5),用氨水溶液(5.2.4)稀释至刻度,摇匀,此为试样溶液。

5.5.2 标准曲线溶液的配制

分别吸取 0 mL、0.5 mL、1.0 mL、2.0 mL、3.0 mL、5.0 mL 多元素混合标准贮备液(5.2.7)于 6 个 100 mL 容量瓶中,再分别加入 0.2 mL 的内标物镉标准溶液(5.2.5),以氨水溶液(5.2.4)定容至刻度,摇匀。该系列溶液各元素浓度依次为 0.0 μg/L、5.0 μg/L、10.0 μg/L、20.0 μg/L、30.0 μg/L、50.0 μg/L,内标物浓度为 200.0 μg/L,临用时配制。

5.5.3 校正和测定

5.5.3.1 仪器准备

电感耦合等离子发射光谱仪典型工作条件见表 3。按照表 3 设定仪器工作条件,用氩气吹扫光学室,再进行光学校正。

表 3 电感耦合等离子发射光谱典型工作条件

测定元素	波长 nm	等离子体气体流速 L/min	辅助气流速 L/min	雾化器流速 L/min	进样泵速度 mL/min	观察方向	高频功率 W
Co	228.616						
Mn	257.610						
Fe	238.204						
Cr	267.716						
Ni	221.648						
Na	589.592						
Ti	334.940	8	0.2	0.7	1.5	轴向	1 400
Mo	202.033						
Mg	285.231						
K	766.490						
Ca	317.933						
Al	396.153						
Cd	228.802						

5.5.3.2 工作曲线的绘制

待仪器稳定后,以氨水(5.2.4)调零,测定标准曲线溶液中各金属元素的信号强度,以各金属元素的信号强度与内标物镉的信号强度比值对其浓度值绘制工作曲线。

5.5.3.3 试样溶液的测定

选定绘制的工作曲线(5.5.2),以氨水(5.2.4)调零,测定试样溶液(5.5.1),记录各金属元素与内标物镉的信号强度,根据信号强度比值从工作曲线上得出试样溶液中各元素的浓度。

5.6 分析结果的表述

5.6.1 计算

PTA 中各金属元素的含量,按式(3)计算。

$$X_i = \frac{c_i \times V}{w \times 1\,000} \qquad\qquad \cdots\cdots\cdots\cdots\cdots\cdots\cdots\cdots\cdots(3)$$

式中:

X_i ——PTA 样品中各金属元素含量,单位为毫克每千克(mg/kg);

c_i ——由工作曲线得出的试样溶液中各金属元素含量,单位为微克每升(μg/L);

V ——容量瓶体积,单位为毫升(mL);

w ——称取的 PTA 样品重量,单位为克(g)。

5.6.2 结果的表示

取两次测定结果的算术平均值作为测定结果,按 GB/T 8170 的规定进行数值修约,精确至 0.001 mg/kg。当试样中钠、铬、钴、铝、钛、钾、镁含量测定结果小于 0.020 mg/kg 时,按<0.020 mg/kg 报告;锰、铁、镍、钼、钙含量测定结果小于 0.055 mg/kg 时,按<0.055 mg/kg 报告。

6 重复性

在同一实验室,由同一操作者使用相同设备,按相同的测试方法,并在短时间内对同一被测对象相互独立进行测试获得的两次独立测试结果的绝对差值不大于表4列出的重复性限(r),以大于重复性限(r)的情况不超过5%为前提。

表 4 方法的重复性

检测方法	重复性限 r
原子吸收分光光度法	其算术平均值的 25%
电感耦合等离子发射光谱法	其算术平均值的 15%

7 报告

试验报告应包括下列内容:

a) 有关样品的全部资料(批号、日期、采样地点等);

b) 本部分编号;

c) 测定结果；

d) 任何自由选择的实验条件的说明；

e) 测定过程中观察到的任何异常现象的说明；

f) 分析人员的姓名、分析日期等。

ICS 71.080.40
G 16

中华人民共和国国家标准

GB/T 30921.3—2016

工业用精对苯二甲酸（PTA）试验方法
第 3 部分：水含量的测定

Test method of purified terephthalic acid（PTA）for industrial use—
Part 3：Determination of water content

2016-06-14 发布
2017-01-01 实施

中华人民共和国国家质量监督检验检疫总局
中国国家标准化管理委员会 发布

前　　言

GB/T 30921《工业用精对苯二甲酸(PTA)试验方法》分为如下几部分:

——第1部分:对羧基苯甲醛(4-CBA)和对甲基苯甲酸(p-TOL)含量的测定;

——第2部分:金属含量的测定;

——第3部分:水含量的测定;

——第4部分:钛含量的测定　二安替吡啉甲烷分光光度法;

——第5部分:酸值的测定;

——第6部分:粒度分布的测定;

——第7部分:b*值的测定　色差计法。

本部分为 GB/T 30921 的第3部分。

本部分按照 GB/T 1.1—2009 给出的规则起草。

本部分由中国石油化工集团公司提出。

本部分由全国化学标准化技术委员会(SAC/TC 63)归口。

本部分起草单位:中国石化扬子石油化工有限公司。

本部分主要起草人:宋遽、丁大喜。

工业用精对苯二甲酸(PTA)试验方法
第3部分:水含量的测定

警告:本方法并不是旨在说明与其使用有关的所有安全问题。使用者有责任采取适当的安全和健康措施,并保证符合国家有关法规的规定。

1 范围

GB/T 30921 的本部分规定了测定工业用精对苯二甲酸(PTA)中水含量的卡尔·费休容量法和热失重法。

本部分卡尔·费休容量法适用于工业用 PTA 中含量不低于 0.010%(质量分数)的水分的测定;热失重法适用于工业用 PTA 中含量不低于 0.050%(质量分数)的水分的测定。

2 规范性引用文件

下列文件对于本文件的应用是必不可少的。凡是注日期的引用文件,仅注日期的版本适用于本文件。凡是不注日期的引用文件,其最新版本(包括所有的修改单)适用于本文件。

GB/T 3723 工业用化学产品采样安全通则

GB/T 6283 化工产品中水分含量的测定 卡尔·费休法(通用方法)

GB/T 6679 固体化工产品采样通则

GB/T 6682 分析实验室用水规格和试验方法

GB/T 8170 数值修约规则与极限数值的表示和判定

3 卡尔·费休容量法

3.1 方法提要

将 PTA 试样溶解于吡啶中,存在于试样中的水与已知滴定度的卡尔·费休试剂(碘、二氧化硫、吡啶和甲醇组成的溶液)进行定量反应,根据消耗的卡尔·费休试剂计算试样中的水含量。

反应式如下:

$$H_2O + I_2 + SO_2 + 3C_5H_5N \rightarrow 2C_5H_5N \cdot HI + C_5H_5N \cdot SO_3$$
$$C_5H_5N \cdot SO_3 + CH_3OH \rightarrow C_5H_5N \cdot HSO_4CH_3$$

3.2 试剂与材料

3.2.1 除非另有规定,所用试剂均为分析纯,实验用水符合 GB/T 6682 中三级水规定。

3.2.2 卡尔·费休试剂:市售(含吡啶),滴定度为 1 mg/mL~3 mg/mL 或 3 mg/mL~6 mg/mL;或按 GB/T 6283 中规定的方法配制。

3.2.3 吡啶:水含量小于 0.05%(质量分数)。如果水含量大于 0.05%,可于 500 mL 吡啶中加入 5A 分子筛约 50 g,塞上瓶塞,放置过夜,吸取上层清液使用。

警告:吡啶有毒,有强烈刺激性,可经吸入、食入、经皮肤吸收。应在通风橱中使用,并佩戴具有防止吡啶渗透的手套。

3.2.4 5 A 分子筛:颗粒直径 3 mm～5 mm,用作吡啶的干燥剂。使用前于 500 ℃下焙烧 2 h,并在内装干燥剂的干燥器中冷却。

3.3 仪器与设备

3.3.1 水分仪:符合本方法原理的各种型号卡尔·费休水分仪均可使用。

3.3.2 分析天平:感量 0.000 1 g。

3.3.3 微量注射器:100 μL。

3.4 采样

按 GB/T 3723 和 GB/T 6679 规定的要求采取样品。样品容器应干燥、密封。

3.5 测定步骤

3.5.1 设定操作条件

按仪器说明书要求设定各参数。

3.5.2 卡尔·费休试剂(3.2.2)的标定

移取一定量的吡啶于滴定池中,确保电极在液面以下,边搅拌边用卡尔·费休试剂滴定至终点,不计消耗的卡尔·费休试剂体积,用微量注射器(3.3.3)以减量法准确称取 10 mg～20 mg 蒸馏水(精确至0.1 mg),加入滴定池中,边搅拌边用卡尔·费休试剂滴定至终点,记录卡尔·费休试剂的消耗量。

卡尔·费休试剂的滴定度 T(mg/mL),按式(1)计算:

$$T = \frac{m_1}{V_1} \quad\quad\quad\quad\quad\quad\quad\quad\quad\quad (1)$$

式中:

m_1——注入纯水的质量,单位为毫克(mg);

V_1——卡尔·费休试剂的消耗量,单位为毫升(mL)。

连续分析 3～5 次,相对标准偏差应不大于 5%,取其平均值作为卡尔·费休试剂的滴定度,按GB/T 8170 的规定修约至三位有效数字。

3.5.3 样品测定

3.5.3.1 移取适量吡啶(确保电极在液面以下,且能完全溶解 PTA 试样)于滴定池中,边搅拌边用卡尔·费休试剂滴定至终点,不计消耗的卡尔·费休试剂体积。

3.5.3.2 根据表1称取适量样品(精确至 0.000 1 g)迅速加入滴定池中,搅拌至样品完全溶解后,并采用表1推荐的卡尔·费休试剂滴定至终点,记录卡尔·费休试剂的消耗体积。

表 1 推荐的样品量和滴定剂

水含量 w/%	样品量/g	滴定剂滴定度/(mg/mL)
0.010～0.050	2～3	1～3
＞0.050	2～3	3～6

3.5.3.3 不加样品,重复 3.5.3.1 和 3.5.3.2 的步骤,模拟样品加入和溶解过程,并保持时间上的一致性。记录卡尔·费休试剂的消耗体积,作为空白值。

3.6 分析结果的表述

3.6.1 计算

试样中水含量以质量分数 X 计,数值以%表示,按式(2)计算。

$$X = \frac{(V_2 - V_3) \times T}{1\,000 \times m_2} \times 100 \quad\quad\quad\quad\quad\quad\quad\quad\quad\quad\quad (2)$$

式中:

V_2 ——滴定试样时消耗卡尔·费休试剂的体积,单位为毫升(mL);

V_3 ——滴定空白时消耗卡尔·费休试剂的体积,单位为毫升(mL);

T ——卡尔·费休试剂的滴定度,单位为毫克每毫升(mg/mL);

m_2 ——试样的质量,单位为克(g)。

3.6.2 结果的表示

取两次重复测定结果的算术平均值作为测定结果,按 GB/T 8170 修约,精确至 0.001%。

4 热失重法

4.1 方法提要

采用红外水分仪对精对苯二甲酸试样进行加热干燥,使其中水分被蒸发。根据水分蒸发前后精对苯二甲酸试样的质量变化,得到精对苯二甲酸试样中水分含量。

4.2 仪器与设备

4.2.1 红外水分仪:能够测定 0.050%~0.300%(质量分数)范围的含水量,显示为 0.001%(质量分数);配备加热自动控制系统;配备自动称量系统,感量 0.1 mg。可根据试样失水过程的质量变化率,即斜率来自动判断终点。

4.2.2 分析天平:感量 0.000 1 g。

4.2.3 铝制样品盘:与仪器相匹配。

4.3 采样

按 GB/T 3723 和 GB/T 6679 规定的技术要求采取样品。样品容器应干燥、密封。

4.4 测定步骤

4.4.1 设定主要参数

打开仪器开关,预热 30 min;按仪器说明书输入操作参数。推荐的仪器操作条件如表 2 所示。

表 2 推荐的仪器操作条件

水分显示单位 w/%	0.000
工作温度/℃	160
待机温度/℃	130
斜率/(%/3 min)	0.005
延迟时间/s	0

所选择的仪器类型和测试条件对水分检测结果有较大影响,应确保所选用的仪器和操作条件按本方法测得的水含量和依据本标准卡尔·费休容量法测得的水含量的绝对差值不超过 0.015%(质量分数)。

4.4.2 样品测定

4.4.2.1 将洗净且经干燥的铝皿放入红外水分仪的样品室,待仪器天平读数稳定后回零。

4.4.2.2 取出铝皿冷却至室温,置于分析天平(4.2.2)上,读数稳定后回零。用铝皿称取 6.5 g~7.5 g 试样,铺匀后准确称取并记录样品质量(精确至 0.000 1 g)。

4.4.2.3 将盛有样品的铝皿轻轻地放入红外水分仪样品室,盖上样品室盖子,仪器开始自动测定。待仪器分析完毕后,记录仪器显示的最终样品质量。

> 注:由于仪器待机温度高,样品放入样品室后水分就开始挥发,仪器内置天平无法准确获取样品的初始质量,因此仪器自动计算结果的可靠性难以保证。

4.5 分析结果的表述

4.5.1 计算

试样中水含量以质量分数 X 计,数值以%表示,按式(3)计算。

$$X = \frac{m_3 - m_4}{m_3} \times 100 \quad\quad\quad\quad\quad\quad\quad (3)$$

式中:

m_3——分析前由分析天平称得的样品质量,单位为克(g);

m_4——分析后由仪器显示的样品质量,单位为克(g)。

4.5.2 结果的表示

取两次重复测定结果的算术平均值作为测定结果,按 GB/T 8170 修约,精确至 0.001%。

5 重复性

在同一实验室,由同一操作者使用相同设备,按相同的测试方法,并在短时间内对同一被测对象相互独立进行测试获得的两次独立测试结果的绝对差值不大于其算术平均值的 15%,以大于其算术平均值的 15% 的情况不超过 5% 为前提。

6 报告

试验报告应包括下列内容:

a) 有关样品的全部资料(批号、日期、采样地点等);

b) 本部分编号;

c) 测定结果;

d) 任何自由选择的实验条件的说明;

e) 测定过程中观察到的任何异常现象的说明;

f) 分析人员的姓名、分析日期等。

ICS 71.080.40
G 16

中华人民共和国国家标准

GB/T 30921.4—2016

工业用精对苯二甲酸(PTA)试验方法
第 4 部分:钛含量的测定
二安替吡啉甲烷分光光度法

Test method of purified terephthalic acid(PTA) for
industrial use—Part 4: Determination of titanium content—
Diantipyrylmethane photometric method

2016-06-14 发布

2017-01-01 实施

中华人民共和国国家质量监督检验检疫总局
中国国家标准化管理委员会　发 布

前　言

GB/T 30921《工业用精对苯二甲酸(PTA)试验方法》分为如下几部分：
——第1部分:对羧基苯甲醛(4-CBA)和对甲基苯甲酸(p-TOL)含量的测定；
——第2部分:金属含量的测定；
——第3部分:水含量的测定；
——第4部分:钛含量的测定　二安替吡啉甲烷分光光度法；
——第5部分:酸值的测定；
——第6部分:粒度分布的测定；
——第7部分:b*值的测定　色差计法。
本部分为GB/T 30921的第4部分。
本部分按照GB/T 1.1—2009给出的规则起草。
本部分由中国石油化工集团公司提出。
本部分由全国化学标准化技术委员会(SAC/TC 63)归口。
本部分起草单位:中国石化扬子石油化工有限公司。
本部分主要起草人:徐宏、钱彦虎。

工业用精对苯二甲酸(PTA)试验方法
第4部分:钛含量的测定
二安替吡啉甲烷分光光度法

警告:本标准并未指出与其使用有关的所有安全问题。使用者有责任采取适当的安全和健康措施,并保证符合国家有关法规的规定。

1 范围

GB/T 30921 的本部分规定了工业用精对苯二甲酸(PTA)中钛含量测定的分光光度法。

本部分适用于工业用精对苯二甲酸(PTA)中钛含量不低于 0.020 mg/kg 试样的测定。

2 规范性引用文件

下列文件对于本文件的应用是必不可少的。凡是注日期的引用文件,仅注日期的版本适用于本文件。凡是不注日期的引用文件,其最新版本(包括所有的修改单)适用于本文件。

GB/T 602—2002 化学试剂 杂质测定用标准溶液的制备

GB/T 6679 固体化工产品采样通则

GB/T 6682 分析实验室用水规格和试验方法

GB/T 8170 数值修约规则与极限数值的表示和判定

3 方法提要

在本部分规定的条件下,将 PTA 样品经灰化处理后,以硫酸溶液溶解灰分,在盐酸介质中,以抗坏血酸作隐蔽剂,试样中钛与二安替吡啉甲烷(DAM)生成黄色络合物,于 420 nm 波长处测定其吸光度,根据标准曲线进行定量。

4 试剂与材料

4.1 除非另有规定,所有试剂均为分析纯,实验用水符合 GB/T 6682 中三级水规定。

4.2 硫酸溶液:1+1,用优级纯硫酸配制。

4.3 盐酸:优级纯。

4.4 抗坏血酸溶液(30 g/L):称取 30 g 抗坏血酸,溶解于 1 L 水中,摇匀。

4.5 二安替吡啉甲烷(DAM)溶液(50 g/L):称取 50 gDAM,溶解于 1 L 盐酸溶液[c(HCl) = 1 mol/L]中,摇匀。

4.6 钛标准储备溶液(1.0 mg/mL):可按 GB/T 602—2002 表1中序号51制备,或市售。

4.7 钛标准溶液(0.001 mg/mL):吸取钛标准储备液(4.6)1.0 mL 于 1 000 mL 容量瓶中,以 1 %(体积分数)的盐酸溶液稀释至刻度。该溶液使用前配制。

5 仪器与设备

5.1 可调式电炉或电热板:0 W~1 500 W。

5.2 高温炉:能保持温度在(750±25)℃。

5.3 铂坩埚:容积为 60 mL~100 mL,质量≤22 g 的铂坩埚。

5.4 分光光度计:附 3 cm 比色皿。

5.5 天平:感量 0.1 mg。

6 采样

按 GB/T 6679 规定的技术要求采取样品。

7 测定步骤

7.1 试样的预处理

7.1.1 称取 50 gPTA 试样(精确至 0.01 g)于铂坩埚中。在通风橱中将铂坩埚置于可调式电炉上加热,用保温砖将每个坩埚围成独立空间,一次集中烧样不超过 4 只,待试样冒烟即以燃烧的滤纸点燃,引燃后开启通风橱,调节电炉功率,防止火焰过大,使试样慢慢地燃烧碳化,燃烧停止后,把坩埚放入 750 ℃的高温炉中灼烧灰化 45 min。

7.1.2 取出铂坩埚,冷却后沿铂坩埚内壁四周滴入 5 mL 硫酸溶液(4.2),把坩埚置于可调式电炉上缓缓加热,使液体处于亚沸或微沸状态下挥发,加热过程中摇动坩埚 2~3 次,至溶液恰好蒸干。再沿坩埚内壁加入 1 mL 硫酸溶液(4.2),用少量水冲洗内壁,再置于可调式电炉上加热片刻,轻轻摇动坩埚数次,然后取下坩埚冷却,将溶液转移至 25 mL 容量瓶中,用水稀释至刻度,摇匀。此为试样溶液。

7.1.3 与此同时,制备试剂空白溶液。

7.2 标准工作曲线的绘制

7.2.1 在 7 只 25 mL 容量瓶中,分别加入 0.00 mL、0.25 mL、0.50 mL、1.00 mL、2.50 mL、5.00 mL、10.00 mL 钛标准溶液(4.7),各加入 0.75 mL 抗坏血酸溶液(4.4)、3 mL 浓盐酸(4.3),摇匀,10 min 后再加入 7 mLDAM 溶液(4.5),用水稀释至刻度,摇匀。15 min 后以水作参比,在 420 nm 处测定其吸光度。

7.2.2 以钛的质量(μg)为横坐标,以相应的净吸光度(扣去 7.2.1 中 0.00 mL 的空白溶液的吸光度)为纵坐标,绘制标准工作曲线。

7.3 试样测定

用移液管吸取 10.00 mL 试样溶液(7.1.2)于 25 mL 容量瓶中,然后按(7.2.1)相应步骤同样操作。同时取等体积的试剂空白溶液(7.1.3)做空白试验。根据试样溶液的净吸光度(扣去试剂空白溶液的吸光度),从工作曲线上查出其钛的质量。

8 分析结果的表述

8.1 计算

PTA 试样中钛含量 X(mg/kg),按式(1)计算。

$$X = \frac{m \times 25}{w \times 10} \qquad \cdots\cdots\cdots\cdots\cdots\cdots\cdots\cdots\cdots\cdots (1)$$

式中：

m ——从标准曲线上查得的试样溶液中钛的质量，单位为微克(μg)；

w ——PTA 试样的质量，单位为克(g)；

25——PTA 试样灰化后处理得到的试样溶液的体积，单位为毫升(mL)；

10——吸取的 PTA 试样溶液的体积，单位为毫升(mL)。

8.2 结果的表示

取两次测定结果的算术平均值作为测定结果，按 GB/T 8170 的规定修约至 0.001 mg/kg。当试样中钛含量测定结果小于 0.020 mg/kg 时，按<0.020 mg/kg 报告。

9 重复性

在同一实验室，由同一操作者使用相同设备，按相同的测试方法，并在短时间内对同一被测对象相互独立进行测试获得的两次独立测试结果的绝对差值不大于其算术平均值的20 %，以大于其算术平均值的 20 %的情况不超过 5 %为前提。

10 报告

报告应包括以下内容：

a) 有关试样的全部资料，例如样品名称、批号、采样日期、采样地点、采样时间等；

b) 本部分编号；

c) 分析结果；

d) 任何自由选择的实验条件的说明；

e) 测定过程中所观察到的任何异常现象的说明；

f) 分析人员的姓名，分析日期。

ICS 71.080.40
G 16

中华人民共和国国家标准

GB/T 30921.5—2016

工业用精对苯二甲酸（PTA）试验方法
第5部分：酸值的测定

Test method of purified terephthalic acid（PTA）for industrial use—
Part 5：Determination of acid number

2016-06-14 发布
2017-01-01 实施

中华人民共和国国家质量监督检验检疫总局
中国国家标准化管理委员会 发 布

前　言

GB/T 30921《工业用精对苯二甲酸(PTA)试验方法》分为如下几部分：

——第1部分：对羧基苯甲醛(4-CBA)和对甲基苯甲酸(p-TOL)含量的测定；

——第2部分：金属含量的测定；

——第3部分：水含量的测定；

——第4部分：钛含量的测定　二安替吡啉甲烷分光光度法；

——第5部分：酸值的测定；

——第6部分：粒度分布的测定；

——第7部分：b*值的测定　色差计法。

本部分为GB/T 30921的第5部分。

本部分按照GB/T 1.1—2009给出的规则起草。

本部分由中国石油化工集团公司提出。

本部分由全国化学标准化技术委员会(SAC/TC 63)归口。

本部分起草单位：中国石化扬子石油化工有限公司。

本部分主要起草人：邵强、丁大喜、史春保。

工业用精对苯二甲酸(PTA)试验方法
第5部分:酸值的测定

警告:本标准并未指出与其使用有关的所有安全问题。使用者有责任采取适当的安全和健康措施,并保证符合国家有关法规的规定。

1 范围

GB/T 30921 的本部分规定了工业用精对苯二甲酸(PTA)酸值测定的容量法。
本部分适用于工业用精对苯二甲酸(PTA)酸值的测定。

2 规范性引用文件

下列文件对于本文件的应用是必不可少的。凡是注日期的引用文件,仅注日期的版本适用于本文件。凡是不注日期的引用文件,其最新版本(包括所有的修改单)适用于本文件。
GB/T 601 化学试剂 标准滴定溶液的制备
GB/T 3723 工业用化学产品采样安全通则
GB/T 6679 固体化工产品采样通则
GB/T 6682 分析实验室用水规格和试验方法
GB/T 8170 数值修约规则与极限数值的表示和判定

3 术语和定义

下列术语和定义适用于本文件。

3.1

酸值 acid number
滴定 1 g PTA 试样到终点时所需的碱量,以氢氧化钾的质量分数计,单位为毫克每克(mg/g)。

4 方法提要

将一定量的 PTA 试样溶解于适量的二甲基亚砜中,以酚酞为指示剂,用氢氧化钠标准滴定溶液进行滴定。由消耗的氢氧化钠标准滴定溶液的体积数计算试样的酸值。

5 试剂与材料

5.1 除非另有规定,所用试剂均为分析纯,实验用水符合 GB/T 6682 中三级水规定。

5.2 氢氧化钠标准滴定溶液:$c(NaOH)=0.5$ mol/L,按 GB/T 601 制备。

5.3 酚酞指示剂(1 g/L):称取 0.1 g 酚酞,溶于乙醇,用乙醇稀释至 100 mL。

5.4 二甲基亚砜。

6 仪器与设备

6.1 锥形瓶:250 mL。

6.2 碱式滴定管:50 mL,A 级,分度值为 0.1 mL。

6.3 天平:感量 0.000 1 g。

7 采样

按 GB/T 3723 和 GB/T 6679 规定的要求采取样品。

8 测定步骤

称取 0.8 g～1.5 g PTA 试样(精确到 0.000 1 g)于 250 mL 锥形瓶中。加 20 mL 二甲基亚砜(5.4)于该锥形瓶中,摇动锥形瓶至 PTA 基本溶解,再加入 20 mL 煮沸冷却的水。加入 0.1 mL 酚酞指示剂溶液(5.3),用氢氧化钠标准滴定溶液(5.2)滴定至刚呈粉红色,记录消耗氢氧化钠标准滴定溶液的体积。在相同试验条件下,进行空白试验,记录消耗氢氧化钠标准滴定溶液的体积,作为空白值。

注:开始滴定前,溶液呈现浑浊,随着滴定过程的进行,浑浊现象会逐渐消失。

9 分析结果的表述

9.1 计算

PTA 的酸值 X(以氢氧化钾计)(mg/g),按式(1)计算。

$$X = \frac{c \times (V - V_0) \times 56.11}{m} \qquad\cdots\cdots\cdots\cdots\cdots\cdots\cdots(1)$$

式中:

c ——氢氧化钠标准滴定溶液浓度的数值,单位为摩尔每升(mol/L);

V ——滴定试样到终点时所消耗的氢氧化钠标准滴定溶液的体积的数值,单位为毫升(mL);

V_0 ——滴定空白到终点时所消耗的氢氧化钠标准滴定溶液的体积的数值,单位为毫升(mL);

56.11——氢氧化钾的摩尔质量的数值,单位为克每摩尔(g/mol);

m ——试样的质量的数值,单位为克(g)。

9.2 结果的表示

取两次重复测定结果的算术平均值,作为试样的酸值,按 GB/T 8170 的规定进行修约,精确至 0.1 mg/g。

10 精密度

10.1 重复性

在同一实验室,由同一操作者使用相同设备,按相同的测试方法,并在短时间内对同一被测对象相互独立进行测试获得的两次独立测试结果的绝对差值不大于 1.5 mg/g,以大于 1.5 mg/g 的情况不超过 5% 为前提。

10.2 再现性

在不同的实验室,由不同操作者使用不同的设备,按相同的测试方法,对同一被测对象相互独立进行测试所获得的两次独立测试结果的绝对差值不大于 2.5 mg/g,以大于 2.5 mg/g 的情况不超过 5% 为前提。

11 报告

试验报告应包括下列内容:

a) 有关样品的全部资料(批号、日期、采样地点等);

b) 本部分编号;

c) 测定结果;

d) 任何自由选择的实验条件的说明;

e) 测定过程中观察到的任何异常现象的说明;

f) 分析人员的姓名、分析日期等。

ICS 71.080.40
G 16

中华人民共和国国家标准

GB/T 30921.6—2016

工业用精对苯二甲酸(PTA)试验方法
第6部分:粒度分布的测定

Test method of purified terephthalic acid (PTA) for industrial use—
Part 6:Determination of particle size distribution

2016-06-14 发布

2017-01-01 实施

中华人民共和国国家质量监督检验检疫总局
中国国家标准化管理委员会 发布

前　　言

GB/T 30921《工业用精对苯二甲酸(PTA)试验方法》分为如下几部分:

——第 1 部分:对羧基苯甲醛(4-CBA)和对甲基苯甲酸(p-TOL)含量的测定;

——第 2 部分:金属含量的测定;

——第 3 部分:水含量的测定;

——第 4 部分:钛含量的测定　二安替吡啉甲烷分光光度法;

——第 5 部分:酸值的测定;

——第 6 部分:粒度分布的测定;

——第 7 部分:b* 值的测定　色差计法。

本部分为 GB/T 30921 的第 6 部分。

本部分按照 GB/T 1.1—2009 给出的规则起草。

本部分由中国石油化工集团公司提出。

本部分由全国化学标准化技术委员会(SAC/TC 63)归口。

本部分起草单位:中国石化扬子石油化工有限公司。

本部分主要起草人:丁大喜、邵强、戴玉娣。

工业用精对苯二甲酸(PTA)试验方法
第6部分:粒度分布的测定

1 范围

GB/T 30921的本部分规定了工业用精对苯二甲酸(简称PTA)粒度分布测定的空气喷射筛分法、激光衍射法。

本部分的空气喷射筛分法适用于粒度分布范围在10 μm～4 000 μmPTA样品的测定;激光衍射法适用于粒度分布范围在1 μm～2 000 μmPTA样品的测定。

2 规范性引用文件

下列文件对于本文件的应用是必不可少的。凡是注日期的引用文件,仅注日期的版本适用于本文件。凡是不注日期的引用文件,其最新版本(包括所有的修改单)适用于本文件。

GB/T 3723 工业用化学产品采样安全通则

GB/T 6679 固体化工产品采样通则

GB/T 6682 分析实验室用水规格和试验方法

GB/T 8170 数值修约规则与极限数值的表示和判定

GB/T 19077.1 粒度分析 激光衍射法 第1部分:通则

3 空气喷射筛分法

3.1 方法提要

应用一组专用筛,逐一在空气喷射筛上筛分试样(加入1%的炭黑粉以消除所产生的静电),然后测定残留在相应专用筛上的试样质量,分别计算其与试样总质量的百分比,从而得到试样的颗粒度大小及其分布。

3.2 试剂与材料

3.2.1 炭黑粉:粒径小于45 μm(325目)。

3.2.2 称量皿或铝盘。

3.3 仪器

3.3.1 空气喷射筛:由一个容纳专用筛的箱子组成,在其底部有一个吸气口及一个空气进口,可调节真空度为1.5 kPa～2.0 kPa。

3.3.2 专用筛:材质为不锈钢;筛孔分级为:45 μm(325目),53 μm(270目),74 μm(200目),105 μm(140目),149 μm(100目),210 μm(70目),250 μm(60目),或其他包含45 μm(325目),250 μm(60目)的一套标准筛,附橡皮密封圈。

3.3.3 天平:感量0.1 g。

3.4 采样

按 GB/T 3723 和 GB/T 6679 规定的技术要求采取样品。

3.5 操作步骤

3.5.1 称取(25.0±0.1)g 试样于铝盘中,试样质量为 m。

3.5.2 称取 0.2 g～0.3 g 炭黑粉于同一盘中,并与试样充分混匀。

3.5.3 称取专用筛和橡皮密封圈的质量(m_1)。

3.5.4 依次将已称量的专用筛和橡皮密封圈置于空气喷射筛上,并缓缓地向下推动,使其刚好触及空气喷射筛的顶部。

3.5.5 将铝盘中已称好的试样移入专用筛中,盖上塑料盖。

3.5.6 将定时器设定为 3 min,并开始筛分运转。

3.5.7 调节真空度为 1.5 kPa～2.0 kPa。

3.5.8 在筛分过程中,间歇性用塑料锤轻轻敲击塑料盖,以防颗粒物粘附。

3.5.9 3 min 结束后取出专用筛和橡皮密封圈,取下塑料盖,并将一些粘附在盖子上的试样刷至筛中,然后称取残留有样品的专用筛和橡皮密封圈的质量(m_2)。若 3 min 时样品筛分未达到平衡状态,可适当延长筛分时间。

3.6 分析结果的表述

3.6.1 专用筛上残留物的质量分数的计算

专用筛上的残留物以质量分数 x_i 计,数值以％表示,按式(1)计算。

$$x_i = \frac{m_2 - m_1}{m} \times 100 \quad\cdots\cdots\cdots\cdots\cdots\cdots\cdots\cdots\cdots\cdots\cdots\cdots (1)$$

式中:

m_2——经筛分后专用筛、残留样品和橡皮密封圈的质量的数值,单位为克(g);

m_1——专用筛和橡皮密封圈的质量的数值,单位为克(g);

m ——试样质量的数值,单位为克(g)。

3.6.2 平均粒径的计算

按孔径从小到大的顺序,计算各个孔径的专用筛上残留物的累积质量分数。以各个孔径的专用筛上残留物的累积质量分数为纵坐标,以专用筛的孔径为横坐标,绘制曲线,从曲线上查出累积质量分数为 50％所对应的孔径,作为样品的平均粒径 d_{50}。

3.6.3 结果的表示

报告平均粒径 d_{50} 以及粒径在 45 μm 以下和 250 μm 以上颗粒的质量分数。

取两次重复测定结果的算术平均值,作为测定结果,按 GB/T 8170 的规定进行修约,平均粒径 d_{50} 精确至 1 μm;粒径在 45 μm 以下和 250 μm 以上颗粒的质量分数精确至 0.1％。

3.7 重复性

在同一实验室,由同一操作者使用相同设备,按相同的测试方法,并在短时间内对同一被测对象相互独立进行测试获得的两次独立测试结果的绝对差值不大于表 1 列出的重复性限(r),以大于重复性限(r)的情况不超过 5％为前提。

表 1　方法的重复性

项目	$d_{50}/\mu m$	45 μm 以下的质量分数/%	250 μm 以上的质量分数/%
重复性限 r	12	1.0	1.0

4　激光衍射法

4.1　方法提要

将样品均匀分散在滴有分散剂的水中,使样品悬浮循环通过样品池。由激光器发射出的一束特定波长的激光经过透镜组成为单一的平行光束,该光束照射到样品池中的颗粒样品后发生衍射现象,衍射角与颗粒的直径成反比。衍射光经傅立叶或反傅立叶透镜后成像在排列有多个检测器的焦平面上,衍射光的能量在焦平面上的分布与颗粒的直径分布相关,根据衍射角与衍射能量的分布计算出样品的粒径分布。

激光粒度仪的工作示意图见图 1。

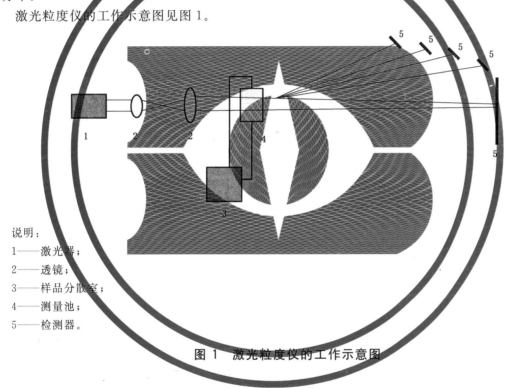

说明:
1——激光器;
2——透镜;
3——样品分散室;
4——测量池;
5——检测器。

图 1　激光粒度仪的工作示意图

4.2　试剂与材料

4.2.1　除非另有规定,所用试剂均为分析纯,实验用水符合 GB/T 6682 中三级水规定。

4.2.2　分散剂:5%壬基酚聚氧乙烯醚水溶液,能达到同等分散效果的其他分散剂也可使用。

4.3　仪器

激光粒度仪,粒径测定范围在 1 μm～2 000 μm,仪器准确度和重复性应满足 GB/T 19077.1 的要求,附湿式分散装置。

4.4　采样

按 GB/T 3723 和 GB/T 6679 规定的技术要求采取样品。

4.5 试验步骤

4.5.1 仪器准备

4.5.1.1 打开仪器电源并预热 30 min。

4.5.1.2 按仪器说明书操作仪器,使仪器自动进行光路校正。

4.5.2 样品测定

4.5.2.1 在仪器的样品分散室中注入水,水温应控制在(20±5)℃。开启样品分散室的搅拌器,调节搅拌速度,搅拌速度以样品加入后能够均匀分散在水中且不产生明显气泡为宜。

4.5.2.2 开启超声器,超声 30 s 后关闭,以除去水中的气泡。按下背景测定按键,测定水的背景散射。

4.5.2.3 将 PTA 样品进一步混合均匀、缩分。样品量应满足测量时仪器遮光度的允许范围。

4.5.2.4 在小烧杯加入适量的水,然后滴入 2～3 滴分散剂(4.2.2),摇动烧杯 1 min～2 min,使 PTA 样品完全被水浸润,并且在水中得到充分分散、不再有明显的颗粒聚集现象。将小烧杯中的试样和水完全转移至仪器的样品分散室中,保持搅拌状态,30 s 后进行测定。

4.6 分析结果的表述

4.6.1 结果计算

测量结束后,仪器自动计算样品的粒径和累积百分数,并绘制粒度分布曲线。报告平均粒径 d_{50} 以及粒径在 45 μm 以下和 250 μm 以上的颗粒的体积分数。必要时也可报告其他粒度分布数据。

4.6.2 结果的表示

取两次重复测定结果的算术平均值,作为测定结果,按 GB/T 8170 的规定进行修约,平均粒径 d_{50} 精确至 1 μm;粒径在 45 μm 以下和 250 μm 以上颗粒的体积分数精确至 0.1%。

4.7 精密度

4.7.1 重复性

在同一实验室,由同一操作者使用相同设备,按相同的测试方法,并在短时间内对同一被测对象相互独立进行测试获得的两次独立测试结果的绝对差值不大于表 2 列出的重复性限(r),以大于重复性限(r)的情况不超过 5% 为前提。

表 2 方法的重复性

项目	d_{50}/μm	45 μm 以下的体积分数/%	250 μm 以上的体积分数/%
重复性限 r	5	1.0	1.5

4.7.2 再现性

在不同的实验室,由不同操作者操作不同的设备,按相同的测试方法,对同一被测对象相互独立进行测试所获得的两次独立测试结果的绝对差值不大于表 3 列出的再现性限(R),以大于再现性限(R)的情况不超过 5% 为前提。

表 3　方法的再现性

项目	$d_{50}/\mu m$	45 μm 以下的体积分数/%	250 μm 以上的体积分数/%
再现性限 R	12	2.5	3.0

5　报告

试验报告应包括下列内容：

a) 有关样品的全部资料（批号、日期、采样地点等）；

b) 本部分编号；

c) 测定结果；

d) 任何自由选择的实验条件的说明；

e) 测定过程中观察到的任何异常现象的说明；

f) 分析人员的姓名、分析日期等。

ICS 71.080.40
G 16

中华人民共和国国家标准

GB/T 30921.7—2016

工业用精对苯二甲酸(PTA)试验方法
第7部分:b* 值的测定　色差计法

Test method of purified terephthalic acid(PTA) for industrial use—
Part 7：Determination of b value—Color difference meter

2016-06-14 发布

2017-01-01 实施

中华人民共和国国家质量监督检验检疫总局
中国国家标准化管理委员会　发布

375

前　言

GB/T 30921《工业用精对苯二甲酸(PTA)试验方法》分为如下几部分:

——第 1 部分:对羧基苯甲醛(4-CBA)和对甲基苯甲酸(p-TOL)含量的测定;

——第 2 部分:金属含量的测定;

——第 3 部分:水含量的测定;

——第 4 部分:钛含量的测定　二安替吡啉甲烷分光光度法;

——第 5 部分:酸值的测定;

——第 6 部分:粒度分布的测定;

——第 7 部分:b*值的测定　色差计法。

本部分为 GB/T 30921 的第 7 部分。

本部分按照 GB/T 1.1—2009 给出的规则起草。

本部分由中国石油化工集团公司提出。

本部分由全国化学标准化技术委员会(SAC/TC 63)归口。

本部分起草单位:中国石化仪征化纤有限责任公司。

本部分主要起草人:赵付平、王清、孙真东、陆军。

工业用精对苯二甲酸(PTA)试验方法
第7部分:b*值的测定 色差计法

1 范围

GB/T 30921 的本部分规定了工业用精对苯二甲酸(PTA) b* 值测定的色差计法。
本部分适用于工业用精对苯二甲酸(PTA) b* 值的测定。

2 规范性引用文件

下列文件对于本文件的应用是必不可少的。凡是注日期的引用文件,仅注日期的版本适用于本文件。凡是不注日期的引用文件,其最新版本(包括所有的修改单)适用于本文件。
GB/T 3723 工业用化学产品采样安全通则
GB/T 6679 固体化工产品采样通则
GB/T 8170 数值修约规则与极限数值的表示和判定

3 术语和定义

下列术语和定义适用于本文件。

3.1

PTA b* 值 PTA b* value
PTA 产品光学质量的表征,即 PTA 产品的黄蓝颜色的程度,以国际照明委员会 1976 年规定的用于非自照明的颜色空间(即 CIE 1976 L*a*b*)中 b* 值表示。

4 方法提要

将 PTA 粉末样品压成片,在色差计光学几何条件为 45/0 或 0/45,光谱范围 400 nm～700 nm 的光源照射下,测定 b* 值。

5 仪器和设备

5.1 色差计:光谱范围 400 nm～700 nm,光学几何条件 45/0 或 0/45,具有 D65 光源、10°视角,合适的测量孔径。仪器的标准黑白板需定期进行计量校准。
5.2 压片机:能施加压力至 30 MPa～45 MPa,且配有与测量孔径匹配的样杯、模具(表面需光洁无划痕)。见图1。

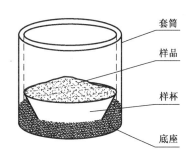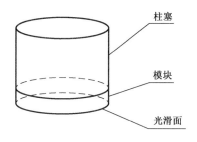

图 1 模具示意图

5.3 天平：感量为 0.1 g。

6 采样

按 GB/T 3723 和 GB/T 6679 规定采取样品 500 g。

7 分析步骤

7.1 样品制备

7.1.1 将样杯放在模具的底座上，称取(12±0.1)g 或保证压制的样片厚度不少于 7 mm 的 PTA 样品，倒入样杯中，将模块的光滑面置于样品上，放入柱塞。

7.1.2 将整套模具置于压片机上，选择 30 MPa～45 MPa 压力，施压并保持该压力至少 1 min。

7.1.3 卸压，取下整套模具，移开底座，向下推出柱塞，使样片脱离模具。保持样片表面光洁，立即测定。

7.2 仪器校正

按照 5.1 选定仪器测试条件，用标准黑白板校正仪器。

7.3 试样测定

将样片置于色差计上测定 b^* 值，将样片旋转一定角度，重复测试三次，取其平均值作为单次测试结果。

8 结果的表示

取两次测试结果的算术平均值作为测定结果，其数值按 GB/T 8170 的规定进行修约，精确至 0.01。

9 重复性

在同一实验室，由同一操作者使用相同设备，按相同的测试方法，并在短时间内对同一被测对象相互独立进行测试获得的两次独立测试结果的绝对差值不大于 0.05，以大于 0.05 的情况不超过 5% 为前提。

10 报告

报告应包括下列内容：

a) 有关样品的全部资料,例如样品名称、批号、采样地点、采样日期、采样时间等；

b) 所采用仪器及测试条件；

c) 本部分编号；

d) 分析结果；

e) 测定中观察到的任何异常现象的细节及其说明；

f) 分析人员的姓名及分析日期等。

合成树脂
I 基础

ICS 83.080.20
G 31

中华人民共和国国家标准

GB/T 1845.1—2016
代替 GB/T 1845.1—1999

塑料 聚乙烯(PE)模塑和挤出材料 第 1 部分：命名系统和分类基础

Plastics—Polyethylene (PE) moulding and extrusion materials—
Part 1: Designation system and basis for specifications

(ISO 17855-1:2014, MOD)

2016-10-13 发布

2017-05-01 实施

中华人民共和国国家质量监督检验检疫总局
中国国家标准化管理委员会 发布

前　言

GB/T 1845《塑料　聚乙烯(PE)模塑和挤出材料》分为如下两个部分：
——第1部分：命名系统和分类基础；
——第2部分：试样制备和性能测定。

本部分为GB/T 1845的第1部分。

本部分按照GB/T 1.1—2009给出的规则起草。

本部分代替GB/T 1845.1—1999《塑料　聚乙烯(PE)模塑和挤出材料　第1部分：命名系统和分类基础》。

本部分与GB/T 1845.1—1999相比主要技术变化如下：
——将规范性引用文件更新为新发布的国家标准(见第2章，1999年版第2章)；
——命名和分类模式增加说明组和标准号部分(见第3章，1999年版第3章)；
——改变了命名特征项目组字符组顺序(见3.1，1999年版第3章)；
——更改了聚乙烯的字母代号(见3.2，1999年版3.1)；
——删除了矿物填料用具体符号如"E""P"等明确表示的注释(1999年版3.4表4)；
——增加了字符组3位置1的说明，表明位置1仅给出所命名聚乙烯材料的主要应用和(或)加工方法(见3.4)；
——增加了字符组3位置2~8的字母，用"J"表示性能"耐热的"(见3.4表2)；
——增加了字符组4中两特征性能代号之间用"－"隔开的要求(见3.5)；
——增加了按密度对聚乙烯树脂类别的划分(见3.5.2表3)；
——删除了熔体质量流动速率试验条件E(1999年版3.3.2表2)；
——删除了熔体质量流动速率测定中试样加入量和切样时间间隔的描述(1999年版3.3.2表3)。
——增加了熔体质量流动速率分档范围及相应代号(见3.5.3表5)。

本部分使用重新起草法修改采用国际标准ISO 17855-1:2014《塑料　聚乙烯(PE)模塑和挤出材料　第1部分：命名系统和分类基础》(英文版)。

本部分与ISO 17855-1:2014的主要技术差异及其原因如下：
——关于规范性引用文件，本标准做了具有技术性差异的调整，以适应我国的技术条件，调整的情况集中反映在第2章"规范性引用文件"中，具体调整如下：
  ● 用修改采用国际标准的GB/T 1033.2—2010代替ISO 17855-1:2014引用的ISO 1183-2:2004；
  ● 用修改采用国际标准的GB/T 1845.2—2006代替ISO 17855-1:2014引用的ISO 1872-2:1997。
——明确了密度采用"密度梯度柱法"测定。采用测试熔体流动速率时的样条作为测定密度的试样。

本部分由中国石油化工集团公司提出。

本部分由全国塑料标准化技术委员会石化塑料树脂产品分会(SAC/TC 15/SC 1)归口。

本部分起草单位：中国石油化工股份有限公司齐鲁分公司研究院、中国石油化工股份有限公司北京燕山分公司树脂应用研究所。

本部分主要起草人：程志凌、谢侃、王晓丽、李晶、陈宏愿、张耀月。

本部分所代替标准的历次版本发布情况为：
——GB/T 1845—1980、GB/T 1845—1988、GB/T 1845.1—1999。

引　言

　　本部分代替 GB/T 1845.1—1999，GB/T 1845.1—1999 是修改采用 ISO 1872-1:1993 制定的。由于国际标准引入了新的命名体系，改变了命名特征项目组中各字符组的顺序，ISO 1872-1:1993 被 ISO 17855-1:2014 替代。因此，本部分修改采用国际标准 ISO 17855-1:2014。

塑料 聚乙烯(PE)模塑和挤出材料
第1部分:命名系统和分类基础

1 范围

1.1 GB/T 1845 的本部分规定了聚乙烯(PE)热塑性塑料材料的命名系统,该系统可作为分类基础。

1.2 不同类型的聚乙烯热塑性塑料材料用下列指定的特征性能的值以及推荐用途和(或)加工方法、重要性能、添加剂、着色剂、填料和增强材料等为基础的一种分类系统加以区分:

   a) 密度;

   b) 熔体质量流动速率。

1.3 本部分适用于聚乙烯均聚物以及其他 1-烯烃单体质量分数小于 50% 和带官能团的非烯烃单体质量分数不多于 3% 的共聚物。

   本部分适用于常规为粉状、颗粒或碎粒状,未改性或经着色剂、添加剂、填料等改性的材料。

   本部分不适用于母料和 EPM 橡胶。本部分也不适用于超高分子量聚乙烯(PE-UHMW)。超高分子量聚乙烯的命名和分类参见 GB/T 21461.1—2008。

1.4 本部分不意味着命名相同的材料必定具有相同的性能。本部分不提供用于说明材料特殊用途和(或)加工方法所需的工程数据、性能数据或加工条件数据。

   如果需要,可按 GB/T 1845 的第 2 部分中规定的试验方法确定这些附加性能。

1.5 为了说明某种聚乙烯热塑性塑料材料的特殊用途或为了确保加工的重现性,可以在字符组 5 中给出附加要求。

2 规范性引用文件

   下列文件对于本文件的应用是必不可少的。凡是注日期的引用文件,仅注日期的版本适用于本文件。凡是不注日期的引用文件,其最新版本(包括所有的修改单)适用于本文件。

   GB/T 1033.2—2010 塑料 非泡沫塑料密度的测定 第 2 部分:密度梯度柱法(ISO 1183-2:2004,MOD)

   GB/T 1844.1—2008 塑料 符号和缩略语 第 1 部分:基础聚合物及其特征性能(ISO 1043-1:2001,IDT)

   GB/T 1845.2—2006 塑料 聚乙烯(PE)模塑和挤出材料 第 2 部分:试样制备和性能测定(ISO 1872-2:1997,MOD)

   GB/T 21461.1—2008 塑料 超高分子量聚乙烯(PE-UHMW)模塑和挤出材料 第 1 部分:命名系统和分类基础(ISO 11542-1:2001,IDT)

   ISO 1133-1 塑料 热塑性塑料熔体质量流动速率(MFR)和熔体体积流动速率(MVR)的测定 第 1 部分:标准方法[Plastics—Determination of the melt-mass flow rate(MFR)and melt-volume flow rate(MVR)of thermoplastics—Part 1:Standard method]

3 命名和分类系统

3.1 总则

   聚乙烯的命名和分类系统基于下列标准模式:

命名						
说明组 （可选的）	识别组					
	标准号	特征项目组				
		字符组 1	字符组 2	字符组 3	字符组 4	字符组 5

命名由一个可选择的写作"热塑性塑料"的说明组和包括国家标准编号和特征项目组的识别组构成，为了使命名更加明确，特征项目组又分成下列五个字符组：

字符组 1：按照 GB/T 1844.1 规定的该塑料代号（见 3.2）。

字符组 2：填料或增强材料及其标称含量（见 3.3）。

字符组 3：位置 1：推荐用途和加工方法（见 3.4）。

位置 2～8：重要性能、添加剂及附加说明（见 3.4）。

字符组 4：特征性能（见 3.5）。

字符组 5：为达到分类的目的，可在第 5 字符组里添加附加信息。

特征项目组的第一个字符是连字符。字符组彼此间用逗号","隔开，如果某个字符组不用，就要用两个逗号即",,"隔开。

3.2 字符组 1

在这个字符组中，按照 GB/T 1844.1—2008 的规定，用"PE-VLD"作超低密度聚乙烯的代号，用"PE-LD"作低密度聚乙烯的代号，"PE-LLD"作线型低密度聚乙烯的代号，"PE-MD"作中密度聚乙烯的代号，"PE-HD"作高密度聚乙烯的代号。

3.3 字符组 2

在这个字符组中，位置 1 用一个字母表示填料和（或）增强材料的类型，位置 2 用一个字母表示其物理形态，代号的具体规定见表 1。在位置 3 和位置 4 用两个数字为代号表示其质量分数。

表 1 字符组 2 中填料和增强材料的字母代号

字母代号	材料（位置1）	字母代号	形态（位置2）
B	硼	B	球状，珠状
C	碳[a]		
		D	粉末状
		F	纤维状
G	玻璃	G	颗粒（碎纤维）状
		H	晶须
K	（白垩）碳酸钙		
L	纤维素[a]		
M	矿物[a]，金属[a]		
S	有机合成材料[a]	S	鳞状，片状
T	滑石粉		

表 1（续）

字母代号	材料(位置1)	字母代号	形态(位置2)
W	木粉		
X	未说明	X	未说明
Z	其他ª	Z	其他ª
多种材料和(或)多种形态材料的混合物,可用"＋"号将相应的代号组合放在括号内表示。例如:含有 25％玻璃纤维(GF)和 10％矿物粉(MD)的混合物可表示为(GF25＋MD10)。			
ª 这些材料可用其化学符号或有关标准中规定的附加符号进一步明确表示。对于金属(M),用其化学符号表示金属类型非常重要。			

3.4 字符组 3

在这个字符组中,位置 1 给出有关的推荐用途和(或)加工方法的说明,位置 2～8 给出有关重要性能、添加剂和颜色的说明。所用字母代号的规定见表 2。

由于很多聚乙烯材料有多种用途和加工方法,位置 1 仅给出其主要的应用和(或)加工方法。

如果在位置 2～8 有说明内容,而在位置 1 未给出说明时,则应在位置 1 插入字母 X。

如果聚乙烯为本色和(或)颗粒时,在命名时可以省略本色(N)和(或)颗粒(G)的代号。

表 2 字符组 3 中所用字母代号

字母代号	位置1	字母代号	位置2～8
		A	加工稳定的
B	吹塑	B	抗粘连
C	压延	C	着色的
		D	粉末状
E	挤出管材,型材和片材	E	可发性的
F	挤出薄膜	F	特殊燃烧性
G	通用	G	颗粒,碎料
H	涂覆	H	热老化稳定的
J	电线电缆绝缘	J	耐热的
K	电缆电线护套	K	金属钝化的
L	挤出单丝	L	光和气候稳定的
M	注塑	M	成核的
		N	本色(未着色的)
		P	冲击改性的
Q	压塑		
R	旋转模塑	R	脱模剂
S	烧结	S	润滑的

表 2（续）

字母代号	位置 1	字母代号	位置 2～8
T	窄带（挤出扁丝）	T	改进透明的
X	未说明	X	交联的
		Y	提高导电性的
		Z	抗静电的

3.5 字符组 4

3.5.1 一般原则

在这个字符组中，用两个数字组成的代号表示密度（见 3.5.2），用一个字母和三个数字组成的代号表示熔体质量流动速率（见 3.5.3）。两特征性能代号之间用"-"隔开。

如果特性值落在或接近某档界限，生产者应说明该材料按某档命名，如果以后由于生产过程的容许限使个别试验值落在界限值上或界限的另一侧，命名不受影响。

注：目前可得到的聚合物并不一定能提供所有的特征性能值的组合。

3.5.2 密度

密度按 GB/T 1033.2—2010 测定，采用密度梯度柱法。采用测试熔体流动速率时的样条作为测定密度的试样。

为获得长度适当、无空隙、表面光滑的样条，本色和未填充的样品应按 3.5.3 规定的适当条件，在 190 ℃下由熔体流动速率测试仪挤出。样条切下后置于冷金属板上，再将样条浸入盛有 200 mL 沸水的烧杯中盖上盖煮沸 30 min 进行退火，然后将该烧杯置于实验室环境下冷却 1 h，在 24 h 内测定试样的密度。

按照可能出现的数值，将密度分为 13 个范围，每个范围用两个数字组成的数字代号表示，并按密度值分为 4 类，见表 3。

注：对经着色剂、填料等改性的材料，命名时特征性能密度应为聚乙烯树脂（基础树脂）的密度值。

表 3 字符组 4 中密度使用代号及范围

数字代号	密度范围（23 ℃±2 ℃） kg/m³	分类
00	≤901	超低密度聚乙烯 PE-VLD
03	＞901～906	
08	＞906～911	
13	＞911～916	低密度聚乙烯 PE-LD， 或线型低密度聚乙烯 PE-LLD
18	＞916～921	
23	＞921～925	
27	＞925～930	中密度聚乙烯 PE-MD
33	＞930～936	
40	＞936～940	

表 3（续）

数字代号	密度范围(23 ℃±2 ℃) kg/m³	分类
44	＞940～948	
50	＞948～954	高密度聚乙烯
57	＞954～960	PE-HD
62	＞960	

3.5.3 熔体质量流动速率

熔体质量流动速率按 ISO 1133-1 测定，采用表 4 中规定的试验条件。

表 4　熔体质量流动速率试验条件

字母代号	温度 ℃	负荷 kg
D	190	2.16
T	190	5.00
G	190	21.6

推荐试验条件：

T 用于在试验条件 D 下测定 MFR 值小于 0.1 g/10 min 的材料；

G 用于在试验条件 T 下测定 MFR 值小于 0.1 g/10 min 的材料；

按照可能出现的数值，将熔体质量流动速率分为 15 个范围，每个范围用一个数字组成的数字代号表示，见表 5。在数字代号前面用表 4 规定的一个字母代号表示试验条件。

表 5　字符组 4 中熔体质量流动速率使用代号及范围

数字代号	MFR 范围 g/10 min
000	≤0.10
001	＞0.10～0.20
003	＞0.20～0.40
006	＞0.40～0.80
012	＞0.80～1.5
022	＞1.5～3.0
045	＞3.0～6.0
090	＞6.0～12
200	＞12～25
400	＞25～50
600	＞50～75
800	＞75～100
900	＞100～130
910	＞130～160
920	＞160～200

3.6 字符组 5

这个可选用的字符组表明附加要求,是一种将材料的命名转换成特定用途材料规格的方法。例如对已确定规格的产品可参考合适的国家标准或类似标准进行。

4 命名示例

4.1 某种低密度聚乙烯热塑性材料(PE-LD),用于挤出薄膜(F),含开口剂(B),本色(N),密度为918 kg/m³(18),熔体质量流动速率(MFR 190/2.16)(D)为 3.5 g/10 min(045),命名为:

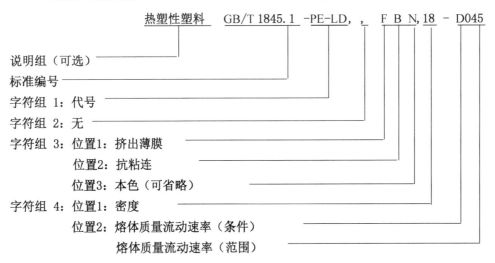

命名:(热塑性塑料)GB/T 1845.1-PE-LD,,FBN,18-D045

4.2 某种高密度聚乙烯热塑性材料(PE-HD),用于吹塑(B),不含特殊添加剂,密度为 952 kg/m³(50),熔体质量流动速率为(MFR 190/21.6)(G)为 0.5 g/10 min(006),命名为:

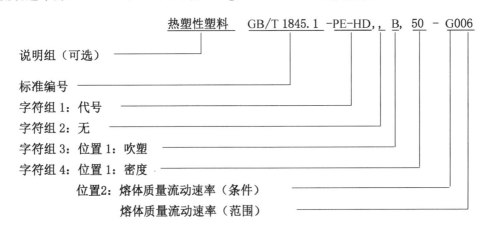

命名:(热塑性塑料)GB/T 1845.1-PE-HD,,B,50-G006

4.3 某种线型低密度聚乙烯热塑性材料(PE-LLD),用于电缆护套(K),耐候(L),着色(C),密度(基础树脂)为 920 kg/m³(18),熔体质量流动速率为(MFR 190/2.16)(D)0.22 g/10 min(003),命名为:

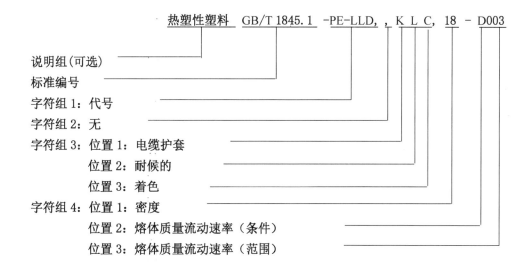

命名:(热塑性塑料)GB/T 1845.1-PE-LLD,,KLC,18-D003

4.4 某种中密度聚乙烯热塑性材料(PE-MD),用于挤出管材(E),添加耐气候稳定剂(L),着色(C),密度为 935 kg/m³(33),熔体质量流动速率为(MFR 190/5)(T)0.5 g/10 min (006),命名为:

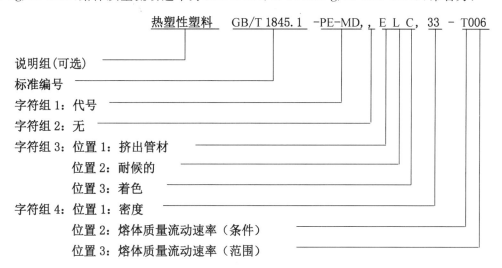

命名:(热塑性塑料)GB/T 1845.1-PE-MD,,ELC,33-T006

4.5 某种高密度聚乙烯热塑性材料(PE-HD),用于注塑成型(M),抗静电(Z),着色(C),含 25％玻璃纤维(GF)和 10％矿物粉(MD),密度(基础树脂)为 946 kg/m³(44),熔体质量流动速率为(MFR 190/2.16)(D)36 g/10 min(400),命名为:

热塑性塑料　　GB/T 1845.1 -PE-HD，GF25+MD10，M Z C，44 - D400

说明组（可选）

标准编号

字符组1：代号

字符组2：位置1：填料和（或）增强材料

　　　　　位置2：物理形态

　　　　　位置3：质量含量

字符组3：位置1：注塑成型

　　　　　位置2：抗静电的

　　　　　位置3：着色

字符组4：位置1：密度

　　　　　位置2：熔体质量流动速率（条件）

　　　　　位置3：熔体质量流动速率（范围）

命名：(热塑性塑料)GB/T 1845.1-PE-HD，GF25＋MD10.MZC，44-D400

———————

编者注：

规范性引用文件中国际标准转化情况见附表。

ICS 83.080.20
G 31

中华人民共和国国家标准

GB/T 2546.1—2006
代替 GB/T 2546—1988

塑料 聚丙烯(PP)模塑和挤出材料
第 1 部分：命名系统和分类基础

Plastics—Polypropylene(PP) moulding and extrusion materials—
Part 1：Designation system and basis for specifications

(ISO 1873-1：1995,MOD)

2006-01-23 发布　　　　　　　　　　　　　　　　　　2006-11-01 实施

中华人民共和国国家质量监督检验检疫总局
中国国家标准化管理委员会　　发 布

前　言

GB/T 2546《塑料　聚丙烯(PP)模塑和挤出材料》分为如下两个部分：
——第1部分:命名系统和分类基础；
——第2部分:试样制备和性能测定。

本部分为 GB/T 2546 的第1部分。

本部分修改采用 ISO 1873-1:1995《塑料　聚丙烯(PP)模塑和挤出材料　第1部分:命名系统和分类基础》(英文版)。本部分的结构与 ISO 1873-1:1995 完全相同。

本部分与 ISO 1873-1:1995 相比,主要的技术性差异如下：
——1.2 中,将"冲击强度"改为"简支梁缺口冲击强度"以使标准前后一致；
——第2章规范性引用文件中,将"ISO 1133:1991"改为"GB/T 3682—2000(idt ISO 1133:1997)"；
——第3章命名模式中,省略了可选择的字符组:"热塑性塑料"和"国际标准号"；
——3.3.1中,将"拉伸弹性模量的可能值按其范围分为6档,各档用两个数字作代号,具体规定见表3。"改为"拉伸弹性模量以标称值为基础用三个数字作代号"。表3内容作相应修改；
——3.3.2中,将"简支梁缺口冲击强度的可能值按其范围分为6档,各档用两个数字作代号"改为"简支梁缺口冲击强度以标称值为基础用两个数字作代号"。表4内容作相应修改；
——3.3.3中,增加 MFR 的试验条件 P"温度:230℃、负荷:5 kg",并将"熔体质量流动速率(MFR)的可能值按其范围分为11档,各档用三个数字作代号,具体规定见表3。"改为"熔体质量流动速率以标称值为基础用一个字母及三个数字作代号。"表5内容作相应修改。

本部分代替 GB/T 2546—1988《聚丙烯和丙烯共聚物材料命名》。

本部分与 GB/T 2546—1988 相比主要变化如下：
——1.2 中,命名的特征性能增加了"拉伸弹性模量"和"简支梁缺口冲击强度",删去"等规指数"；
——3.3.1、3.3.2 和 3.3.3 的变化与上述本部分与 ISO 1873-1:1995 主要的技术性差异相同；
——3.2 表2中,位置1中的字母代号删去"I"(表示吹塑薄膜),增加"G"(表示一般用途)。位置2-8 中增加"G"(表示颗粒)、"M"(表示加成核剂)、"N"(表示本色的)和"R"(表示脱模剂)；
——3.4 表6中,位置2表示填料和增强材料的字母代号中去掉"S"(表示鳞状、片状的)。

本部分由中国石油化工股份有限公司提出。

本部分由全国塑料标准化技术委员会石化塑料树脂产品分技术委员会(SAC/TC 15/SC 1)归口。

本部分起草单位:北京燕化石油化工股份有限公司树脂应用研究所。

本部分主要起草人:邸丽京、王树华、陈宏愿、杨春梅、王晓丽。

本标准于1988年6月首次发布,本次为第一次修订。

塑料 聚丙烯(PP)模塑和挤出材料
第1部分:命名系统和分类基础

1 范围

1.1 GB/T 2546的本部分规定了聚丙烯(PP)热塑性塑料材料的命名系统。该系统可作为分类基础。

1.2 不同类型的聚丙烯热塑性材料用下列指定的特征性能的值以及推荐用途和(或)加工方法、重要性能、添加剂、着色剂、填料和增强材料等为基础的一种分类系统加以区分:

    a) 拉伸弹性模量;

    b) 简支梁缺口冲击强度;

    c) 熔体质量流动速率(MFR)。

1.3 本部分适用于所有丙烯均聚物和其他1-烯烃单体质量分数小于50%的丙烯共聚物以及上述聚合物质量分数不小于50%的共混物。

    本部分适用于常规为粉状、颗粒或碎粒状,未改性或经着色剂、添加剂、填料等改性的材料。

    本部分不适用于丙烯基橡胶。

1.4 本部分不意味着命名相同的材料必定具有相同的性能。本部分不提供用于说明材料特殊用途和(或)加工方法所需的工程数据、性能数据或加工条件数据。

    如果需要,可按本标准第2部分中规定的试验方法确定这些附加性能。

1.5 为了说明某种聚丙烯材料的特殊用途或为了确保加工的重现性,可在第5字符组中给出附加要求。

2 规范性引用文件

    下列文件中的条款通过GB/T 2546的本部分的引用而成为本部分的条款。凡是注日期的引用文件,其随后所有的修改单(不包括勘误的内容)或修订版均不适用于本部分,然而,鼓励根据本部分达成协议的各方研究是否可使用这些文件的最新版本。凡是不注日期的引用文件,其最新版本适用于本部分。

    GB/T 1844.1—1995 塑料及树脂缩写代号 第一部分:基础聚合物及其特征性能(neq ISO 1043-1:1987)

    GB/T 1844.2—1995 塑料及树脂缩写代号 第二部分:填充材料及增强材料(neq ISO 1043-2:1987)

    GB/T 2546.2—2003 塑料 聚丙烯(PP)模塑和挤出材料 第2部分:试样制备和性能测定(ISO 1873.2-1997,MOD)

    GB/T 3682—2000 热塑性塑料熔体质量流动速率和熔体体积流动速率的测定(idt ISO 1133—1997)

3 命名和分类系统

    聚丙烯的命名和分类系统基于下列标准模式:

命　名				
特征项目组				
字符组 1	字符组 2	字符组 3	字符组 4	字符组 5

命名由表示特征项目组的 5 个字符组构成：

字符组 1：按照 GB/T 1844.1—1995 规定聚丙烯代号 PP 以及有关聚合过程或聚合物组成的信息（见 3.1）。

字符组 2：位置 1：推荐用途或加工方法（见 3.2）。位置 2～8：重要性能、添加剂和附加说明（见 3.2）。

字符组 3：特征性能（见 3.3）。

字符组 4：填料或增强材料及其标称含量（见 3.4）。

字符组 5：为达到分类的目的，可在第 5 字符组里添加附加信息。

字符组间用逗号隔开，如果某个字符组不用，就要用两个逗号即","隔开。

3.1　字符组 1

这个字符组是由 GB/T 1844.1—1995 规定的聚丙烯代号"PP"和表示类型的一个字母组成。中间用一个连字符隔开。字母代号的规定见表 1。

表 1　字符组 1 中的字母代号的说明

代　号	定　义
H	热塑性丙烯均聚物
B[a]	热塑性丙烯耐冲击共聚物 　　热塑性丙烯耐冲击共聚物是由 PP-H 或 PP-R 与橡胶相通过在反应器中就地掺混或物理共混制得的以丙烯为基体的两相或多相聚合物。橡胶相是由丙烯和另一种（或多种）不含烯烃外的其他官能团的烯烃单体聚合而成。
R	热塑性丙烯无规共聚物 　　热塑性丙烯无规共聚物是由丙烯和另一种（或多种）不含烯烃外的其他官能团的单体聚合而成的无规共聚物。
a　这类聚合物过去称为嵌段共聚物。	

3.2　字符组 2

在这个字符组中，位置 1 给出有关材料的推荐用途和（或）加工方法的说明，位置 2～8 给出有关重要性能、添加剂和颜色的说明。所用字母代号的规定见表 2。

如果在位置 2～8 有说明内容，而在位置 1 没给出说明时，则应在位置 1 插入字母 X。

若聚丙烯为本色（未着色）时，命名时可以省略本色的代号"N"。若聚丙烯为颗粒时，命名时可以省略颗粒的代号"G"。

3.3　字符组 3

在这个字符组中，用三个数字组成的代号表示拉伸弹性模量的标称值（见 3.3.1）；用两个数字组成的代号表示简支梁缺口冲击强度的标称值（见 3.3.2）；用一个字母加三个数字组成的代号表示熔体质量流动速率的标称值（见 3.3.3），各代号间用一个连字符隔开。

聚丙烯的生产者应对材料进行命名。由于生产过程的容许限，材料的试验值一般与命名的值不同，该命名不受影响。

注：目前可买到的原料不一定提供所有的特征性能值。

3.3.1　拉伸弹性模量

聚丙烯拉伸弹性模量的测定按 GB/T 2546.2—2003 规定进行。

拉伸弹性模量以标称值为基础用三个数字作代号。代号的规定见表3。

表2 字符组2中所用的字母代号

字母代号	位置1	字母代号	位置2～8
		A	加工稳定的
B	吹塑	B	抗粘连
C	压延	C	着色的
		D	粉末状
E	挤出	E	可发性的
F	挤出薄膜	F	特殊燃烧性
G	一般用途	G	颗粒
H	涂覆	H	热老化稳定的
K	电缆和电线护套	K	金属钝化的
L	挤出单丝	L	光或气候稳定的
M	注塑	M	加成核剂的
		N	本色(未着色的)
		P	冲击改性的
Q	压塑		
R	旋转模塑	R	脱模剂
S	烧结	S	加润滑剂
T	窄带	T	透明的
X	未说明		
Y	纤维	Y	提高导电性的
		Z	抗静电的

表3 聚丙烯拉伸弹性模量代号的规定

拉伸弹性模量的标称值/MPa	代号的规定
≥1 000	取其标称值的三位有效数字
<1 000	将其标称值取两位有效数字并在前加"0"

3.3.2 简支梁缺口冲击强度

聚丙烯简支梁缺口冲击强度的测定按 GB/T 2546.2—2003 规定进行。

简支梁缺口冲击强度以标称值为基础用两个数字作代号。代号的规定见表4。

表4 聚丙烯简支梁缺口冲击强度代号的规定

简支梁缺口冲击强度标称值/(kJ/m²)	代号的规定
≥10	取其标称值的两位有效数字
<10	将其标称值取一位有效数字并在前加"0"

3.3.3 熔体质量流动速率(*MFR*)

聚丙烯熔体质量流动速率(*MFR*)的测定按 GB/T 3682—2000 规定进行。试验条件可选用 M(温度:230℃、负荷:2.16 kg)或 P(温度:230℃、负荷:5 kg)。

熔体质量流动速率以标称值为基础用一个字母及三个数字作代号。代号的规定见表5。

如果试验条件为 M 时,命名时可以省略字母代号"M"。

表 5　聚丙烯 *MFR* 代号的规定

MFR/ (g/10 min)	代　号　的　规　定	
	字母	数　　字
MFR≥10	M 或 P	在其标称值的两位有效数字后加"0"
1.0≤*MFR*<10		在其标称值的两位有效数字前加"0"
MFR<1.0		将其标称值取一位有效数字并在前加"00"

注：本标准下一次修订时，熔体质量流动速率(*MFR*)将被熔体体积流动速率(*MVR*)代替。

3.4　字符组 4

聚丙烯所用的填料或增强材料及类型的代号按 GB/T 1844.2—1995 规定。在这个字符组中，位置 1 用一个字母表示填料或增强材料的类型，位置 2 用第二个字母表示其物理形态，代号的具体规定见表 6。紧接着字母(不空格)，在位置 3 和位置 4 用两个数字为代号表示其质量含量。

表 6　字符组 4 中填料和增强材料的字母代号

字母代号	材料(位置1)	字母代号	形态(位置2)
B	硼	B	球状，珠状
C	碳[a]		
		D	粉末状
		F	纤维状
G	玻璃	G	颗粒状
		H	晶须
K	碳酸钙		
L	纤维素[a]		
M	矿物[a,b]，金属[a]		
S	有机合成材料[a]		
T	滑石粉		
W	木		
X	未说明	X	未说明
Z	其他[a]	Z	其他[a]

[a]　这些材料可用其化学符号或有关国际标准中规定的附加符号进一步明确表示。对于金属(M)，用化学符号表示金属类型非常重要。

[b]　如果可能，矿物填料应该用具体符号明确表示。

多种材料和(或)多种形态材料的混合物，可用"＋"号将相应的代号组合放在括号内表示。例如：含有 25%(质量分数)玻璃纤维(GF)和 10%(质量分数)矿物粉(MD)的混合物可表示为(GF25＋MD10)。

3.5　字符组 5

在这个可选用的字符组中，附加要求是一种将材料的命名转换成特定用途规格的方法。例如对已确定规格的产品可参考合适的国家标准或类似标准进行。

4　命名示例

4.1　命名

4.1.1　某种热塑性丙烯均聚物(PP-H)用于挤出薄膜(F)，本色(未着色)(N)，拉伸弹性模量的标称值为 1 400 MPa(140),简支梁缺口冲击强度的标称值为 3 kJ/m²(03),熔体质量流动速率的标称值为 3.4 g/10 min(034),其试验条件为温度 230℃、负荷 2.16 kg(M) 其命名为：

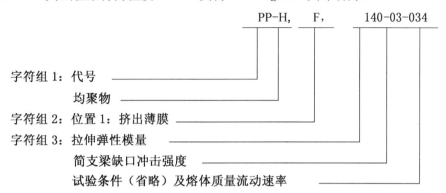

命名：PP-H,F,140-03-034

4.1.2 某种热塑性丙烯耐冲击共聚物(PP-B),用于挤出片材(E),未经特殊改性但着色(C),其拉伸弹性模量的标称值为 1 100 MPa(110),简支梁缺口冲击强度的标称值为 7 kJ/m²(07),熔体质量流动速率的标称值为 0.9 g/10 min(009),其试验条件为：温度 230℃、负荷 2.16 kg(M),其命名为：

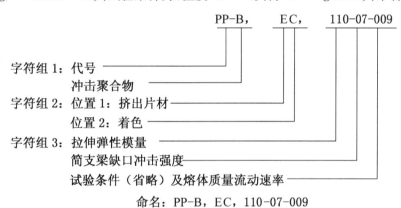

命名：PP-B，EC，110-07-009

4.1.3 某种热塑性丙烯均聚物(PP-H),用于注塑(M),其拉伸弹性模量的标称值为 4 500 MPa(450),简支梁缺口冲击强度的标称值为 2 kJ/m²(02),熔体质量流动速率的标称值为 3.5 g/10 min(035),其试验条件为温度 230℃、负荷 2.16 kg(M),添加滑石粉增强,滑石粉的质量分数为 40%(TD40),其命名为：

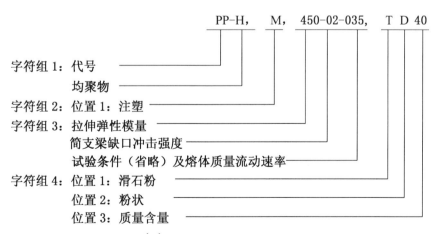

命名：PP-H，M，450-02-035,TD40

4.2 某种转成有规格的命名

某种热塑性丙烯无规共聚物(PP-R),用于挤出排水系统用的管材(E),具有光和气候稳定性(L),

经着色(C),其拉伸弹性模量的标称值为 700 MPa(070),简支梁缺口冲击强度的标称值为 20 kJ/m² (20),熔体质量流动速率的标称值为 0.3 g/10 min(003),其试验条件为:温度 230℃、负荷 2.16 kg (M),其命名为:

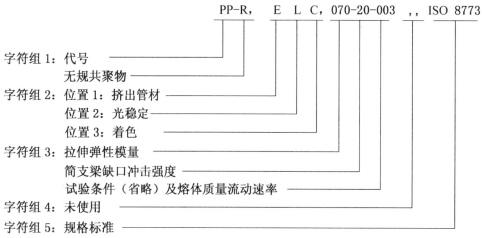

规格:PP-R,ELC,070-20-003,,ISO 8773

前　言

　　本标准等效采用 ISO 1622-1:1994《塑料　聚苯乙烯(PS)模塑和挤出材料　第 1 部分:命名系统和分类基础》。

　　本标准与采用的 ISO 1622-1:1994 标准技术内容基本一致,主要差异为:

　　1. ISO 1622-1:1994 标准中,特征性能维卡软化温度和熔体质量流动速率的标称值范围分档用代号表示。为便于新牌号的开发,本标准中,特征性能均以其标称值为基础做代号。

　　2. 在命名模式中,舍去了可选择的说明组——"热塑性塑料"和"国际标准号"。

　　3. 在引用标准章中,试验方法标准加注说明我国正在修订此标准。在引用此标准内容时直接采用新版本国际标准内容,并加注说明与现行国家标准的差别。

　　本标准为《聚苯乙烯(PS)模塑和挤出材料》的第 1 部分。

　　本标准自生效之日起代替国家标准 GB/T 6594—1986《聚苯乙烯(PS)模塑和挤出料命名》

　　本标准由全国塑料标准化技术委员会石化塑料树脂产品分技术委员会(TC15/SC1)提出并归口。

　　本标准起草单位:北京燕化石油化工股份有限公司树脂应用研究所。

　　本标准主要起草人:杨春梅、宁武深。

　　本标准于 1986 年制定,1998 年第一次修订。

ISO 前言

　　ISO(国际标准化组织)是各国家标准化团体(ISO 成员团体)组织的世界性联合组织。制订国际标准的工作一般通过 ISO 技术委员会进行。对技术委员会所设立的专题感兴趣的每个成员有权参加该技术委员会。与 ISO 有联系的官方或非官方的国际组织也可参加工作。ISO 与国际电工技术委员会(IEC)在所有电工技术标准化方面紧密协作。

　　技术委员会将采纳的国际标准草案向各成员团体分发进行投票,国际标准的发布要求至少有75%的成员团体投票表示赞成。国际标准 ISO 1622-1 是由 ISO/TC61/SC9 国际标准化组织塑料技术委员会热塑性塑料分技术委员会制定的。

　　ISO 1622-1 第二版取代了第一版(ISO 1622-1:1985),符合经修定的命名标准文本结构的要求。

　　ISO 1622 在《塑料—聚苯乙烯模塑和挤出材料》总标题下,由以下两部分组成:

　　——第 1 部分:命名系统和分类基础;

　　——第 2 部分:试样制备和性能测定。

中华人民共和国国家标准

聚苯乙烯(PS)模塑和挤出材料
第1部分:命名系统和分类基础

GB/T 6594.1—1998
eqv ISO 1622-1:1994

代替 GB/T 6594—1986

Polystyrene（PS）moulding and extrusion materials—
Part 1:Designation system and basis for specifications

1 范围

1.1 本标准规定了聚苯乙烯(PS)模塑和挤出材料的命名系统。本标准也可作为分类的基础。

1.2 不同型号的聚苯乙烯树脂用指定的特征性能值以及推荐用途和(或)加工方法、重要性能、添加剂、着色剂为基础的分类系统加以区分。聚苯乙烯树脂的特征性能为维卡软化温度和熔体质量流动速率。

1.3 本标准适用于无定形聚苯乙烯均聚物。

本标准适用于常规使用的,经着色剂、添加剂、填料等改性的和未改性的材料。

本标准不适用于可发性聚苯乙烯、苯乙烯共聚物、苯乙烯衍生物的均聚物和那些用其他聚合物,如弹性体改性的品种。

1.4 本标准中命名相同的材料不意味着必定具有相同的性能。本标准不提供用于说明材料特殊用途和(或)加工方法所需的工程数据、性能数据和加工条件的数据。如果需要,参看有关标准。

1.5 为了说明某种聚苯乙烯材料的特殊用途或为了保证加工的重现性,可以在字符组 5 中给出附加要求。

2 引用标准

下列标准所包含的条文,通过在本标准中引用而构成为本标准的条文。本标准出版时,所示版本均为有效。所有标准都会被修订,使用本标准的各方应探讨使用下列标准最新版本的可能性。

GB/T 1844.1—1995 塑料及树脂缩写代号 第1部分:基础聚合物及其特征性能

GB/T 1633—1979[1] 热塑性塑料软化点(维卡)试验方法

GB/T 3682—1983[2] 热塑性塑料熔体流动速率试验方法

3 命名系统

聚苯乙烯树脂的命名系统基于如下标准模式:[1]

特 性 项 目 组				
字符组 1	字符组 2	字符组 3	字符组 4	字符组 5

---

1) 正在采用 ISO 306:1994 进行修订。

2) 正在采用 ISO 1133:1997 进行修订。

采用说明:

1] 与国际标准相比,命名模式中舍去了可选择的说明组——"热塑性塑料"和"国际标准号"。

命名由特性项目组构成。特性项目组分成包括下列信息的 5 个字符组：

字符组 1：按照 GB/T 1844.1 规定的该塑料的代号 PS（见 3.1）。

字符组 2：位置 1：推荐用途或加工方法（见 3.2）。

　　　　　位置 2～8：重要性能、添加剂及附加信息（见 3.2）。

字符组 3：特征性能（见 3.3）。

字符组 4：填料或增强材料及其标称含量（本标准未涉及）。

字符组 5：特殊需要的附加信息。

字符组彼此间用","隔开。如果某个字符组不用，就要用两个逗号即",,"隔开。

3.1 字符组 1

在本字符组内，按照 GB/T 1844.1 的规定，用"PS"作聚苯乙烯塑料的代号。

3.2 字符组 2

在这个字符组中，位置 1 给出有关材料的推荐用途和（或）加工方法的说明，位置 2～8 给出重要性能、添加剂和颜色等说明，所用代号字母如表 1 所示。

如果在位置 2～8 有说明内容而在位置 1 没有确定说明时，则应在位置 1 用字母 X。

表 1　字符组 2 中所用的字母代号

字母代号	位置 1	字母代号	位置 2～8
		A	加工稳定的
		C	着色的
E	挤出		
F	挤出薄膜	F	特殊燃烧性
G	通用		
		L	光和/或气候稳定的
M	注塑		
		N	本色（未着色的）
		R	脱模剂
		S	润滑的
X	未说明		
		Z	抗静电的

3.3 字符组 3

在这个字符组中，用 3 个数字组成的代号表示维卡软化温度的标称值，用两个数字组成的代号表示熔体质量流动速率的标称值。代号间用"-"隔开。

3.3.1 维卡软化温度

维卡软化温度按 GB/T 1633 规定进行测试，试验条件为：升温速率 50℃/h，负荷 50 N，油浴起始温度为 20～23℃。[1]

维卡软化温度标称值的代号规定如下：

当维卡软化温度的标称值大于或等于 100 时，用其 3 位数字做代号；当维卡软化温度的标称值小于 100 时，用其 2 位数前加 0 所组成的 3 位数字做代号。

3.3.2 熔体质量流动速率

聚苯乙烯树脂熔体质量流动速率按 GB/T 3682 规定进行测试，试验条件为：温度 200℃，负荷 5.00 kg，样条切样时间间隔按表 2 规定。[2]

---

1) 油浴起始温度按 ISO 306:1994 规定，与 GB/T 1633—1979 有差别。

2) 切样时间间隔按 ISO 1133:1997 规定，与 GB/T 3682—1983 有差别。

表 2 PS 熔体质量流动速率切样时间间隔

熔体质量流动速率,g/10 min	试样加入量,g	切样时间间隔,s
0.1～0.5	3～5	240
＞0.5～1.0	4～6	120
＞1.0～3.5	4～6	60
＞3.5～10	6～8	30
＞10	6～8	5～15

熔体质量流动速率代号规定如下:

当熔体质量流动速率的标称值大于或等于 10 时,用其 2 位数字做代号;当熔体质量流动速率的标称值小于 10 时,用其个位数前加 0 所组成的 2 位数字做代号。

3.4 字符组 5

这是个可选用的字符组,提供特殊需要的附加信息。本标准不作具体规定。

4 命名示例

某种聚苯乙烯模塑和挤出材料(PS),用于注塑(M),对光和/或气候稳定(L),本色(N),维卡软化温度为 84℃(084),熔体质量流动速率为 9.0 g/10 min(09),命名为:

命名:PS,MLN,084-09

ICS 83.080.20
G 31

GB/T 18964.1—2008

中华人民共和国国家标准

塑料　抗冲击聚苯乙烯(PS-I)模塑和
挤出材料　第 1 部分:命名系统和
分类基础

Plastics—Impact-resistant polystyrene(PS-I)moulding and extrusion
materials—Part 1:Designation system and basis for specifications

(ISO 2897-1:1997,MOD)

2008-08-01 发布

2009-04-01 实施

中华人民共和国国家质量监督检验检疫总局
中国国家标准化管理委员会　发 布

前　言

GB/T 18964《塑料　抗冲击聚苯乙烯(PS-I)模塑和挤出材料》分为如下两个部分：

——第1部分：命名系统和分类基础；

——第2部分：试样制备和性能测定。

本部分为 GB/T 18964 的第1部分。

本部分修改采用 ISO 2897-1:1997《塑料——抗冲击聚苯乙烯(PS-I)模塑和挤出材料——第1部分：命名系统和分类基础》(英文版)。本部分根据 ISO 2897-1:1997 重新起草。

本部分的结构与 ISO 2897-1:1997 完全相同。本部分与 ISO 2897-1:1997 相比，主要差异如下：

——命名和分类系统标准模式中，省略可选择的"热塑性塑料"说明组和国际标准号(第3章)。

——特征性能用简支梁缺口冲击强度代替悬臂梁缺口冲击强度(3.3.3)。

——增加字符组4的具体内容及命名示例(3.4 和 4.2)。

本部分由中国石油化工集团公司提出。

本部分由全国塑料标准化技术委员会石化塑料树脂产品分会(SAC/TC15/SC 1)归口。

本部分起草单位：中国石油化工股份有限公司北京燕山分公司树脂应用研究所。

本部分参加单位：中国石油化工股份有限公司广州分公司、上海赛科石油化工有限公司。

本部分主要起草人：王晓丽、杨春梅、陈宏愿、田江南。

塑料 抗冲击聚苯乙烯(PS-I)模塑和挤出材料 第1部分:命名系统和分类基础

1 范围

1.1 GB/T 18964 的本部分规定了抗冲击聚苯乙烯(PS-I)热塑性塑料材料的命名系统。该系统可作为分类基础。

1.2 不同类型的 PS-I 热塑性材料用下列指定的特征性能的值以及推荐用途和(或)加工方法、重要性能、添加剂、着色剂、填料和增强材料等为基础的一种分类系统加以区分:

 a) 维卡软化温度;

 b) 熔体质量流动速率;

 c) 简支梁缺口冲击强度;

 d) 弯曲模量。

1.3 本部分适用于所有以聚苯乙烯和(或)烷基取代苯乙烯与苯乙烯的共聚物为连续相,以丁二烯的橡胶相为分散相的两相聚合物体系组成的抗冲击聚苯乙烯塑料。

 本部分适用于常规应用的未改性或经着色剂、添加剂、填料等改性的材料。

 本部分不适用于可发性材料。

1.4 本部分不意味着命名相同的材料必定具有相同的性能。本部分不提供用于说明材料具体用途和(或)加工方法所需的工程数据、性能数据或加工条件数据。

 如果需要,可按本标准第2部分中规定的试验方法确定这些附加性能。

1.5 为了说明某种 PS-I 材料的特殊用途或为了确保加工的重现性,可在第5字符组中给出附加要求。

2 规范性引用文件

 下列文件中的条款通过 GB/T 18964 的本部分的引用而成为本部分的条款。凡是注日期的引用文件,其随后所有的修改单(不包括勘误的内容)或修订版均不适用于本部分,然而,鼓励根据本部分达成协议的各方研究是否可使用这些文件的最新版本。凡是不注日期的引用文件,其最新版本适用于本部分。

 GB/T 1844.1—2008 塑料 符号和缩略语 第1部分:基础聚合物及其特征性能(ISO 1043-1:2001,IDT)

 GB/T 1844.2—2008 塑料 符号和缩略语 第2部分:填充及增强材料(ISO 1043-2:2000,IDT)

 GB/T 18964.2—2003 塑料 抗冲击聚苯乙烯(PS-I)模塑和挤出材料 第2部分:试样制备和性能测定

3 命名和分类系统

 抗冲击聚苯乙烯命名和分类系统基于下列标准模式:

命名				
特 征 项 目 组				
字符组 1	字符组 2	字符组 3	字符组 4	字符组 5

命名由表示特征项目组的五个字符组构成：

字符组 1：按照 GB/T 1844.1—2008 规定的抗冲击聚苯乙烯代号 PS-I（见 3.1）。

字符组 2：位置 1：推荐用途或加工方法（见 3.2）。

位置 2～8：重要性能，添加剂和其他说明（见 3.2）。

字符组 3：特征性能（见 3.3）。

字符组 4：填料或增强材料及其标称含量（见 3.4）。

字符组 5：为达到分类的目的，可在第 5 字符组里添加附加信息（见 3.5）。

字符组间用逗号隔开，如果某个字符组不用，就要用两个逗号即","隔开。

3.1 字符组 1

该字符组是 GB/T 1844.1—2008 规定的抗冲击聚苯乙烯代号"PS-I"。

3.2 字符组 2

在该字符组中，位置 1 给出有关材料的推荐用途和（或）加工方法的说明，位置 2～8 给出有关重要性能、添加剂和颜色的说明。所用字母代号的规定见表 1。

如果在位置 2～8 有说明内容，而在位置 1 没给出说明时，则应在位置 1 插入字母 X。

表 1 字符组 2 中使用的字母代号

字母代号	位 置 1	字母代号	位 置 2～8
		A	加工稳定化的
		B	抗粘连
		C	着色的
E	挤出		
F	薄膜挤出	F	特殊燃烧性
G	一般用途	G	颗粒
		H	耐热稳定化的
		L	光或气候稳定的
M	注塑		
		N	本色（未着色的）
		R	加脱模剂的
		S	加润滑剂的
		T	透明的
X	未说明		
		Z	抗静电的

3.3 字符组 3

在该字符组中，用三个数字组成的代号表示维卡软化温度（见 3.3.1），用两个数字组成的代号表示熔体质量流动速率（见 3.3.2），用两个数字组成的代号表示简支梁缺口冲击强度（见 3.3.3），用两个数字组成的代号表示弯曲模量（见 3.3.4），各代号间用一个连字符"-"隔开。

抗冲击聚苯乙烯的生产者应对材料进行命名。由于生产过程的容许限，材料的试验值一般与命名的值不同，该命名不受影响。

注：目前可买到的原料不一定提供所有的特征性能值。

3.3.1 维卡软化温度

维卡软化温度测定按 GB/T 18964.2—2003 规定进行。

按照可能出现的数值,将维卡软化温度分为六个范围,每个范围用三个数字组成的数字代号表示,见表2。

表 2　字符组 3 中维卡软化温度使用的代号及范围

数字代号	维卡软化温度的范围/℃
078	$\leqslant 80$
083	$>80\sim85$
088	$>85\sim90$
093	$>90\sim95$
098	$>95\sim100$
103	>100

3.3.2 熔体质量流动速率

熔体质量流动速率(MFR)测定按 GB/T 18964.2—2003 规定进行。

按照可能出现的数值,将熔体质量流动速率分为四个范围,每个范围用两个数字组成的数字代号表示,见表3。

表 3　字符组 3 中熔体质量流动速率使用的代号及范围

数字代号	熔体质量流动速率(MFR)的范围/(g/10 min)
03	$\leqslant 4$
06	$>4\sim8$
12	$>8\sim16$
20	>16

3.3.3 简支梁缺口冲击强度

简支梁缺口冲击强度测定按 GB/T 18964.2—2003 规定进行。

按照可能出现的数值,将简支梁缺口冲击强度分为五个范围,每个范围用两个数字组成的数字代号表示,见表4。

表 4　字符组 3 中简支梁缺口强度使用的代号及范围

数字代号	简支梁缺口冲击强度的范围/(kJ/m²)
02	$>1.5\sim3$
04	$>3\sim6$
07	$>6\sim9$
10	$>9\sim12$
15	>12

3.3.4 弯曲模量

弯曲模量测定按 GB/T 18964.2—2003 规定进行。

按照可能出现的数值,将弯曲模量分为四个范围,每个范围用两个数字组成的数字代号表示,见表5。

表 5 字符组 3 中弯曲模量使用的代号及范围

数字代号	弯曲模量的范围/MPa
12	≤ 1 500
18	>1 500～2 000
23	>2 000～2 500
30	>2 500

3.4 字符组 4

抗冲击聚苯乙烯所用填料或增强材料及类型的代号按 GB/T 1844.2—2008 规定。在该字符组中，位置 1 用一个字母代号表示填料或增强材料的类型，位置 2 用一个字母代号表示其物理形态，字母代号的规定见表 6。紧接着字母（不空格），在位置 3 和位置 4 用两个数字为代号表示其质量分数。

表 6 字符组 4 中填料和增强材料的字母代号

字母代号	材料（位置 1）	字母代号	形态（位置 2）
B	硼	B	球状，珠状
C	碳[a]		
		D	粉末状
		F	纤维状
G	玻璃	G	颗粒状
		H	晶须状
L	纤维素[a]		
M	矿物[a,b]，金属[a]		
S	有机合成材料[a]	S	鳞状，片状
T	滑石粉		
X	未说明	X	未说明
Z	其他[a]	Z	其他[a]

[a] 这些材料可用其化学符号或有关国家标准中规定的附加符号进一步明确表示。对于金属（M），用化学符号表示金属类型非常重要。

[b] 如果可能，矿物填料应该用具体符号明确表示。

多种材料和（或）多种形态材料的混合物，可用"＋"号将相应的代号组合放在括号内表示。例如：含有 25％（质量分数）玻璃纤维（GF）和 10％（质量分数）矿物粉（MD）的混合物可表示为（GF25＋MD10）。

3.5 字符组 5

在这个可选用的字符组中，附加要求是一种将材料的命名转换成特定用途规格的方法。例如对已确定规格的产品可参考合适的国家标准或类似标准进行。

4 命名示例

4.1 某抗冲击聚苯乙烯（PS-I）热塑性塑料，推荐用于注塑模塑（M），光或气候稳定的（L），本色（未着色）（N），维卡软化温度为 84 ℃（083），熔体质量流动速率为 14 g/10 min（12），简支梁缺口冲击强度为 8 kJ/m² （07），弯曲模量为 2 200 MPa（23），其命名为：

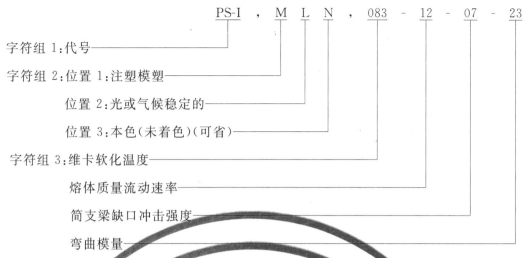

PS-I ，MLN，083－12－07－23

字符组 1:代号

字符组 2:位置 1:注塑模塑

位置 2:光或气候稳定的

位置 3:本色(未着色)(可省)

字符组 3:维卡软化温度

熔体质量流动速率

简支梁缺口冲击强度

弯曲模量

命名：PS-I,MLN,083-12-07-23

4.2 某抗冲击聚苯乙烯(PS-I)热塑性塑料,推荐用于注塑模塑(M),加脱膜剂(R),添加滑石粉增强,滑石粉的质量分数为 40%(TD40),维卡软化温度为 91 ℃(093),熔体质量流动速率为 1.5 g/10 min(03),简支梁缺口冲击强度为 6 kJ/m²(04),弯曲模量为 2 500 MPa(23),其命名为：

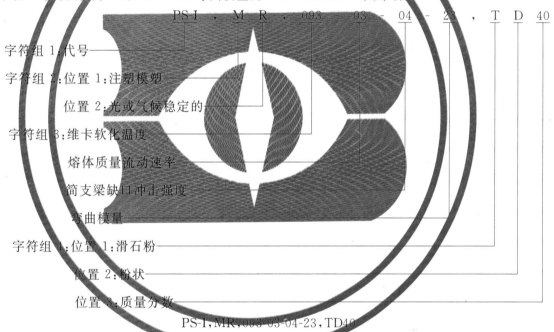

PS-I . M R . 093 03 － 04 － 23 , T D 40

字符组 1:代号

字符组 2:位置 1:注塑模塑

位置 2:光或气候稳定的

字符组 3:维卡软化温度

熔体质量流动速率

简支梁缺口冲击强度

弯曲模量

字符组 4:位置 1:滑石粉

位置 2:粉状

位置 3:质量分数

PS-I,MR,093-03-04-23,TD40

ICS 83.080.20
G 31

中华人民共和国国家标准

GB/T 20417.1—2008

塑料 丙烯腈-丁二烯-苯乙烯（ABS）模塑和挤出材料

第1部分：命名系统和分类基础

Plastics—Acrylonitrile-butadiene-styrene(ABS) moulding and
extrusion materials—Part 1：Designation system and basis for specifications

(ISO 2580-1：2002，MOD)

2008-08-01 发布
2009-04-01 实施

中华人民共和国国家质量监督检验检疫总局
中国国家标准化管理委员会 发 布

前　言

GB/T 20417《塑料　丙烯腈-丁二烯-苯乙烯(ABS)模塑和挤出材料》分为如下两个部分：

——第 1 部分：命名系统和分类基础；

——第 2 部分：试样制备和性能测定。

本部分为 GB/T 20417 的第 1 部分。

本部分修改采用 ISO 2580-1:2002《塑料　丙烯腈-丁二烯-苯乙烯(ABS)模塑和挤出材料　第 1 部分：命名系统和分类基础》(英文版)。本部分根据 ISO 2580-1:2002 重新起草。

本部分的结构与 ISO 2580-1:2002 完全相同。本部分与 ISO 2580-1:2002 相比，主要差异如下：

——规范性引用文件中，将不注日期的文件改为注日期的文件(第 2 章)；

——命名和分类系统标准模式中，省略可选择的"热塑性塑料"说明组和国际标准号(第 3 章)；

——特征性能用熔体质量流动速率代替熔体体积流动速率(3.4.3)。

本部分由中国石油化工集团公司提出。

本部分由全国塑料标准化技术委员会石化塑料树脂产品分技术委员会(SAC/TC 15/SC 1)归口。

本部分起草单位：中国石油化工股份有限公司北京燕山分公司树脂应用研究所。

本部分参加单位：中国石油天然气股份公司兰州石化公司、中国石油天然气股份公司大庆石化公司化工三厂。

本部分主要起草人：杨春梅、王晓丽、陈宏愿。

塑料 丙烯腈-丁二烯-苯乙烯（ABS）模塑和挤出材料
第1部分：命名系统和分类基础

1 范围

1.1 GB/T 20417 的本部分规定了丙烯腈-丁二烯-苯乙烯（ABS）热塑性塑料材料的命名系统。该系统可作为分类基础。

1.2 不同类型的 ABS 热塑性材料用下列指定的特征性能的值以及推荐用途和（或）加工方法、重要性能、添加剂、着色剂、填料和增强材料等为基础的一种分类系统加以区分：

    a) 维卡软化温度；

    b) 熔体质量流动速率；

    c) 简支梁缺口冲击强度；

    d) 拉伸弹性模量。

1.3 本部分适用于主要以苯乙烯（和／或取代苯乙烯）和丙烯腈共聚物为连续相，与主要以聚丁二烯和按文本规定数量的其他组分为分散弹性相组成的丙烯腈-丁二烯-苯乙烯材料。

    本部分适用于常规为粉状、颗粒或碎粒状、未改性或经着色剂、添加剂、填料等改性的材料。

    本部分不适用于以下材料：

    ——其简支梁冲击强度小于 3 kJ/m²；

    ——在弹性相的弹性体中，丁二烯质量分数小于 50%；

    ——在连续相中，丙烯腈质量分数小于 15%。

1.4 本部分不意味着命名相同的材料必定具有相同的性能。本部分不提供用于说明材料具体用途和（或）加工方法所需的工程数据、性能数据或加工条件数据。

    如果需要，可按本标准第 2 部分中规定的试验方法确定这些附加性能。

1.5 为了说明某种 ABS 材料的特殊用途或为了保证加工的重现性，可以在字符组 5 中给出附加要求。

2 规范性引用文件

    下列文件中的条款通过 GB/T 20417 的本部分的引用而成为本部分的条款。凡是注日期的引用文件，其随后所有的修改单（不包括勘误的内容）或修订版均不适用于本部分，然而，鼓励根据本部分达成协议的各方研究是否可使用这些文件的最新版本。凡是不注日期的引用文件，其最新版本适用于本部分。

    GB/T 1844.1—2008 塑料 符号和缩略语 第 1 部分：基础聚合物及其特征性能（ISO 1043-1：2001，IDT）

    GB/T 1844.2—2008 塑料 符号和缩略语 第 2 部分：填充及增强材料（ISO 1043-2：2000，IDT）

    GB/T 20417.2—2006 塑料 丙烯腈-丁二烯-苯乙烯（ABS）模塑和挤出材料 第 2 部分：试样制备和性能测定（ISO 2580-2：1994，MOD）

3 命名和分类系统

3.1 概述

    丙烯腈-丁二烯-苯乙烯的命名和分类系统基于下列标准模式：

命 名				
特 征 项 目 组				
字符组 1	字符组 2	字符组 3	字符组 4	字符组 5

命名由表示特征项目组的五个字符组构成：

字符组 1：按照 GB/T 1844.1—2008 规定的丙烯腈-丁二烯-苯乙烯代号 ABS 以及其聚合物组成的信息(见 3.2)。

字符组 2：位置 1：推荐用途或加工方法（见 3.3）。

位置 2～8：重要性能、添加剂及其他说明（见 3.3）。

字符组 3：特征性能（见 3.4）。

字符组 4：填料或增强材料及其标称含量(见 3.5)。

字符组 5：为达到分类的目的,可在第 5 字符组里添加附加信息(见 3.6)。

字符组间用逗号隔开,如果某个字符组不用,就要用两个逗号即",,"隔开。

3.2 字符组 1

GB/T 1844.1—2008 规定的丙烯腈-丁二烯-苯乙烯代号为"ABS",空一格,用一个数字代号表示组成,见表 1。用一个字母代号表示其他单体,见表 2。

表 1 字符组 1 中表示组成的代号

代号	组 成
0	基于丙烯腈、丁二烯和苯乙烯(和/或烷基取代苯乙烯)的单体和/或聚合物,其他单体和/或聚合物质量分数不大于 5%。
1	基于丙烯腈、丁二烯和苯乙烯(和/或烷基取代苯乙烯)的单体和/或聚合物,其他单体和/或聚合物质量分数大于 5%,但小于或等于 15%。
2	基于丙烯腈、丁二烯和苯乙烯(和/或烷基取代苯乙烯)的单体和/或聚合物,其他单体和/或聚合物质量分数大于 15%,但小于或等于 30%。

表 2 字符组 1 中表示其他单体的代号

代号	其他单体
A	丙烯酸盐类
M	顺丁烯二酸酐和其他酐类
P	N-苯基马来酰胺和其他马来酰胺类
X	其他/未确定

3.3 字符组 2

在该字符组中,位置 1 给出有关材料的推荐用途和(或)加工方法的说明,位置 2～8 给出有关重要性能、添加剂和颜色的说明。所用字母代号的规定见表 3。

如果在位置 2～8 有说明内容,而在位置 1 没给出说明时,则应在位置 1 插入字母 X。

表 3 字符组 2 中使用的字母代号

字母代号	位置 1	字母代号	位置 2～8
		A	加工稳定化的
		B	抗粘连
		C	着色的

表 3（续）

字母代号	位置 1	字母代号	位置 2～8
		D	粉末状
E	挤出		
F	薄膜挤出	F	特殊燃烧性
G	一般用途	G	颗粒
		H	耐热稳定化的
		L	光或气候稳定的
M	注塑		
		N	本色（未着色的）
		R	加脱模剂的
		S	加润滑剂的
X	未说明		
		Z	抗静电的

3.4 字符组 3

3.4.1 总则

在该字符组中,用三个数字组成的代号表示维卡软化温度(见 3.4.2),用两个数字组成的代号表示熔体质量流动速率(见 3.4.3),用两个数字组成的代号表示简支梁缺口冲击强度(见 3.4.4),用两个数字组成的代号表示拉伸弹性模量(见 3.4.5),各代号间用一个连字符"-"隔开。

丙烯腈-丁二烯-苯乙烯的生产者应对材料进行命名。由于生产过程的容许限,材料的试验值一般与命名的值不同,该命名不受影响。

注:目前可买到的原料不一定提供所有的特征性能值。

3.4.2 维卡软化温度

维卡软化温度测定按 GB/T 20417.2—2006 规定进行。试样由干燥材料模塑制备,试验前将试样保存在 23 ℃±2 ℃ 的干燥器中。

按照可能出现的数值,将维卡软化温度分为六个范围,每个范围用三个数字组成的数字代号表示,见表 4。

表 4　字符组 3 中维卡软化温度使用的代号及范围

数字代号	维卡软化温度的范围/℃
085	≤90
095	>90～100
105	>100～110
115	>110～120
125	>120～130
135	>130

3.4.3 熔体质量流动速率

熔体质量流动速率(MFR)测定按 GB/T 20417.2—2006 规定进行。试验前,试样应在 80 ℃±2 ℃ 的温度下干燥 4 h,并保存在 23 ℃±2 ℃ 的干燥器中。

按照可能出现的数值,将熔体质量流动速率分为五个范围,每个范围用两个数字组成的数字代号表示,见表5。

表 5   字符组 3 中熔体质量流动速率使用的代号及范围

数字代号	熔体质量流动速率(MFR)的范围/(g/10 min)
04	≤5
08	>5～10
15	>10～20
30	>20～40
50	>40

3.4.4   简支梁缺口冲击强度

简支梁缺口冲击强度测定按 GB/T 20417.2—2006 规定进行。

按照可能出现的数值,将简支梁缺口冲击强度分为五个范围,每个范围用两个数字组成的数字代号表示,见表6。

表 6   字符组 3 中简支梁缺口强度使用的代号及范围

数字代号	简支梁缺口冲击强度的范围/(kJ/m²)
05	>3～7
09	>7～14
16	>14～23
25	>23～35
35	>35

3.4.5   拉伸弹性模量

拉伸弹性模量测定按 GB/T 20417.2—2006 规定进行。

按照可能出现的数值,将拉伸弹性模量分为四个范围,每个范围用两个数字组成的数字代号表示,见表7。

表 7   字符组 3 中拉伸弹性模量使用的代号及范围

数字代号	拉伸弹性模量的范围/MPa
15	≤1 800
20	>1 800～2 300
25	>2 300～2 800
30	>2 800

3.5   字符组 4

丙烯腈-丁二烯-苯乙烯所用填料或增强材料及类型的代号按 GB/T 1844.2—2008 规定。在该字符组中,位置 1 用一个字母代号表示填料或增强材料的类型,位置 2 用一个字母代号表示其物理形态,字母代号的规定见表8。紧接着字母(不空格),在位置 3 和位置 4 用两个数字为代号表示其质量分数。

表 8   字符组 4 中填料和增强材料的字母代号

字母代号	材料(位置1)	字母代号	形态(位置2)
B	硼	B	球状,珠状
C	碳[a]		
		D	粉末状,干混料

表 8（续）

字母代号	材料（位置1）	字母代号	形态（位置2）
		F	纤维状
G	玻璃	G	颗粒状，研磨料
		H	须晶状
K	碳酸钙		
M	矿物[a,b]，金属[a]		
		S	鳞状，片状
T	滑石粉		
X	未说明	X	未说明
Z	其他[a]	Z	其他

[a] 这些材料可用其化学符号或有关国家标准中规定的附加符号进一步明确表示。对于金属（M），用化学符号表示金属类型非常重要。

[b] 如果可能，矿物填料应该用具体符号明确表示。

多种材料和（或）多种形态材料的混合物，可用"+"号将相应的代号组合放在括号内表示。例如：含有 25%（质量分数）玻璃纤维（GF）和 8%（质量分数）矿物粉（MD）的混合物可表示为（GF25+MD08）。

3.6 字符组 5

在这个可选用的字符组中，附加要求是一种将材料的命名转换成特定用途规格的方法。例如对已确定规格的产品可参考合适的国家标准或类似标准进行。

4 命名示例

某丙烯腈-丁二烯-苯乙烯（ABS）模塑材料，加入 8% 的 N-苯基马来酰胺（1P），推荐用于注塑模塑（M），着色的（C），抗静电的（Z），维卡软化温度 VST 为 121 ℃（125），熔体质量流动速率为 5 g/10 min（04），简支梁缺口冲击强度为 16 kJ/m²（16），拉伸弹性模量为 2 600 MPa（25），其命名为：

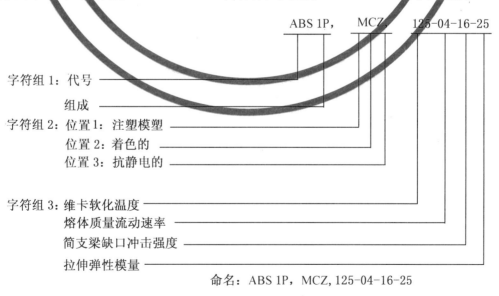

命名：ABS 1P, MCZ, 125-04-16-25

ICS 83.080.20

G 31

中华人民共和国国家标准

GB/T 21460.1—2008/ISO 4894-1:1997

塑料　苯乙烯-丙烯腈(SAN)模塑
和挤出材料
第 1 部分:命名系统和分类基础

Plastics—Styrene-acrylonitrile(SAN)moulding and extrusion materials—
Part 1:Designation system and basis for specifications

(ISO 4894-1:1997,IDT)

2008-08-01 发布

2009-04-01 实施

中华人民共和国国家质量监督检验检疫总局
中国国家标准化管理委员会 发布

前　言

GB/T 21460《塑料　苯乙烯-丙烯腈(SAN)模塑和挤出材料》分为如下两个部分：

——第1部分：命名系统和分类基础；

——第2部分：试样制备和性能测定。

本部分为 GB/T 21460 的第1部分。

本部分等同采用 ISO 4894-1:1997《塑料　苯乙烯-丙烯腈(SAN)模塑和挤出材料　第1部分：命名系统和分类基础》(英文版)。

本部分与 ISO 4894-1:1997 在技术内容上完全相同。

为便于使用，在命名和分类系统标准模式中，省略可选择的"热塑性塑料"说明组和国际标准号(第3章)。

本部分由中国石油化工集团公司提出。

本部分由全国塑料标准化技术委员会石化塑料树脂产品分技术委员会(SAC/TC 15/SC 1)归口。

本部分起草单位：中国石油化工股份有限公司北京燕山分公司树脂应用研究所。

本部分参加单位：中国石油天然气股份公司兰州石化公司、中国石油天然气股份公司大庆石化公司。

本部分主要起草人：杨春梅、陈宏愿、王晓丽。

塑料　苯乙烯-丙烯腈(SAN)模塑
和挤出材料
第1部分:命名系统和分类基础

1 范围

1.1　GB/T 21460 的本部分规定了苯乙烯-丙烯腈(SAN)热塑性塑料材料的命名系统。该系统可作为分类基础。

1.2　不同类型的 SAN 热塑性材料用下列指定的特征性能的值以及推荐用途和(或)加工方法、重要性能、添加剂、着色剂、填料和增强材料等为基础的一种分类系统加以区分:

    a)　维卡软化温度;

    b)　熔体质量流动速率。

1.3　本部分适用于丙烯腈质量分数为 10%~50% 的所有苯乙烯和/或取代苯乙烯的共聚物。

    本部分适用于常规为粉状、颗粒或碎粒状、未改性或经着色剂、添加剂、填料等改性的材料。

1.4　本部分不意味着命名相同的材料必定具有相同的性能。本部分不提供用于说明材料具体用途和(或)加工方法所需的工程数据、性能数据或加工条件数据。

    如果需要,可按本标准第 2 部分中规定的试验方法确定这些附加性能。

1.5　为了说明某种 SAN 材料的特殊用途或为了保证加工的重现性,可以在字符组 5 中给出附加要求。

2 规范性引用文件

    下列文件中的条款通过 GB/T 21460 的本部分的引用而成为本部分的条款。凡是注日期的引用文件,其随后所有的修改单(不包括勘误的内容)或修订版均不适用于本部分,然而,鼓励根据本部分达成协议的各方研究是否可使用这些文件的最新版本。凡是不注日期的引用文件,其最新版本适用于本部分。

    GB/T 1844.1—2008　塑料　符号和缩略语　第 1 部分:基础聚合物及其特征性能(ISO 1043-1:2001,IDT)

    GB/T 1844.2—2008　塑料　符号和缩略语　第 2 部分:填充及增强材料(ISO 1043-2:2000,IDT)

    GB/T 21460.2—2008　塑料　苯乙烯-丙烯腈(SAN)模塑和挤出材料　第 2 部分:试样制备和性能测定(ISO 4894.2:1995,MOD)

3 命名和分类系统

    苯乙烯/丙烯腈的命名和分类系统基于下列标准模式:

命名				
特 征 项 目 组				
字符组 1	字符组 2	字符组 3	字符组 4	字符组 5

    命名由表示特征项目组的五个字符组构成:

    字符组 1:按照 GB/T 1844.1—2008 规定的苯乙烯-丙烯腈代号 SAN 以及其聚合物组成的信息(见 3.1)。

字符组 2：位置 1：推荐用途或加工方法（见 3.2）。

位置 2～8：重要性能、添加剂及其他说明（见 3.2）。

字符组 3：特征性能（见 3.3）。

字符组 4：填料或增强材料及其标称含量（见 3.4）。

字符组 5：为达到分类的目的，可在第 5 字符组里添加附加信息（见 3.5）。

字符组间用逗号隔开，如果某个字符组不用，就要用两个逗号即","隔开。

3.1 字符组 1

GB/T 1844.1—2008 规定的苯乙烯-丙烯腈代号为"SAN"，空一格，用一个数字代号表示连续相中丙烯腈的质量分数，见表 1。

表 1 字符组 1 中表示丙烯腈质量分数的代号

代号	丙烯腈的质量分数/%
1	＞10～20
2	＞20～30
3	＞30

连续相中丙烯腈的质量分数按照 GB/T 21460.2—2008 中附录 A 规定进行测定。

3.2 字符组 2

在该字符组中，位置 1 给出有关推荐用途和（或）加工方法的说明，位置 2～8 给出有关重要性能、添加剂和颜色的说明。所用字母代号的规定见表 2。

如果在位置 2～8 有说明内容而在位置 1 没有说明时，则应在位置 1 插入字母 X。

表 2 字符组 2 中使用的字母代号

字母代号	位置 1	字母代号	位置 2～8
		C	着色的
E	挤出		
		F	特殊燃烧性
G	一般用途		
		L	光或气候稳定的
M	注塑		
		N	本色（未着色的）
		R	加脱模剂的
		S	加润滑剂的
		T	透明的
X	未说明		
		Z	抗静电的

3.3 字符组 3

在该字符组中，用三个数字组成的代号表示维卡软化温度（见 3.3.1）；用两个数字组成的代号表示熔体质量流动速率（见 3.3.2）。各代号间用一个连字符"-"隔开。

苯乙烯-丙烯腈的生产者应对材料进行命名。由于生产过程的容许限，材料的试验值一般与命名的值不同，该命名不受影响。

注：目前可买到的原料不一定提供所有的特征性能值。

3.3.1 维卡软化温度(VST)

维卡软化温度测定应按 GB/T 21460.2—2008 规定进行。

按照可能出现的数值,将维卡软化温度分为四个范围,每个范围用三个数字组成的数字代号表示,见表3。

表 3 字符组 3 中维卡软化温度使用的代号及范围

数字代号	维卡软化温度的范围/℃
085	≤90
095	>90~100
105	>100~110
115	>110

3.3.2 熔体质量流动速率

熔体质量流动速率(MFR)测定按 GB/T 21460.2—2008 规定进行。

按照可能出现的数值,将熔体质量流动速率分为四个范围,每个范围用两个数字组成的数字代号表示,见表4。

表 4 字符组 3 中熔体质量流动速率使用的代号及范围

数字代号	熔体质量流动速率(MFR)的范围/(g/10 min)
04	≤5
08	>5~10
15	>10~20
25	>20

3.4 字符组 4

苯乙烯-丙烯腈所用的填料或增强材料及类型的代号按 GB/T 1844.2—2008 规定。在该字符组中,位置 1 用一个字母代号表示填料或增强材料的类型,位置 2 用一个字母代号表示其物理形态,字母代号的规定见表5。紧接着字母(不空格),在位置 3 和位置 4 用两个数字为代号表示其质量分数,见表6。

表 5 字符组 4 中填料和增强材料的字母代号

字母代号	材料(位置 1)	字母代号	形态(位置 2)
B	硼	B	球状,珠状
C	碳[a]		
		D	粉末状
		F	纤维状
G	玻璃	G	颗粒状
		H	晶须状
K	碳酸钙		
M	矿物[a,b],金属[a]		
T	滑石粉		
X	未说明	X	未说明
Z	其他[a]	Z	其他[a]

[a] 这些材料可用其化学符号或有关国家标准中规定的附加符号进一步明确表示。对于金属(M),用化学符号表示金属类型非常重要。

[b] 如果可能,矿物填料应该用具体符号明确表示。

多种材料和(或)多种形态材料的混合物,可用"+"号将相应的代号组合放在括号内表示。例如:含有 25%(质量分数)玻璃纤维(GF)和 10%(质量分数)矿物粉(MD)的混合物可表示为(GF25+MD10)。

表 6 字符组 4 中填料或增强材料质量分数的代号及范围

数字代号	填料或增强材料质量分数的范围/%
05	≤7.5
10	>7.5~12.5
15	>12.5~≤17.5
20	>17.5~≤22.5
25	>22.5~≤27.5
30	>27.5~≤32.5
35	>32.5~≤37.5
40	>37.5~≤42.5

3.5 字符组 5

在这个可选用的字符组中,附加要求是一种将材料的命名转换成特定用途规格的方法。例如对已确定规格的产品可参考合适的国家标准或类似标准进行。

4 命名示例

某种苯乙烯-丙烯腈共聚物(SAN)热塑性塑料,丙烯腈的质量分数为 25%(2);用于注塑(M),耐候(L),本色(未着色)(N);维卡软化温度为 101 ℃(105),熔体质量流动速率为 6.0 g/10 min(08),其命名为:

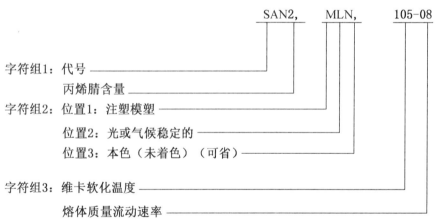

命名:SAN2,MLN,105-08

ICS 83.080.20
G 31

GB/T 21461.1—2008/ISO 11542-1:2001

中华人民共和国国家标准

塑料 超高分子量聚乙烯（PE-UHMW）
模塑和挤出材料
第 1 部分：命名系统和分类基础

Plastics—Ultra-high-molecular-weight polyethylene（PE-UHMW）
moulding and extrusion materials—
Part 1: Designation system and basis for specifications

（ISO 11542-1:2001，IDT）

2008-08-01 发布　　　　　　　　　　　　　　2009-04-01 实施

中华人民共和国国家质量监督检验检疫总局
中国国家标准化管理委员会　发布

前　言

GB/T 21461《塑料　超高分子量聚乙烯(PE-UHMW)模塑和挤出材料》分为如下两个部分:

——第 1 部分:命名系统和分类基础;

——第 2 部分:试样制备和性能测定。

本部分为 GB/T 21461 的第 1 部分。

本部分等同采用 ISO 11542-1:2001《塑料——超高分子量聚乙烯(PE-UHMW)模塑和挤出材料——第 1 部分:命名系统和分类基础》(英文版)。

本部分的结构与 ISO 11542-1:2001 完全相同,为便于使用,命名和分类系统标准模式中省略了可选择的"热塑性塑料"说明组和国际标准号(3.1)。

本部分由中国石油化工集团公司提出。

本部分由全国塑料标准化技术委员会石化塑料树脂产品分会(SAC/TC 15/SC 1)归口。

本部分主要起草单位:中国石油化工股份有限公司北京东方石油化工有限公司助剂二厂、中国石油化工股份有限公司北京燕山分公司树脂应用研究所。

本部分参加单位:国家石化有机原料合成树脂质量监督检验中心、中国石油化工股份有限公司齐鲁分公司研究院。

本部分主要起草人:刘萍、刘英、胡晶石、王晓丽、陶俭、王强、王超先。

塑料 超高分子量聚乙烯(PE-UHMW)模塑和挤出材料 第1部分:命名系统和分类基础

1 范围

1.1 GB/T 21461 的本部分规定了超高分子量聚乙烯(PE-UHMW)热塑性塑料材料的命名系统。该系统可作为分类基础。

本部分的超高分子量聚乙烯(PE-UHMW)是指在温度为 190 ℃、负荷为 21.6 kg 条件下,熔体质量流动速率(MFR)小于 0.1 g/10 min 的聚乙烯材料。

1.2 不同类型的 PE-UHMW 热塑性材料用下列指定的特征性能值以及推荐用途和(或)加工方法、重要性能、添加剂、着色剂、填料和增强材料等为基础的一种分类系统加以区分:

    a) 黏度;

    b) 定伸应力;

    c) 简支梁双缺口冲击强度。

1.3 本部分适用于所有 PE-UHMW 均聚物和其他 1-烯烃单体质量分数小于 50%及带有官能团的非烯烃单体质量分数不多于 3%共聚物。

本部分适用于常规为粉状、颗粒或碎粒状,未改性或经着色剂、添加剂、填料等改性的材料。

1.4 本部分不意味着命名相同的材料必定具有相同的性能。本部分不提供用于说明材料特殊用途和(或)加工方法所需的工程数据、性能数据或加工条件数据。

如果需要,可按本标准第 2 部分中规定的试验方法确定这些附加性能。

1.5 为了说明某种 PE-UHMW 材料的特殊用途或为了确保加工的重现性,可在第 5 字符组中给出附加要求。

2 规范性引用文件

下列文件中的条款通过 GB/T 21461 的本部分引用而成为本部分的条款。凡是注日期的引用文件,其随后所有的修改单(不包括勘误的内容)或修订版均不适用于本部分,然而,鼓励根据本部分达成协议的各方研究是否可使用这些文件的最新版本。凡是不注日期的引用文件,其最新版本适用于本部分。

GB/T 1844.1—2008 塑料 符号和缩略语 第 1 部分:基础聚合物及其特征性能(ISO 1043-1:2001,IDT)

GB/T 1844.2—2008 塑料 符号和缩略语 第 2 部分:填充及增强材料(ISO 1043-2:2000,IDT)

GB/T 19701.1—2005 外科植入物 超高分子量聚乙烯 第 1 部分:粉料(ISO 5834-1:1998,IDT)

GB/T 21461.2—2008 塑料 超高分子量聚乙烯(PE-UHMW)模塑和挤出材料 第 2 部分:试样制备和性能测定(ISO 11542-2:1998,MOD)

ISO 1628-3 塑料 用毛细管黏度计测定稀溶液黏度 第 3 部分:聚乙烯和聚丙烯

3 命名和分类系统

3.1 概述

超高分子量聚乙烯命名和分类系统基于下列标准模式:

命　　名				
特　征　项　目　组				
字符组 1	字符组 2	字符组 3	字符组 4	字符组 5

命名由表示特征项目组的五个字符组构成：

字符组 1：按照 GB/T 1844.1—2008 的规定，超高分子量聚乙烯代号为 PE-UHMW（见 3.2）。

字符组 2：位置 1：推荐用途或加工方法（见 3.3）。

位置 2～8：重要性能、添加剂和其他说明（见 3.3）。

字符组 3：特征性能（见 3.4）。

字符组 4：填料或增强材料及其标称含量（见 3.5）。

字符组 5：为达到分类的目的，可在第 5 字符组里添加附加信息（见 3.6）。

字符组间用逗号隔开，如果某个字符组不用，则用两个逗号，即",,"隔开。

3.2　字符组 1

该字符组是由 GB/T 1844.1—2008 规定的超高分子量聚乙烯代号为"PE-UHMW"。

3.3　字符组 2

在该字符组中，位置 1 给出有关材料的推荐用途和（或）加工方法的说明；位置 2～8 给出有关重要性能、添加剂和颜色的说明，所用字母代号的规定见表 1。

如果在位置 2～8 有说明内容，而在位置 1 没给出说明时，则应在位置 1 插入字母 X。

表 1　字符组 2 中使用的字母代号

字母代号	位　置　1	字母代号	位　置　2～8
		A	加工稳定化的
		C	着色的
		D	粉末状
E	挤出	E	可发性的
F	薄膜挤出	F	特殊燃烧性
G	一般用途	G	颗粒
		H	耐热稳定化的
		K	金属钝化的
		L	光或气候稳定化的
M	模塑		
		N	本色（未着色的）
Q	压塑		
		R	加脱模剂的
S	烧结	S	加润滑剂的
X	未说明	X	未说明
Y	纺丝	Y	提高导电性的
		Z	抗静电的

3.4　字符组 3

3.4.1　概述

在该字符组中，黏度（见 3.4.2）、定伸应力（见 3.4.3）及简支梁双缺口冲击强度（见 3.4.4）均用一个个位数字代号表示,各数字代号之间用一个连字符"-"隔开。

超高分子量聚乙烯的生产者应对材料进行命名。由于生产过程的容许限,材料的试验值一般与命名的值不同,该命名不受影响。

注:目前可得到的原料不一定提供所有的特征性能值。

3.4.2 黏度

超高分子量聚乙烯黏度的测定按 ISO 1628-3 规定进行。

按照可能出现的数值,将黏度分为六个范围,每个范围用一个数字代号表示,见表2。

表 2 字符组 3 中黏度使用的代号及范围

数字代号	黏度范围/(mL/g)
0	≤1 710
1	>1 710~2 190
2	>2 190~2 700
3	>2 700~3 400
4	>3 400~4 100
5	>4 100

3.4.3 定伸应力

超高分子量聚乙烯定伸应力的测定按 GB/T 21461.2—2008 附录 A 规定进行。

按照可能出现的数值,将定伸应力分为五个范围,每个范围用一个数字代号表示,见表3。

表 3 字符组 3 中定伸应力使用的代号及范围

数字代号	定伸应力范围/MPa
0	≤0.1
1	>0.1~0.2
2	>0.2~0.3
5	>0.3~0.7
7	>0.7

3.4.4 简支梁双缺口冲击强度

超高分子量聚乙烯简支梁双缺口冲击强度的测定按 GB/T 21461.2—2008 附录 B 规定进行。

按照可能出现的数值,将简支梁双缺口冲击强度分为三个范围,每个范围用一个数字代号表示,见表4。

表 4 字符组 3 中简支梁双缺口强度使用代号及范围

数字代号	简支梁双缺口冲击强度范围/(kJ/m²)
0	≤40
1	>40~170
2	>170

3.5 字符组 4

在该字符组中,位置1用一个字母代号表示填料或增强材料的类型,位置2用一个字母代号表示其物理形态,字母代号的规定见表5。紧接着字母(不空格),在位置3和位置4用两个数字表示其质量分数。

表 5 字符组 4 中填料和增强材料的字母代号

字母代号	材料（位置 1）	字母代号	形态（位置 2）
B	硼	B	球状，珠状
C	碳[a]		
		D	粉末状
		F	纤维状
G	玻璃	G	颗粒状
		H	晶须状
K	碳酸钙		
M	矿物[a,b]，金属[a]		
S	有机合成材料[a]	S	鳞状，片状
T	滑石粉		
X	未说明	X	未说明
Z	其他[a]	Z	其他[a]

[a] 这些材料可用其化学符号或有关国际标准中规定的附加符号进一步明确表示。对于金属(M)，用化学符号表示金属类型非常重要。

[b] 如果可能，矿物填料应该用具体符号明确表示。

多种材料和(或)多种形态材料的混合物，可用"＋"号将相应的代号组合放在括号内表示。例如：含有 25%(质量分数)玻璃纤维(GF)和 10%(质量分数)矿物粉(MD)的混合物可表示为(GF 25＋MD 10)。

3.6 字符组 5

在该可选用的字符组中，附加要求是一种将材料的命名转换成特定用途规格的方法。例如对已确定规格的产品，可以参考合适的国家标准或类似标准进行。

4 命名示例

4.1 命名

某种粉末状(D)超高分子量聚乙烯热塑性材料(PE-UHMW)，用于压塑(Q)，其黏度值为 2 400 mL/g(2)，定伸应力值为 0.25 MPa(2)，简支梁双缺口冲击强度值为 150 kJ/m^2(1)，其命名为：

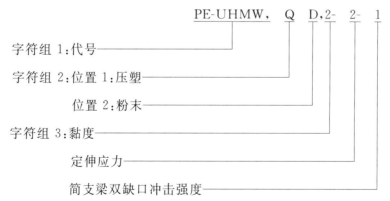

PE-UHMW,QD,2-2-1

4.2 转成有规格的分类命名

某种粉末状(D)超高分子量聚乙烯(PE-UHMW)热塑性材料，用于压塑(Q)制造外科植入物

(GB/T 19701.1—2005),其黏度值为 2 400 mL/g(2),定伸应力值为 0.25 MPa(2),简支梁双缺口冲击强度值为 150 kJ/m²(1),其命名为：

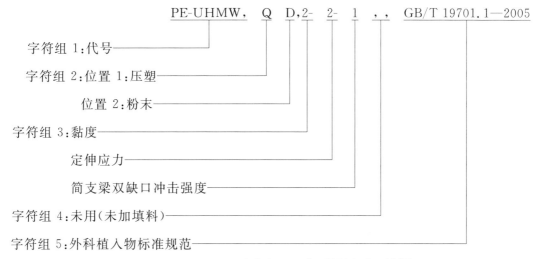

PE-UHMW,QD,2-2-1,,GB/T 19701.1—2005

编者注：规范性引用文件中国际标准转化情况见附表。

ICS 83.080.20
G 31

中华人民共和国国家标准

GB/T 30924.1—2016

塑料 乙烯-乙酸乙烯酯（EVAC）模塑和
挤出材料 第 1 部分：命名系统和
分类基础

Plastics—Ethylene-vinyl acetate(EVAC) moulding and extrusion materials—
Part 1:Designation system and basis for specification

(ISO 4613-1:1993,MOD)

2016-10-13 发布

2017-05-01 实施

中华人民共和国国家质量监督检验检疫总局
中国国家标准化管理委员会 发 布

前　言

GB/T 30924《塑料　乙烯-乙酸乙烯酯(EVAC)模塑和挤出材料》分为如下两个部分：

——第 1 部分：命名系统和分类基础；

——第 2 部分：试样制备和性能测定。

本部分为 GB/T 30924 的第 1 部分。

本部分按照 GB/T 1.1—2009 给出的规则起草。

本部分使用重新起草法修改采用 ISO 4613-1:1993《塑料　乙烯-乙酸乙烯酯(EVAC)模塑和挤出材料　第 1 部分：命名系统和分类基础》(英文版)。

本部分与 ISO 4613-1:1993 的主要技术差异及其原因如下：

——关于规范性引用文件，本标准做了具有技术性差异的调整，以适应我国的技术条件，调整的情况集中反映在第 2 章"规范性引用文件"中，具体调整如下：

- 用等同采用国际标准的 GB/T 1844.1—2008 代替 ISO 4613-1:1993 引用的 ISO 1043-1:1987；
- 用等同采用国际标准的 GB/T 3682—2000 代替 ISO 4613-1:1993 引用的 ISO 1133:1991；
- 用修改采用国际标准的 GB/T 30925—2014 代替 ISO 4613-1:1993 引用的 ISO 8985:1989；

——在字符组 1 中细化了乙酸乙烯酯含量在 20%～25%的范围和代号(见 3.2 表 1)；

——在字符组 2 增加了位置 1 主要应用和(或)加工方法的使用说明(见 3.3)；

——在字符组 2 位置 1 中将"电线电缆护套"改为"电线电缆"，位置 2～8 增加字母"X"表示"可交联的"(3.3 表 2)；

——在字符组 3 中细化了熔体质量流动速率在 50 g/10 min 以上的范围和代号(见 3.4.2 表 4)；

——在字符组 4 中删除了表的脚注 b(见 3.5 表 5)。

本部分由中国石油化工集团公司提出。

本部分由全国塑料标准化技术委员会石化塑料树脂产品分技术委员会(SAC/TC 15/SC 1)归口。

本部分负责起草单位：中国石油化工股份有限公司北京燕山分公司树脂应用研究所。

本部分参加起草单位：中国石油化工股份有限公司北京燕山分公司质量监督检验中心、苏州亨利通信材料有限公司、扬子石化-巴斯夫有限责任公司、北京东方石油化工有限公司有机化工厂、北京华美聚合物有限公司。

本部分主要起草人：王晓丽、陈宏愿、王敏、高艳想、李娟、张贤灵、张耀月。

塑料 乙烯-乙酸乙烯酯(EVAC)模塑和挤出材料 第1部分:命名系统和分类基础

1 范围

1.1 GB/T 30924 的本部分规定了乙烯-乙酸乙烯酯(EVAC)热塑性塑料材料的命名系统,该系统可作为分类基础。

1.2 不同类型的 EVAC 热塑性塑料材料用下列指定的特征性能的值以及推荐用途和(或)加工方法、重要性能、添加剂、着色剂、填料和增强材料等为基础的一种分类系统加以区分:

    a) 乙酸乙烯酯含量;

    b) 熔体质量流动速率。

1.3 本部分适用于所有乙酸乙烯酯质量分数在 3%～50%(摩尔分率约 25%)的乙烯-乙酸乙烯酯共聚物。

    本部分适用于常规为粉状、颗粒或碎粒状,未改性或经着色剂、添加剂、填料等改性的材料。

1.4 本部分不意味着命名相同的材料必定具有相同的性能。本部分不提供用于说明材料特殊用途和(或)加工方法所需的工程数据、性能数据或加工条件数据。

    如果需要,可按 GB/T 30924 的第 2 部分中规定的试验方法确定这些附加性能。

1.5 为了说明某种 EVAC 热塑性塑料材料的特殊用途或为了确保加工的重现性,可以在字符组 5 中给出附加要求。

2 规范性引用文件

    下列文件对于本文件的应用是必不可少的。凡是注日期的引用文件,仅注日期的版本适用于本文件。凡是不注日期的引用文件,其最新版本(包括所有的修改单)适用于本文件。

    GB/T 1844.1—2008 塑料 符号和缩略语 第 1 部分:基础聚合物及其特征性能(ISO 1043-1:2001,IDT)

    GB/T 3682—2000 热塑性塑料熔体质量流动速率和熔体体积流动速率的测定(idt ISO 1133:1997)

    GB/T 30925—2014 塑料 乙烯-乙酸乙烯酯共聚物(EVAC)热塑性塑料 乙酸乙烯酯含量的测定(ISO 8985:1998,MOD)

3 命名和分类系统

3.1 总则

    EVAC 的命名和分类系统基于下列标准模式:

命名						
说明组 （可选的）	识别组					
	标准号	特征项目组				
		字符组 1	字符组 2	字符组 3	字符组 4	字符组 5

命名由一个可选择的写作"热塑性塑料"的说明组和包括国家标准编号和特征项目组的识别组构成，为了使命名更加明确，特征项目组又分成下列五个字符组：

字符组 1：按照 GB/T 1844.1 规定的该塑料代号以及有关聚合过程或聚合物组成的信息（见 3.2）。

字符组 2：位置 1：推荐用途和加工方法（见 3.3）。

位置 2～8：重要性能、添加剂及附加说明（见 3.3）。

字符组 3：特征性能（见 3.4）。

字符组 4：填料或增强材料及其标称含量（见 3.5）。

字符组 5：为达到分类的目的，可在第 5 字符组里添加附加信息。

特征项目组的第一个字符是连字符。字符组彼此间用逗号","隔开，如果某个字符组不用，就要用两个逗号即",,"隔开。

3.2 字符组 1

在这个字符组中，按照 GB/T 1844.1—2008 的规定，用"EVAC"作乙烯-乙酸乙烯酯的代号，空格后，表示乙酸乙烯酯含量。

乙酸乙烯酯含量按 GB/T 30925—2014 测定，用质量分数表示。按照可能出现的数值，将乙酸乙烯酯含量分为 8 个范围，每个范围用两个数字组成的数字代号表示，见表 1。

表 1 字符组 1 中用于附加说明的代号

数字代号	乙酸乙烯酯含量 %
03	>3～5
08	>5～10
13	>10～15
18	>15～20
23	>20～25
28	>25～30
35	>30～40
45	>40～50

3.3 字符组 2

在这个字符组中，位置 1 给出有关的推荐用途和（或）加工方法的说明，位置 2～8 给出有关重要性能、添加剂和颜色的说明。所用字母代号的规定见表 2。

由于很多乙烯-乙酸乙烯酯材料有多种用途和加工方法，位置 1 仅给出其主要的应用和（或）加工方法。

如果在位置2～8有说明内容,而在位置1未给出说明时,则应在位置1插入字母X。

表 2　字符组2中所用的字母代号

字母代号	位置1	字母代号	位置2～8
A	粘合剂	A	加工稳定的
B	吹塑	B	抗粘连
C	压延	C	着色的
		D	粉末状
E	挤出	E	可发性的
F	挤出薄膜	F	特殊燃烧性
G	通用	G	颗粒,碎料
H	涂覆	H	热老化稳定的
K	电线电缆	K	金属钝化的
L	挤出单丝	L	光和气候稳定的
M	注塑		
		N	本色(未着色的)
		P	冲击改性的
Q	压塑		
R	旋转模塑	R	脱模剂
S	烧结	S	润滑的
T	窄带	T	改进透明的
		W	水解稳定的
X	未说明	X	可交联的
		Y	提高导电性的
		Z	抗静电的

3.4　字符组 3

3.4.1　总则

在这个字符组中,用一个字母和三个数字组成的代号表示熔体质量流动速率(见3.4.2)。

如果特性值落在或接近某档界限,生产者应说明该材料按某档命名,如果以后由于生产过程的容许限使个别试验值落在界限值上或界限的另一侧,命名不受影响。

注:目前可得到的聚合物并不一定能提供所有的特征性能值的组合。

3.4.2　熔体质量流动速率

熔体质量流动速率按 GB/T 3682—2000 测定,采用表3中规定的试验条件。

表 3 熔体质量流动速率试验条件

字母代号	温度 ℃	负荷 kg
D	190	2.16
B	150	2.16
Z	125	0.325

B 用于在试验条件 D 下测定 MFR 值大于 100 g/10 min 的材料。

Z 用于在试验条件 B 下测定 MFR 值大于 100 g/10 min 的材料。

按照可能出现的数值,将熔体质量流动速率分为 16 个范围,每个范围用三个数字组成的数字代号表示,见表 4。在数字代号前面用表 3 规定的一个字母代号表示试验条件。

表 4 字符组 3 中熔体质量流动速率使用代号及范围

数字代号	MFR 范围 g/10 min
000	≤0.10
001	>0.10～0.20
003	>0.20～0.40
006	>0.40～0.80
012	>0.80～1.5
022	>1.5～3.0
045	>3.0～6.0
090	>6.0～12
200	>12～25
400	>25～50
700	>50～100
715	>100～200
725	>200～300
740	>300～450
750	>450～600
770	>600～800

3.5 字符组 4

在这个字符组中,位置 1 用一个字母表示填料和(或)增强材料的类型,位置 2 用一个字母表示其物理形态,代号的具体规定见表 5。紧接着(不空格),在位置 3 和位置 4 用两个数字为代号表示其质量分数。

表 5　字符组 4 中填料和增强材料的字母代号

字母代号	材料(位置 1)	字母代号	形态(位置 2)
B	硼	B	球状,珠状
C	碳[a]		
		D	粉末状
		F	纤维状
G	玻璃	G	颗粒(碎纤维)状
		H	晶须
K	(白垩)碳酸钙		
L	纤维素[a]		
M	矿物[a],金属[a]		
S	有机合成材料[a]	S	磷状,片状
T	滑石粉		
W	木粉		
X	未说明	X	未说明
Z	其他[a]	Z	其他[a]

多种材料和(或)多种形态材料的混合物,可用"+"号将相应的代号组合放在括号内表示。例如:含有 25% 玻璃纤维(GF)和 10% 矿物粉(MD)的混合物可表示为(GF25+MD10)。

[a] 这些材料可用其化学符号或有关标准中规定的附加符号进一步明确表示。对于金属(M),用其化学符号表示金属类型非常重要。

3.6　字符组 5

这个可选用的字符组表明附加要求,是一种将材料的命名转换成特定用途材料规格的方法。例如对已确定规格的产品可参考合适的国家标准或类似标准进行。

4　命名示例

4.1　某种乙烯-乙酸乙烯酯热塑性塑料(EVAC),乙酸乙烯酯含量为质量分数 4%(03),用于挤出薄膜(F),含润滑剂(S),熔体质量流动速率(MFR 190/2.16)(D)为 2g/10 min(022)。命名为:

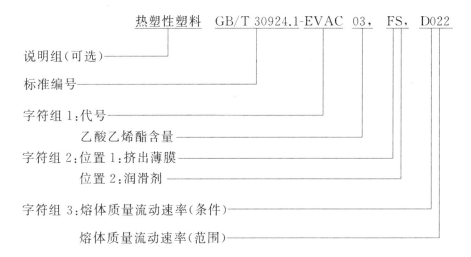

命名:(热塑性塑料)GB/T 30924.1-EVAC 03,FS,D022

4.2 某种乙烯-乙酸乙烯酯热塑性塑料(EVAC),乙酸乙烯酯含量为质量分数 17%(18),用于注塑(M),熔体质量流动速率(MFR 190/2.16)(D)为 19 g/10 min(200)。命名为:

命名:(热塑性塑料)GB/T 30924.1-EVAC 18,M,D200

ICS 83.080.20
G 31

中华人民共和国国家标准

GB/T 34691.1—2018

塑料 热塑性聚酯(TP)模塑和挤出材料 第1部分:命名系统和分类基础

Plastics—Thermoplastic polyester (TP) moulding and extrusion materials—
Part 1:Designation system and basis for specifications

(ISO 20028-1:2017,MOD)

2018-12-28 发布　　　　　　　　　　　　　　2019-11-01 实施

国家市场监督管理总局
中国国家标准化管理委员会　发 布

前　言

GB/T 34691《塑料　热塑性聚酯(TP)模塑和挤出材料》分为以下两个部分：
——第 1 部分：命名系统和分类基础；
——第 2 部分：试样制备和性能测定。

本部分为 GB/T 34691 的第 1 部分。

本部分按照 GB/T 1.1—2009 给出的规则起草。

本部分使用重新起草法修改采用国际标准 ISO 20028-1：2017《塑料　热塑性聚酯(TP)模塑和挤出材料　第 1 部分：命名系统和分类基础》。

本部分与 ISO 20028-1：2017 相比，在结构上进行了修改，具体如下：
——删除了"3 术语和定义"一章，后续章条编号做相应修改；
——对本部分"3.5.2 黏数"(即 ISO 20028-1：2017 中 4.5.2)重新梳理，将表 5 及相关内容移至最后一条，并增加条款编号 3.5.2.1～3.5.2.6，以符合国内使用习惯；
——对于本部分"4 命名示例"(即 ISO 20028-1：2017 中第 5 章)，根据我国国家标准命名情况，命名示例类别无需细分，条款编号设为 4.1～4.4。

本部分与 ISO 20028-1：2017 的主要技术性差异及其原因如下：
——关于规范性引用文件，本部分做了具有技术性差异的调整，以适应我国的技术条件，调整的情况集中反映在第 2 章"规范性引用文件"中，具体调整如下：
  ● 用修改采用国际标准的 GB/T 1632.5—2008 代替 ISO 1628-5；
  ● 用等同采用国际标准的 GB/T 1844.1—2008 代替 ISO 1043-1；
  ● 用等同采用国际标准的 GB/T 1844.2—2008 代替 ISO 1043-2；
  ● 用修改采用国际标准的 GB/T 34691.2—2017 代替 ISO 20028-2；
  ● 删除 ASTM D5927。
——在字符组 3 位置 1 增加字母"Y"表示"纤维"(见表 4)。

本部分做了下列编辑性修改：
——命名示例格式不同，以与其他热塑性塑料命名国家标准保持一致(见第 4 章)。

本部分由中国石油和化学工业联合会提出。

本部分由全国塑料标准化技术委员会(SAC/TC 15)归口。

本部分负责起草单位：中国石化仪征化纤有限责任公司。

本部分参加起草单位：中国石油化工股份有限公司北京燕山分公司树脂应用研究所、中国石油化工股份有限公司北京北化院燕山分院、南通星辰合成材料有限公司。

本部分主要起草人：史册、叶丽华、杨春梅、邓燕霞、季克均、蒋云、杜苏军、龚柳柳、尕秀静、黄勇。

塑料 热塑性聚酯(TP)模塑和挤出材料
第1部分:命名系统和分类基础

1 范围

GB/T 34691 的本部分规定了热塑性聚酯(TP)模塑和挤出材料的命名系统,该系统可作为分类基础。热塑性聚酯(TP)材料包括了用于模塑和挤出的以聚对苯二甲酸乙二酯(PET),聚对苯二甲酸丙二酯(PTT),聚对苯二甲酸丁二酯(PBT),聚对苯二甲酸环己烷二甲酯(PCT),聚萘二甲酸乙二酯(PEN)、聚萘二酸丁二酯(PBN)和其他类型热塑性聚酯(TP)为基材的均聚聚酯,以及多组分的共聚聚酯。

不同类型的热塑性聚酯材料用下列指定的特征性能的值以及推荐用途和(或)加工方法、重要性能、添加剂、着色剂、填料和增强材料等为基础的一种分类系统加以区分:

a) 黏数;

b) 拉伸弹性模量。

本部分适用于所有的均聚和共聚热塑性聚酯,适用于常规为粉状、颗粒或碎粒状,经着色剂、添加剂、填料等改性的和未改性的材料。

本部分不适用于 ISO 20029 所规定的饱和聚酯/酯和聚醚/酯热塑性塑料弹性体。

本部分不意味着命名相同的材料必定具有相同的性能。本部分不提供用于说明材料特殊用途和(或)加工方法所需的工程数据、性能数据或加工条件数据。如果需要,可按 GB/T 34691 的第 2 部分中规定的试验方法确定这些附加性能。

为了说明某种热塑性聚酯材料的特殊用途或为了确保加工的重现性,可以在字符组 5 中给出附加要求。

2 规范性引用文件

下列文件对于本文件的应用是必不可少的。凡是注日期的引用文件,仅注日期的版本适用于本文件。凡是不注日期的引用文件,其最新版本(包括所有的修改单)适用于本文件。

GB/T 1632.5—2008 塑料 使用毛细管黏度计测定聚合物 稀溶液黏度 第 5 部分:热塑性均聚和共聚型聚酯(TP)(ISO 1628-5:1998,MOD)

GB/T 1844.1—2008 塑料 符号和缩略语 第 1 部分:基础聚合物及其特征性能(ISO 1043-1:2001,IDT)

GB/T 1844.2—2008 塑料 符号和缩略语 第 2 部分:填充及增强材料(ISO 1043-2:2000,IDT)

GB/T 34691.2—2017 塑料 热塑性聚酯(TP)模塑和挤出材料 第 2 部分:试样制备和性能测定(ISO 20028-2:2017,MOD)

3 命名和分类系统

3.1 总则

热塑性聚酯的命名和分类系统基于下列标准模式:

命名					
说明组 (可选的)	识别组				
	标准号	特征项目组			
		字符组 1	字符组 2	字符组 3	字符组 4	字符组 5

命名由一个可选择的写作"热塑性塑料"的说明组和包括国家标准号和特征项目组的识别组构成，为了使命名更加明确，特征项目组又分成下列五个字符组：

——字符组 1：按照 GB/T 1844.1—2008 规定的该塑料代号 PET、PTT、PBT、PCT、PEN、PBN 或所有均聚和共聚聚酯的总称 TP（见 3.2）。

——字符组 2：位置 1：填料或增强材料及其标称含量（见 3.3）。

位置 2：回收料（REC）及其组分的声明（若有要求）。

——字符组 3：位置 1：推荐用途和（或）加工方法（见 3.4）。

位置 2～8：重要性能、添加剂及附加说明（见 3.4）。

——字符组 4：特征性能（见 3.5）。

——字符组 5：为达到分类的目的，可在第 5 字符组里添加附加信息（见 3.6）。

特征项目组的第一个字符是连字符。字符组彼此间用逗号","隔开，如果某个字符组不用，用两个逗号即",,"隔开。

3.2 字符组 1

在这个字符组中，连字符后用表 1 和表 2 规定的代号表示热塑性聚酯。

表 1 字符组 1 中表示聚酯材料化学构成的符号

符号[a]	名 称 及 化 学 构 成
PET（TP 2T）	聚对苯二甲酸乙二酯，基于乙二醇和对苯二甲酸（或它的酯）的聚酯
PTT（TP 3T）	聚对苯二甲酸丙二酯，基于 1,3 丙二醇和对苯二甲酸（或它的酯）的聚酯
PBT（TP 4T）	聚对苯二甲酸丁二酯，基于 1,4-丁二醇和对苯二甲酸（或它的酯）的聚酯
PCT（TP CHT）	聚对苯二甲酸环己烷二甲酯，基于环己烷二甲醇和对苯二甲酸（或它的酯）的聚酯
PEN（TP 2N）	聚萘二甲酸乙二酯，基于乙二醇和 2,6-萘二甲酸（或它的酯）的聚酯
PBN（TP 4N）	聚萘二甲酸丁二酯，基于 1,4-丁二醇和 2,6-萘二甲酸（或它的酯）的聚酯
TP 26	聚己二酸乙二酯，基于乙二醇和己二酸（或它的酯）的聚酯
TP 4I	聚间苯二甲酸丁二酯，基于丁二醇和 1,4-间苯二甲酸（或它的酯）的聚酯
TP CH10	基于聚乙二醇和癸二酸的聚酯
[a] 符合附录 A（热塑性聚酯的命名）的规定。	

表 2 字符组 1 中表示共聚聚酯材料化学结构的符号（示例）

符号[a]	化 学 结 构
TP 6I/6T	基于己二醇，间苯二甲酸和对苯二甲酸的共聚聚酯
TP BAI/BAT	基于双酚 A，间苯二甲酸和对苯二甲酸的共聚聚酯
TP 2T/CHT	基于乙二醇，环己烷二甲醇和对苯二甲酸（或它的酯）共聚聚酯

表 2（续）

符号[a]	化 学 结 构
TP 2T/2I	基于乙二醇,对苯二甲酸和间苯二甲酸(或它的酯)的共聚聚酯
TP 2/6/NG //T/I/6	基于乙二醇,1,6己二醇,新戊二醇,对苯二甲酸和间苯二甲酸(或它的酯)己二酸的共聚聚酯
下面两个命名示例注明了质量含量比率:	
TP 2T/26 (90/10)	基于90%(质量分数)乙二醇和对苯二甲酸与10%(质量分数)乙二醇和己二酸的共聚聚酯
TP NGT/6I (75/25)	基于75%(质量分数)新戊二醇和对苯二甲酸,25%(质量分数)1,6-己二醇和间苯二甲酸的共聚聚酯
[a] 符合附录 A（热塑性聚酯的命名）的规定。	

热塑性聚酯或热塑性聚酯和其他聚合物的混合物可用"+"号加基础聚合物的符号表示,例如:PBT ＋ASA 表示聚对苯二甲酸丁二酯和丙烯腈/苯乙烯/丙烯酸酯共聚物的混合物。

3.3 字符组 2

在本字符组中,位置1用一个字母表示填料和(或)增强材料类型;位置2用第一个字母表示其物理形态,所用字母代号见表3。紧接着(不空格)在位置3和位置4用两个数字作代号表示其质量含量。

多种材料和(或)多种形态材料的混合物,可用"+"号将相应的代号组合放在括号中表示。例如:含有25%玻璃纤维(GF)和10%矿物粉(MD)的混合物可表示为(GF25＋MD10)。

在本字符组的位置2中,如果有需要,回收声明用"REC"表示,并且紧接着用括号标注成分。例如:一种50%(质量分数)的回收料用REC(50)表示。

表 3　字符组 2 中填料和增强材料的字母代号

字母代号	材 料	字母代号	形 态
B	硼	B	球状、珠状
C	碳[a]	D	粉末
G	玻璃	F	纤维状
K	碳酸钙	G	颗粒
M	矿物[a],金属[b]	H	晶须
S	有机合成材料[a]	X	未说明
T	滑石粉	Z	其他
X	未说明		
Z	其他[a]		

[a] 例如,这些材料可在字符组位置4后,用其化学符号进一步明确表示,或按照GB/T 1844.2中定义的附加符号或有关方商定的附加符号。

[b] 金属填料应该在质量含量后用化学符号(大写字母)明确表示,例如,5%铁含量的金属晶须可命名为"MH05FE"。

3.4 字符组 3

在这个字符组中,位置 1 给出有关的推荐用途和(或)加工方法的说明,位置 2~8 给出有关重要性能、添加剂和颜色的说明。所用字母代号的规定见表 4。

如果在位置 2~8 有说明内容,而在位置 1 未给出说明时,则应在位置 1 插入字母 X。

表 4 字符组 3 中所用字母代号

字母代号	位置 1	字母代号	位置 2~8
A	粘合剂	A	加工稳定的
B	吹塑	B	抗粘连
C	压延	C	着色的
D	磁盘制造	D	粉末状
E	挤出	E	可发性的
F	挤出薄膜	F	特殊燃烧性
G	通用	G	颗粒
H	涂覆	H	热老化稳定的
K	电缆电线护套	L	光和气候稳定的
L	挤出单丝	M	成核的
M	注塑	N	本色(未着色的)
R	旋转模塑	P	冲击改性的
S	烧结	R	脱模剂
X	未说明	S	润滑的
Y	纤维	T	改进透明的
		W	水解稳定的
		Z	抗静电的

3.5 字符组 4

3.5.1 一般原则

在这个字符组中,用两个数字组成的代号表示黏数(见 3.5.2)的范围,用三个数字组成的代号表示拉伸弹性模量(见 3.5.3)的范围。两特征性能代号间用"-"隔开。

如果特性值落在或接近某档界限,生产者应说明该材料按某档命名。如果以后由于生产过程的容许限使个别试验值落在界限值上或界限的另一侧,命名不受影响。

注:目前可得到的聚合物并不一定能提供所有的特征性能值的组合。

3.5.2 黏数

3.5.2.1 黏数按 GB/T 1632.5—2008 测定。对于 PET,用苯酚/1,2-二氯苯(50/50)作溶剂;对 PBT,用

m-甲酚作溶剂。

注1：用其他溶剂测得的黏数可用下面的公式换算成苯酚/1,2-二氯苯作溶剂测得的黏数：

苯酚/1,1,2,2-四氯乙烷(50/50)作溶剂：$x=0.93y+1.87$

苯酚/1,1,2,2-四氯乙烷(60/40)作溶剂：$x=1.20y-13.34$

o-氯酚作溶剂：$x=1.22y-10.24$

二氯乙酸作溶剂：$x=1.20y-18.07$

式中：x 为用苯酚/1,2-二氯苯(50/50)作溶剂测得的黏数；

y 为用其他对应溶剂测得的黏数。

注2：用其他溶剂测得的黏数可用下面的公式换算成 m-甲酚作溶剂测得的黏数：

苯酚/1,1,2,2-四氯乙烷(50/50)作溶剂：$x=0.70y+5.59$

苯酚/1,1,2,2-四氯乙烷(60/40)作溶剂：$x=0.57y+29.22$

o-氯酚作溶剂：$x=0.85y+3.14$

二氯乙酸作溶剂：$x=0.70y+7.34$

苯酚/1,2-二氯苯作溶剂：$x=0.75y+0.96$

式中：x 为用 m-甲酚作溶剂测得的黏数：

y 为用其他对应溶剂测得的黏数。

3.5.2.2 对于 PCT,应选用苯酚/1,1,2,2-四氯乙烷(60/40)作溶剂测定黏数。

3.5.2.3 对无定型 PEN,应选用苯酚/1,1,2,2-四氯乙烷(60/40)作溶剂测定黏数;对结晶 PEN,选用苯酚/2,4,6-三氯苯酚(60/40)作溶剂测定黏数。

3.5.2.4 对于 PBN,应选用苯酚/1,1,2,2-四氯乙烷(60/40)作溶剂测定黏数。

3.5.2.5 对于其他 TP 均聚物和共聚物,优先使用 m-甲酚作溶剂。

3.5.2.6 按照可能出现的数值,将黏数分为 8 个范围,每个范围用两个数字组成的数字代号表示,见表 5。

表 5　字符组 4 中黏数的使用代号及范围

数字代号	黏数范围 mL/g
03	$\leqslant 40$
05	$>40\sim60$
07	$>60\sim80$
09	$>80\sim100$
11	$>100\sim120$
13	$>120\sim140$
15	$>140\sim160$
17	$>160\sim180$

3.5.3　拉伸弹性模量

拉伸弹性模量按 GB/T 34691.2—2017 测定。按照可能出现的数值,将拉伸弹性模量分为 23 个范围,每个范围用三个数字组成的数字代号表示,见表 6。

表 6 字符组 4 中拉伸弹性模量使用代号及范围

数字代号	拉伸弹性模量范围 MPa
001	≤150
002	>150～250
003	>250～350
004	>350～450
005	>450～600
007	>600～800
010	>800～1 500
020	>1 500～2 500
030	>2 500～3 500
040	>3 500～4 500
050	>4 500～5 500
060	>5 500～6 500
070	>6 500～7 500
080	>7 500～8 500
090·	>8 500～9 500
100	>9 500～10 500
110	>10 500～11 500
120	>11 500～13 500
140	>13 500～15 500
160	>15 500～17 500
190	>170 500～20 500
220	>20 500～23 500
250	>23 500

3.6 字符组 5

这个可选用的字符组表明附加要求,是一种将材料的命名转换成特定用途材料规格的方法。例如对已确定规格的产品可参考合适的国家标准或类似标准进行。

4 命名示例

4.1 某种聚对苯二甲酸乙二酯热塑性材料(PET),具有特殊燃烧性(F),热老化稳定性(H),加成核剂的(M),黏数值为 85 mL/g(09),拉伸弹性模量为 10 300 MPa(100),30%(质量分数)玻璃纤维增强(GF30),命名为:

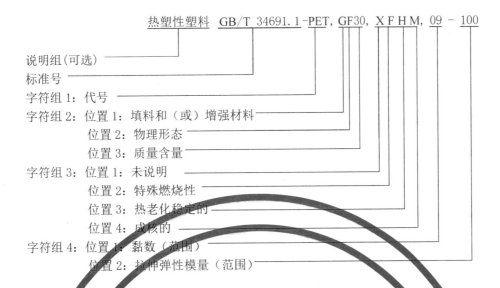

命名:(热塑性塑料)GB/T 34691.1-PET,GF30,XFHM,09-100

4.2 某种聚对苯二甲酸丁二酯热塑性材料(PBT),用于注塑(M),具有特殊燃烧性(F),本色(未加着色剂)(N),含有脱模剂(R),黏数为 96 mL/g(09),拉伸弹性模量为 5 900 MPa(060),12%(质量分数)玻璃纤维增强(GF12),命名为:

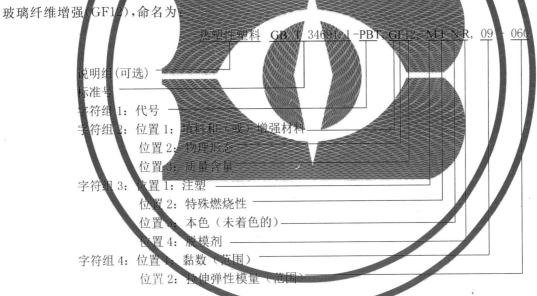

命名:(热塑性塑料)GB/T 34691.1-PBT,GF12,MFNR,09-060

4.3 某种由 50%双酚 A(BA)和对苯二甲酸(T)与 50%双酚 A(BA)和间苯二甲酸(I)组成的热塑性共聚聚酯(TP),通用的(G),改进透明性的(T),本色(未加着色剂)(N),黏数值为 115 mL/g(11),拉伸弹性模量为 1 900 MPa(020),命名为:

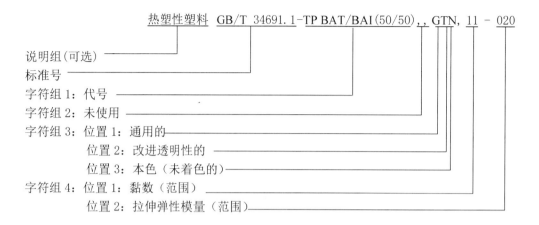

命名:(热塑性塑料)GB/T 34691.1-TP BAT/BAI(50/50),,GTN,11-020

4.4 某种聚对苯二甲酸乙二酯热塑性材料(PET),用于注塑(M),经着色(C),黏数为 75 mL/g(07),拉伸弹性模量为 13 800 MPa(140),45%(质量分数)玻璃纤维增强(GF45),符合 ASTM D5927 TPES 0210G45A88560 规格的要求,命名为:

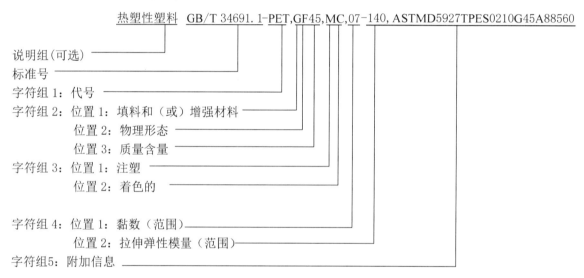

命名:(热塑性塑料)GB/T 34691.1-PET,GF45,MC,07-140,ASTM D5927 TPES 0210G45A88560

附 录 A
（规范性附录）
热塑性聚酯的命名

热塑性聚酯材料是在线型聚合物链上的有规间隔内含有酯基（—CO—O—）的热塑性材料。直链聚酯是由带有两个羟基（—OH）的二元醇和带有两个羧基（—COOH）的二羧酸或它们的酯经过缩聚反应得到。羟基羧酸或其酯也可用来合成聚酯。如使用三羧酸和/或三元醇,则得到支链聚合物。

下面是我们所熟知的六种热塑性聚酯:

PET:聚对苯二甲酸乙二酯

PTT:聚对苯二甲酸丙二酯

PBT:聚对苯二甲酸丁二酯

PCT:聚对苯二甲酸环己烷二甲酯

PEN:聚萘二甲酸乙二酯

PBN:聚萘二甲酸丁二酯

对其他的聚酯和共聚聚酯,应使用与聚酰胺及共聚酰胺相同的命名系统（参见 ISO 16396）,以避免每一类聚酯都要有一个缩写形式。

按照 GB/T 1844.1—2008,热塑性聚酯的符号为 TP。

由二元醇和线型二羧酸或它们的酯合成的脂肪族聚酯由两个或更多的数字命名。第一（可能有一个或两个数字）个数字表示线型二元醇的 C 原子数（参见表 A.1）,第二（可能有一个或两个数字）个数字表示线型二羧酸的 C 原子数（参见表 A.2）。

非线型脂肪族的,脂肪环的和芳香族的聚酯材料,按聚酯链的单体单元用字母符号命名（参见表 A.1,表 A.2 和表 A.3）。

在表示共聚聚酯各组成的数字代号间加上斜线（/）来命名共聚聚酯（参见 GB/T 1844.1 附录 A,A.6）。根据初始材料的比率,具有相同数字或字母符号的共聚聚酯的性能可能有很大差别。因此,建议在命名末尾的括号中注明质量分数（参见表 2）。

共聚聚酯含有超过三种单体也可以用简单的命名表示－TP DO$_1$/DO$_2$/DO$_3$///DA$_1$/DA$_2$/DA$_3$。这里 DO$_1$,DO$_2$ 和 DO$_3$ 是三种不同的二元醇,DA$_1$,DA$_2$ 和 DA$_3$ 是三种不同的二羧酸。在二元醇和二羧酸之间用两个斜线（//）分开。

由于聚酯和共聚聚酯的种类繁多,这里只给出几个例子。

用这种命名系统,PET,PTT,PBT,PCT,PEN,PBN 也可命名如下:

PET　　　TP 2T

PTT　　　TP 3T

PBT　　　TP 4T

PCT　　　TP CHT

PEN　　　TP 2N

PBN　　　TP 4N

表 A.1　羟基单元的符号（第一数字）

符号	单体单元	CAS NO
2	乙二醇	107-21-1
3	1,3-丙二醇	504-63-2
4	1,4-丁二醇	110-63-4

表 A.1（续）

符号	单体单元	CAS NO
6	1,6-己二醇	629-11-8
14	1,14-十四二醇	19812-64-7
CH	1,4-环己烷二甲醇	105-08-8
NG	新戊二醇	126-30-7
TM	1,1,1-三亚甲基醇丙烷	77-99-6
BA	双酚 A	80-05-7
DG	二缩乙二醇	111-46-6
BF	双酚 F	2467-02-9
XX	未说明	

表 A.2　羧基单元的符号（第二数字）

符号	单体单元	CAS NO
6	己二酸	124-04-9
9	壬二酸	123-99-9
10	癸二酸	111-20-6
12	十二酸	693-23-7
36	氢化二聚脂肪酸	68783-41-5
T	对苯二甲酸	100-21-0
I	间苯二甲酸	121-91-5
M	三苯六甲酸	528-44-9
N	2,6-萘二甲酸	1141-38-4
P	邻苯二甲酸	88-99-3
C	1,4 环己烷二甲酸	1076-97-7
YY	未说明	

表 A.3　羟基羧酸单元的符号

符号	单体单元	CAS NO
CL	己酸内酯	502-44-3
HB	p-羟基苯甲酸	99-96-7
HV	4-戊酸内酯	108-29-2
ZZ	未说明	

参 考 文 献

[1] ISO 20029-1 Plastics—Thermoplastic polyester/ester elastomers for moulding and extrusion materials—Part 1:Designation system and basis for specification

[2] ISO 20029-2 Plastics—Thermoplastic polyester/ester elastomers for moulding and extrusion materials—Part 2:Preparation of test specimens and determination of properties

[3] ISO 16369-1 Plastics—Polyamide(PA)moulding and extrusion materials—Part 1:Designation system and basis for specification

[4] ASTM D5927 Standard Classification System for and Basis for Specifications for Thermoplastic Polyester(TPES)Injection and Extrusion Materials Based on ISO Test Methods

合成树脂

II 产品

ICS 83.080.20
G 32

中华人民共和国国家标准

GB/T 11115—2009
代替 GB/T 11115~11116—1989 和 GB/T 15182—1994

聚乙烯(PE)树脂

Polyethylene (PE) resin

2009-07-17 发布

2010-02-01 实施

中华人民共和国国家质量监督检验检疫总局
中国国家标准化管理委员会 发 布

前　言

本标准代替 GB/T 11115—1989《低密度聚乙烯树脂》、GB/T 11116—1989《高密度聚乙烯树脂》和 GB/T 15182—1994《线型低密度聚乙烯树脂》。

本标准与 GB/T 11115、GB/T 11116 和 GB/T 15182 相比主要差异如下：

——将 GB/T 11115 、GB/T 11116 和 GB/T 15182 合并为一个标准；

——第 2 章规范性引用文件中，除卫生标准外均改为注日期的引用文件；

——增加了第 3 章分类与命名；

——在 5.1 中，删除了原标准 3.1 中"粒子的尺寸在任意方向上应为(2～5)mm"的要求，并将"无机械杂质"改为"无杂质"；

——第 5 章要求的表中，添加了"试样制备"；

——第 5 章要求的表中，用"颗粒外观"代替原标准中的"清洁度(色粒)"；

——在 6.2.2 中，增加了"由于各树脂的应用领域不同，其注塑试样与压塑试样性能可有所不同。各树脂的具体制样方式见表 1～表 7"；

——在 6.2.3 中，对 LLDPE、LDPE 薄膜的吹塑工艺进行了调整，删掉了"薄膜折径"；

——在 6.10 中，规定了两种"鱼眼"的测试方法；

——在 6.11 中，重新规定了"条纹"的测试方法；

——第 9 章中增加了聚乙烯树脂贮存期的规定。

本标准由中国石油化工集团公司提出。

本标准由全国塑料标准化技术委员会石化塑料树脂产品分会(SAC/TC 15/SC 1)归口。

本标准负责起草单位：中国石油化工股份有限公司北京燕山分公司化工一厂、中国石油化工股份有限公司齐鲁分公司研究院。

本标准参加起草单位：中国石油化工股份有限公司北京燕山分公司树脂所、中国石油化工股份有限公司齐鲁分公司塑料厂。

本标准主要起草人：崔广洪、刘少成、苏晓燕、李晶、王治春、王晓丽、庞海萍、姜连成、田江南、张广明、成红、胡宏艳。

本标准所代替标准的历次版本发布情况为：

——GB/T 11115—1989；

——GB/T 11116—1989；

——GB/T 15182—1994。

聚乙烯(PE)树脂

1 范围

本标准规定了聚乙烯(PE)树脂的分类命名、要求、试验方法、检验规则,以及产品的标志、包装、运输和贮存。

本标准适用于乙烯均聚物或乙烯和其他1-烯烃为单体的共聚物及含有添加剂的聚合物。

本标准不适用于超高分子量聚乙烯和着色、填充、改性、增强聚乙烯树脂及母粒料。

2 规范性引用文件

下列文件中的条款通过本标准的引用而成为本标准的条款。凡是注日期的引用文件,其随后所有的修改单(不包括勘误的内容)或修订版均不适用于本标准,然而,鼓励根据本标准达成协议的各方研究是否可使用这些文件的最新版本。凡是不注日期的引用文件,其最新版本适用于本标准。

GB/T 1040.2—2006 塑料 拉伸性能的测定 第2部分:模塑和挤塑塑料的试验条件(ISO 527-2:1993,IDT)

GB/T 1043.1—2008 塑料 简支梁冲击性能的测定 第1部分:非仪器化冲击试验(ISO 179-1:2000,IDT)

GB/T 1409—2006 测量电气绝缘材料在工频、音频、高频(包括米波波长在内)下电容率和介质损耗因数的推荐方法(IEC 60250:1969,MOD)

GB/T 1842—2008 塑料 聚乙烯环境应力开裂试验方法

GB/T 1845.1—1999 聚乙烯(PE)模塑和挤出材料 第1部分:命名系统和分类基础(eqv ISO 1872-1:1993)

GB/T 1845.2—2006 塑料 聚乙烯(PE)模塑和挤出材料 第2部分:试样制备和性能测定(ISO 1872-2:1997,MOD)

GB/T 2410—2008 透明塑料透光率和雾度试验方法

GB/T 2547—2008 塑料 取样方法

GB/T 2918—1998 塑料试样状态调节和试验的标准环境(idt ISO 291:1997)

GB/T 3682—2000 热塑性塑料熔体质量流动速率和熔体体积流动速率的测定(idt ISO 1133:1997)

GB/T 8170—2008 数值修约规则和极限数值的表示和判定

GB/T 9341—2008 塑料 弯曲性能的测定(ISO 178:2001,IDT)

GB 9691 食品包装用聚乙烯树脂卫生标准

GB/T 17037.1—1997 热塑性塑料材料注塑试样的制备 第1部分:一般原理及多用途试样和长条试样的制备(idt ISO 294-1:1996)

GB/T 19466.6—2009 塑料 差示扫描量热法(DSC) 第6部分:氧化诱导时间(等温 OIT)和氧化诱导温度(动态 OIT)的测定(ISO 11357-6:2008,MOD)

SH/T 1541—2006 热塑性塑料颗粒外观试验方法

ISO 1183-2:2004 塑料 非泡沫塑料密度的测定方法 第2部分:密度梯度柱法

3 分类与命名

聚乙烯树脂的分类与命名按 GB/T 1845.1—1999 规定进行。

4 卫生要求

对于有卫生要求的树脂,应符合 GB 9691 的规定。

5 要求

5.1 聚乙烯树脂为本色颗粒,无杂质,无黑粒。其颗粒外观应满足表 1～表 7 相应类别树脂的要求。

5.2 不同类别的聚乙烯树脂,其技术要求见 5.2.1～5.2.7。

5.2.1 吹塑类聚乙烯树脂至少应进行密度、熔体质量流动速率、拉伸屈服应力或拉伸断裂应力、拉伸断裂标称应变或拉伸断裂应变、简支梁缺口冲击强度、耐环境应力开裂项目的测试,其相应牌号的技术要求见表 1。

5.2.2 挤出管材类聚乙烯树脂至少应进行密度、熔体质量流动速率、拉伸屈服应力或拉伸断裂应力、拉伸断裂标称应变或拉伸断裂应变、简支梁缺口冲击强度、弯曲模量、氧化诱导时间项目的测试,其相应牌号的技术要求见表 2。

5.2.3 挤出薄膜类聚乙烯树脂至少应进行密度、熔体质量流动速率、拉伸屈服应力或拉伸断裂应力、拉伸断裂标称应变或拉伸断裂应变项目的测试,其膜制品至少应进行鱼眼和/或条纹、和/或雾度项目的测试,其相应牌号的技术要求见表 3。

5.2.4 涂层类聚乙烯树脂至少应进行密度、熔体质量流动速率、熔胀比项目的测试,其相应牌号的技术要求见表 4。

5.2.5 电线电缆绝缘类聚乙烯树脂至少应进行密度、熔体质量流动速率、拉伸屈服应力或拉伸断裂应力、拉伸断裂标称应变或拉伸断裂应变、相对电容率项目的测试,其相应牌号的技术要求见表 5。

5.2.6 挤出单丝类聚乙烯树脂至少应进行密度、熔体质量流动速率、拉伸屈服应力或拉伸断裂应力、拉伸断裂标称应变或拉伸断裂应变项目的测试,其相应牌号的技术要求见表 6。

5.2.7 注塑类聚乙烯树脂至少应进行密度、熔体质量流动速率、拉伸屈服应力或拉伸断裂应力、拉伸断裂标称应变或拉伸断裂应变、简支梁缺口冲击强度项目的测试,其相应牌号的技术要求见表 7。

表 1 吹塑类聚乙烯（PE）树脂的技术要求

序号	项目		单位	PE,BA,48G100 优等品	PE,BA,48G100 一等品	PE,BA,48G100 合格品	PE,BA,52G150 优等品	PE,BA,52G150 一等品	PE,BA,52G150 合格品	PE,BA,62D003 优等品	PE,BA,62D003 一等品	PE,BA,62D003 合格品
1	颗粒外观		个/kg	≤10	≤20	≤40	≤10	≤20	≤40	≤10	≤20	≤40
2	密度（D法）	标称值	g/cm³	0.948			0.952			0.960		
		偏差		±0.002	±0.003	±0.004	±0.002	±0.002	±0.003	±0.002	±0.004	±0.005
3	熔体质量流动速率 MFR	标称值	g/10 min	10			15			0.35		
		偏差		±3.0	±4.0	±5.0	±3.0	±5.0	±6.0	±0.11	±0.13	±0.15
4	拉伸屈服应力		MPa	≥20.0	≥20.0	≥18.0	≥20.0	≥20.0	≥18.0	≥25.0	≥25.0	≥24.0
	拉伸断裂标称应变		%	≥150			≥150			≥350		
5	简支梁缺口冲击强度 23 ℃		kJ/m²	≥8			≥8			≥18		
6	环境应力开裂时间（F₅₀）		h	由供方提供数据			由供方提供数据			≥25		
	试样制备			Q			Q			Q		

注：Q 表示压塑。

表 2 挤出管材类聚乙烯（PE）树脂的技术要求

序号	项 目		单 位	PE,EA,43G100			PE,EA,45G120			PE,EA,49D001		
				优等品	一等品	合格品	优等品	一等品	合格品	优等品	一等品	合格品
1	颗粒外观	色粒	个/kg	≤10	≤20	≤40	≤10	≤20	≤40	≤10	≤20	≤40
2	密度（D法）	标称值	g/cm³	0.942			0.945			0.949		
		偏差		±0.002		±0.003	±0.002		±0.003	±0.002		±0.003
3	熔体质量流动速率 MFR	标称值	g/10 min	10			12			0.11		
		偏差		±2.0		±2.5	±3.0		±5.0	±0.02		±0.03
4	拉伸屈服应力		MPa	≥16		≥15	≥17		≥16	≥19.0		≥17.0
	拉伸断裂标称应变		%	≥150			≥150			≥350		
5	简支梁缺口冲击强度 23 ℃		kJ/m²	≥6.0			≥6.0			≥10		
6	弯曲模量		MPa	由供方提供数据			由供方提供数据			由供方提供数据		
7	氧化诱导时间 OIT（210 ℃，A1）		min	由供方提供数据			由供方提供数据			由供方提供数据		
试样制备				Q			Q			Q		

序号	项 目		单 位	PE,EA,50T002			PE,EA,52D001		
				优等品	一等品	合格品	优等品	一等品	合格品
1	颗粒外观	色粒	个/kg	≤10	≤20	≤40	≤10	≤20	≤40
2	密度（D法）	标称值	g/cm³	0.950			0.952		
		偏差		±0.002		±0.003	±0.003		±0.004
3	熔体质量流动速率 MFR	标称值	g/10 min	0.24			0.14		
		偏差		±0.04		±0.06	±0.05		±0.06
4	拉伸屈服应力		MPa	≥20.0		≥18.0	≥22.0	≥20.0	≥18.0
	拉伸断裂标称应变		%	≥350			≥50		
5	简支梁缺口冲击强度 23 ℃		kJ/m²	≥12			≥6		
6	弯曲模量		MPa	由供方提供数据			由供方提供数据		
7	氧化诱导时间 OIT（210 ℃，A1）		min	由供方提供数据			由供方提供数据		
试样制备				Q			Q		

注：Q 表示压塑。

表 3 挤出薄膜类聚乙烯（PE）树脂的技术要求

序号	项目		单位	PE-L,FB,18D010 优等品	一等品	合格品	PE,FAS,18D075 优等品	一等品	合格品	PE-L,FB,20D020 优等品	一等品	合格品
1	颗粒外观	色粒	个/kg	≤5	≤10	≤20	≤10	≤20	≤40	≤10	≤20	≤40
		蛇皮和拖尾粒	个/kg	≤20	≤20	≤40	≤20	≤20	≤40	≤20	≤20	≤40
		大粒和小粒	g/kg	≤10	≤10	≤10	≤10	≤10	≤10	≤10	≤10	≤10
2	密度（D法）	标称值	g/cm³	0.918	0.918	0.918	0.919	0.919	0.919	0.920	0.920	0.920
		偏差	g/cm³	±0.003	±0.003	±0.004	±0.002	±0.002	±0.003	±0.002	±0.002	±0.003
3	熔体质量流动速率 MFR	标称值	g/10 min	1.0	1.0	1.0	7.0	7.0	7.0	2.0	2.0	2.0
		偏差	g/10 min	±0.3	±0.3	±0.5	±1.3	±1.3	±1.5	±0.3	±0.3	±0.5
4	拉伸屈服应力		MPa	—	—	—	—	—	—	≥7.0	≥7.0	≥7.0
	拉伸断裂应力		MPa	≥12.0	≥12.0	≥12.0	≥8.0	≥8.0	≥8.0	—	—	—
	拉伸断裂标称应变		%	≥250	≥250	≥250	≥90	≥90	≥90	≥200	≥200	≥200
5	鱼眼	方法一 0.8 mm	个/1 520 cm²	≤8	≤8	≤8	—	—	—	≤8	≤8	≤8
		方法一 0.4 mm		≤40	≤40	≤40	—	—	—	≤40	≤40	≤40
		方法二 0.3 mm~2.0 mm	个/1 200 cm²	—	—	—	≤30	≤30	≤30	—	—	—
	条纹	≥1.0 cm	cm/20 m²	—	—	—	≤20	≤20	≤20	—	—	—
6	雾度		%	由供方提供数据			—			由供方提供数据		
试样制备				Q			M			Q		

表 3（续）

序号	项 目			单 位	PE.F.21D003 优等品	一等品	合格品	PE.FB.21D025 优等品	一等品	合格品	PE.F.21D024 优等品	一等品	合格品
1	颗粒外观	色粒		个/kg	≤10	≤20	≤40	≤10	≤20	≤40	≤10	≤20	≤40
		蛇皮和拖尾粒		个/kg	≤20	≤20	≤40	≤20	≤20	≤40	≤20	≤20	≤40
		大粒和小粒		g/kg	≤10			≤10			≤10		
2	密度（D法）	标称值		g/cm³	0.920			0.920			0.920		
		偏差			±0.002		±0.003	±0.002	±0.002	±0.003	±0.002	±0.002	±0.003
3	熔体质量流动速率 MFR	标称值		g/10 min	0.30			2.4			2.4		
		偏差			±0.05		±0.1	±0.4		±0.6	±0.4		±0.6
4	拉伸屈服应力			MPa									
	拉伸断裂应力			MPa	≥10.0		≥9.0	≥7.0		≥6.0	≥7.0		≥6.0
	拉伸断裂标称应变			%	≥150			≥150			≥150		
5	鱼眼	方法一	0.8 mm	个/1 520 cm²	—			≤8			≤8		
			0.4 mm		—			≤40			≤40		
		方法二	0.3 mm~2.0 mm	个/1 200 cm²	—			—			—		
	条纹	≥1.0 cm		cm/20 m²	—			—			—		
6	雾度			%	—			≤15			≤15		
	试样制备				Q			Q			Q		

表 3（续）

序号	项目		单位	PE，FA，50G110 优等品	一等品	合格品
1	颗粒外观	色粒	个/kg	≤10	≤20	≤40
		蛇皮和拖尾粒	个/kg	≤20	≤10	≤40
		大粒和小粒	g/kg			
2	密度（D法）	标称值	g/cm³		0.950	
		偏差	g/cm³	≤0.002		±0.003
3	熔体质量流动速率 MFR	标称值	g/10 min			
		偏差		±2.0		±4.0
4	拉伸屈服应力		MPa	≥20		
	拉伸断裂应力		MPa			
	拉伸断裂标称应变		%	≥150	≥150	≥18
5	鱼眼	方法一 0.8 mm	个/1 520 cm³	≤8	≤8	
		方法二 0.4 mm	个/1 200 cm³	≤40	≤40	
	条纹	0.3 mm～2.0 mm	cm/20 cm²	—	—	
6	雾度	≥1.0 cm	%			
	试样制备			Q	Q	Q

注：Q 表示压塑，M 表示注塑。

表 4 涂层类聚乙烯（PE）树脂技术要求

序号	项　　目		单　位	PE，H．18D075			
				优等品	一等品	合格品	
1	颗粒外观	色粒	个/kg	≤10	≤20	≤40	
2	密度（D法）	标称值	g/cm³		0.918		
		偏差		±0.002		±0.003	
3	熔体质量流动速率 MFR	标称值	g/10 min		7.0		
		偏差		±0.8		±1.0	
4	熔胀比	标称值			1.70		
		偏差		±0.20		±0.30	
试样制备				M			

注：M 表示注塑。

表 5　电线电缆绝缘类聚乙烯（PE）树脂的技术要求

序号	项　目		单　位	PE.JA.23D021			PE.JA.45D007		
				优等品	一等品	合格品	优等品	一等品	合格品
1	颗粒外观	色粒	个/kg	≤10	≤20	≤40	≤10	≤20	≤40
2	密度（D法）	标称值	g/cm³	0.923			0.945		
		偏差		±0.003	±0.003	±0.004	±0.003	±0.003	±0.004
3	熔体质量流动速率 MFR	标称值	g/10 min	2.1			0.7		
		偏差		±0.20	±0.20	±0.30	±0.20	±0.20	±0.30
4	拉伸屈服应力		MPa	—			—		
	拉伸断裂应力		MPa	≥10			≥15		
	拉伸断裂标称应变		%	≥80			≥50		
5	相对电容率			由供方提供数据			≤2.40		
试样制备				M			Q		

注：Q 表示压塑，M 表示注塑。

表 6　挤出单丝类聚乙烯（PE）树脂的技术要求

序号	项　目		单　位	PE.LA.50D012		
				优等品	一等品	合格品
1	颗粒外观	色粒	个/kg	≤10	≤20	≤40
2	密度（D法）	标称值	g/cm³	0.951		
		偏差		±0.002	±0.002	±0.003
3	熔体质量流动速率 MFR	标称值	g/10 min	1.0		
		偏差		±0.2	±0.2	±0.3
4	拉伸屈服应力		MPa	≥22.0	≥21.0	≥20.0
	拉伸断裂标称应变		%	≥350		
试样制备				Q		

注：Q 表示压塑。

表 7　注塑类聚乙烯（PE）树脂的技术要求

序号	项目		单位	PE，M，18D500			PE，M，18D022		
				优等品	一等品	合格品	优等品	一等品	合格品
1	颗粒外观	色粒	个/kg	≤10	≤20	≤40	≤10	≤20	≤40
2	密度（D法）	标称值	g/cm³	0.917			0.918		
		偏差		±0.002		±0.003	±0.002		±0.003
3	熔体质量流动速率 MFR	标称值	g/10 min	50			2.0		
		偏差		±6.0		±7.0	±0.2	±0.3	±0.4
4	拉伸屈服应力		MPa						
	拉伸断裂应力		MPa	≥6.0			≥10.0		≥8.0
	拉伸断裂应变		%						
	拉伸断裂标称应变		%	≥90			≥80		
5	简支梁缺口冲击强度 23 ℃		kJ/m²	≥50			≥50		
试样制备				M			M		

序号	项目		单位	PE，M，53D060			PE，M，56D180			PE，ML，57D075		
				优等品	一等品	合格品	优等品	一等品	合格品	优等品	一等品	合格品
1	颗粒外观	色粒	个/kg	≤10	≤20	≤40	≤10	≤20	≤40	≤10	≤20	≤40
2	密度（D法）	标称值	g/cm³	0.953			0.956			0.958		
		偏差		±0.002		±0.003	±0.003		±0.004	±0.002		±0.003
3	熔体质量流动速率 MFR	标称值	g/10 min	6.0			18			7.5		
		偏差		±0.5	±1.0	±1.5	±2.0	±2.0	±3.0	±1.5	±1.5	±2.5
4	拉伸屈服应力		MPa	≥22.0	≥20.0	≥18.0	≥20.0	≥18.0	≥16.0	≥24.0	≥22.0	≥20.0
	拉伸断裂应力		MPa									
	拉伸断裂应变		%									
	拉伸断裂标称应变		%	≥150			≥80			≥80		
5	简支梁缺口冲击强度 23 ℃		kJ/m²	由供方提供数据			≥2.0			≥2.5		
试样制备				M			M			M		

注：M 表示注塑。

6 试验方法

6.1 试验结果判定

试验结果采用修约值判定法,应按 GB/T 8170—2008 规定进行。

6.2 试样制备

6.2.1 注塑试样的制备

聚乙烯树脂注塑试样的制备见 GB/T 1845.2—2006 中 3.2 的规定。

当 PE 模塑材料的熔体质量流动速率(MFR)大于或等于 1 g/10 min 时,推荐采用注塑方法制备试样,MFR 的测定按照 GB/T 3682—2000 规定进行,试验条件为 D(温度:190 ℃、负荷:2.16 kg)。

用 GB/T 17037.1—1997 标准中的 A 型模具制备符合 GB/T 1040.2—2006 中 1A 型试样,B 型模具制备 80 mm×10 mm×4 mm 长条试样。

6.2.2 压塑试片的制备

聚乙烯树脂压塑试片的制备见 GB/T 1845.2—2006 中 3.3 的规定。

当 PE 模塑材料的 MFR 小于 1 g/10 min 或有要求时,用压塑方法制备试样,MFR 的测定按照 GB/T 3682—2000 规定进行,试验条件为 D(温度:190 ℃、负荷:2.16 kg)。

使用冲切或机加工的方法从厚度为 4 mm 压塑试片上制备符合 GB/T 1040.2—2006 的 1B 型和 80 mm×10 mm×4 mm 长条试样。使用冲切或机加工的方法从相应厚度的压塑试片上制备符合 GB/T 1845.2—2006 第 5 章中表 3 规定的电性能试样和表 4 规定的耐环境应力开裂性能试样。

由于各树脂的应用领域不同,其注塑试样与压塑试样性能可有所不同。各树脂的具体制样方式见表 1～表 7。

6.2.3 吹塑薄膜试验样品的制备
6.2.3.1 吹塑薄膜设备的基本条件

a) 薄膜牵引方向:向上;

b) 标准式螺杆:推荐螺杆长径比(L/D)不小于 18;

c) 温控点三个以上;

d) 冷却方式:采用环形风冷;

e) 卷取框架:活动式。

6.2.3.2 制备吹塑薄膜试验样品的条件

在规定参数状态下吹塑薄膜,挤出条件见表 8。

表 8 制备吹塑薄膜试验样品的工艺条件和薄膜样品的规格

项　目		线型低密度聚乙烯	低密度聚乙烯	高密度聚乙烯
制备吹塑薄膜试验样品的工艺条件				
1	熔体温度/℃	依据 MFR 进行调整		
2	吹胀比	2.0～3.0	2.5～3.5	3.5～4.5
3	冷却线高度/mm	1.5～2.5 倍口模直径	1.5～2.5 倍口模直径	—
吹塑薄膜试验样品的规格				
1	薄膜厚度/mm	0.030±0.003	0.030±0.003	0.015～0.020

6.3 试样的状态调节和试验的标准环境

试样的状态调节按 GB/T 2918—1998 的规定进行,状态调节的条件为温度 23 ℃±2 ℃,调节时间至少 40 h 但不超过 96 h,薄膜样品调节时间不少于 12 h。

试验应在 GB/T 2918—1998 规定的标准环境下进行,环境的温度为 23 ℃±2 ℃、相对湿度为 50%±10%。

6.4 颗粒外观

按 SH/T 1541—2006 中的规定进行。

6.5 熔体质量流动速率(MFR)

按 GB/T 3682—2000 中 A 法或 B 法规定进行。选用 B 法测定熔体质量流动速率时,熔体密度为 0.763 6 g/cm³。试验条件见表 9。

表 9 熔体质量流动速率试验条件

字母代号	温度/℃	负荷/kg
E	190	0.325
D	190	2.16
T	190	5.00
G	190	21.6

注 1:试验前,使用相应有证标准样品可保证试验数据的可靠性。

注 2:熔体质量流动速率(MFR)将被熔体体积流动速率(MVR)代替。

6.6 密度

6.6.1 方法一

按 GB/T 1845.1—1999 中 3.3.1 规定进行。该方法为仲裁方法。

用熔体流动速率测试仪的挤出物作为测定密度的试样,试样光滑、无空隙、无毛边。

试验按 ISO 1183-2:2004 的规定进行。

6.6.2 方法二

按 GB/T 1845.2—2006 表 3 中 5.3 规定进行。

试样取自注塑或压塑试样的中间部分,试样光滑、无空隙、无毛边。

试样的状态调节按 6.3 规定进行。

试验按 ISO 1183-2:2004 的规定进行。

6.7 拉伸性能

试样为按 6.2.1 制备的 1A 型或按 6.2.2 制备的 1B 型试样。

试样的状态调节按 6.3 规定进行。

试验按 GB/T 1040.2—2006 规定进行,试验速度为 50 mm/min。

6.8 简支梁缺口冲击强度

试样为按 6.2.1 或按 6.2.2 制备的 80 mm×10 mm×4 mm 长条试样。样条应在成型后的 1 h～4 h 内加工缺口,缺口类型为 GB/T 1043.1—2008 中的 A 型缺口。

试样的状态调节按 6.3 规定进行。

试验按 GB/T 1043.1—2008 规定进行。

6.9 弯曲模量

试样为按 6.2.1 或按 6.2.2 制备的 80 mm×10 mm×4 mm 长条试样。

试样的状态调节按 6.3 规定进行。

试验按 GB/T 9341—2008 规定进行,试验速度为 2 mm/min。

6.10 鱼眼

本方法对薄膜中的透明或半透明树脂形成的球状物块称为鱼眼。

6.10.1 器具

本试验使用的器具包括：

a) 透光装置；

b) 剪刀；

c) 框夹：方法一的框内尺寸为 190 mm×200 mm，方法二的框内尺寸为 200 mm×200 mm；

d) 放大镜：带刻度，精度为 0.1 mm；

e) 圆珠笔或记号笔。

6.10.2 方法一

6.10.2.1 取样

按 6.2.3 制备薄膜试验样品。

从距膜端大于 1 m 处开始裁取试样，每隔 5 m 取一片试样，试样尺寸大于 190 mm×200 mm，共取四片，试样应平整、无皱折。

6.10.2.2 试验步骤

试验步骤如下：

a) 把试样放在框夹中夹紧，并置于透光装置上，用肉眼观察，如有鱼眼则用笔圈出；

b) 用放大镜测量鱼眼长径尺寸，大于或等于 0.8 mm 的，记为 0.8 mm 的鱼眼；小于 0.8 mm，大于或等于 0.4 mm 的，记为 0.4 mm；

c) 按上述 a)、b)步骤共测量四片试样。

6.10.2.3 计算与报告

分别累计测量过的薄膜试样的鱼眼总数，并报告每 1 520 cm^2 薄膜中 0.4 mm 和 0.8 mm 鱼眼个数。

6.10.3 方法二

6.10.3.1 取样

从制得的折径不小于 100 mm 的薄膜中，剪取长度为 20 m 的薄膜样品，在此样品内，每隔 5 m 剪取一片 200 mm×200 mm 的试样，共取三片。

6.10.3.2 试验步骤

试验步骤如下：

a) 把试样放在框夹中夹紧，并置于透光装置上，用肉眼观察，如有鱼眼则用笔圈出；

b) 用放大镜测量长径在 0.3 mm～2 mm 的鱼眼个数；

c) 按上述 a)、b)步骤共测量三片试样。

6.10.3.3 计算与报告

累计测量过的薄膜试样的鱼眼总数，并报告每 1 200 cm^2 薄膜中鱼眼个数。

6.11 条纹

本方法对薄膜中出现的线形，圆锥形的细小突起及连续的鱼眼均称为条纹。

6.11.1 器具

本试验使用的器具包括：

a) 透光装置；

b) 剪刀；

c) 直尺：精度为 1 mm。

6.11.2 取样

从按 6.2.3 制备薄膜试验样品中，剪取面积为 10 m^2 的薄膜样品，在此样品内，每隔 2.5 m^2 剪取一片 0.5 m^2 的薄膜试样，共取三片。

6.11.3 试验步骤

试验步骤如下：

a) 把试样置于透光装置上,先用肉眼观察有否条纹存在;

b) 用直尺测量长度大于 1 cm 的条纹长度;

c) 按上述 a)、b)步骤共测量三片。

6.11.4 计算与报告

条纹按式(1)计算：

$$X = \frac{x_1 + x_2 + x_3}{3} \times 40 \qquad\qquad (1)$$

式中：

X——在 20 m² 内条纹总长度,单位为厘米每 20 平方米(cm/20 m²);

x_1——第一片试样上条纹长度,单位为厘米(cm);

x_2——第二片试样上条纹长度,单位为厘米(cm);

x_3——第三片试样上条纹长度,单位为厘米(cm);

40——换算系数,即每张试样面积 0.5 m² 换算到 20 m² 的倍数。

以 20 m² 内条纹总长度报告,保留到整数。

6.12 雾度

按 6.2.3 制备薄膜试验样品。

试验样品的状态调节按 6.3 规定进行。

从距膜端大于 1 m 处开始裁取试样,试样尺寸符合 GB/T 2410—2008 规定。

测试按 GB/T 2410—2008 规定进行。

6.13 熔胀比

6.13.1 原理

本方法规定利用熔体流动速率仪,在 190 ℃、2.16 kg 负荷下,测量聚乙烯挤出物冷却后的直径与口模直径($\phi 2.095$ mm)之比值称为熔胀比。

6.13.2 器具

本试验使用的器具包括：

a) 熔体流动速率仪;

b) 刮刀;

c) 纱布;

d) 螺旋测微计,精度为 0.001 mm。

6.13.3 试验步骤

试验步骤如下：

a) 按熔体流动速率仪的操作要求,切取长度为 10 mm～15 mm 从口模流出的挤出物,放在铺有纱布的平板上冷却,不使其变形,均匀的圆条即可作为试样,共取三段;

b) 用测微计测量离首端 6 mm 处的直径,然后沿圆周方向旋转 90°,再测量一次,取两次测量值的算术平均值,精确到小数后三位;

c) 测量三个试样的直径,取其平均值。

6.13.4 计算与报告

熔胀比按式(2)计算：

$$SR = \frac{SD}{OD} \qquad\qquad (2)$$

式中：

SR——熔胀比,无量纲;

SD——试样的直径,单位为毫米(mm);

OD——口模直径,单位为毫米(mm)。

结果取三位有效数字。

6.14 耐环境应力开裂

试样制备和试验按 GB/T 1842—2008 规定进行,报告 F_{50}(h)值。试样的状态调节按 6.3 规定进行。

6.15 相对电容率

试样按 6.2.2 进行压塑,试片厚度 2 mm。

试样状态调节按 6.3 规定进行。

试验按 GB/T 1409—2006 规定进行,试验频率为 1 MHz。

6.16 氧化诱导时间

试样制备按 GB/T 19466.6—2009 中 6.2 规定进行,试样厚度为 650 μm $\pm$ 100 μm。

试验按 GB/T 19466.6—2009 规定进行,采用铝坩埚。

7 检验规则

7.1 检验分类与检验项目

聚乙烯树脂产品的检验分为型式检验和出厂检验两类。

第 5 章中所有的项目为型式检验项目。

涂层类聚乙烯树脂出厂检验包括颗粒外观、密度、熔体质量流动速率和熔胀比。

其他各类聚乙烯树脂出厂检验至少应包括颗粒外观、密度、熔体质量流动速率、拉伸屈服应力或拉伸断裂应力。

7.2 组批规则与抽样方案

7.2.1 组批规则

聚乙烯树脂以同一生产线上、相同原料、相同工艺所生产的同一牌号的产品组批,生产厂也可按一定生产周期或储存料仓为一批对产品进行组批。

产品以批为单位进行检验和验收。

7.2.2 抽样方案

聚乙烯树脂可在料仓的取样口抽样,也可根据生产周期等实际情况确定具体的抽样方案。

包装后产品的取样应按 GB/T 2547—2008 规定进行。

7.3 判定规则和复验规则

7.3.1 判定规则

聚乙烯树脂应由生产厂的质量检验部门按照本标准规定的试验方法进行检验,依据检验结果和本标准中的技术要求对产品作出质量判定,并提出证明。

产品出厂时,每批产品应附有产品质量检验合格证。合格证上应注明产品名称、牌号、批号、执行标准,并盖有质检专用章和检验员章。

7.3.2 复验规则

检验结果若某项指标不符合本标准要求时,应重新取样对该项目进行复验。以复验结果作为该批产品的质量判定依据。

8 标志

聚乙烯树脂产品的外包装袋上应有明显的标志。标志内容可包括:商标、生产厂名称和厂址、标准号、产品名称、牌号、生产日期、批号和净含量等。

9 包装、运输和贮存

9.1 包装

聚乙烯树脂可用聚乙烯编织袋或其他包装形式包装。包装材料应保证在运输、码放、贮存时不污染和泄漏。

每袋产品的净含量可为 25 kg 或其他。

9.2 运输

聚乙烯树脂为非危险品。在运输和装卸过程中不应使用铁钩等锐利工具,切忌抛掷。运输工具应保持清洁、干燥并备有厢棚或苫布。运输时不可与沙土、碎金属、煤炭及玻璃等混合装运,更不可与有毒及腐蚀性或易燃物混装。不应在阳光下暴晒或雨淋。

9.3 贮存

聚乙烯树脂应贮存在通风、干燥、清洁并保持有良好消防设施的仓库内。贮存时,应远离热源,并防止阳光直接照射,不应在露天堆放。

聚乙烯树脂应有贮存期的规定,一般从生产之日起,不超过 12 个月。

编者注:

规范性引用文件中 GB 9691 已废止,可引用 GB 4806.6 有关食品安全国家标准。国际标准转化情况见附表。

ICS 83.080.20
G 32

中华人民共和国国家标准

GB/T 12670—2008
代替 GB 12670—1990

聚丙烯(PP)树脂

Polypropylene(PP) resin

2008-02-26 发布

2008-08-01 实施

中华人民共和国国家质量监督检验检疫总局
中国国家标准化管理委员会 发 布

前　言

本标准代替 GB 12670—1990《聚丙烯(PP)树脂》。

本标准与 GB 12670—1990 相比主要差异如下：

——第 2 章规范性引用文件中,除卫生标准及个别标准外均改为注日期的引用文件。

——增加了第 3 章分类与命名。

——增加了第 4 章通用要求。

——在 5.1 中,删除了原标准 3.1 中"粒子的尺寸在任意方向上应为(2~5)mm"的要求,并将"无机械杂质"改为"无杂质"。

——第 5 章要求的表中,规定了各类聚丙烯(PP)树脂的性能测定项目和最低要求,不再规定具体牌号的指标要求。

——第 5 章要求的表中,用"颗粒外观"取代原标准中的"清洁度(色粒)",用粒料的"灰分"取代原标准中"粉末灰分"。要求中的其他试验方法均按 GB/T 2546.2—2003 规定执行。

——第 9 章中增加了聚丙烯树脂贮存期的规定。

本标准由中国石油化工股份有限公司提出。

本标准由全国塑料标准化技术委员会石化塑料树脂产品分会(SAC/TC 15/SC 1)归口。

本标准起草单位:中国石油化工股份有限公司北京燕山分公司聚丙烯事业部。

本标准主要起草人:王雅玲、白文涛、袁春海、时安敏、曹明珠、周继红。

本标准于 1990 年首次发布,本次为第一次修订。

聚丙烯(PP)树脂

1 范围

本标准规定了聚丙烯(PP)树脂的分类命名、要求、试验方法、检验规则、标志、包装、运输和贮存等。

本标准适用于丙烯或丙烯和乙烯在催化剂的作用下聚合制得的含有添加剂的颗粒状丙烯均聚物(PP-H)、丙烯耐冲击共聚物(PP-B)或丙烯无规共聚物(PP-R)。

本标准不适用于着色、填充、增强、共混聚丙烯树脂及母粒料。

2 规范性引用文件

下列文件中的条款通过本标准的引用而成为本标准的条款。凡是注日期的引用文件,其随后所有的修改单(不包括勘误的内容)或修订版均不适用于本标准,然而,鼓励根据本标准达成协议的各方研究是否可使用这些文件的最新版本。凡是不注日期的引用文件,其最新版本适用于本标准。

GB/T 1040.2—2006 塑料 拉伸性能的测定 第 2 部分:模塑和挤塑塑料的试验条件(ISO 527-2:1993,IDT)

GB/T 1250—1989 极限数值的表示方法和判定方法

GB/T 1634.2—2004 塑料 负荷变形温度的测定 第 2 部分:硬橡胶和长纤维增强复合材料(ISO 75-2:2003,IDT)

GB/T 2410—1980 透明塑料透光率和雾度试验方法

GB/T 2412—1980 聚丙烯等规指数测试方法

GB/T 2546.1—2006 塑料 聚丙烯(PP)模塑和挤出材料 第 1 部分:命名系统和分类基础(ISO 1873-1:1995,MOD)

GB/T 2546.2—2003 塑料 聚丙烯(PP)模塑和挤出材料 第 2 部分:试样制备和性能测定(ISO 1873-2:1997,MOD)

GB/T 2547—1981 塑料树脂取样方法

GB/T 2918—1998 塑料试样状态调节和试验的标准环境(idt ISO 291:1997)

GB/T 3682—2000 热塑性塑料熔体质量流动速率和熔体体积流动速率的测定(idt ISO 1133:1997)

GB/T 6595—1986 聚丙烯树脂"鱼眼"测试方法

GB/T 9341—2000 塑料弯曲性能试验方法(idt ISO 178:1993)

GB/T 9342—1988 塑料洛氏硬度试验方法(eqv ISO 2039-2:1981)

GB/T 9345 塑料灰分通用测定方法(GB/T 9345—1988,idt ISO 3451-1:1981)

GB 9693 食品包装用聚丙烯树脂卫生标准

GB/T 17037.1—1997 热塑性塑料材料注塑试样的制备 第 1 部分:一般原理及多用途试样和长条试样的制备(idt ISO 294-1:1996)

GB/T 17037.3—2003 热塑性塑料材料注塑试样的制备 第 3 部分:小方试片(idt ISO 294-3:2000)

GB/T 17037.4—2003 热塑性塑料材料注塑试样的制备 第 4 部分:模塑收缩率的测定(idt ISO 294-4:2000)

SH/T 1541—2006 热塑性塑料颗粒外观试验方法

ISO 179-1:2000 塑料——简支梁冲击强度的测定——第 1 部分:非仪器冲击试验

3 分类与命名

聚丙烯树脂的分类与命名按 GB/T 2546.1—2006 规定进行。

为命名的需要,每个牌号的聚丙烯树脂应有拉伸弹性模量和简支梁缺口冲击强度的标称值。

示例：某注塑类(M)聚丙烯均聚物(PP-H)树脂为本色(N,可省略)颗粒(G,可省略)状,拉伸弹性模量的标称值为123×10 MPa(123),简支梁缺口冲击强度标称值为 3.6 kJ/m² (04),熔体质量流动速率 MFR 的标称值为 1.5 g/10 min (015),其试验条件为:温度 230℃,负荷 2.16 kg(M,可省略)。该材料命名如下:

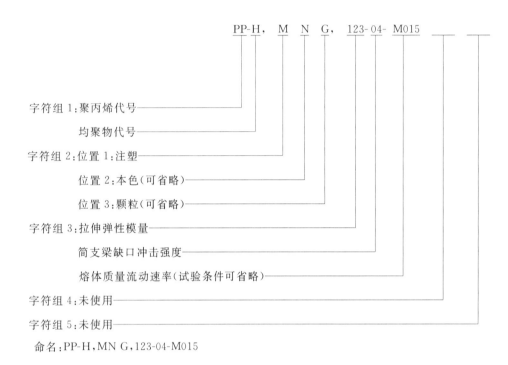

命名:PP-H,MN G,123-04-M015

4 通用要求

对于有卫生要求的树脂,应符合 GB 9693 的规定。

5 要求

5.1 聚丙烯树脂产品为本色颗粒,无杂质。

5.2 不同类别的聚丙烯树脂,其他的技术要求也可能不同。

5.2.1 注塑类聚丙烯树脂的其他技术要求见表 1。

5.2.2 挤出类聚丙烯树脂的其他技术要求见表 2。

5.2.3 窄带类聚丙烯树脂的其他技术要求见表 3。

5.2.4 纤维类聚丙烯树脂的其他技术要求见表 4。

5.2.5 挤出薄膜类聚丙烯树脂的其他技术要求见表 5。

5.2.6 用于注塑和挤出类透明制品的聚丙烯树脂,可有"雾度"的要求。

5.2.7 用于电器制品的聚丙烯树脂,可规定"相对介电常数"、"介质损耗因数"、"表面电阻率"和"体积电阻率"等电性能要求。

表 1 注塑类聚丙烯树脂的技术要求

序号	项 目		单位	要 求		
				PP-H	PP-B	PP-R
1.1	颗粒外观	黑粒	个/kg	0		
1.2		大粒和小粒	g/kg	由供方提供的数据		
2	熔体质量流动速率(MFR)	<1	g/10 min	$M_1 \pm 0.5 M_1$		
		≥1		$M_2 \pm 0.3 M_2$		
3	等规指数		%	$M_3 \pm 2$	—	—
4	灰分(质量分数)		%	由供方提供的数据		
5	拉伸屈服应力(σ_y)		MPa	>29.0	由供方提供的数据	>20.0
6	弯曲模量(E_f)		MPa	>1 000	由供方提供的数据	>800
7.1	简支梁缺口冲击强度(a_{cA})	23℃	kJ/m²	>1.0	由供方提供的数据	>2.8
7.2		−20℃	kJ/m²	—	由供方提供的数据	—
8	负荷变形温度($T_f0.45$)		℃	—	由供方提供的数据	>60
9	洛氏硬度(R 标尺)			由供方提供的数据		—
10	模塑收缩率(S_M)		%	由供方提供的数据		

注 1：M_1、M_2、M_3 是每个牌号产品该项指标的标称值。

注 2：PP-B 聚丙烯产品因乙烯含量及生产工艺的不同性能有较大差异，各企业应规定具体指标。

表 2 挤出类聚丙烯树脂的技术要求

序号	项 目		单位	要 求		
				PP-H	PP-B	PP-R
1.1	颗粒外观	黑粒	个/kg	0		
1.2		大粒和小粒	g/kg	由供方提供的数据		
2	熔体质量流动速率(MFR)	<1	g/10 min	$M_1 \pm 0.5 M_1$		
		≥1		$M_2 \pm 0.3 M_2$		
3	等规指数		%	$M_3 \pm 2$	—	—
4	灰分(质量分数)		%	由供方提供的数据		
5	拉伸屈服应力(σ_y)		MPa	>30.0	>20.0	>18.0
6	弯曲模量(E_f)		MPa	>1 000	>700	>600
7.1	简支梁缺口冲击强度(a_{cA})	23℃	kJ/m²	>4.0	>50	>25
7.2		−20℃	kJ/m²	—	>4.0	>1.5
8	负荷变形温度($T_f0.45$)		℃	—	>60	>60

注：M_1、M_2、M_3 是每个牌号产品该项指标的标称值。

表 3 窄带类聚丙烯树脂的技术要求

序号	项 目		单位	要 求
				PP-H
1.1	颗粒外观	黑粒	个/kg	0
1.2		大粒和小粒	g/kg	由供方提供的数据
2	熔体质量流动速率(MFR)		g/10 min	$M_1 \pm 0.3\,M_1$
3	等规指数		%	$M_2 \pm 2$
4	灰分(质量分数)		%	由供方提供的数据
5.1	拉伸性能	拉伸屈服应力(σ_y)	MPa	>29.0
5.2		拉伸断裂应力(σ_B)	MPa	>15
5.3		拉伸断裂标称应变(ε_{tB})	%	>150
注：M_1、M_2 是每个牌号产品该项指标的标称值。				

表 4 纤维类聚丙烯树脂的技术要求

序号	项 目		单位	要 求
				PP-H
1.1	颗粒外观	黑粒	个/kg	0
1.2		大粒和小粒	g/kg	由供方提供的数据
1.3		蛇皮粒和拖尾粒	个/kg	由供方提供的数据
2	熔体质量流动速率(MFR)		g/10 min	$M_1 \pm 0.3\,M_1$
3	等规指数		%	$M_2 \pm 2$
4	灰分(质量分数)		%	由供方提供的数据
5.1	拉伸性能	拉伸弹性模量(E_t)	MPa	由供方提供的数据
5.2		拉伸屈服应力(σ_y)	MPa	>29.0
5.3		拉伸断裂应力(σ_B)	MPa	>8.0
5.4		拉伸断裂标称应变(ε_{tB})	%	由供方提供的数据
6.1	鱼眼	0.8 mm	个/1 520 cm²	<10
6.2		0.4 mm		<40
注：M_1、M_2 是每个牌号产品该项指标的标称值。				

表 5 挤出薄膜类聚丙烯树脂的技术要求

序号	项 目		单位	要 求
				PP-H
1.1	颗粒外观	黑粒	个/kg	0
1.2		大粒和小粒	g/kg	由供方提供的数据
1.3		蛇皮粒和拖尾粒	个/kg	由供方提供的数据
2	熔体质量流动速率(MFR)		g/10 min	$M_1 \pm 0.3\,M_1$
3	等规指数		%	$M_2 \pm 2$

表 5（续）

序号	项 目		单位	要 求
				PP-H
4	灰分（质量分数）		%	由供方提供的数据
5	拉伸屈服应力（σ_y）		MPa	＞28.0
6.1	鱼眼	0.8 mm	个/1 520 cm²	＜5
6.2		0.4 mm		＜30
7	雾度		%	＜6.0
注：M_1、M_2 是每个牌号产品该项指标的标称值。				

6 试验方法

6.1 试验结果判定

试验结果如需采用修约值判定法，应按 GB/T 1250—1989 中 5.2 规定进行。

6.2 试样制备

6.2.1 注塑试样的制备

聚丙烯树脂注塑试样的制备见 GB/T 2546.2—2003 中 3.2 的规定。

用 GB/T 17037.1—1997 中的 A 型模具制备的 A 型试样符合 GB/T 1040.2—2006 中 1A 型试样，B 型模具制备的 B 型试样为 80 mm×10 mm×4 mm 的长条试样。

用 GB/T 17037.3—2003 中的 D1 型模具制备的 60 mm×60 mm×1 mm 注塑试样可用于注塑类产品雾度的测定。

用 GB/T 17037.3—2003 中的 D2 型模具制备的 60 mm×60 mm×2 mm 注塑试样可用于注塑类产品模塑收缩率的测定。

用于测定洛氏硬度的试样（推荐尺寸为 50 mm×50 mm×6 mm）可用符合尺寸要求的模具制备注塑试样。

6.2.2 压塑试片的制备

聚丙烯树脂压塑试片的制备见 GB/T 2546.2—2003 中 3.3 的规定，例如电性能测定用的压塑试样。

6.2.3 吹塑薄膜试验样品的制备

6.2.3.1 吹塑薄膜机至少应具备下列基本条件：

a) 标准式螺杆，螺杆长径比不小于 25，推荐螺杆直径尺寸为 40 mm；

b) 温控点四个以上。

6.2.3.2 制备吹塑薄膜试验样品应规定下列工艺条件：

a) 熔体温度：可根据材料的 MFR 不同进行调整；

b) 冷却线高度；

c) 吹胀比。

6.2.3.3 吹塑薄膜试验样品的厚度为：0.030 mm±0.005 mm。

6.2.4 流延薄膜试验样品的制备

6.2.4.1 流延薄膜机至少应具备下列的基本条件：

a) 冷却辊温度可控；

b) 螺杆长径比不小于 25。

6.2.4.2 制备流延薄膜试验样品至少应规定下列工艺条件：

a) 熔体温度:可根据材料的 MFR 不同进行调整;

b) 冷却温度。

6.2.4.3 流延薄膜试验样品的厚度为 0.030 mm±0.005 mm 。

6.3 试样的状态调节和试验的标准环境

试样的状态调节按 GB/T 2918—1998 的规定进行,状态调节的条件为温度 23℃±2℃,调节时间至少 40 h 但不超过 96 h 。

所有试验都应在 GB/T 2918—1998 规定的标准环境下进行,环境的温度为 23℃±2℃、相对湿度为 50%±10% 。

6.4 颗粒外观

按 SH/T 1541—2006 中的规定进行。

6.5 熔体质量流动速率(MFR)

按 GB/T 3682—2000 中 A 法或 B 法规定进行。选用 B 法测定熔体质量流动速率时,熔体密度值为 0.738 6 g/cm³ 。试验条件为 M(温度:230℃、负荷:2.16 kg)或 P(温度:230℃、负荷:5.0 kg)。试验时,在装试样前应用氮气吹扫料筒 5 s～10 s,氮气压力为 0.05 MPa 。

注 1:试验前,使用相应有证标准样品可保证试验数据的可靠性。

注 2:熔体体积流动速率(MVR)将代替熔体质量流动速率(MFR)。

6.6 等规指数

按 GB/T 2412—1980 规定进行。

6.7 灰分

试验按 GB/T 9345 规定进行,采用直接燃烧法(A 法),灼烧温度为 850℃±50℃ 。

6.8 模塑收缩率

试样为按 6.2.1 中 D2 型模具制备的试样。

测试按 GB/T 17037.4—2003 规定进行。

6.9 拉伸试验

试样为按 6.2.1 制备的多用途试样。

试样的状态调节按 6.3 规定进行。

测试按 GB/T 1040.2—2006 规定进行。测试拉伸弹性模量时,试验速度为 1 mm/min 。其他拉伸性能测试时,试验速度为 50 mm/min 。

6.10 弯曲试验

试样为按 6.2.1 规定制备的 80 mm×10 mm×4 mm 长条注塑试样。

试样的状态调节按 6.3 规定进行。

测试按 GB/T 9341—2000 规定进行,试验速度为 2 mm/min 。

6.11 简支梁缺口冲击强度

试样为按 6.2.1 规定制备的 80 mm×10 mm×4 mm 长条注塑试样。样条应在注塑后的 1 h～4 h 内加工缺口,缺口类型为 ISO 179-1:2000 中的 A 型。加工缺口后的样条为简支梁缺口冲击试验的试样。

试样的状态调节按 6.3 规定进行。

试验按 ISO 179-1:2000 规定进行。低温试验时,经状态调节后的试样应在 -20℃ 的环境中放置至少 1 h,每次冲击应在 10 s 内完成。

6.12 负荷变形温度

试样为按 6.2.1 制备的 80 mm×10 mm×4 mm 长条注塑试样。

试样的状态调节按 6.3 规定进行。

测试按 GB/T 1634.2—2004 中的 B 法(负荷为 0.45 MPa)规定进行。试验时,加热装置的起始温度应低于 27℃。加热升温速率为 120℃/h±10℃/h。

6.13 洛氏硬度

试样可为按 6.2.1 制备的推荐尺寸为 50 mm×50 mm×6 mm 的注塑试样。

试样的状态调节按 6.3 规定进行。

测试按 GB/T 9342—1988 规定进行。

6.14 鱼眼

按 6.2.3 制备吹塑薄膜或按 6.2.4 制备流延薄膜试验样品。

试验样品的状态调节按 6.3 规定进行。

从距膜端大于 1 m 处开始裁取试样,试样尺寸符合 GB/T 6595—1986 规定。

测试按 GB/T 6595—1986 规定进行。

6.15 雾度

按 6.2.3 制备吹塑薄膜或按 6.2.4 制备流延薄膜试验样品。

试验样品的状态调节按 6.3 规定进行。

从距膜端大于 1 m 处开始裁取试样,试样尺寸符合 GB/T 2410—1980 规定。

测试按 GB/T 2410—1980 规定进行。

6.16 有关燃烧性、氧指数和电性能

有关聚丙烯树脂燃烧性、氧指数和电性能的各项试验条件的规定见 GB/T 2546.2—2003 第 5 章中表 3。

7 检验规则

7.1 检验分类与检验项目

下列试验项目只需在聚丙烯树脂产品确定牌号时检验:

——第 4 章中的卫生要求;

——注塑类聚丙烯树脂的模塑收缩率;

——除纤维类聚丙烯树脂外,其他类别聚丙烯树脂的拉伸弹性模量;

——窄带类、纤维类和薄膜类聚丙烯树脂的简支梁缺口冲击强度(23℃)。

除上述项目外,聚丙烯树脂产品的检验可分为型式检验和出厂检验两类。

第 5 章中所有的项目为型式检验项目。

各类聚丙烯树脂出厂检验至少应包括的项目见表 6。

表 6 各类聚丙烯树脂出厂检验至少应包括的项目

序号	试验项目		注塑类			挤出类			窄带类	纤维类	薄膜类
			PP-H	PP-B	PP-R	PP-H	PP-B	PP-R	PP-H	PP-H	
1.1	颗粒外观	黑粒	√	√	√	√	√	√	√	√	√
1.2		大粒和小粒	√	√	√	√	√	√	√	√	√
1.3		蛇皮粒和拖尾粒	—	—	—	—	—	—	—	√	√
2	熔体质量流动速率(MFR)		√	√	√	√	√	√	√	√	√
3	拉伸屈服应力		√	√	√	√	√	√	√	√	√
4	简支梁缺口冲击强度(23℃)		—	√	√	—	√	√	—	—	—
5	简支梁缺口冲击强度(—20℃)		—	√	—	—	√	—	—	—	—
6	鱼眼		—	—	—	—	—	—	—	√	√
7	雾度		—	—	—	—	—	—	—	—	√

7.2 组批规则与抽样方案

7.2.1 组批规则

聚丙烯树脂以同一生产线上、相同原料、相同工艺所生产的同一牌号的产品组批,生产厂也可按一定生产周期或储存料仓为一批对产品进行组批。

产品以批为单位进行检验和验收。

7.2.2 抽样方案

聚丙烯树脂可在料仓的取样口抽样,也可根据生产周期等实际情况确定具体的抽样方案。

包装后产品的取样应按 GB/T 2547—1981 规定进行。

7.3 判定规则和复验规则

7.3.1 判定规则

聚丙烯树脂应由生产厂的质量检验部门按照本标准规定的试验方法进行检验,依据检验结果和本标准中的技术要求对产品作出质量判定,并提出证明。

产品出厂时,每批产品应附有产品质量检验合格证。合格证上应注明产品名称、牌号、批号、执行标准,并盖有质检专用章和检验员章。

7.3.2 复验规则

检验结果若某项指标不符合本标准要求时,可重新取样对该项目进行复验。以复验结果作为该批产品的质量判定依据。

8 标志

聚丙烯树脂产品的外包装袋上应有明显的标志。标志内容可包括:商标、生产厂名称、标准号、产品名称、牌号、生产日期、批号和净含量等。

9 包装、运输和贮存

9.1 包装

聚丙烯树脂可用内衬聚乙烯薄膜袋的聚丙烯编制袋或其他包装形式。包装材料应保证在运输、码放、贮存时不污染和泄漏。

每袋产品的净含量可为 25 kg 或其他。

9.2 运输

聚丙烯树脂为非危险品。在运输和装卸过程中严禁使用铁钩等锐利工具,切忌抛掷。运输工具应保持清洁、干燥并备有厢棚或苫布。运输时不得与沙土、碎金属、煤炭及玻璃等混合装运,更不可与有毒及腐蚀性或易燃物混装。严禁在阳光下暴晒或雨淋。

9.3 贮存

聚丙烯树脂应贮存在通风、干燥、清洁并保持有良好消防设施的仓库内。贮存时,应远离热源,并防止阳光直接照射,严禁在露天堆放。

聚丙烯树脂应有贮存期的规定,一般从生产之日起,不超过 12 个月。

————————————

编者注:

规范性引用文件中 GB/T 1250:1989 已废止,可引用 GB/T 8170《数值修约规则与极限数值的表示和判定》;GB 9693 已废止,可引用 GB 4806.6 有关食品安全国家标准。国际标准转化情况见附表。

ICS 83.080.20
G 32

中华人民共和国国家标准

GB/T 12671—2008
代替 GB 12671—1990

聚苯乙烯（PS）树脂

Polystyrene（PS）resin

2008-08-04 发布

2009-04-01 实施

中华人民共和国国家质量监督检验检疫总局
中国国家标准化管理委员会 发布

前　言

本标准代替 GB 12671—1990《聚苯乙烯(PS)树脂》。

本标准与 GB 12671—1990 相比主要差异如下：

——第 2 章"规范性引用文件"中，除卫生标准和塑料树脂取样方法标准外均改为注日期的引用文件。

——增加了第 3 章"分类与命名"。

——增加了第 4 章"通用要求"。

——在 5.1 中，删除了原标准中"粒子的尺寸在任意方向上应为(2～5)mm"的要求。

——第 5 章"要求"中，用"颗粒外观"取代原标准中的"清洁度"，用"简支梁冲击强度"取代原标准中的"悬臂梁冲击强度"。删除了原标准中的"弯曲模量"，增加了"拉伸断裂应力"、"负荷变形温度"等项目。

——第 9 章中增加了聚苯乙烯树脂贮存期的规定。

——增加了附录 A"聚苯乙烯树脂产品国家标准命名与企业商品名对照表"。

本标准的附录 A 是资料性附录。

本标准由中国石油化工集团公司提出。

本标准由全国塑料标准化技术委员会石化塑料树脂产品分会(SAC/TC 15/SC 1)归口。

本标准起草单位：中国石油化工股份有限公司北京燕山分公司化工一厂。

本标准参加单位：中国石油化工股份有限公司广州分公司、上海赛科石油化工有限公司。

本标准主要起草人：崔广洪、苏晓燕。

本标准于 1990 年首次发布，本次为第一次修订。

聚苯乙烯(PS)树脂

1 范围

本标准规定了聚苯乙烯(PS)树脂的分类命名、要求、试验方法、检验规则、标志、包装、运输和贮存等。

本标准适用于无定形聚苯乙烯均聚物。

本标准不适用于可发性聚苯乙烯、苯乙烯共聚物、苯乙烯衍生物的均聚物和那些用其他聚合物,如弹性体改性的品种。

2 规范性引用文件

下列文件中的条款通过本标准的引用而成为本标准的条款。凡是注日期的引用文件,其随后所有的修改单(不包括勘误的内容)或修订版均不适用于本标准,然而,鼓励根据本标准达成协议的各方研究是否可使用这些文件的最新版本。凡是不注日期的引用文件,其最新版本适用于本标准。

GB/T 1040.1—2006 塑料 拉伸性能的测定 第1部分:总则(ISO 527-1:1993,IDT)

GB/T 1040.2—2006 塑料 拉伸性能的测定 第2部分:模塑和挤塑塑料的试验条件(ISO 527-2:1993,IDT)

GB/T 1250—1989 极限数值的表示方法和判定方法

GB/T 1633—2000 热塑性塑料维卡软化温度(VST)的测定(idt ISO 306:1994)

GB/T 1634.2—2004 塑料 负荷变形温度的测定 第2部分:塑料、硬橡胶和长纤维增强复合材料(ISO 75-2:2003,IDT)

GB/T 2410—2008 透明塑料透光率和雾度的测定

GB/T 2547—2008 塑料树脂取样方法

GB/T 2918—1998 塑料试样状态调节和试验的标准环境(idt ISO 291:1997)

GB/T 3682—2000 热塑性塑料熔体质量流动速率和熔体体积流动速率的测定(idt ISO 1133:1997)

GB/T 6594.1—1998 塑料 聚苯乙烯(PS)模塑和挤出材料 第1部分:命名系统和分类基础(eqv ISO 1622-1:1994)

GB/T 6594.2—2003 塑料 聚苯乙烯(PS)模塑和挤出材料 第2部分:试样制备和性能测定(ISO 1622-2:1995,MOD)

GB 9692 食品包装用聚苯乙烯树脂卫生标准

GB/T 16867—1997 聚苯乙烯和丙烯腈-丁二烯-苯乙烯树脂中残留苯乙烯单体的测定 气相色谱法

GB/T 17037.1—1997 热塑性塑料材料注塑试样的制备 第1部分:一般原理及多用途试样和长条试样的制备(idt ISO 294-1:1996)

GB/T 17037.3—2003 塑料 热塑性塑料材料注塑试样的制备 第3部分:小方试片(ISO 294-3:2000,IDT)

GB/T 17037.4—2003 塑料 热塑性塑料材料注塑试样的制备 第4部分:模塑收缩率的测定(ISO 294-4:2000,IDT)

SH/T 1541—2006 热塑性塑料颗粒外观试验方法

ISO 179-1:2000 塑料——简支梁冲击强度的测定——第1部分:非仪器冲击试验

3 分类与命名

聚苯乙烯树脂的分类与命名按 GB/T 6594.1—1998 规定进行。

示例：某种聚苯乙烯模塑和挤出材料(PS)，用于注塑(M)，对光和/或气候稳定(L)，本色(N)，维卡软化温度为
84 ℃(084)，熔体质量流动速率 MFR 的标称值为 9.0 g/10 min (09)。该材料命名如下：

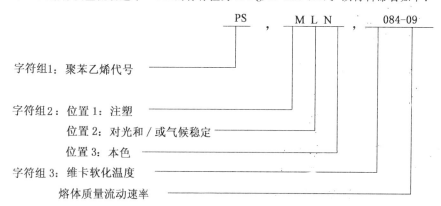

命名,PS,MLN,084-09

4 通用要求

对于有卫生要求的树脂，应符合 GB 9692 的规定。

5 要求

5.1 聚苯乙烯树脂产品为本色颗粒，无黑粒和杂质。

5.2 对于有特殊用途的聚苯乙烯树脂，可规定"燃烧性能"、"相对介电常数"、"介质损耗因数"、"折光指数"等性能要求。

5.3 聚苯乙烯树脂的其他技术要求见表 1。

表 1 聚苯乙烯树脂的技术要求

序号	项目		单位	PS.MLN.085-08			PS.MLN.090-04		
				优级	一级	合格	优级	一级	合格
1	颗粒外观	色粒	个/kg	≤10	≤20	≤40	≤10	≤20	≤40
2	熔体质量流动速率（MFR）		g/10 min	6~10	5.5~10.5	5.0~11.0	2.5~4.5	2.0~4.5	2.0~5.0
3	拉伸断裂应力（σ_B）		MPa	≥40	≥37	≥34	≥45		≥40
4	简支梁冲击强度（a_{cU}）		kJ/m²	≥7.8	≥7.5	≥6.5		≥8.0	≥7.0
5	维卡软化温度（$T_V50/50$）		°C	≥90	≥85	≥80	95	90	85
6	负荷变形温度（$T_f0.45$）		°C		≥80	≥75		≥80	≥75
7	残留苯乙烯单体含量 c_i		mg/kg	≤500	≤700	≤800	≤500	≤700	≤800
8	透光率		%	≥85	≥85		≥85	由供方提供的数据	
9	模塑收缩率（S_M）		%	由供方提供的数据					

序号	项目		单位	PS.ELN.095-02			PS.MLN.100-02		
				优级	一级	合格	优级	一级	合格
1	颗粒外观	色粒	个/kg	≤10	≤20	≤40	≤10	≤20	≤40
2	熔体质量流动速率（MFR）		g/10 min	1.8~2.5	1.3~2.5	1.0~3.0	2.0~3.0		1.5~3.5
3	拉伸断裂应力（σ_B）		MPa	≥45	≥43	≥40	≥50	≥47	≥43
4	简支梁冲击强度（a_{cU}）		kJ/m²		≥9.0	≥8.5		≥8.0	≥7.0
5	维卡软化温度（$T_V50/50$）		°C	≥100	≥95	≥90	≥100	≥95	≥90
6	负荷变形温度（$T_f0.45$）		°C		≥85	≥80		≥80	≥75
7	残留苯乙烯单体含量 c_i		mg/kg	≤500	≤500	≤800	≤500	≤700	≤800
8	透光率		%	≥85	≥85		≥85	≥85	
9	模塑收缩率（S_M）		%	由供方提供的数据					

6 试验方法

6.1 试验结果判定

试验结果按 GB/T 1250—1989 中 5.2 规定进行判定。

6.2 注塑试样的制备

聚苯乙烯树脂注塑试样的制备见 GB/T 6594.2—2003 中 3.2 的规定。

用 GB/T 17037.1—1997 中的 A 型模具制备的 A 型试样符合 GB/T 1040.1—2006 中 1A 型试样，B 型模具制备的 B 型试样为 80 mm×10 mm×4 mm 的长条试样。

用 GB/T 17037.3—2003 中的 D1 型模具制备的 60 mm×60 mm×1 mm 注塑试样可用于注塑类产品透光率的测定。

用 GB/T 17037.3—2003 中的 D2 型模具制备的 60 mm×60 mm×2 mm 注塑试样可用于注塑类产品模塑收缩率的测定。

6.3 试样的状态调节和试验的标准环境

试样的状态调节应按 GB/T 2918—1998 的规定进行。状态调节的条件为温度 23 ℃±2 ℃，相对湿度 50%±10%，时间至少 16 h。

所有试验都应在 GB/T 2918—1998 规定的标准试验环境下进行，温度 23 ℃±2 ℃，相对湿度 50%±10%。

6.4 颗粒外观

按 SH/T 1541—2006 中的规定进行。

6.5 熔体质量流动速率（MFR）

按 GB/T 3682—2000 中 A 法或 B 法规定进行。试验条件为 H(温度:200 ℃、负荷:5.00 kg)。

注:试验前,使用相应有证标准样品可保证试验数据的可靠性。

6.6 拉伸断裂应力

试样为按 6.2 制备的多用途试样。

试验按 GB/T 1040.2—2006 规定进行。试验速度为 5.0 mm/min。

6.7 简支梁冲击强度

试样为按 6.2 规定制备的 80 mm×10 mm×4 mm 长条注塑试样。

试验按 ISO 179-1:2000 规定进行。

6.8 维卡软化温度

试样为按 6.2 规定制备的 80 mm×10 mm×4 mm 长条注塑试样。

试验按 GB/T 1633—2000 中的 B_{50} 法(使用 50 N 的力,升温速率为 50 ℃/h)规定进行。

6.9 负荷变形温度

试样为按 6.2 规定制备的 80 mm×10 mm×4 mm 长条注塑试样。

试验按 GB/T 1634.2—2004 中的 B 法(负荷为 0.45 MPa)规定进行。试验时,加热装置的起始温度应低于 27 ℃。加热升温速率为 120 ℃/h±10 ℃/h。

6.10 残留苯乙烯单体含量

试验按 GB/T 16867—1997 规定进行。

6.11 透光率

试样为按 6.2 中 D1 型模具制备的试样。

试验按 GB/T 2410—2008 规定进行。

6.12 模塑收缩率

试样为按 6.2 中 D2 型模具制备的试样。

试验按 GB/T 17037.4—2003 规定进行。

6.13 有关燃烧性、折光指数和电性能

有关聚苯乙烯树脂燃烧性、光性能、电性能的各项试验条件见 GB/T 6594.2—2003 第 5 章中表 3 和表 4 中的规定。

7 检验规则

7.1 检验分类与检验项目

注塑类聚苯乙烯树脂的模塑收缩率只需在聚苯乙烯树脂产品确定牌号时检验。

聚苯乙烯树脂产品的检验可分为型式检验和出厂检验两类。

第 5 章中所有的项目为型式检验项目。

各类聚苯乙烯树脂出厂检验至少应包括颗粒外观(色粒)、熔体质量流动速率、拉伸断裂应力、简支梁冲击强度、维卡软化温度。

7.2 组批规则与抽样方案

7.2.1 组批规则

聚苯乙烯树脂以同一生产线上、相同原料、相同工艺所生产的同一牌号的产品组批,生产厂也可按一定生产周期或储存料仓为一批对产品进行组批。

产品以批为单位进行检验和验收。

7.2.2 抽样方案

聚苯乙烯树脂可在料仓的取样口抽样,也可根据生产周期等实际情况确定具体的抽样方案。

包装后产品的取样应按 GB/T 2547—2008 规定进行。

7.3 判定规则和复验规则

7.3.1 判定规则

聚苯乙烯树脂应由生产厂的质量检验部门按照本标准规定的试验方法进行检验,依据检验结果和本标准中的技术要求对产品作出质量判定,并提出证明。

产品出厂时,每批产品应附有产品质量检验合格证。合格证上应注明产品名称、牌号、批号、执行标准,并盖有质检专用章和检验员章。

7.3.2 复验规则

检验结果若某项指标不符合本标准要求时,可重新取样对该项目进行复验。以复验结果作为该批产品的质量判定依据。

8 标志

聚苯乙烯树脂产品的外包装袋上应有明显的标志。标志内容可包括:商标、生产厂名称和厂址、标准号、产品名称、牌号、生产日期、批号和净含量等。

9 包装、运输和贮存

9.1 包装

聚苯乙烯树脂可用内衬聚乙烯薄膜袋的聚丙烯编制袋或其他包装形式。包装材料应保证在运输、码放、贮存时不污染和泄漏。

每袋产品的净含量可为 25 kg 或其他。

9.2 运输

聚苯乙烯树脂为非危险品。在运输和装卸过程中严禁使用铁钩等锐利工具,切忌抛掷。运输工具

应保持清洁、干燥并备有厢棚或苫布。运输时不得与沙土、碎金属、煤炭及玻璃等混合装运,更不可与有毒及腐蚀性或易燃物混装。严禁在阳光下暴晒或雨淋。

9.3 贮存

聚苯乙烯树脂应贮存在通风、干燥、清洁并保持有良好消防设施的仓库内。贮存时,应远离热源,并防止阳光直接照射,严禁在露天堆放。

聚苯乙烯树脂应有贮存期的规定,一般从生产之日起,不超过 12 个月。

附　录　A

（资料性附录）

聚苯乙烯树脂产品国家标准命名与企业商品名对照

表 A.1 给出了聚苯乙烯树脂产品国家标准命名与企业商品名的对照一览表。

表 A.1　聚苯乙烯树脂产品国家标准命名与企业商品名对照

序号	国家标准命名	企业商品名
1	PS,MLN,085-08	666D、525、123
2	PS,ELN,095-02	688B
3	PS,MLN,090-04	232
4	PS,MLN,100-02	251

编者注：

规范性引用文件中 GB/T 1250—1989 已废止，可引用 GB/T 8170《数值修约规则与极限数值的表示和判定》；GB 9692 已废止，可引用 GB 4806.6 有关食品安全国家标准。国际标准转化情况见附表。

ICS 83.080.20
G 32

中华人民共和国国家标准

GB/T 12672—2009
代替 GB 12672—1990

丙烯腈-丁二烯-苯乙烯(ABS)树脂

Acrylonitrile-butadiene-styrene（ABS）resin

2009-07-17 发布

2010-02-01 实施

中华人民共和国国家质量监督检验检疫总局
中国国家标准化管理委员会 发布

前　言

本标准代替 GB 12672—1990《丙烯腈-丁二烯-苯乙烯（ABS）树脂》。

本标准与 GB 12672—1990 相比主要差异如下：

——第 2 章"规范性引用文件"中，所有标准均为注日期的引用文件；

——增加了第 3 章"分类与命名"；

——在 4.1 中，删除了原标准中"粒子的尺寸在任意方向上应为（2～5）mm"的要求；

——第 4 章表 1 中，增加了颗粒外观"色粒"、"大粒和小粒"的要求。并用"简支梁缺口冲击强度"取代原标准中的"悬臂梁缺口冲击强度"；

——增加了丙烯腈-丁二烯-苯乙烯（ABS）树脂贮存期的规定；

——增加了附录 A"ABS 树脂产品国家标准命名与企业商品牌号对照"。

本标准的附录 A 为资料性附录。

本标准由中国石油化工集团公司提出。

本标准由全国塑料标准化技术委员会石化塑料树脂产品分会（SAC/TC 15/SC 1）归口。

本标准负责起草单位：中国石油天然气股份公司兰州石化分公司。

本标准参加起草单位：中国石油天然气股份公司吉林石化分公司。

本标准主要起草人：袁丽、崔文峰、裴鑫杰、张福信、成瑾、赵军霞、郑鹏、蔡玲。

本标准所代替标准的历次版本发布情况为：

——GB 12672—1990。

丙烯腈-丁二烯-苯乙烯（ABS）树脂

1 范围

本标准规定了丙烯腈-丁二烯-苯乙烯（ABS）树脂（以下简称 ABS 树脂）的分类命名、要求、试验方法、检验规则、标志、包装、运输和贮存等。

本标准适用于以苯乙烯和丙烯腈共聚物为连续相，与以聚丁二烯和按一定数量的其他组份为分散相组成的 ABS 树脂。

本标准不适用于阻燃、增强或其他改性的 ABS 树脂。

2 规范性引用文件

下列文件中的条款通过本标准的引用而成为本标准的条款。凡是注日期的引用文件，其随后所有的修改单（不包括勘误的内容）或修订版均不适用于本标准，然而，鼓励根据本标准达成协议的各方研究是否可使用这些文件的最新版本。凡是不注日期的引用文件，其最新版本适用于本标准。

GB/T 1040.2—2006 塑料 拉伸性能的测定 第 2 部分：模塑和挤塑塑料的试验条件（ISO 527-2：1993，IDT）

GB/T 1043.1—2008 塑料 简支梁冲击性能的测定 第 1 部分：非仪器化冲击试验

GB/T 1633—2000 热塑性塑料维卡软化温度（VST）的测定（idt ISO 306：1994）

GB/T 2547—2008 塑料 取样方法

GB/T 2918—1998 塑料试样状态调节和试验的标准环境（idt ISO 291：1997）

GB/T 3398.2—2008 塑料 硬度测定 第 2 部分：洛氏硬度（ISO 2039-2：1987，IDT）

GB/T 3682—2000 热塑性塑料熔体质量流动速率和熔体体积流动速率的测定（idt ISO 1133：1997）

GB/T 8170—2008 数值修约规则与极限数值的表示和判定

GB/T 9341—2008 塑料 弯曲性能的测定（ISO 178：2001，IDT）

GB/T 17037.1—1997 热塑性塑料材料注塑试样的制备 第 1 部分：一般原理及多用途试样和长条试样的制备（idt ISO 294-1：1996）

GB/T 20417.1—2008 塑料 丙烯腈-丁二烯-苯乙烯（ABS）模塑和挤出材料 第 1 部分：命名系统和分类基础（ISO 2580-1：2002，MOD）

GB/T 20417.2—2006 塑料 丙烯腈-丁二烯-苯乙烯（ABS）模塑和挤出材料 第 2 部分：试样制备和性能测定（ISO 2580-2：2003，MOD）

SH/T 1541—2006 热塑性塑料颗粒外观试验方法

3 分类与命名

ABS 树脂的分类与命名按 GB/T 20417.1—2008 的规定进行。

示例：某丙烯腈-丁二烯-苯乙烯（ABS）模塑材料，推荐用于注塑模塑（M）本色的（N），维卡软化温度（VST）为 97 ℃（095），熔体质量流动速率为 17 g/10 min（15），简支梁缺口冲击强度为 25 kJ/m²（25），拉伸弹性模量小于或等于 1 800 MPa（15），其命名为：

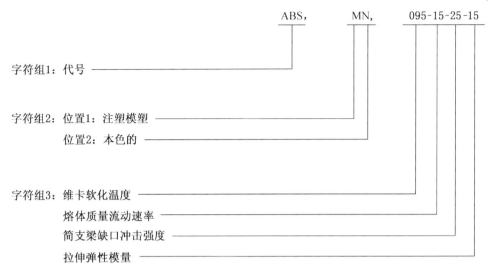

命名:ABS,MN,095-15-25-15

4 要求

4.1 ABS 树脂产品为本色颗粒,无黑粒和杂质。

4.2 ABS 树脂的其他技术要求见表 1。

表 1 注塑级 ABS 树脂的技术要求

序号	项 目		单位	ABS,MN, 095-15-25-15	ABS,MN, 095-15-16-15	ABS,MN, 095-30-16-20	ABS,MN, 095-30-16-15
1.1	颗粒 外观	色粒	个/g	由供方提供的数据			
1.2		大粒和小粒	g/kg	由供方提供的数据			
2	熔体质量流动速率 (MFR)		g/10 min	17±4	19±4	21±4	23±4
3	拉伸屈服应力(σ_y)		MPa	≥39.0	≥37.0	≥48.0	≥37.0
4	弯曲模量(E_f)		MPa	≥2 100	≥2 100	≥2 400	≥2 200
5	弯曲强度(σ_{fM})		MPa	≥62.0	≥62.0	≥75.0	≥62.0
6	简支梁缺口冲击强度 (a_{cA})		kJ/m²	≥20.0	≥18.0	≥14.5	≥15.0
7	维卡软化温度 ($T_V 50/50$)		℃	≥94.0	≥92.0	≥94.0	≥92.0
8	洛氏硬度（R 标尺）			≥103	≥103	≥107	≥103

5 试验方法

5.1 试验结果判定

试验结果采用修约值判定法,应按 GB/T 8170—2008 标准中规定进行。

5.2 注塑试样的制备

ABS 树脂注塑试样的制备按照 GB/T 20417.2—2006 中 3.2 的规定。

用 GB/T 17037.1—1997 标准中的 A 型模具制备符合 GB/T 1040.2—2006 中 1A 型试样,B 型模具制备 80 mm×10 mm×4 mm 长条试样。

用于测定洛氏硬度的试样可用符合尺寸要求的模具制备注塑试样(推荐尺寸为 50 mm×50 mm×6 mm)。

5.3 试样的状态调节和试验的标准环境

试样的状态调节应按 GB/T 2918—1998 的规定进行。状态调节的条件为温度 23 ℃±2 ℃,相对湿度 50%±10%,时间至少 16 h。

所有试验都应在 GB/T 2918—1998 规定的标准试验环境下进行,温度 23 ℃±2 ℃,相对湿度 50%±10%。

5.4 颗粒外观

按 SH/T 1541—2006 中的规定进行。

5.5 熔体质量流动速率(MFR)

按 GB/T 3682—2000 中 A 法规定进行。试验条件为 U(温度:220 ℃、负荷:10 kg)。

5.6 拉伸性能

试样为按 5.2 制备的 1A 型试样。

试样的状态调节按 5.3 规定进行。

测试按 GB/T 1040.2—2006 规定进行。测试拉伸弹性模量时,试验速度为 1 mm/min。测试拉伸屈服应力时,试验速度为 50 mm/min。

5.7 弯曲性能

试样为按 5.2 制备的 80 mm×10 mm×4 mm 长条试样。

试样的状态调节按 5.3 规定进行。

测试按 GB/T 9341—2008 规定进行,试验速度为 2 mm/min。

5.8 简支梁缺口冲击强度

试样为按 5.2 制备的 80 mm×10 mm×4 mm 长条试样。样条应在注塑后的 1 h~4 h 内加工缺口,缺口类型为 GB/T 1043.1—2008 中的 A 型缺口。

试样的状态调节按 5.3 规定进行。

试验按 GB/T 1043.1—2008 规定进行。

5.9 维卡软化温度

试样为按 5.2 制备的 80 mm×10 mm×4 mm 长条试样。

试样的状态调节按 5.3 规定进行。

试验按 GB/T 1633—2000 中的 B_{50} 法(使用 50 N 的力,升温速率为 50 ℃/h)规定进行。

5.10 洛氏硬度

试样为按 5.2 制备的推荐尺寸为 50 mm×50 mm×6 mm 的注塑试样。

试样的状态调节按 5.3 规定进行。

测试按 GB/T 3398.2—2008 规定进行。

6 检验规则

6.1 检验分类与检验项目

拉伸弹性模量只需在 ABS 树脂产品确定牌号时检验。除此项目外,ABS 树脂产品的检验分为型式检验和出厂检验两类。

第 4 章中所有的项目为型式检验项目。

各类 ABS 树脂出厂检验应包括颗粒外观、熔体质量流动速率、拉伸屈服应力、简支梁冲击强度、弯曲强度、维卡软化温度和洛氏硬度。

6.2 组批规则与抽样方案

6.2.1 组批规则

ABS 树脂以同一生产线上、相同原料、相同工艺所生产的同一牌号的产品组批,生产厂也可按一定生产周期或储存料仓为一批对产品进行组批。

产品以批为单位进行检验和验收。

6.2.2 抽样方案

生产检验可在料仓取样口取样,也可根据生产周期等实际情况确定具体的取样方案。

包装后产品的取样应按 GB/T 2547—2008 规定进行。

6.3 判定规则和复验规则

6.3.1 判定规则

ABS 树脂应由生产厂的质量检验部门按照本标准规定的试验方法进行检验,依据检验结果和本标准中的技术要求对产品进行质量判定,并提出证明。

产品出厂时,每批产品应附有产品质量检验合格证。合格证上应注明产品名称、牌号、批号和执行标准,并盖有质检专用章和检验员章。

6.3.2 复验规则

检验结果若某项指标不符合本标准要求时,可重新取样对该项目进行复验。以复验结果作为该批产品的质量判定依据。

7 标志

ABS 树脂产品的外包装袋上应有明显的标志。标志内容可包括:商标、生产厂名称和厂址、标准号、产品名称、牌号、生产日期、批号和净含量等。

8 包装、运输和贮存

8.1 包装

ABS 树脂可用复合塑料编织袋或其他包装形式。包装材料应保证在运输、码放、贮存时不污染和泄漏。

每袋产品的净含量为 25 kg 或其他。

8.2 运输

ABS 树脂为非危险品。在运输和装卸过程中不应使用铁钩等锐利工具,切忌抛掷。运输工具应保持清洁、干燥并备有厢棚或苫布。运输时不可与沙土、碎金属、煤炭及玻璃等混合装运,更不可与有毒及腐蚀性或易燃物混装。不应在阳光下暴晒或雨淋。

8.3 贮存

ABS 树脂应贮存在通风、干燥、清洁并保持有良好消防设施的仓库内。贮存时,应远离热源,并防止阳光直接照射,不应在露天堆放。

ABS 树脂应有贮存期的规定,一般从生产之日起,不超过 12 个月。

附　录　A

（资料性附录）

ABS 树脂产品国家标准命名与企业商品牌号对照

表 A.1 给出了 ABS 树脂产品国家标准命名与企业商品牌号的对照一览表。

表 A.1　ABS 树脂产品国家标准命名与企业商品牌号对照

序号	国家标准命名	企业商品名
1	ABS,MN,095-15-25-15	301
2	ABS,MN,095-15-16-15	GN-Ⅲ
3	ABS,MN,095-30-16-20	GN-Ⅱ(0215A)
4	ABS,MN,095-30-16-15	GN-Ⅰ

ICS 83.080.20
G 32

中华人民共和国国家标准

GB/T 17931—2018
代替 GB/T 17931—2003

瓶用聚对苯二甲酸乙二酯（PET）树脂

Poly(ethylene terephthalate)(PET) resin for bottles

2018-12-28 发布

2019-11-01 实施

国家市场监督管理总局
中国国家标准化管理委员会 发布

前　言

本标准按照 GB/T 1.1—2009 给出的规则起草。

本标准代替 GB/T 17931—2003《瓶用聚对苯二甲酸乙二醇酯(PET)树脂》。

本标准与 GB/T 17931—2003 相比主要技术变化如下：

——规范性引用文件中，删除 GB/T 601—2002、ISO 1628-1：1998、ISO 11357-1：1999、GB/T 13114 由 GB 4806.6 代替，ISO 11357-3：1999 由 GB/T 19466.3—2004 代替，其余规范性引用文件更新为新发布的国家标准(见第 2 章，2003 年版第 2 章)。

——增加了高吸热 PET 树脂的术语(见 3.6)。

——表 1 中合并了食品包装用树脂共聚、均聚的技术要求(见 5.3 表 1，2003 年版 5.3 表 1)。

——表 1 中增加了色度 L 值的脚注，说明高吸热 PET 树脂 L 值技术要求由供需双方商定(见 5.3 表 1，2003 年版 5.3 表 1)。

——表 1 中删除了"乙醛含量要求为强制要求，其余为推荐性的"的注译(见 2003 年版 5.3 表 1)。

——试验方法中删除了试样制备的内容(见 2003 年版 6.1)。

——试验方法中增加了 6.1 一般规定、6.2 外观、6.3 食品包装用 PET 树脂卫生要求的内容(见 6.1、6.2、6.3)。

——特性黏度的测定由按照附录 A 修改为按照 GB/T 14190—2017，并给出重复性和再现性的有关内容(见 6.4.1、6.4.2、6.4.3、附录 A，2003 年版 6.1、6.2)。

——乙醛含量的测定由按照附录 B 修改为按照 SH/T 1817—2017(见 6.5，2003 年版 6.3)。

——色度、二甘醇含量、端羧基含量、颗粒外观、水分的测定由按照 GB/T 14190—1993 修改为按照 GB/T 14190—2017(见 6.6、6.7、6.8、6.10、6.11，2003 年版 6.4、6.5、6.6、6.8、6.9)。

——熔点项目名称修改为熔融峰温，熔融峰温的测定由按照 ISO 11357-3：1999 修改为按照 GB/T 19466.3—2004。推荐不通氮气(见 6.9，2003 年版 6.7)。

——密度的测定由按照 GB/T 1033—1986 修改为按照 GB/T 1033.1—2008 和 GB/T 1033.2—2010。增加浸渍法，为仲裁方法(见 6.12，2003 年版 6.10)。

——灰分的测定由按照 GB/T 9345—1988 修改为按照 GB/T 9345.2—2008，增加称样量为 20 g 的要求(见 6.13，2003 年版 6.11)。

——删除原附录 A(稀溶液中 PET 树脂黏度的测定 毛细管黏度计法)和附录 B(瓶用 PET 树脂中乙醛含量的测定 顶空气相色谱法)，增加附录 A(一种瓶用 PET 树脂特性黏度精密度试验统计结果)，将原附录 C(密度梯度柱的配制 间歇法)调整为附录 B，增加附录 C(PET 结晶度与密度的关系)(见附录 A、附录 B、附录 C，2003 年版附录 A、附录 B、附录 C)。

本标准由中国石油和化学工业联合会提出。

本标准由全国塑料标准化技术委员会(SAC/TC 15)归口。

本标准负责起草单位：中国石化仪征化纤有限责任公司。

本标准参加起草单位：中国石油化工股份有限公司北京北化院燕山分院、华润包装材料有限公司、浙江恒逸石化有限公司、江苏三房巷集团有限公司、浙江万凯新材料有限公司。

本标准主要起草人：叶丽华、李红华、郭曦、王军乐、李强、孙黎峰、华 云、许美英、王清、龚柳柳、吴桂香、夏林密。

本标准所代替标准的历次版本发布情况为：

——GB/T 17931—1999、GB/T 17931—2003。

瓶用聚对苯二甲酸乙二酯(PET)树脂

1 范围

本标准规定了瓶用聚对苯二甲酸乙二酯(PET)树脂的术语和定义、产品分类、要求、试验方法、检验规则、标志和随行文件、包装、运输和贮存。

本标准适用于以精对苯二甲酸、乙二醇为主要原料,采用直接酯化连续缩聚或间歇缩聚生产的均聚PET树脂,以及以精对苯二甲酸、乙二醇及间苯二甲酸为主要原料,采用直接酯化连续缩聚或间歇缩聚生产的共聚PET树脂。

2 规范性引用文件

下列文件对于本文件的应用是必不可少的。凡是注日期的引用文件,仅注日期的版本适用于本文件。凡是不注日期的引用文件,其最新版本(包括所有的修改单)适用于本文件。

GB/T 1033.1—2008 塑料 非泡沫塑料密度的测定 第1部分:浸渍法、液体比重瓶法和滴定法

GB/T 1033.2—2010 塑料 非泡沫塑料密度的测定 第2部分:密度梯度柱法

GB 4806.6 食品安全国家标准 食品接触用塑料树脂

GB/T 6678—2003 化工产品采样总则

GB/T 6679—2003 固体化工产品采样通则

GB/T 6682—2008 分析实验室用水规格和试验方法

GB/T 8170—2008 数值修约规则与极限数值的表示和判定

GB/T 9345.2—2008 塑料 灰分的测定 第2部分:聚对苯二甲酸烷撑酯

GB/T 14190—2017 纤维级聚酯(PET)切片分析方法

GB/T 19466.3—2004 塑料 差示扫描量热法(DSC) 第3部分:熔融和结晶温度及热焓的测定

SH/T 1817—2017 塑料 瓶用聚对苯二甲酸乙二醇酯(PET)树脂中乙醛含量的测定 顶空气相色谱法

3 术语和定义

下列术语和定义适用于本文件。

3.1

色度 b 值 color b value
CIE标准中物质由蓝色至黄色的程度。

3.2

色度 L 值 color L value
CIE标准中物质的明亮程度。

3.3

杂质 impurity
除PET树脂以外的其他物质。

3.4

粉末　powder

通过网孔尺寸为 800 μm(20 目)试验筛的碎屑。

3.5

异色粒子　color granule

有肉眼可见黄色粒子或其他颜色粒子。

3.6

高吸热 PET 树脂　efficiently endothermic PET resin

一种由精对苯二甲酸、乙二醇及间苯二甲酸为主要原料进行聚合,通过加入添加剂,用于注塑吹瓶,具有提高吹瓶过程吸热效率的 PET 树脂。

4 产品分类

瓶用 PET 树脂根据不同用途可分为食品包装用和非食品包装用两类。

5 要求

5.1 瓶用 PET 树脂为大小均匀的乳白色颗粒,无机械杂质及带有可见黑斑的粒子。

5.2 食品包装用 PET 树脂的卫生要求应符合 GB 4806.6 的规定。

5.3 瓶用 PET 树脂的技术要求见表 1。

表 1 瓶用 PET 树脂的技术要求

项目		单位	食品包装用		非食品包装用
			优等品	合格品	合格品
1	特性黏度	dL/g	$M_1 \pm 0.015$	$M_1 \pm 0.020$	$M_1 \pm 0.020$
2	乙醛含量	μg/g	$\leqslant 1.0$		—
3	色度　b 值	—	$\leqslant 2.0$		$\leqslant 3.0$
4	色度　L 值[a]	—	$\geqslant 80$		—
5	二甘醇含量	%	$M_2 \pm 0.2$	$M_2 \pm 0.3$	$M_2 \pm 0.3$
6	端羧基含量	mmol/kg	$\leqslant 35$		
7	熔融峰温(DSC 法)	℃	$M_3 \pm 2$		
8	颗粒外观　粉末	mg/kg	$\leqslant 100$		
9	颗粒外观　异色粒子	粒/500 g	无	$\leqslant 1$	$\leqslant 1$
10	水分	%	$\leqslant 0.4$		
11	密度	g/cm³	$M_4 \pm 0.01$		
12	灰分	%	$\leqslant 0.08$		
注:M_1、M_2、M_3、M_4 均为每牌号产品该项指标的标称值。					
[a] 高吸热 PET 树脂 L 值的技术要求由供需双方商定。					

6 试验方法

6.1 一般规定

本标准所用试剂和水,在没有注明其他要求时,均指分析纯试剂和 GB/T 6682—2008 中规定的三级水。

6.2 外观

称取 500 g 试样,精确至 1 g。将试样放入白色搪瓷盘中,目测有无机械杂质及带有可见黑斑的粒子。

6.3 食品包装用 PET 树脂卫生要求

按 GB 4806.6 的规定进行相关指标的测定。

6.4 特性黏度

6.4.1 试样制备

将约 10 g 样品置于液氮或干冰中冷却约 10 min。取出样品后立即用粉碎机粉碎,粉碎时间不超过30 s。样品应全部粉碎至 1 mm 以下颗粒,所有粉碎颗粒作为测定试样。

6.4.2 试验步骤

按 GB/T 14190—2017 中 5.1 规定进行,溶剂按其 5.1.1.3.2 配制,方法 A(毛细管黏度计法)为仲裁法。其中,试样量为 (0.125±0.005)g;溶解条件为:在(110±10)℃温度下使试样全部溶解,溶解时间应控制在 30 min 以内,超过此时间应重新制备样品;恒温水浴温度为:(25.00±0.02)℃。

6.4.3 结果计算

按 GB/T 14190—2017 中 5.1.1.7.3 进行。一种瓶用 PET 树脂特性黏度精密度试验统计结果参见附录 A。

6.5 乙醛含量

按 SH/T 1817—2017 规定进行。

6.6 色度

按 GB/T 14190—2017 中 5.5 方法 B(干燥法)规定进行。其中,干燥条件为(135±5)℃,干燥处理时间为 30 min。

6.7 二甘醇含量

按 GB/T 14190—2017 中 5.2 方法 A(甲醇酯交换法)规定进行。

6.8 端羧基含量

按 GB/T 14190—2017 中 5.4 规定进行,其中,方法 A(容量滴定法)为仲裁法。方法 A 试样量的要求为:称取 (1.5±0.1)g 的试样,精确至 0.000 1 g。

6.9 熔融峰温（DSC 法）

按 GB/T 19466.3—2004 规定进行。其中升温速率为 10 ℃/min。推荐采用不通氮气的方式进行测试。

6.10 颗粒外观

6.10.1 粉末

按 GB/T 14190—2017 中 5.8 方法 A（干法）规定进行。

6.10.2 异色粒子

称取 500 g 试样，精确至 1 g。将试样放入白色搪瓷盘中，捡出异色粒子并记录其数目。

6.11 水分

按 GB/T 14190—2017 中 5.7 规定进行。其中，方法 A（重量法）为仲裁法。

6.12 密度

密度可采用浸渍法和密度柱法进行测定，仲裁时采用浸渍法。

浸渍法按 GB/T 1033.1—2008 规定进行。浸渍液采用无水乙醇；浸渍液无水乙醇的密度按照 GB/T 1033.1—2008 中 5.1.4.3 的方法进行测定，也可以采用标准玻璃浮子进行测定（按样品密度测定条件，分别测试标准玻璃浮子在空气中的质量和在浸渍液中的表观质量，再根据 GB/T 1033.1—2008 中式(2)计算出浸渍液的密度）。推荐使用密度值与 PET 树脂相近的标准玻璃浮子。

按 GB/T 1033.2—2010 规定进行。密度梯度液采用正庚烷/四氯化碳体系。连续法配制密度梯度柱按 GB/T 1033.2—2010 中 5.4.2 规定进行，间歇法配制密度梯度柱符合附录 B 的规定。

结晶度与密度的关系参见附录 C。

6.13 灰分

按 GB/T 9345.2—2008 规定进行。称样量为 20 g，马弗炉温度为(850±50)℃。

7 检验规则

7.1 检验分类

瓶用 PET 树脂产品的检验分为出厂检验和型式检验两类。

7.2 检验项目

表 1 中特性黏度、乙醛含量、色度、端羧基含量、颗粒外观、水分为出厂检验项目。

第 5 章中所有项目为型式检验项目，检验周期为每年一次。当有下列情况之一时，应对表 1 项目进行型式检验，其中 a)情况下还应对 5.2 进行型式检验：

a) 正式生产过程中，原材料或工艺有较大改变，可能影响产品性能时；

b) 产品装置检修，恢复生产时；

c) 出厂检验结果与上次型式检验结果有较大差异时。

7.3 组批规则

瓶用 PET 树脂以同一生产线上、相同原料、相同工艺所生产的同一牌号的产品组批。生产厂可按一定生产周期或储存料仓为一批对产品进行组批。产品以批为单位进行检验和验收。

7.4 抽样方案

瓶用 PET 树脂可在料仓、包装线上或包装单元(袋)中抽取样品,也可根据生产周期等实际情况确定具体的抽样方案。包装后产品的取样应按 GB/T 6679—2003 规定进行,按 GB/T 6678—2003 规定确定取样件(包)数。

7.5 判定规则

瓶用 PET 树脂应由生产厂的质量检验部门按照本标准规定的试验方法进行检验,依据检验结果和本标准中的技术要求对产品做出质量判定,并提供证明。所有试验结果的判定按 GB/T 8170—2008 中修约值比较法进行。检验结果若某项指标不符合本标准要求时,应重新取样对该项目进行复验。以复验结果作为该批产品的质量判定依据。

8 标志和随行文件

8.1 标志

瓶用 PET 树脂产品的外包装袋上应有明显的标志。标志内容包括:商标、生产企业名称、生产厂地址、标准号、产品名称、牌号、批号(含生产日期)和净含量等以及产品防护、搬运的警示标志。

8.2 随行文件

产品出厂时,每批产品应附有产品质量检验合格证。合格证上应注明产品名称、牌号、批号、执行标准,并盖有质检专用章。

9 包装、运输和贮存

9.1 包装

瓶用 PET 树脂的包装可分为集装袋、槽车、集装箱海包等形式。集装袋产品的包装袋为内衬聚乙烯薄膜内袋的聚烯烃编织袋,外罩聚乙烯防尘薄膜。装运产品的槽车应清洁、干燥、无异物。

9.2 运输

瓶用 PET 树脂为非危险品,对运输无特殊要求,但在运输和装卸过程中应有一定的防护措施,防止产品受潮、污染、破损。运输工具应保持清洁、干燥,并备有厢棚或苫布。运输和装卸过程中不应使用铁钩等锐利工具,防止机械碰撞,切忌抛掷。运输时不得与砂土、碎金属、煤炭及玻璃等混合装运,更不可与有毒及腐蚀性或易燃物混装。不应在阳光下曝晒或雨淋。装卸作业应符合警示标识规定。

9.3 贮存

瓶用 PET 树脂应置于阴凉、干燥、通风、清洁并配有消防设施的仓库内贮存,并采取防尘措施。贮存时,应远离热源,并防止阳光直接照射,不应在露天堆放。

附 录 A

（资料性附录）

一种瓶用 PET 树脂特性黏度精密度试验统计结果

A.1 起草单位集中组织精密度试验,在 10 个实验室对一个瓶用 PET 树脂样品进行 2 次重复测试。

A.2 按照 GB/T 6379.2—2004 对精密度试验结果进行数理统计,并计算得到精密度结果,见表 A.1。

表 A.1 特性黏度精密度统计结果

品种	特性黏度平均值 dL/g	重复性标准偏差(S_r) dL/g	再现性标准偏差(S_R) dL/g	重复性限(r) dL/g	再现性限(R) dL/g
碳酸瓶型	0.867	0.004 5	0.005 5	0.013	0.015

附 录 B

（规范性附录）

密度梯度柱的配制 间歇法

B.1 试剂和材料

除非另有说明，在分析中仅使用分析纯的试剂。

B.1.1 正庚烷：分析纯。

B.1.2 四氯化碳：分析纯。

B.2 仪器

B.2.1 密度梯度管：见 GB/T 1033.2—2010 中 5.1.1～5.1.3。

B.2.2 磁力搅拌器。

B.2.3 三角瓶：容量 500 mL。

B.2.4 毛细管漏斗：内径 0.5 mm 左右，长度大于密度梯度管的高度。

B.2.5 量筒：容量 100 mL、200 mL。

B.3 测定 PET 树脂密度用密度梯度柱的配制

B.3.1 密度梯度柱的配制应保证密度梯度柱的灵敏度对每厘米柱高不低于 $0.001\ \mathrm{g/cm^3}$，例如：对于一根梯度管最理想的密度范围为 $0.001\ \mathrm{g/cm^3}\sim0.1\ \mathrm{g/cm^3}$，不得使用管子上、下端部，并且不应取校正部分外的读数。

B.3.2 按表 B.1 规定，分别配制 10 个组分的溶液。每个溶液配制时，用量筒（B.2.5）分别量取四氯化碳和正庚烷，加入到三角瓶（B.2.3），用磁力搅拌器（B.2.2）充分搅匀。

注：密度梯度柱的密度范围由产品的密度值决定，每一组分体积按密度梯度管的总体积进行分配。

表 B.1 密度梯度液各组分的配比

加入组分顺序	大约密度 $\mathrm{g/cm^3}$	四氯化碳体积 mL	正庚烷体积 mL
第一组分	1.330	140.7	59.3
第二组分	1.340	142.9	57.1
第三组分	1.350	145.1	54.9
第四组分	1.360	147.3	52.7
第五组分	1.370	149.5	50.5
第六组分	1.380	151.7	48.3
第七组分	1.390	153.9	46.1
第八组分	1.400	156.1	43.9
第九组分	1.410	158.3	41.7
第十组分	1.420	160.5	39.5

B.3.3 将毛细管漏斗(B.2.4)插入到密度梯度管底部,按组分顺序将配好的溶液沿着毛细管漏斗慢慢地加入密度梯度管内。

B.3.4 待全部组分加完后,缓缓将毛细管漏斗取出。

附 录 C
（资料性附录）
PET 结晶度与密度的关系[1]

C.1 结晶度定义

高聚物按能否结晶分为结晶性、不能结晶二类。如，有机玻璃（聚甲基丙烯酸甲酯）、聚苯乙烯等是不结晶的；PET、PBT、聚乙烯、聚丙烯等是结晶性的。在常规条件下，结晶的高聚物不可能达到百分之百的结晶，因此包含结晶区（相）和非结晶区（相）两种结构。晶区部分所占的质量分数（或体积分数）称为结晶度。

C.2 结晶度理论计算公式

$$f'_c = \frac{\rho_c(\rho - \rho_a)}{\rho(\rho_c - \rho_a)} \times 100\% \quad\cdots\cdots\cdots\cdots\cdots\cdots\cdots (C.1)$$

式中：

f'_c ——试样的质量结晶度，%；

ρ_c ——试样中结晶相的密度，单位为克每立方厘米（g/cm³）；

ρ ——试样的密度，单位为克每立方厘米（g/cm³）；

ρ_a ——试样中非晶相的密度，单位为克每立方厘米（g/cm³）。

C.3 PET 结晶度理论计算公式

对于 PET，$\rho_c = 1.455$ g/cm³，$\rho_a = 1.331$ g/cm³，则式（C.1）可简化为：

$$f'_c = \frac{(\rho - 1.331)}{\rho} \times 11.734 \times 100\% \quad\cdots\cdots\cdots\cdots\cdots\cdots (C.2)$$

式中：

f'_c ——试样的质量结晶度，%；

ρ ——试样的密度，单位为克每立方厘米（g/cm³）。

C.4 PET 结晶度与密度的关系表

根据式（C.2），计算不同密度下 PET 的结晶度，结果列于表 C.1。实际工作中，可根据所测样品的密度，直接从表 C.1 中查询出该样品的结晶度。

---

[1] 结晶度定义及理论计算公式均参考了杨始堃等所著《聚酯化学·物理·工艺》中第 105 至 107 页。

表 C.1 PET密度与结晶度的关系表 %

—	0	1	2	3	4	5	6	7	8	9
1.33	—	0.00	0.88	1.76	2.64	3.52	4.39	5.27	6.14	7.01
1.34	7.88	8.75	9.62	10.48	11.35	12.21	13.08	13.94	14.80	15.66
1.35	16.51	17.37	18.23	19.08	19.93	20.78	21.63	22.48	23.33	24.18
1.36	25.02	25.86	26.71	27.55	28.39	29.23	30.07	30.90	31.74	32.57
1.37	33.40	34.23	35.07	35.89	36.72	37.55	38.37	39.20	40.02	40.84
1.38	41.66	42.48	43.30	44.12	44.94	45.75	46.56	47.38	48.19	49.00
1.39	49.81	50.61	51.42	52.23	53.03	53.83	54.64	55.44	56.24	57.03
1.40	57.83	58.63	59.42	60.22	61.01	61.80	62.59	63.38	64.17	64.96
1.41	65.74	66.53	67.31	68.10	68.88	69.66	70.44	71.22	71.99	72.77
1.42	73.54	74.32	75.09	75.86	76.63	77.40	78.17	78.94	79.71	80.47
1.43	81.24	82.00	82.76	83.52	84.28	85.04	85.80	86.56	87.31	88.07
1.44	88.82	89.57	90.32	91.07	91.82	92.57	93.32	94.07	94.81	95.56
1.45	96.30	97.04	97.78	98.52	99.26	100.00	—	—	—	—

注：表中第1列为密度数值（两位小数），表中第一行为密度第三位小数的数值，其他行列交叉点即为三位小数密度所对应的结晶度数值。例：已知试样密度为1.400 g/cm³ 时，从表中可直接查得该试样结晶度为57.83%。

ICS 83.080.20
G 32

中华人民共和国国家标准

GB/T 24149.1—2009

塑料 汽车用聚丙烯(PP)专用料
第 1 部分:保险杠

Plastics—Polypropylene(PP) compound for automobile—
Part 1:Bumper

2009-06-15 发布

2010-02-01 实施

中华人民共和国国家质量监督检验检疫总局
中国国家标准化管理委员会 发布

前　言

GB/T 24149《塑料　汽车用聚丙烯(PP)专用料》目前分为以下四个部分：

——第1部分：保险杠；

——第2部分：仪表板；

——第3部分：门内板；

——第4部分：其他。

本部分为GB/T 24149的第1部分。

本部分的附录A为资料性附录。

本部分由中国石油和化学工业协会提出。

本部分由全国塑料标准化技术委员会石化塑料树脂产品分会(SAC/TC 15/SC 1)归口。

本部分负责起草单位：金发科技股份有限公司。

本部分参加起草单位：北京聚菱燕塑料有限公司、上海普利特复合材料股份有限公司、广州毅昌科技股份有限公司、长安汽车股份有限公司、奇瑞汽车股份有限公司。

本部分主要起草人：罗忠富、黄达、陈广强、刘奇祥、程伟、张鹰、张新、吴春明、宁凯军、李建军、王晓、史荣波。

塑料 汽车用聚丙烯(PP)专用料
第1部分:保险杠

1 范围

GB/T 24149的本部分规定了汽车保险杠用聚丙烯(PP)专用料的分类与命名、要求、试验方法、检验规则、标志、包装、运输及贮存等。

本部分适用于以耐冲击共聚聚丙烯树脂为主,与弹性体、矿物粉及其他助剂按一定比例通过共混制成的、用于制造汽车保险杠的聚丙烯专用料。

2 规范性引用文件

下列文件中的条款通过GB/T 24149的本部分的引用而成为本部分的条款。凡是注日期的引用文件,其随后所有的修改单(不包括勘误的内容)或修订版均不适用于本部分,然而,鼓励根据本部分达成协议的各方研究是否可使用这些文件的最新版本。凡是不注日期的引用文件,其最新版本适用于本部分。

GB/T 1033.1—2008 塑料 非泡沫塑料密度的测定 第1部分:浸渍法、液体比重瓶法和滴定法(ISO 1183-1:2004,IDT)

GB/T 1040.2—2006 塑料 拉伸性能的测定 第2部分:模塑和挤塑塑料的试验条件(ISO 527-2:1993,IDT)

GB/T 1043.1—2008 塑料 简支梁冲击性能的测定 第1部分:非仪器化冲击试验(ISO 179-1:2000,IDT)

GB/T 1634.2—2004 塑料 负荷变形温度的测定 第2部分:塑料、硬橡胶和长纤维增强复合材料(ISO 75-2:2003,IDT)

GB/T 2546.1—2006 塑料 聚丙烯(PP)模塑和挤出材料 第1部分:命名系统和分类基础(ISO 1873-1:1995,MOD)

GB/T 2546.2—2003 塑料 聚丙烯(PP)模塑和挤出材料 第2部分:试样制备和性能测定(ISO 1873-2:1997,MOD)

GB/T 2547—2008 塑料 取样方法

GB/T 2918—1998 塑料试样状态调节和试验的标准环境(idt ISO 291:1997)

GB/T 3682—2000 热塑性塑料熔体质量流动速率和熔体体积流动速率的测定(idt ISO 1133:1997)

GB/T 8170—2008 数值修约规则与极限数值的表示和判定

GB/T 9341—2008 塑料 弯曲性能的测定(ISO 178:2001,IDT)

GB/T 9345.1—2008 塑料 灰分的测定 第1部分:通用方法(ISO 3451-1:1997,IDT)

GB/T 15596—2009 塑料在玻璃下日光、自然气候或实验室光源暴露后颜色和性能变化的测定(ISO 4582:2007,IDT)

GB/T 16422.1—2006 塑料试验室光源暴露试验方法 第1部分:总则(ISO 4892-1:1999,IDT)

GB/T 16422.2—1999 塑料试验室光源暴露试验方法 第2部分:氙弧灯(idt ISO 4892-2:1994)

GB/T 17037.1—1997 热塑性塑料材料注塑试样的制备 第1部分:一般原理及多用途试样和长条试样的制备(idt ISO 294-1:1996)

GB/T 17037.4—2003 塑料 热塑性塑料材料注塑试样的制备 第4部分:模塑收缩率的测定 (ISO 294-4:2004,IDT)

QC/T 15—1992 汽车塑料制品通用试验方法

SH/T 1541—2006 热塑性塑料颗粒外观试验方法

3 命名

3.1 总则

汽车保险杠用聚丙烯(PP)专用料按照 GB/T 2546.1—2006 规定,并按以下方法进行命名:

命名方式	命名		
	特 征 项 目 组		
	字符组 1	字符组 2	字符组 3

字符组彼此间用逗号","隔开。其中:

字符组 1:按照 GB/T 2546.1—2006 中 3.1 规定,耐冲击的共聚聚丙烯材料以代号"PPB"表示;

字符组 2:按照 GB/T 2546.1—2006 中 3.2 规定,注塑级的聚丙烯材料以代号"M"表示;

字符组 3:特征性能,见 3.2。

3.2 特征性能

在这个字符组中,分别采用两个数字组成的代号表示密度(见 3.2.1)、熔体质量流动速率(见 3.2.2)的范围。代号之间用一个连字符"-"隔开。

如果特性值落在或接近某档界限,生产者应说明该材料按某档命名。如果以后由于生产过程的容许限使个别试验值落在界限值上或界限的另一侧,命名不受影响。

3.2.1 密度

本部分将密度的可能值分为五档,各档用表 1 规定的两个数字组成的代号表示。

表 1 密度使用的代号

代号	密度/(g/cm^3)
00	≤0.93
10	>0.93 且 ≤0.99
15	>0.99 且 ≤1.03
20	>1.03 且 ≤1.10
30	>1.10

3.2.2 熔体质量流动速率

本部分将熔体质量流动速率的可能值分为五档,各档用表 2 规定的两个数字组成的代号表示。

表 2 熔体质量流动速率使用的代号

代号	熔体质量流动速率范围/(g/10 min)
06	≤7
10	>7 且 ≤13
18	>13 且 ≤23
30	>23 且 ≤37
35	>37

3.3 示例

某种汽车保险杠用聚丙烯材料,用于注塑,密度为 0.97 g/cm³(10),熔体质量流动速率为 10 g/10 min(10)。该材料命名如下:

4 要求

4.1 汽车保险杠用聚丙烯(PP)专用料颗粒的外观为粒径均匀、带有颜色,一般为黑色,也可为其他颜色。汽车保险杠用聚丙烯(PP)专用料应无杂色粒、无污染粒。

4.2 汽车保险杠用聚丙烯(PP)专用料的其他技术要求见表3。

表3 汽车保险杠用聚丙烯(PP)专用料技术要求

序号	项 目		单 位	PPB,M, 00—10	PPB,M, 00—18	PPB,M, 10—10	PPB,M, 10—18	PPB,M, 10—30	PPB,M, 15—10	PPB,M, 15—18	PPB,M, 15—30	PPB,M, 20—10	PPB,M, 20—18	PPB,M, 20—30
1	密度		g/cm³	$0.89<\rho\leq0.93$		$0.93<\rho\leq0.99$			$0.99<\rho\leq1.03$			$1.03<\rho\leq1.10$		
2	灰分(质量分数)		%	0~5		5~13			12~18			17~27		
3	熔体质量流动速率		g/10 min	10±3	18±5	10±3	18±5	30±7	10±3	18±5	30±7	10±3	18±5	30±7
4	拉伸屈服应力		MPa	≥17	≥16	≥17	≥17	≥16	≥17	≥16	≥16	≥17	≥17	≥16
5	弯曲模量		MPa	≥800	≥700	≥950	≥950	≥900	≥1 100	≥1 100	≥1 100	≥1 250	≥1 250	≥1 250
6	负荷变形温度		℃	≥70	≥70	≥75	≥75	≥70	≥80	≥80	≥80	≥85	≥85	≥85
7.1	简支梁缺口冲击强度	23 ℃	kJ/m²	≥35	≥35	≥35	≥30	≥30	≥35	≥30	≥25	≥35	≥30	≥25
7.2		−30 ℃	kJ/m²	≥3.5	≥3.5	≥3.5	≥3.0	≥3.0	≥3.5	≥3.0	≥2.5	≥3.5	≥3.0	≥2.5
8.1	色差	氙灯	—	$\Delta E\leq3.0$										
8.2	外观	暴露[a]	—	表面无粉化,破裂或龟裂,变形等异常										
9	耐化学性		—	无溶解,膨胀,波纹,褶皱,裂纹,剥落,起泡等										
10	模塑收缩率		%	供方提供										

[a] 仅对应用于暴露在光线下的制件,在340 nm累计辐照能量为2 500 kJ/m²。

5 试验方法

5.1 试验结果判定

试验结果采用修约值判定法,应按 GB/T 8170—2008 规定进行。

5.2 注塑试样的制备

汽车保险杠用聚丙烯(PP)专用料注塑试样的制备见 GB/T 2546.2—2003 中 3.2 的规定。

用 GB/T 17037.1—1997 中的 A 型模具制备的试样,即符合 GB/T 1040.2—2006 中 1A 型试样,B 型模具制备为 80 mm×10 mm×4 mm 的长条试样。

用 GB/T 17037.4—2003 中的 D2 型模具制备的 60 mm×60 mm×2 mm 试样。

5.3 试样的状态调节和试验的标准环境

试样的状态调节按 GB/T 2918—1998 的规定进行,状态调节的条件为温度 23 ℃±2 ℃,调节时间至少 40 h 但不超过 96 h。

试验应在 GB/T 2918—1998 规定的标准环境下进行,环境的温度为 23 ℃±2 ℃、相对湿度为 50%±10%。

5.4 颗粒外观

按 SH/T 1541—2006 的规定进行。

5.5 密度

试样为按 5.2 制备的 A 型注塑试样的中间部分。

试样的状态调节按 5.3 规定进行。

按 GB/T 1033.1—2008 中的 A 法规定进行。

5.6 灰分

试验按 GB/T 9345.1—2008 规定进行;采用直接燃烧法(A 法),灼烧温度为 850 ℃±50 ℃。

5.7 熔体质量流动速率

按 GB/T 3682—2000 中 A 法规定进行。试验条件为 M(温度:230 ℃,负荷:2.16 kg)。试验时,在装试样前应用氮气吹扫料筒 5 s~10 s,氮气压力为 0.05 MPa。

注:试验前,使用有证标准样品校准仪器,可保证试验数据的可靠性。

5.8 拉伸屈服应力

试样为按 5.2 制备的 1A 型试样。

试样的状态调节和试验的标准环境按 5.3 规定进行。

试验按 GB/T 1040.2—2006 规定进行,试验速度为 50 mm/min。

5.9 弯曲模量

试样为按 5.2 制备的 80 mm×10 mm×4 mm 长条试样。

试样的状态调节和试验的标准环境按 5.3 规定进行。

试验按 GB/T 9341—2008 规定进行,试验速度为 2 mm/min。

5.10 负荷变形温度

试样为按 5.2 制备的 80 mm×10 mm×4 mm 长条试样。

试样的状态调节和试验的标准环境按 5.3 规定进行。

试验按 GB/T 1634.2—2004 中的 B 法(负荷为 0.45 MPa)规定进行。试验时,加热装置的起始温度应处于(20~23)℃之间。加热升温速率为 120 ℃/h±10 ℃/h。

5.11 简支梁缺口冲击强度

试样为按 5.2 规定制备的 80 mm×10 mm×4 mm 长条试样。样条应在注塑后的 1 h~4 h 内加工缺口,缺口类型为 GB/T 1043.1—2008 中的 A 型。加工缺口后的样条为简支梁缺口冲击试验的试样。

试样的状态调节按 5.3 规定进行。

试验按 GB/T 1043.1—2008 规定进行。低温试验时,经状态调节后的试样应在 $-30\ ℃$ 的低温环境中放置至少 1 h,每次冲击应在 10 s 内完成。

5.12 色差和外观

试样按 GB/T 16422.1—2006 标准规定执行。

色差和外观试验前,按 GB/T 16422.2—1999 标准方法 A 进行氙灯暴露试验,使用水冷却氙弧灯装置。测试阶段和测试条件见表 4 和表 5。如果双方协商一致,也可采用其他试验条件,但试验报告应注明。

试验按 GB/T 15596—2009 规定的方法进行。

表 4 测试阶段

序号	阶段	光照	黑暗	喷水
1	1	—	60 min	前后均喷水
2	2	40 min	—	不喷水
3	3	18 min	—	前面喷水
4	4	62 min	—	不喷水

表 5 测试条件

序号	控制参数	暗周期——测试阶段 1		光照周期——测试阶段 2,3,4	
		设定值	公差[a]	设定值	公差[a]
1	辐照度	—	—	$0.51\ W/(m^2 \cdot nm)$[b]	$\pm 0.02\ W/(m^2 \cdot nm)$
2	黑标温度	38 ℃	$\pm 3\ ℃$	65 ℃	$\pm 3\ ℃$
3	箱体温度(干球)	38 ℃	$\pm 3\ ℃$	38 ℃	$\pm 3\ ℃$
4	相对湿度	95%	$\pm 5\%$	50%	$\pm 10\%$

[a] 喷淋水阶段上述的公差值不适用。

[b] 推荐采用 340 nm 辐照度 $0.51\ W/(m^2 \cdot nm)$ 的光谱辐照强度,如果仪器采用宽光谱带控制方式则应采用不同的辐照度。

5.13 耐化学性

按 QC/T 15—1992 中 5.5.3.2 中 A 法规定进行。

5.14 模塑收缩率

试样为按 5.2 中 D2 型模具制备的试样。

试验按照 GB/T 17037.4—2003 规定进行,或按双方协商办法进行测试。

6 检验规则

6.1 检验分类与检验项目

汽车保险杠用聚丙烯(PP)专用料的检验可分为定型检验、型式检验和出厂检验三类。

定型检验时应进行氙灯暴露试验后的色差和外观、耐化学性以及模塑收缩率的测定。

型式检验项目为第 4 章的所有项目。

出厂检验项目至少应包含颗粒外观、密度、熔体质量流动速率、简支梁缺口冲击强度(23 ℃)、弯曲模量和拉伸屈服应力等项目。

6.2 组批规则与抽样方案

6.2.1 组批规则

汽车保险杠用聚丙烯(PP)专用料由同一生产线上、相同原料、相同工艺所生产的同一牌号的产品组批,生产厂也可按一定生产周期或储存料仓为一批对产品进行组批。产品以批为单位进行检验和验收。

6.2.2 抽样方案

汽车保险杠用聚丙烯(PP)专用料可在料仓的下料口抽样,也可根据生产周期等实际情况确定具体的抽样方案。

包装后产品的取样应按 GB/T 2547—2008 规定进行。

6.3 判定规则和复验规则

6.3.1 判定规则

汽车保险杠用聚丙烯(PP)专用料应由生产厂的质量检验部门按照本标准规定的试验方法进行检验,依据检验结果和企业标准中的技术要求对产品作出质量判定,并提出证明。

产品出厂时,每批产品应附有产品质量检验合格证。合格证上应注明产品名称、牌号、批号、执行标准,并盖有质检专用章和检验员章。

6.3.2 复验规则

检验结果若某项指标不符合本标准要求时,可重新取样对该项目进行复验。以复验结果作为该批产品的质量判定依据。

7 标志

汽车保险杠用聚丙烯(PP)专用料的外包装上应有明显的标志。标志内容可包括:商标、生产厂名称、标准号、产品名称、牌号、生产日期、批号和净含量等。

8 包装、运输及贮存

8.1 包装

汽车保险杠用聚丙烯(PP)专用料可用内衬聚乙烯薄膜的聚丙烯编制袋或其他包装形式。包装材料应保证在运输、码放、贮存、运输时不被污染和泄漏。

每袋产品的净含量可为 25 kg 或其他。

8.2 运输

汽车保险杠用聚丙烯(PP)专用料为非危险品。在运输和装卸过程中严禁使用铁钩等锐利工具,切忌抛掷。运输工具应保持清洁、干燥并备有厢棚或苫布。运输时不得与沙土、碎金属、煤炭及玻璃等混合装运,更不可与有毒及腐蚀性或易燃物混装。严禁在阳光下暴晒或雨淋。

8.3 贮存

汽车保险杠用聚丙烯(PP)专用料应贮存在通风、干燥、清洁并保持有良好消防设施的仓库内,不得与腐蚀品、易燃品一起贮存,且堆放平整。贮存时,应远离热源,并防止阳光直接照射,严禁在露天堆放,防止暴晒。汽车用聚丙烯材料树脂应有贮存期的规定,一般从生产之日起,不超过 12 个月。

附 录 A

（资料性附录）

汽车保险杠用聚丙烯(PP)专用料国标牌号与市场牌号对照表

本部分发布时,国内市场常见的汽车保险杠用聚丙烯(PP)专用料国标牌号与市场牌号对照表见表 A.1。

表 A.1 汽车保险杠用聚丙烯(PP)专用料国标牌号与市场牌号对照表

序号	本部分牌号	市场常见牌号
1.	PPBM 00—10	ABP—2116 C6540L—5B
2.	PPBM 00—18	ABP—0520 CN3025B C6540L—5H
3.	PPBM 10—10	ABP—1010 C3531T—1
4.	PPBM 10—18	ABP—1012 C3531T—08
5.	PPBM 10—30	ABP—1028 C3531T—HF
6.	PPBM 15—10	ABP—1507 C3322T—B
7.	PPBM 15—18	ABP—1520 CN3045 C3322T—1S
8.	PPBM 15—30	CN—BP1 C3322T—1H
9.	PPBM 20—10	ABP—2017 C3322T—4
10.	PPBM 20—18	ABP—2018 ABP—2020 C3322T—1JS
11.	PPBM 20—30	ABP—2036 CN—BP7S C3322T—HF

ICS 83.080.20
G 32

中华人民共和国国家标准

GB/T 24149.2—2017

塑料 汽车用聚丙烯(PP)
专用料 第2部分:仪表板

Plastics—Polypropylene(PP) compound for automobile—
Part 2: Instrument panel

2017-11-01 发布

2018-05-01 实施

中华人民共和国国家质量监督检验检疫总局
中国国家标准化管理委员会   发布

前　言

GB/T 24149《塑料　汽车用聚丙烯(PP)专用料》分为四个部分：
——第1部分:保险杠;
——第2部分:仪表板;
——第3部分:门内板;
——第4部分:其他。

本部分为 GB/T 24149 的第2部分。

本部分按照 GB/T 1.1—2009 给出的规则起草。

本部分由中国石油化工集团公司提出。

本部分由全国塑料标准化技术委员会石化塑料树脂产品分会(SAC/TC 15/SC 1)归口。

本部分负责起草单位:北京聚菱燕塑料有限公司。

本部分参加起草单位:上海普利特复合材料股份有限公司、金发科技股份有限公司、中国石油化工股份有限公司北京燕山分公司树脂应用研究所、浙江普利特新材料有限公司、奇瑞汽车股份有限公司、浙江吉利汽车研究院有限公司、长城汽车股份有限公司、北汽福田汽车股份有限公司。

本部分主要起草人:张新、张鹰、罗忠富、叶雯、张祥福、杨波、李婧、孙颜文、程伟、姜胜军、史荣波、贺丽丽、杨豪、崔文兵、尚红波。

塑料 汽车用聚丙烯(PP)专用料 第2部分:仪表板

1 范围

GB/T 24149 的本部分规定了汽车仪表板用聚丙烯(PP)专用料的命名、术语和定义、要求、试验方法、检验规则、标志、包装、运输及贮存。

本部分适用于以热塑性丙烯耐冲击共聚物为主,与弹性体、矿物质填料及其他助剂按一定比例通过共混制成的、用于制造汽车仪表板本体的聚丙烯专用料。

2 规范性引用文件

下列文件对于本文件的应用是必不可少的。凡是注日期的引用文件,仅注日期的版本适用于本文件。凡是不注日期的引用文件,其最新版本(包括所有的修改单)适用于本文件。

GB/T 250—2008 纺织品 色牢度试验 评定变色用灰色样卡

GB/T 1033.1—2008 塑料 非泡沫塑料密度的测定 第1部分:浸渍法、液体比重瓶法和滴定法

GB/T 1040.2—2006 塑料 拉伸性能的测定 第2部分:模塑和挤塑塑料的试验条件

GB/T 1043.1—2008 塑料 简支梁冲击性能的测定 第1部分:非仪器化冲击试验

GB/T 1634.2—2004 塑料 负荷变形温度的测定 第2部分:塑料、硬橡胶和长纤维增强复合材料

GB/T 2546.1—2006 塑料 聚丙烯(PP)模塑和挤出材料 第1部分:命名系统和分类基础

GB/T 2546.2—2003 塑料 聚丙烯(PP)模塑和挤出材料 第2部分:试样制备和性能测定

GB/T 2547—2008 塑料 取样方法

GB/T 2918—1998 塑料试样状态调节和试验的标准环境

GB/T 3682—2000 热塑性塑料熔体质量流动速率和熔体体积流动速率的测定

GB/T 7141—2008 塑料热老化试验方法

GB/T 8170—2008 数值修约规则与极限数值的表示和判定

GB 8410—2006 汽车内饰材料的燃烧特性

GB/T 9341—2008 塑料 弯曲性能的测定

GB/T 17037.1—1997 热塑性塑料材料注塑试样的制备 第1部分:一般原理及多用途试样和长条试样的制备

GB/T 17037.3—2003 塑料 热塑性塑料材料注塑试样的制备 第3部分:小方试片

GB/T 17037.4—2003 塑料 热塑性塑料材料注塑试样的制备 第4部分:模塑收缩率的测定

GB/T 32088—2015 汽车非金属部件及材料氙灯加速老化试验方法

SH/T 1541—2006 热塑性塑料颗粒外观试验方法

ISO 6452:2007 橡胶、塑料涂覆织物 汽车内饰材料雾度测试方法(Rubber-or plastics-coated fabrics—Determination of fogging characteristics of trim materials in the interior of automobiles)

3 术语和定义

下列术语和定义适用于本文件。

3.1

拉伸屈服应力保持率　tensile yield stress retention

试样老化后的拉伸屈服应力与试样老化前的拉伸屈服应力的比值,用"％"表示。

4　命名

4.1　总则

汽车仪表板用聚丙烯(PP)专用料按照 GB/T 2546.1—2006 规定,并按以下方法进行命名:

命 名 方 式	命名		
	特 征 项 目 组		
	字符组 1	字符组 2	字符组 3

字符组彼此间用逗号","隔开。其中:

字符组 1:按照 GB/T 2546.1—2006 中 3.1 规定,热塑性丙烯耐冲击共聚物以代号"PPB"表示;

字符组 2:按照 GB/T 2546.1—2006 中 3.2 规定,注塑级的聚丙烯材料以代号"M"表示,对光或气候稳定的聚丙烯材料以代号"L"表示;

字符组 3:特征性能,见 4.2。

4.2　特征性能

4.2.1　概述

在这个字符组中,用三个数字组成的代号表示弯曲模量的标称值(见 4.2.2),分别用两个数字组成的代号表示简支梁缺口冲击强度的标称值(见 4.2.3)和熔体质量流动速率的标称值(见 4.2.4)。代号之间用一个连字符"-"隔开。

4.2.2　弯曲模量

弯曲模量以标称值为基础用三个数字作代号,将其标称值取前两位有效数字,并在后加"0"表示。

4.2.3　简支梁缺口冲击强度

简支梁缺口冲击强度(23 ℃)以标称值为基础用两个数字作代号,取其标称值前一位有效数字,并在后加"0"表示。

4.2.4　熔体质量流动速率

熔体质量流动速率以标称值为基础,用两个数字做代号,代号规定见表 1。

表 1　熔体质量流动速率使用的代号

熔体质量流动速率标称值 g/10 min	代号的规定
≥10	取其标称值的两位有效数字
<10	将其标称值取前一位有效数字,并在前加"0"

4.3 示例

某种汽车仪表板用聚丙烯专用料(PPB),用于注塑(M),对光或气候稳定(L),弯曲模量的标称值为1.65 GPa(160),简支梁缺口冲击强度(23 ℃)的标称值为32 kJ/m²(30),熔体质量流动速率的标称值为11 g/10 min(11)。该材料命名如下:

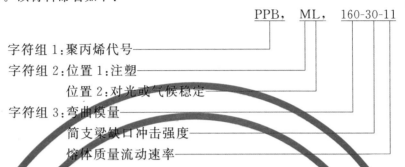

PPB, ML, 160-30-11

字符组1:聚丙烯代号————————————————————
字符组2:位置1:注塑————————————————
位置2:对光或气候稳定——————————
字符组3:弯曲模量——————
简支梁缺口冲击强度——————
熔体质量流动速率——————

汽车仪表板用聚丙烯(PP)专用料国标牌号与市场牌号对照表参见附录A。

5 要求

5.1 汽车仪表板用聚丙烯(PP)专用料为大小均匀的颗粒,一般带有颜色,也可为本色料或本色料与色母粒的混配料。汽车仪表板用聚丙烯(PP)专用料本色料与色母粒的混配料不应存在与其颜色差别很大的杂色粒子和污染粒子,除此之外的汽车仪表板用聚丙烯(PP)专用料应无杂色粒子、无污染粒子。

5.2 汽车仪表板用聚丙烯(PP)专用料的其他技术要求见表2。

表 2 汽车仪表板用聚丙烯（PP）专用料技术要求

序号	项目		单位	PPB,ML,160-30-11	PPB,ML,160-40-13	PPB,ML,180-20-12	PPB,ML,180-20-16	PPB,ML,180-20-22	PPB,ML,180-20-28	PPB,ML,180-30-20	PPB,ML,180-40-22
1	熔体质量流动速率		g/10 min	11±2	13±2	12±2	16±2	22±2	28±3	20±2	22±2
2	密度		g/cm³	1.00±0.02		1.04±0.02					
3	拉伸屈服应力		MPa	≥19							
4	弯曲模量		GPa	≥1.60		≥1.80					
5	简支梁缺口冲击强度	23 ℃	kJ/m²	≥30	≥40	≥20				≥30	≥40
		−30 ℃		≥3.0	≥4.0	≥2.5				≥3.0	≥4.0
6	负荷变形温度		℃	≥95		≥100					
7	拉伸屈服应力保持率		%	≥90							
8	燃烧性能		mm/min	≤70							
9	氙灯老化性能[a]		级	灰度等级≥4 级，无开裂、变褪色等外观异常							
10	气味散发性能	气味性	级	<4.0							
		总挥发性有机物含量	μg/g	≤50							
		冷凝组分	mg	≤2.0							
11	耐刮擦性能[a]			明度差 ΔL≤1.5							
12	模塑收缩率		%	由供方提供的数据							

表 2（续）

序号	项目		单位	PPB、ML、190-20-11	PPB、ML、190-20-21	PPB、ML、190-20-26	PPB、ML、190-30-32	PPB、ML、200-20-21	PPB、ML、200-20-26	PPB、ML、200-30-12	PPB、ML、200-30-16	PPB、ML、200-30-20
1	熔体质量流动速率		g/10 min	11±2	21±2	26±3	32±4	21±2	26±3	12±2	16±2	20±2
2	密度		g/cm³	1.06±0.02	1.06±0.02	1.06±0.02	1.06±0.02	1.08±0.02	1.08±0.02	1.08±0.02	1.08±0.02	1.08±0.02
3	拉伸屈服应力		MPa	≥19	≥19	≥19	≥19	≥19	≥19	≥19	≥19	≥19
4	弯曲模量		GPa	≥1.90	≥1.90	≥1.90	≥1.90	≥2.00	≥2.00	≥2.00	≥2.00	≥2.00
5	简支梁缺口冲击强度	23 ℃	kJ/m²	≥20	≥20	≥20	≥30	≥20	≥20	≥30	≥30	≥30
		−30 ℃	kJ/m²	≥2.5	≥2.5	≥2.5	≥3.0	≥2.5	≥2.5	≥3.0	≥3.0	≥3.0
6	负荷变形温度		℃	≥100	≥100	≥100	≥100	≥100	≥100	≥100	≥100	≥100
7	拉伸屈服应力保持率		%	≥90	≥90	≥90	≥90	≥90	≥90	≥90	≥90	≥90
12	燃烧性能		mm/min	≤70	≤70	≤70	≤70	≤70	≤70	≤70	≤70	≤70
8	氙灯老化性[a]			灰度等级≥4级，无开裂、变褪色等外观异常								
9	气味散发性能	气味性[a]	级	<4.0	<4.0	<4.0	<4.0	<4.0	<4.0	<4.0	<4.0	<4.0
		总挥发性有机物含量	µg/g	≤50	≤50	≤50	≤50	≤50	≤50	≤50	≤50	≤50
		冷凝组分	mg	≤2.0	≤2.0	≤2.0	≤2.0	≤2.0	≤2.0	≤2.0	≤2.0	≤2.0
10	耐刮擦性能[a]			明度差 ΔL≤1.5								
11	模塑收缩率		%	由供方提供的数据								

[a] 零件表面如果有皮革或织物覆盖，或者零件处于不可见位置，则无此项要求。

6 试验方法

6.1 试验结果判定

试验结果采用修约值判定法,应按 GB/T 8170—2008 规定进行。

6.2 注塑试样的制备

汽车仪表板用聚丙烯(PP)专用料注塑试样的制备见 GB/T 2546.2—2003 中 3.2 的规定。

用 GB/T 17037.1—1997 中的 A 型模具制备的试样,即符合 GB/T 1040.2—2006 中 1A 型试样,B 型模具制备的 80 mm×10 mm×4 mm 的长条试样。

用 GB/T 17037.3—2003 中的 D2 型模具制备的 60 mm×60 mm×2 mm 试样。

用符合尺寸要求的模具制备测定燃烧性能的试样(推荐尺寸为 356 mm×100 mm×3 mm)。

用符合尺寸要求的模具制备测定气味性的试样(推荐尺寸为 150 mm×100 mm×3.2 mm)。

用符合尺寸要求的模具制备测定冷凝组分的试样(直径为 80 mm±2 mm,厚度不超过 10 mm)。

用符合尺寸要求的模具制备测定耐刮擦性能的试样(长和宽均大于 60 mm,厚度为 3 mm)。

6.3 试样的状态调节和试验的标准环境

试样的状态调节按 GB/T 2918—1998 的规定进行,状态调节的条件为温度 23 ℃±2 ℃,相对湿度为 50%±10%,调节时间至少 40 h 但不超过 96 h。

试验应在 GB/T 2918—1998 规定的标准环境下进行,环境的温度为 23 ℃±2 ℃,相对湿度为 50%±10%。

6.4 颗粒外观

试验按 SH/T 1541—2006 中的规定进行。

6.5 熔体质量流动速率

按 GB/T 3682—2000 中 A 法规定进行。试验条件为 M(温度:230 ℃、负荷:2.16 kg)。试验时,在装试样前应用氮气吹扫料筒 5 s～10 s,氮气压力为 0.05 MPa。

注:试验前,使用有证标准样品校准仪器,可保证试验数据的可靠性。

6.6 密度

试样为按 6.2 制备的 1A 型注塑试样的中间部分。

试样的状态调节按 6.3 规定进行。

试验按 GB/T 1033.1—2008 中的 A 法规定进行。

6.7 拉伸屈服应力

试样为按 6.2 制备的 1A 型试样。

试样的状态调节按 6.3 规定进行。

试验按 GB/T 1040.2—2006 规定进行,试验速度为 50 mm/min。

6.8 弯曲模量

试样为按 6.2 制备的 80 mm×10 mm×4 mm 长条试样。

试样的状态调节按 6.3 规定进行。

试验按 GB/T 9341—2008 规定进行,试验速度为 2 mm/min。

6.9 简支梁缺口冲击强度

试样为按 6.2 规定制备的 80 mm×10 mm×4 mm 长条试样。样条应在注塑后的 1 h~4 h 内加工缺口,缺口类型为 GB/T 1043.1—2008 中的 A 型。加工缺口后的样条为简支梁缺口冲击试验的试样。

试样的状态调节按 6.3 规定进行。

试验按 GB/T 1043.1—2008 规定进行。低温试验时,经状态调节后的试样应在−30 ℃的低温环境中放置至少 1 h,每次冲击应在 10 s 内完成。

6.10 负荷变形温度

试样为按 6.2 制备的 80 mm×10 mm×4 mm 长条试样。

试样的状态调节按 6.3 规定进行。

试验按 GB/T 1634.2—2004 中的 B 法(负荷为 0.45 MPa)规定进行。试验时,加热装置的起始温度应低于 27 ℃。加热升温速率为 120 ℃/h±10 ℃/h。

6.11 拉伸屈服应力保持率

试样为按 6.2 制备的 1A 型试样。

试验按 GB/T 7141—2008 规定进行。将试样置于温度恒定在 150 ℃±2 ℃的烘箱中 240 h。

试样的状态调节按 6.3 规定进行。

按照 6.7 测试试样老化前的拉伸屈服应力和试样老化后的拉伸屈服应力,并计算拉伸屈服应力保持率。

6.12 燃烧性能

试样为按 6.2 制备的尺寸为 356 mm×100 mm×3 mm 的注塑试样。

试验按 GB 8410—2006 规定进行。

6.13 氙灯老化性

试样按 GB/T 32088—2015 规定进行。

进行色差和外观试验前,按 GB/T 32088—2015 进行氙灯加速老化试验,试验方法见表 3,具体试验方法可由供需双方协商确定,仲裁时采用试验方法 A-1。

试验后参照 GB/T 250—2008 评价样品的灰卡变色等级。

表 3 氙灯加速老化试验方法

试验方法	滤光器	辐照度 W/m²	波长 nm	曝晒循环
A-1	窗玻璃滤光器	1.20±0.02	420	黑板温度 89 ℃±3 ℃,箱体空气温度 62 ℃±2 ℃,相对湿度 50%±5%的试验条件下,运行 3.8h 光照循环; 黑板温度 38 ℃±3 ℃,箱体空气温度 38 ℃±3 ℃,相对湿度 95%±5%的试验条件下,运行 1 h 黑暗循环
A-2	窗玻璃滤光器	1.20±0.02	420	黑标温度 100 ℃±3 ℃,箱体空气温度 65 ℃±3 ℃,相对湿度 20%±10%的试验条件下运行光照循环

表 3（续）

试验方法	滤光器	辐照度 W/m²	波长 nm	曝晒循环
A-3	紫外延展滤光器	0.55±0.02	340	黑板温度 89 ℃±3 ℃,箱体空气温度 62 ℃±2 ℃,相对湿度 50%±5% 的试验条件下,运行 3.8 h 光照循环; 黑板温度 38 ℃±3 ℃,箱体空气温度 38 ℃±3 ℃,相对湿度 95%±5% 的试验条件下,运行 1 h 黑暗循环

6.14 气味性

6.14.1 仪器

6.14.1.1 测试罐:金属罐或玻璃罐,容积大约为 1 L,在室温和 80 ℃条件下都是清洁、无味的,并具有适合的盖子,能密封。

6.14.1.2 烘箱:具有空气循环系统,能够保持温度在 80 ℃±2 ℃。

6.14.2 试样

采用体积为 50 cm³±5 cm³ 的试样,推荐使用按 6.2 制备的尺寸为 150 mm×100 mm×3.2 mm 的注塑试样。

6.14.3 试验步骤

将试样置于容量为 1 L 的测试罐中,盖上盖子密封。将测试罐置于预先调节到 80 ℃±2 ℃的烘箱中 2 h。从烘箱中取出测试罐,冷却至 60 ℃。

由经过气味培训的五个人组成的小组对其气味进行评分。气味的等级应符合表 4 的规定。气味等级分为 1 级～6 级,同时也允许出现介于两种评判等级之间的情况,取半分的分数等级(如 3.5 级、4.5 级等)。如果五人评定出的分数之间有相差两级以上的,应重新测试。试验结果以五人小组评定分数的算术平均值表示,精确至小数点后一位。

表 4 气味的等级

等级	描 述
1	无气味
2	有气味,但无干扰性气味
3	有明显气味,但无干扰性气味
4	有干扰性气味
5	有强烈干扰性气味
6	有不能忍受的气味

6.15 总挥发性有机物含量

将试样破碎成大于 10 mg 且小于 25 mg 的小粒。

采用带顶空装置的气相色谱仪测试。具体方法见附录 B。

6.16 冷凝组分

试样为按 6.2 制备的直径为 80 mm±2 mm(厚度不超过 10 mm)的注塑试样。

试验按 ISO 6452:2007 规定进行,采用测定冷凝组分质量的方法。试验温度为 100 ℃±0.5 ℃,加热时间为 16 h±0.1 h。

6.17 耐刮擦性能

6.17.1 仪器

6.17.1.1 耐划伤试验仪。

6.17.1.2 硬质合金划笔:针头直径为 1.00 mm±0.02 mm。

6.17.1.3 分光测色计:采用标准 D65 光源,45/0 光路或 0/45 光路。

6.17.2 试样

试样为按 6.2 制备的长和宽均大于 60 mm,厚度为 3 mm 的注塑试样。

6.17.3 试验步骤

将试样放在耐划伤试验仪的支座上,用夹具固定后,设置试验载荷为 10 N,划痕间距为 2 mm,划伤速度为 1 000 mm/min±50 mm/min。采用硬质合金划笔在试样表面 40 mm×40 mm 的区域里分别划出 2 mm 间隔的水平方向和垂直方向的平行线各 20 条。用分光测色计测试该区域内划线前后的明度差 ΔL。

6.17.4 结果计算和表示

每组试样不少于三个,试验结果以一组试样的算术平均值表示,精确到小数点后一位。

6.18 模塑收缩率

试样为按 6.2 中 D2 型模具制备的注塑试样。

试验按照 GB/T 17037.4—2003 规定进行,或按双方协商办法进行测试。

7 检验规则

7.1 检验分类与检验项目

汽车仪表板用聚丙烯(PP)专用料的检验可分为型式检验和出厂检验两类。

第 5 章所有的项目为型式检验项目。

当有下列情况时应进行型式检验:

a) 新产品试制定型鉴定时;

b) 正式生产后,若原材料或工艺有较大改变,可能影响产品性能时;

c) 产品装置检修,恢复生产时;

d) 出厂检验结果与上次型式检验结果有较大差异时;

e) 上级质量监督机构提出进行型式检验要求时。

汽车仪表板用聚丙烯(PP)专用料的出厂检验项目至少应包含颗粒外观、密度、熔体质量流动速率、拉伸屈服应力、简支梁缺口冲击强度(23 ℃)、弯曲模量等项目。

7.2 组批规则与抽样方案

7.2.1 组批规则

汽车仪表板用聚丙烯(PP)专用料由同一生产线上、相同原料、相同工艺所生产的同一牌号的产品组批,生产厂也可按一定生产周期或储存料仓为一批对产品进行组批。

产品以批为单位进行检验和验收。

7.2.2 抽样方案

汽车仪表板用聚丙烯(PP)专用料可在料仓的取样口抽样,也可根据生产周期等实际情况确定具体的抽样方案。

包装后产品的取样应按 GB/T 2547—2008 规定进行。

7.3 判定规则和复验规则

7.3.1 判定规则

汽车仪表板用聚丙烯(PP)专用料应由生产厂的质量检验部门按照本部分规定的试验方法进行检验,依据检验结果和本部分中的技术要求对产品作出质量判定,并提出证明。

产品出厂时,每批产品应附有产品质量检验合格证。合格证上应注明产品名称、牌号、批号、执行标准,并盖有质检专用章。

7.3.2 复验规则

检验结果若某项指标不符合本部分要求时,可重新取样对该项目进行复验。以复验结果作为该批产品的质量判定依据。

8 标志

汽车仪表板用聚丙烯(PP)专用料的外包装上应有明显的标志。标志内容可包括:商标、生产厂名称、厂址、标准编号、产品名称、牌号、批号(含生产日期)和净含量等。

9 包装、运输及贮存

9.1 包装

汽车仪表板用聚丙烯(PP)专用料可用内衬聚乙烯薄膜的聚丙烯编织袋或其他包装形式。包装材料应保证在运输、码放、贮存时不被污染和泄漏。

每袋产品的净含量可为 25 kg 或其他。

9.2 运输

汽车仪表板用聚丙烯(PP)专用料为非危险品。在运输和装卸过程中不应使用铁钩等锐利工具,切忌抛掷。运输工具应保持清洁、干燥并备有厢棚或苫布。运输时不应与沙土、碎金属、煤炭及玻璃等混合装运,更不应与有毒及腐蚀性或易燃物混装。不应暴晒或雨淋。

9.3 贮存

汽车仪表板用聚丙烯(PP)专用料应贮存在通风、干燥、清洁并保持有良好消防设施的仓库内,不得与腐蚀品、易燃品一起贮存,且堆放平整。贮存时,应远离热源,并防止阳光直接照射,不应在露天堆放,防止暴晒。

汽车仪表板用聚丙烯(PP)专用料应有贮存期的规定,一般从生产之日起,不超过 24 个月。

附　录　A

（资料性附录）

汽车仪表板用聚丙烯（PP）专用料国标牌号与市场常见牌号对照表

本部分发布时,国内市场常见的汽车仪表板用聚丙烯（PP）专用料国标牌号与市场牌号对照表见表 A.1。

表 A.1　汽车仪表板用聚丙烯（PP）专用料国标牌号与市场常见牌号对照表

序号	本部分牌号	市场常见牌号
1	PPB,ML,160-30-11	API-1609
2	PPB,ML,160-40-13	C3322T-550-A
3	PPB,ML,180-20-12	C3322T-2010
4	PPB,ML,180-20-16	AIP-2015
5	PPB,ML,180-20-22	CN2047A
6	PPB,ML,180-20-28	C3322T-7JS
7	PPB,ML,180-30-20	C3322T-1JS
8	PPB,ML,180-40-22	AIP-2616 C3322T-M12F
9	PPB,ML,190-20-11	API-2010
10	PPB,ML,190-20-21	C3322T-5A CN2092A
11	PPB,ML,190-20-26	CN5G
12	PPB,ML,190-30-32	C3322T-M12B
13	PPB,ML,200-20-21	C3322T-M16
14	PPB,ML,200-20-26	CN-IP1 AIP-1425 AIP-1425HM
15	PPB,ML,200-30-12	API-2515
16	PPB,ML,200-30-16	C3322T-M17F
17	PPB,ML,200-30-20	AIP-1925DF CN3064

附 录 B

（规范性附录）

汽车用聚丙烯(PP)专用料总挥发性有机物含量的测定方法

B.1 范围

本附录规定了用顶空气相色谱法测定汽车用聚丙烯(PP)专用料总挥发性有机物含量的测定方法。本方法适用于汽车用聚丙烯(PP)专用料总挥发性有机物含量的测定。

B.2 原理

将样品置于顶空瓶中,密封顶空瓶,在120 ℃下恒温5 h,用顶空气相色谱法测定样品中释放出的总挥发性有机物含量。

B.3 试剂与材料

B.3.1 丙酮:分析纯。

B.3.2 正丁醇:分析纯。

B.3.3 氮气:纯度不低于99.99%。

B.3.4 氢气:纯度不低于99.99%。

B.3.5 空气:应无腐蚀性杂质。使用前需要进行脱水、脱油处理。

B.4 仪器

B.4.1 气相色谱仪:配有氢火焰离子化检测器(FID),带有分流/不分流进样口。

B.4.2 毛细管色谱柱:内径0.25 mm,膜层0.25 μm,长度30 m,100%聚乙烯乙二醇固定相。

B.4.3 色谱工作站或积分仪。

B.4.4 顶空瓶:10 mL。

B.4.5 容量瓶:100 mL。

B.4.6 微量取样器:5 μL。

B.4.7 顶空进样器。

B.4.8 移液管:30 mL。

B.4.9 分析天平:准确度为0.1 mg。

B.5 样品准备

样品为颗粒料,试样应破碎成大于10 mg且小于25 mg的小粒。

B.6 设备准备

B.6.1 气相色谱仪操作条件

B.6.1.1 色谱柱升温程序:50 ℃温度下恒温 3 min,以 12 ℃/min 的升温速率加热到 200 ℃,200 ℃温度下恒温 4 min。

B.6.1.2 进样口温度:200 ℃。

B.6.1.3 检测器温度:250 ℃。

B.6.1.4 分流比:约 1∶20。

B.6.1.5 载气流速(氮气):0.22 m/s~0.27 m/s,适当调节载气流速,使得 2,6-二叔丁基-4-甲基苯酚(BHT)的保留时间小于 16 min。

B.6.2 顶空进样器操作条件

B.6.2.1 温度:加热炉为 120 ℃,定量管为 150 ℃,转移管为 180 ℃。

B.6.2.2 时间:压力升高持续时间为 19 s,气体压出时间为 16 s,进样持续时间为 5 s。

B.6.2.3 压力:载压为 0.125 MPa;瓶压为 0.16 MPa。

B.7 校准

B.7.1 校准溶液的配制

室温下制备七种浓度的丙酮-正丁醇校准溶液,其浓度为每升溶液中分别含有 0.1 g、0.5 g、1 g、5 g、10 g、25 g 和 50 g 丙酮(B.3.1)。采用以下步骤制备校准溶液:

 a) 用移液管(B.4.8)将约 30 mL 正丁醇(B.3.2)加入至一个 100 mL 容量瓶(B.4.5)中;

 b) 称量容量瓶及正丁醇的质量;

 c) 用微量取样器(B.4.6)在容量瓶中加入约 0.01 g 丙酮,准确称量并记录丙酮的质量;

 d) 慢慢将正丁醇加入容量瓶直至容量瓶 100 mL 刻度线;

 e) 塞上瓶塞,轻轻摇匀并进行标识;

 f) 用同样步骤制备其他六种浓度的校准溶液。

制备好的校准溶液放入密封小瓶中,置于低温冷藏箱内储存(冷藏温度约 4 ℃)。

B.7.2 校准曲线的确定

用微量取样器取校准溶液,吸入的溶液不能有气泡。每个空的顶空瓶(B.4.4)中快速加入 2 μL±0.02 μL校准溶液,并立即将顶空瓶密封。用同样的方法将不同浓度的校准溶液加入不同的顶空瓶内,每个浓度溶液需置入三个顶空瓶内。同时准备三个空白试验的顶空瓶。

将加入校准溶液的顶空瓶和空白试验的顶空瓶依次放在顶空进样器(B.4.7)的进样盘上,保持 120 ℃±1 ℃,恒温 300 min±5 min。进行气相色谱分析。

在气相色谱图上确定丙酮的色谱峰,根据其峰面积和校准溶液的浓度绘制直线,得到校准曲线。并计算其斜率 K。校准曲线的相关系数应大于 0.995,否则应重新校准。

B.8 试验步骤

B.8.1 在 10 mL 顶空瓶中加入 1.000 g±0.001 g 的试样,并用带有橡胶垫的盖子密封。取三份试样分别置入三个顶空瓶内。保持 120 ℃±1 ℃,恒温 300 min±5 min。

B.8.2 对每个样品进行顶空气相色谱分析,并用空的顶空瓶进行三次空白试验。加热时间为 300 min ±5 min。

B.9 结果计算

从气相色谱图上确定总的峰面积 A 和空白试验的峰面积 A_0。

样品中总挥发性有机化合物含量(碳的总挥发值)$E(\mu g /g)$ 按式(B.1)计算:

$$E = \frac{A - A_0}{K} \times 2 \times 0.620\ 4 \quad \cdots\cdots\cdots\cdots\cdots\cdots (\text{B.1})$$

式中:

A ——试样中有机化合物的总峰面积;

A_0 ——空白试验的峰面积;

K ——校正因子(校准曲线的斜率);

2 ——表示 2 μL 校准溶液;

0.620 4 ——表示丙酮中碳的含量。

取三次平行试验的算术平均值作为测定结果,精确至 1 $\mu g/g$。如果三次平行试验的测定结果误差大于 10%,则应安排重新测试。

ICS 83.080.20
G 32

GB/T 24149.3—2017

中华人民共和国国家标准

塑料 汽车用聚丙烯(PP)专用料
第3部分:门内板

Plastics—Polypropylene(PP) compound for automobile—
Part 3:Door panel

2017-11-01 发布

2018-05-01 实施

中华人民共和国国家质量监督检验检疫总局
中国国家标准化管理委员会 发 布

前　言

GB/T 24149《塑料　汽车用聚丙烯(PP)专用料》分为四个部分：
——第1部分：保险杠；
——第2部分：仪表板；
——第3部分：门内板；
——第4部分：其他。

本部分为 GB/T 24149 的第3部分。

本部分按照 GB/T 1.1—2009 给出的规则起草。

本部分由中国石油化工集团公司提出。

本部分由全国塑料标准化技术委员会石化塑料树脂产品分会(SAC/TC 15/SC 1)归口。

本部分负责起草单位：上海普利特复合材料股份有限公司。

本部分参加起草单位：金发科技股份有限公司、北京聚菱燕塑料有限公司、中国石油化工股份有限公司北京燕山分公司树脂应用研究所、浙江普利特新材料有限公司、奇瑞汽车股份有限公司、浙江吉利汽车研究院有限公司、长城汽车股份有限公司、北汽福田汽车股份有限公司。

本部分主要起草人：张鹰、张祥福、罗忠富、丁超、杨波、张新、程伟、孙颜文、史荣波、贺丽丽、杨豪、崔文兵、尚红波。

塑料 汽车用聚丙烯(PP)专用料
第3部分:门内板

1 范围

GB/T 24149 的本部分规定了汽车门内板用聚丙烯(PP)专用料的命名、术语和定义、要求、试验方法、检验规则、标志、包装、运输及贮存。

本部分适用于以热塑性丙烯耐冲击共聚物为主,与弹性体、矿物质填料及其他助剂按一定比例通过共混制成的、用于制造汽车门内板的聚丙烯专用料。

2 规范性引用文件

下列文件对于本文件的应用是必不可少的。凡是注日期的引用文件,仅注日期的版本适用于本文件。凡是不注日期的引用文件,其最新版本(包括所有的修改单)适用于本文件。

GB/T 250—2008 纺织品 色牢度试验 评定变色用灰色样卡

GB/T 1033.1—2008 塑料 非泡沫塑料密度的测定 第1部分:浸渍法、液体比重瓶法和滴定法

GB/T 1040.2—2006 塑料 拉伸性能的测定 第2部分:模塑和挤塑塑料的试验条件

GB/T 1043.1—2008 塑料 简支梁冲击性能的测定 第1部分:非仪器化冲击试验

GB/T 1634.2—2004 塑料 负荷变形温度的测定 第2部分:塑料、硬橡胶和长纤维增强复合材料

GB/T 2546.1—2006 塑料 聚丙烯(PP)模塑和挤出材料 第1部分:命名系统和分类基础

GB/T 2546.2—2003 塑料 聚丙烯(PP)模塑和挤出材料 第2部分:试样制备和性能测定

GB/T 2547—2008 塑料 取样方法

GB/T 2918—1998 塑料试样状态调节和试验的标准环境

GB/T 3682—2000 热塑性塑料熔体质量流动速率和熔体体积流动速率的测定

GB/T 7141—2008 塑料热老化试验方法

GB/T 8170—2008 数值修约规则与极限数值的表示和判定

GB 8410—2006 汽车内饰材料的燃烧特性

GB/T 9341—2008 塑料 弯曲性能的测定

GB/T 9345.1—2008 塑料 灰分的测定 第1部分:通用方法

GB/T 17037.1—1997 热塑性塑料材料注塑试样的制备 第1部分:一般原理及多用途试样和长条试样的制备

GB/T 17037.3—2003 塑料 热塑性塑料材料注塑试样的制备 第3部分:小方试片

GB/T 17037.4—2003 塑料 热塑性塑料材料注塑试样的制备 第4部分:模塑收缩率的测定

GB/T 32088—2015 汽车非金属部件及材料氙灯加速老化试验方法

SH/T 1541—2006 热塑性塑料颗粒外观试验方法

ISO 6452:2007 橡胶、塑料涂覆织物 汽车内饰材料雾度测试方法(Rubber-or plastics-coated fabrics—Determination of fogging characteristics of trim materials in the interior of automobiles)

3 术语和定义

下列术语和定义适用于本文件。

3.1

拉伸屈服应力保持率　tensile yield stress retention

试样老化后的拉伸屈服应力与试样老化前的拉伸屈服应力的比值,用"％"表示。

4 命名

4.1 总则

汽车门内板用聚丙烯(PP)专用料按照 GB/T 2546.1—2006 规定,并按以下方法进行命名:

命名方式	命名		
	特 征 项 目 组		
	字符组 1	字符组 2	字符组 3

字符组彼此间用逗号","隔开。其中:

字符组 1:按照 GB/T 2546.1—2006 中 3.1 规定,热塑性丙烯耐冲击共聚物以代号"PPB"表示;

字符组 2:按照 GB/T 2546.1—2006 中 3.2 规定,注塑级的聚丙烯材料以代号"M"表示,对光或气候稳定的聚丙烯材料以代号"L"表示;

字符组 3:特征性能,见 4.2。

4.2 特征性能

4.2.1 概述

在这个字符组中,分别用三个数字组成的代号表示密度的标称值(见 4.2.2)和弯曲模量的标称值(见 4.2.3),用两个数字组成的代号表示熔体质量流动速率的标称值(见 4.2.4)。代号之间用一个连字符"-"隔开。

4.2.2 密度

密度以标称值为基础,用三个数字作代号,代号规定见表 1。

表 1　密度使用的代号

密度 g/cm³	代号的规定
≥1	取其标称值的三位有效数字
<1	将其标称值取两位有效数字,并在前加"0"

4.2.3 弯曲模量

弯曲模量以标称值为基础用三个数字作代号,将其标称值取前两位有效数字,并在后加"0"表示。

4.2.4 熔体质量流动速率

熔体质量流动速率以标称值为基础,用两个数字做代号,代号规定见表2。

表 2 熔体质量流动速率使用的代号

熔体质量流动速率标称值 g/10 min	代号的规定
≥10	取其标称值的两位有效数字
<10	将其标称值取前一位有效数字,并在前加"0"

4.3 示例

某种汽车门内板用聚丙烯专用料(PPB),用于注塑(M),对光或气候稳定(L),密度的标称值为1.05 g/cm³(105),弯曲模量的标称值为1.80 GPa(180),熔体质量流动速率的标称值为12 g/10 min(12)。该材料命名如下:

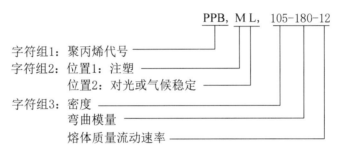

汽车门内板用聚丙烯(PP)专用料国标牌号与市场牌号对照表参见附录A。

5 要求

5.1 汽车门内板用聚丙烯(PP)专用料为大小均匀的颗粒,一般带有颜色,也可为本色料或本色料与色母粒的混配料。汽车门内板用聚丙烯(PP)专用料本色料与色母粒的混配料不应存在与其颜色差别很大的杂色粒子和污染粒子,除此之外的汽车门内板用聚丙烯(PP)专用料应无杂色粒子、无污染粒子。

5.2 汽车门内板用聚丙烯(PP)专用料的其他技术要求见表3。

表 3 汽车门内板用聚丙烯（PP）专用料技术要求

序号	项目		单位	PPB,ML, 091-130-11	PPB,ML, 091-100-20	PPB,ML, 091-100-26	PPB,ML, 097-140-21	PPB,ML, 101-150-11	PPB,ML, 101-150-20	PPB,ML, 105-180-12	PPB,ML, 105-180-18	PPB,ML, 105-170-24	PPB,ML, 105-180-32	PPB,ML, 109-180-21
1	密度		g/cm³	0.91±0.02	0.91±0.02	0.91±0.02	0.97±0.02	1.01±0.02	1.01±0.02	1.05±0.02	1.05±0.02	1.05±0.02	1.05±0.02	1.09±0.02
2	灰分（质量分数）		%	0~4.0	0~4.0	0~4.0	8.0~13	13~17	13~17	17~23	17~23	17~23	17~23	23~28
3	熔体质量流动速率		g/10 min	11±2	20±2	26±3	21±2	11±2	20±2	12±2	18±3	24±3	32±4	21±2
4	拉伸屈服应力		MPa	≥25	≥22	≥21	≥19	≥19	≥19	≥19	≥19	≥19	≥19	≥19
5	弯曲模量		GPa	≥1.30	≥1.00	≥1.00	≥1.40	≥1.55	≥1.55	≥1.80	≥1.70	≥1.70	≥1.80	≥1.80
6	简支梁缺口冲击强度	23 ℃	kJ/m²	≥8.0	≥12	≥12	≥12	≥30	≥25	≥15	≥25	≥25	≥25	≥20
		−30 ℃	kJ/m²	—	—	—	≥1.5	≥3.0	≥2.5	≥1.5	≥2.5	≥2.5	≥2.5	≥2.0
7	负荷变形温度		℃	≥92	≥90	≥90	≥93	≥95	≥95	≥90	≥90	≥100	≥100	≥100
8	拉伸屈服应力保持率[a]		%	≥90										
9	燃烧性能		mm/min	≤70										
10	氙灯老化性能			灰度等级≥4 级，无开裂、变褐色等外观异常										
11	气味散发性能[a]	气味	级	≤4.0										
		总挥发性有机物含量	μg/g	≤50										
		冷凝组分	mg	≤2.0										
12	耐刮擦性能[a]			明度差 ΔL≤1.5										
13	模塑收缩率		%	由供方提供的数据										

[a] 零件表面如果有皮革或织物覆盖，或者零件处于不可见位置，则无此项要求。

6 试验方法

6.1 试验结果判定

试验结果采用修约值判定法,应按 GB/T 8170—2008 规定进行。

6.2 注塑试样的制备

汽车门内板用聚丙烯(PP)专用料注塑试样的制备见 GB/T 2546.2—2003 中 3.2 的规定。

用 GB/T 17037.1—1997 中的 A 型模具制备的试样,即符合 GB/T 1040.2—2006 中 1A 型试样,B 型模具制备的80 mm×10 mm×4 mm 的长条试样。

用 GB/T 17037.3—2003 中的 D2 型模具制备的 60 mm×60 mm×2 mm 试样。

用符合尺寸要求的模具制备测定燃烧性能的试样(推荐尺寸为 356 mm×100 mm×3 mm)。

用符合尺寸要求的模具制备测定气味性的试样(推荐尺寸为 150 mm×100 mm×3.2 mm)。

用符合尺寸要求的模具制备测定冷凝组分的试样(直径为 80 mm±2 mm,厚度不超过 10 mm)。

用符合尺寸要求的模具制备测定耐刮擦性能的试样(长和宽均大于 60 mm,厚度为 3 mm)。

6.3 试样的状态调节和试验的标准环境

试样的状态调节按 GB/T 2918—1998 的规定进行,状态调节的条件为温度 23 ℃±2 ℃,相对湿度为 50%±10%,调节时间至少 40 h 但不超过 96 h。

试验应在 GB/T 2918—1998 规定的标准环境下进行,环境的温度为 23 ℃±2 ℃,相对湿度为 50%±10%。

6.4 颗粒外观

试验按 SH/T 1541—2006 中的规定进行。

6.5 密度

试样为按 6.2 制备的 1A 型注塑试样的中间部分。

试样的状态调节按 6.3 规定进行。

试验按 GB/T 1033.1—2008 中的 A 法规定进行。

6.6 灰分

试验按 GB/T 9345.1—2008 规定进行,采用直接燃烧法(A 法),灼烧温度为 850 ℃±50 ℃。

6.7 熔体质量流动速率

试验按 GB/T 3682—2000 中 A 法规定进行。试验条件为 M(温度:230 ℃、负荷:2.16 kg)。试验时,在装试样前应用氮气吹扫料筒 5 s~10 s,氮气压力为 0.05 MPa。

注:试验前,使用有证标准样品校准仪器,可保证试验数据的可靠性。

6.8 拉伸屈服应力

试样为按 6.2 制备的 1A 型试样。

试样的状态调节按 6.3 规定进行。

试验按 GB/T 1040.2—2006 规定进行,试验速度为 50 mm/min。

6.9 弯曲模量

试样为按 6.2 制备的 80 mm×10 mm×4 mm 长条试样。

试样的状态调节按 6.3 规定进行。

试验按 GB/T 9341—2008 规定进行,试验速度为 2 mm/min。

6.10 简支梁缺口冲击强度

试样为按 6.2 规定制备的 80 mm×10 mm×4 mm 长条试样。样条应在注塑后的 1 h~4 h 内加工缺口,缺口类型为 GB/T 1043.1—2008 中的 A 型。加工缺口后的样条为简支梁缺口冲击试验的试样。

试样的状态调节按 6.3 规定进行。

试验按 GB/T 1043.1—2008 规定进行。低温试验时,经状态调节后的试样应在−30 ℃的低温环境中放置至少 1 h,每次冲击应在 10 s 内完成。

6.11 负荷变形温度

试样为按 6.2 制备的 80 mm×10 mm×4 mm 长条试样。

试样的状态调节按 6.3 规定进行。

试验按 GB/T 1634.2—2004 中的 B 法(负荷为 0.45 MPa)规定进行。试验时,加热装置的起始温度应低于 27 ℃。加热升温速率为 120 ℃/h±10 ℃/h。

6.12 拉伸屈服应力保持率

试样为按 6.2 制备的 1A 型试样。

试验按 GB/T 7141—2008 规定进行。将试样置于温度恒定在 150 ℃±2 ℃的烘箱中 240 h。

试样的状态调节按 6.3 规定进行。

按照 6.8 测试试样老化前的拉伸屈服应力和试样老化后的拉伸屈服应力,并计算拉伸屈服应力保持率。

6.13 燃烧性能

试样为按 6.2 制备的尺寸为 356 mm×100 mm×3 mm 的注塑试样。

试验按 GB 8410—2006 规定进行。

6.14 氙灯老化性

试样按 GB/T 32088—2015 标准规定进行。

进行色差和外观试验前,按 GB/T 32088—2015 进行氙灯加速老化试验,试验方法见表 4,具体试验方法可由供需双方协商确定,仲裁时采用试验方法 A-1。

试验后参照 GB/T 250—2008 评价样品的灰卡变色等级。

表 4 氙灯加速老化试验方法

试验方法	滤光器	辐照度 W/m²	波长 nm	曝晒循环
A-1	窗玻璃滤光器	1.20±0.02	420	黑板温度 89 ℃±3 ℃,箱体空气温度 62 ℃±2 ℃,相对湿度 50%±5%的试验条件下,运行 3.8 h 光照循环; 黑板温度 38 ℃±3 ℃,箱体空气温度 38 ℃±3 ℃,相对湿度 95%±5%的试验条件下,运行 1 h 黑暗循环
A-2	窗玻璃滤光器	1.20±0.02	420	黑标温度 100 ℃±3 ℃,箱体空气温度 65 ℃±3 ℃,相对湿度 20%±10%的试验条件下运行光照循环
A-3	紫外延展滤光器	0.55±0.02	340	黑板温度 89 ℃±3 ℃,箱体空气温度 62 ℃±2 ℃,相对湿度 50%±5%的试验条件下,运行 3.8 h 光照循环; 黑板温度 38 ℃±3 ℃,箱体空气温度 38 ℃±3 ℃,相对湿度 95%±5%的试验条件下,运行 1 h 黑暗循环

6.15 气味性

6.15.1 仪器

6.15.1.1 测试罐:金属罐或玻璃罐,容积大约为 1 L,在室温和 80 ℃条件下都是清洁、无味的,并具有适合的盖子,能密封。

6.15.1.2 烘箱:具有空气循环系统,能够保持温度在 80 ℃±2 ℃。

6.15.2 试样

采用体积为 50 cm³±5 cm³ 的试样,推荐使用按 6.2 制备的尺寸为 150 mm×100 mm×3.2 mm 的注塑试样。

6.15.3 试验步骤

将试样置于容量为 1 L 的测试罐中,盖上盖子密封。将测试罐置于预先调节到 80 ℃±2 ℃的烘箱中 2 h。从烘箱中取出测试罐,冷却至 60 ℃。

由经过气味培训的五个人组成的小组对其气味进行评分。气味的等级应符合表 5 的规定。气味等级分为 1 级~6 级,同时也允许出现介于两种评判等级之间的情况,取半分的分数等级(如 3.5 级、4.5 级等)。如果五人评定出的分数之间有相差两级以上的,应重新测试。试验结果以五人小组评定分数的算术平均值表示,精确至小数点后一位。

表 5 气味的等级

等级	描 述
1	无气味
2	有气味,但无干扰性气味
3	有明显气味,但无干扰性气味
4	有干扰性气味
5	有强烈干扰性气味
6	有不能忍受的气味

6.16 总挥发性有机物含量

将试样破碎成大于 10 mg 且小于 25 mg 的小粒。

采用带顶空装置的气相色谱仪测试。具体方法见附录 B。

6.17 冷凝组分

试样为按 6.2 制备的直径为 80 mm±2 mm(厚度不超过 10 mm)的注塑试样。

试验按 ISO 6452:2007 规定进行,采用测定冷凝组分质量的方法。试验温度为 100 ℃±0.5 ℃,加热时间为 16 h±0.1 h。

6.18 耐刮擦性能

6.18.1 仪器

6.18.1.1 耐划伤试验仪。

6.18.1.2 硬质合金划笔:针头直径为 1.00 mm±0.02 mm。

6.18.1.3 分光测色计:采用标准 D65 光源,45/0 光路或 0/45 光路。

6.18.2 试样

试样为按 6.2 制备的长和宽均大于 60 mm,厚度为 3 mm 的注塑试样。

6.18.3 试验步骤

将试样放在耐划伤试验仪的支座上,用夹具固定后,设置试验载荷为 10 N,划痕间距为 2 mm,划伤速度为 1 000 mm/min±50 mm/min。采用硬质合金划笔在试样表面 40 mm×40 mm 的区域里分别划出 2 mm 间隔的水平方向和垂直方向的平行线各 20 条。用分光测色计测试该区域内划线前后的明度差 ΔL。

6.18.4 结果计算和表示

每组试样不少于三个,试验结果以一组试样的算术平均值表示,精确到小数点后一位。

6.19 模塑收缩率

试样为按 6.2 中 D2 型模具制备的注塑试样。

试验按照 GB/T 17037.4—2003 规定进行,或按双方协商办法进行测试。

7 检验规则

7.1 检验分类与检验项目

汽车门内板用聚丙烯(PP)专用料的检验可分为型式检验和出厂检验两类。

第 5 章所有的项目为型式检验项目。

当有下列情况时应进行型式检验:

a) 新产品试制定型鉴定时;

b) 正式生产后,若原材料或工艺有较大改变,可能影响产品性能时;

c) 产品装置检修,恢复生产时;

d) 出厂检验结果与上次型式检验结果有较大差异时;

e) 上级质量监督机构提出进行型式检验要求时。

汽车门内板用聚丙烯(PP)专用料的出厂检验项目至少应包含颗粒外观、密度、熔体质量流动速率、拉伸屈服应力、简支梁缺口冲击强度(23 ℃)、弯曲模量等项目。

7.2 组批规则与抽样方案

7.2.1 组批规则

汽车门内板用聚丙烯(PP)专用料由同一生产线上、相同原料、相同工艺所生产的同一牌号的产品组批,生产厂也可按一定生产周期或储存料仓为一批对产品进行组批。

产品以批为单位进行检验和验收。

7.2.2 抽样方案

汽车门内板用聚丙烯(PP)专用料可在料仓的取样口抽样,也可根据生产周期等实际情况确定具体的抽样方案。

包装后产品的取样应按 GB/T 2547—2008 规定进行。

7.3 判定规则和复验规则

7.3.1 判定规则

汽车门内板用聚丙烯(PP)专用料应由生产厂的质量检验部门按照本标准规定的试验方法进行检验,依据检验结果和本标准中的技术要求对产品作出质量判定,并提出证明。

产品出厂时,每批产品应附有产品质量检验合格证。合格证上应注明产品名称、牌号、批号、执行标准,并盖有质检专用章。

7.3.2 复验规则

检验结果若某项指标不符合本部分要求时,可重新取样对该项目进行复验。以复验结果作为该批产品的质量判定依据。

8 标志

汽车门内板用聚丙烯(PP)专用料的外包装上应有明显的标志。标志内容可包括:商标、生产厂名称、厂址、标准编号、产品名称、牌号、批号(含生产日期)和净含量等。

9 包装、运输及贮存

9.1 包装

汽车门内板用聚丙烯(PP)专用料可用内衬聚乙烯薄膜的聚丙烯编织袋或其他包装形式。包装材料应保证在运输、码放、贮存时不被污染和泄漏。

每袋产品的净含量可为 25 kg 或其他。

9.2 运输

汽车门内板用聚丙烯(PP)专用料为非危险品。在运输和装卸过程中不应使用铁钩等锐利工具,切忌抛掷。运输工具应保持清洁、干燥并备有厢棚或苫布。运输时不应与沙土、碎金属、煤炭及玻璃等混合装运,更不应与有毒及腐蚀性或易燃物混装。不应暴晒或雨淋。

9.3 贮存

汽车门内板用聚丙烯(PP)专用料应贮存在通风、干燥、清洁并保持有良好消防设施的仓库内,不得与腐蚀品、易燃品一起贮存,且堆放平整。贮存时,应远离热源,并防止阳光直接照射,不应在露天堆放,防止暴晒。

汽车门内板用聚丙烯(PP)专用料应有贮存期的规定,一般从生产之日起,不超过24个月。

附　录　A

（资料性附录）

汽车门内板用聚丙烯（PP）专用料国标牌号与市场牌号对照表

本部分发布时，国内市场常见的汽车门内板用聚丙烯（PP）专用料国标牌号与市场牌号对照表见表
A.1。

表 A.1　汽车门内板用聚丙烯（PP）专用料国标牌号与市场牌号对照表

序号	本部分牌号	市场常见牌号
1	PPB,ML,091-130-11	C6540L-4HX API-0011
2	PPB,ML,091-100-20	C6540L-4M API-0025 CN2106B
3	PPB,ML,091-100-26	C6540L-033 CN2057A
4	PPB,ML,097-140-21	C4221T-XR CN3037C
5	PPB,ML,101-150-11	C3322T-1 API-1609
6	PPB,ML,101-150-20	C3322T-1YF API-1515
7	PPB,ML,105-180-12	C3322T-2 API-2010
8	PPB,ML,105-180-18	C3322T-1JS AIP-2015
9	PPB,ML,105-170-24	API-2125 CN2093C6B
10	PPB,ML,105-180-32	C3322T-M12B CN2093C6
11	PPB,ML,109-180-21	C3322T-5A AIP-1425

附　录　B

（规范性附录）

汽车用聚丙烯(PP)专用料总挥发性有机物含量的测定方法

B.1　范围

本附录规定了用顶空气相色谱法测定汽车用聚丙烯(PP)专用料总挥发性有机物含量的测定方法。本方法适用于汽车用聚丙烯(PP)专用料总挥发性有机物含量的测定。

B.2　原理

将样品置于顶空瓶中,密封顶空瓶,在120 ℃下恒温5 h,用顶空气相色谱法测定样品中释放出的总挥发性有机物含量。

B.3　试剂与材料

B.3.1　丙酮:分析纯。

B.3.2　正丁醇:分析纯。

B.3.3　氮气:纯度不低于99.99%。

B.3.4　氢气:纯度不低于99.99%。

B.3.5　空气:应无腐蚀性杂质。使用前需要进行脱水、脱油处理。

B.4　仪器

B.4.1　气相色谱仪:配有氢火焰离子化检测器(FID),带有分流/不分流进样口。

B.4.2　毛细管色谱柱:内径0.25 mm,膜层0.25 μm,长度30 m,100%聚乙烯乙二醇固定相。

B.4.3　色谱工作站或积分仪。

B.4.4　顶空瓶:10 mL。

B.4.5　容量瓶:100 mL。

B.4.6　微量取样器:5 μL。

B.4.7　顶空进样器。

B.4.8　移液管:30 mL。

B.4.9　分析天平:准确度为0.1 mg。

B.5　样品准备

样品为颗粒料,应破碎成大于10 mg且小于25 mg的小粒。

B.6　设备准备

B.6.1　气相色谱仪操作条件

B.6.1.1　色谱柱升温程序:50 ℃温度下恒温3 min,以12 ℃/min的升温速率加热到200 ℃,200 ℃温度下恒温 4 min。

B.6.1.2 进样口温度:200 ℃。

B.6.1.3 检测器温度:250 ℃。

B.6.1.4 分流比:约 1∶20。

B.6.1.5 载气流速(氮气):0.22 m/s～0.27 m/s,适当调节载气流速,使得 2,6-二叔丁基-4-甲基苯酚(BHT)的保留时间小于 16 min。

B.6.2 顶空进样器操作条件

B.6.2.1 温度:加热炉为 120 ℃,定量管为 150 ℃,转移管为 180 ℃。

B.6.2.2 时间:压力升高持续时间为 19 s,气体压出时间为 16 s,进样持续时间为 5 s。

B.6.2.3 压力:载压为 0.125 MPa;瓶压为 0.16 MPa。

B.7 校准

B.7.1 校准溶液的配制

室温下制备七种浓度的丙酮-正丁醇校准溶液,其浓度为每升溶液中分别含有 0.1 g、0.5 g、1 g、5 g、10 g、25 g 和 50 g 丙酮(B.3.1)。采用以下步骤制备校准溶液:

a) 用移液管(B.4.8)将约 30 mL 正丁醇(B.3.2)加入至一个 100 mL 容量瓶(B.4.5)中;

b) 称量容量瓶及正丁醇的质量;

c) 用微量取样器(B.4.6)在容量瓶中加入约 0.01 g 丙酮,准确称量并记录丙酮的质量;

d) 慢慢将正丁醇加入容量瓶直至容量瓶 100 mL 刻度线;

e) 塞上瓶塞,轻轻摇匀并进行标识;

f) 用同样步骤制备其他六种浓度的校准溶液。

制备好的校准溶液放入密封小瓶中,置于低温冷藏箱内储存(冷藏温度约 4 ℃)。

B.7.2 校准曲线的确定

用微量取样器取校准溶液,吸入的溶液不能有气泡。每个空的顶空瓶(B.4.4)中快速加入 2 μL±0.02 μL 校准溶液,并立即将顶空瓶密封。用同样的方法将不同浓度的校准溶液加入不同的顶空瓶内,每个浓度溶液需置入三个顶空瓶内。同时准备三个空白试验的顶空瓶。

将加入校准溶液的顶空瓶和空白试验的顶空瓶依次放在顶空进样器(B.4.7)的进样盘上,保持 120 ℃±1 ℃,恒温 300 min±5 min。进行气相色谱分析。

在气相色谱图上确定丙酮的色谱峰,根据其峰面积和校准溶液的浓度绘制直线,得到校准曲线。并计算其斜率 K。校准曲线的相关系数应大于 0.995,否则应重新校准。

B.8 试验步骤

B.8.1 在 10 mL 顶空瓶中加入 1.000 g±0.001 g 的试样,并用带有橡胶垫的盖子密封。取三份试样分别置入三个顶空瓶内。保持 120 ℃±1 ℃,恒温 300 min±5 min。

B.8.2 对每个样品进行顶空气相色谱分析,并用空的顶空瓶进行三次空白试验。加热时间为 300 min±5 min。

B.9 结果计算

从气相色谱图上确定总的峰面积 A 和空白试验的峰面积 A_0。

样品中总挥发性有机化合物含量(碳的总挥发值) E(μg/g)按式(B.1)计算:

$$E = \frac{A - A_0}{K} \times 2 \times 0.620\ 4 \qquad\qquad\qquad\cdots\cdots\cdots\cdots\cdots\cdots\cdots (\text{B.1})$$

式中:

A　　——试样中有机化合物的总峰面积;

A_0　　——空白试验的峰面积;

K　　——校正因子(校准曲线的斜率);

2　　　——表示 2 μL 校准溶液;

0.620 4 ——表示丙酮中碳的含量。

取三次平行试验的算术平均值作为测定结果,精确至 1 μg/g。如果三次平行试验的测定结果误差大于10%,则应安排重新测试。

ICS 83.080.20
G 32

中华人民共和国国家标准

GB/T 24150—2009

塑料 阻燃抗冲击聚苯乙烯专用料

Plastics—Flame retardant impact-resistant polystyrene compound

2009-06-15 发布

2010-02-01 实施

中华人民共和国国家质量监督检验检疫总局
中国国家标准化管理委员会　发 布

前　言

本标准的附录 A 为资料性附录。

本标准由中国石油和化学工业协会提出。

本标准由全国塑料标准化技术委员会石化塑料树脂产品分会(SAC/TC 15/SC 1)归口。

本标准负责起草单位:金发科技股份有限公司。

本标准参加起草单位:广州毅昌科技股份有限公司、上海普利特复合材料股份有限公司、工业和信息化部电子第五研究所、康佳集团股份有限公司、TCL 王牌电器股份有限公司、四川长虹模塑科技有限公司。

本标准主要起草人:叶南飚、王林、刘奇祥、董风、易拥军、宁凯军、李建军、张祥福、蒋春旭、宋宏春、刘永忠。

本标准为首次发布。

塑料 阻燃抗冲击聚苯乙烯专用料

1 范围

本标准规定了阻燃抗冲击聚苯乙烯专用料的分类命名、要求、试验方法、检验规则、标志、包装、运输和贮存等。

本标准适用于以抗冲击聚苯乙烯为基体、加入阻燃剂及其他添加剂等，通过熔融共混形成的阻燃抗冲击聚苯乙烯专用料。该材料主要用于制造电器产品。

2 规范性引用文件

下列文件中的条款通过本标准的引用而成为本标准的条款。凡是注日期的引用文件，其随后所有的修改单（不包括勘误的内容）或修订版均不适用于本标准，然而，鼓励根据本标准达成协议的各方研究是否可使用这些文件的最新版本。凡是不注日期的引用文件，其最新版本适用于本标准。

GB/T 1033.1—2008 塑料 非泡沫塑料密度的测定 第1部分：浸渍法、液体比重瓶法和滴定法（ISO 1183-1:2004,IDT）

GB/T 1040.2—2006 塑料 拉伸性能的测定 第2部分：模塑和挤塑塑料的试验条件（ISO 527-2:1993,IDT）

GB/T 1634.2—2004 塑料 负荷变形温度的测定 第2部分：塑料、硬橡胶和长纤维增强复合材料（ISO 75-2:2003,IDT）

GB/T 1843—2008 塑料 悬臂梁冲击强度的测定（ISO 180:2000,IDT）

GB/T 1844.1—2008 塑料 符号和缩略语 第1部分：基础聚合物及其特征性能（ISO 1043-1:2001,IDT）

GB/T 1844.4—2008 塑料 符号和缩略语 第4部分：阻燃剂（ISO 1043-4:1998,IDT）

GB/T 2547—2008 塑料 取样方法

GB/T 2918—1998 塑料试样状态调节和试验的标准环境（idt ISO 291:1997）

GB/T 3682—2000 热塑性塑料熔体质量流动速率和熔体体积流动速率的测定（idt ISO 1133:1997）

GB/T 5169.16—2008 电工电子产品着火危险试验 第16部分：试验火焰50 W水平与垂直火焰试验方法（IEC 60695-11-10:2003,IDT）

GB/T 5169.17—2008 电工电子产品着火危险试验 第17部分：试验火焰500 W火焰试验方法（IEC 60695-11-20:2003,IDT）

GB/T 8170—2008 数值修约规则与极限数值的表示和判定

GB/T 9341—2008 塑料 弯曲性能的测定（ISO 178:2001,IDT）

GB/T 17037.1—1997 热塑性塑料材料注塑试样的制备 第1部分：一般原理及多用途试样和长条试样的制备（idt ISO 294-1:1996）

GB/T 18964.2—2003 塑料 抗冲击聚苯乙烯（PS-I）模塑和挤出材料 第2部分：试样制备和性能测定

SH/T 1541—2006 热塑性塑料颗粒外观试验方法

SJ/T 11363—2006 电子信息产品中有毒有害物质的限量要求

SJ/T 11365—2006 电子信息产品中有毒有害物质的检测方法

3 分类与命名

3.1 总则

阻燃抗冲击聚苯乙烯专用料的分类与命名基于下列标准模式：

命名			
特征项目组			
字符组 1	字符组 2	字符组 3	字符组 4

命名由表示特征项目组的四个字符组构成：

字符组 1:按照 GB/T 1844.1—2008 规定抗冲击聚苯乙烯代号 PS-I(见 3.2)。

字符组 2:特征性能熔体质量流动速率(MFR)(见 3.3)。

字符组 3:有关阻燃剂类型的信息(见 3.4)。

字符组 4:燃烧类别(见 3.5)。

字符组之间用逗号隔开。

3.2 字符组 1

该字符组是 GB/T 1844.1—2008 规定的抗冲击聚苯乙烯树脂代号"PS-I"。

3.3 字符组 2

熔体质量流动速率(MFR)的测定按 GB/T 3682—2000 规定进行。试验条件选用 H(温度:200 ℃、负荷:5 kg)。

按照可能出现的数值,将熔体质量流动速率分为三个范围,每个范围用两个数字组成的数字代号表示,见表1。

表 1 字符组 2 中熔体质量流动速率使用的代号及范围

代号	熔体质量流动速率(MFR)的范围/(g/10 min)
05	≤8
10	>8~14
15	>14

3.4 字符组 3

阻燃抗冲击聚苯乙烯专用料按照所添加的阻燃剂类型不同进行分类。

a) 多溴联苯/多溴联苯醚类(PBBs/PBDEs):指采用多溴联苯/多溴联苯醚类(PBBs/PBDEs)和锑类协效剂复配体系为阻燃剂的阻燃抗冲击聚苯乙烯专用料。

b) 非多溴联苯/多溴联苯醚类(Non-PBBs/PBDEs):指采用除多溴联苯/多溴联苯醚类(Non-PBBs/PBDEs)以外的其他卤系和锑类协效剂复配阻燃剂的阻燃抗冲击聚苯乙烯专用料。

c) 无卤类(Halogen-free):指采用无卤阻燃剂的阻燃抗冲击聚苯乙烯专用料。

按照 GB/T 1844.4—2008,阻燃剂类型代号的规定见表2。

表 2 字符组 3 中阻燃剂类型的代号

代号	定 义
FR(19)	多溴联苯/多溴联苯醚类(PBBs/PBDEs)和锑类协效剂复配阻燃体系
FR(17)	除多溴联苯/多溴联苯醚类(Non-PBBs/PBDEs)以外的其他芳香类卤系和锑类协效剂复配阻燃体系
FR(40)	无卤有机磷系阻燃体系(Halogen-free)

3.5 字符组 4

该字符组是燃烧类别的代号。

根据 GB/T 5169.16—2008 规定的燃烧类别,50 W 水平燃烧试验方法燃烧类别代号为 HB,50 W 垂直燃烧试验方法燃烧类别代号分别为 V-0、V-1、V-2。

根据 GB/T 5169.17—2008 规定的燃烧类别,500 W 垂直燃烧试验方法燃烧类别代号为 5VA、5VB。

3.6 示例

某多溴联苯/多溴联苯醚和锑类协效剂类(FR(19))的阻燃抗冲击聚苯乙烯专用料,燃烧类别为 V-0,熔体质量流动速率的范围为 4 g/10 min～8 g/10 min(05)。该材料命名如下:

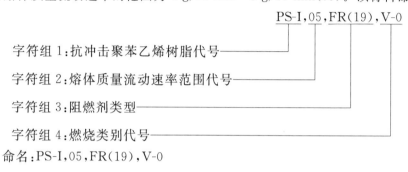

PS-I,05,FR(19),V-0

字符组 1:抗冲击聚苯乙烯树脂代号
字符组 2:熔体质量流动速率范围代号
字符组 3:阻燃剂类型
字符组 4:燃烧类别代号
命名:PS-I,05,FR(19),V-0

4 要求

4.1 阻燃抗冲击聚苯乙烯专用料为颜色均一的颗粒,无杂质。一般为深灰和黑色,也可为其他颜色。本产品应含有必要的添加剂,添加剂应均匀分散。

4.2 不同类别的阻燃抗冲击聚苯乙烯专用料,其他的技术要求也可能不同。

4.2.1 HB 类阻燃抗冲击聚苯乙烯专用料的其他技术要求见表 3。

4.2.2 V-2 类阻燃抗冲击聚苯乙烯专用料的其他技术要求见表 4。

4.2.3 V-1 类阻燃抗冲击聚苯乙烯专用料的其他技术要求见表 5。

4.2.4 V-0 类阻燃抗冲击聚苯乙烯专用料的其他技术要求见表 6。

4.2.5 5V 类阻燃抗冲击聚苯乙烯专用料的其他技术要求见表 7。

表 3 HB 类阻燃抗冲击聚苯乙烯专用料的技术要求

序号	项 目	单 位	PS-I,05,FR(19),HB	PS-I,05,FR(17),HB
1	颗粒外观(色粒)	个/kg	由供方提供的数据	
2	密度(ρ)	g/cm³	由供方提供的数据	
3	熔体质量流动速率(MFR)	g/10 min	≤8	
4.1	拉伸屈服应力(σ_y)	MPa	≥21	
4.2	拉伸断裂应变(ε_B)	%	≥30	
5.1	弯曲强度(σ_{fM})	MPa	≥38	
5.2	弯曲模量(E_f)	MPa	≥2 000	
6	悬臂梁缺口冲击强度	kJ/m²	≥8	
7	负荷变形温度($T_f1.8$)	℃	≥70	
8	燃烧性(B50/3)		HB	

表 4　V-2 类阻燃抗冲击聚苯乙烯专用料的技术要求

序号	项　目	单位	PS-I,05,FR(17),V-2	PS-I,05,FR(40),V-2	PS-I,10,FR(17),V-2
1	颗粒外观(色粒)	个/kg	由供方提供的数据		
2	密度(ρ)	g/cm³	由供方提供的数据		
3	熔体质量流动速率(MFR)	g/10 min	≤8	≤8	8<MFR≤14
4.1	拉伸屈服应力(σ_y)	MPa	≥22	≥30	≥20
4.2	拉伸断裂应变(ε_B)	%	≥30	≥20	≥25
5.1	弯曲强度(σ_{fM})	MPa	≥38	≥40	≥34
5.2	弯曲模量(E_f)	MPa	≥2 000	≥2 300	≥1 800
6	悬臂梁缺口冲击强度	kJ/m²	≥9	≥10	≥7.5
7	负荷变形温度($T_f1.8$)	℃	≥70	≥65	≥67
8	燃烧性(B50/3)		V-2		

表 5　V-1 类阻燃抗冲击聚苯乙烯专用料的技术要求

序号	项　目	单　位	PS-I,05,FR(19),V-1	PS-I,10,FR(17),V-1
1	颗粒外观(色粒)	个/kg	由供方提供的数据	
2	密度(ρ)	g/cm³	由供方提供的数据	
3	熔体质量流动速率(MFR)	g/10 min	≤8	8<MFR≤14
4.1	拉伸屈服应力(σ_y)	MPa	≥22	≥20
4.2	拉伸断裂应变(ε_B)	%	≥30	≥25
5.1	弯曲强度(σ_{fM})	MPa	≥38	≥34
5.2	弯曲模量(E_f)	MPa	≥2 000	≥1 800
6	悬臂梁缺口冲击强度	kJ/m²	≥9	≥7.5
7	负荷变形温度($T_f1.8$)	℃	≥70	≥67
8	燃烧性(B50/3)		V-1	

表 6　V-0 类阻燃抗冲击聚苯乙烯专用料的技术要求

序号	项　目	单位	PS-I,05,FR(19),V-0	PS-I,05,FR(17),V-0	PS-I,05,FR(40),V-0	PS-I,10,FR(19),V-0	PS-I,10,FR(17),V-0	PS-I,15,FR(17),V-0
1	颗粒外观(色粒)	个/kg	由供方提供的数据					
2	密度(ρ)	g/cm³	由供方提供的数据					
3	熔体质量流动速率(MFR)	g/10 min	≤8		≤8	8<MFR≤14		>14
4.1	拉伸屈服应力(σ_y)	MPa	≥21		≥25	≥20		≥18
4.2	拉伸断裂应变(ε_B)	%	≥30		≥17	≥25		≥20
5.1	弯曲强度(σ_{fM})	MPa	≥38		≥40	≥34		≥30
5.2	弯曲模量(E_f)	MPa	≥2 000		≥2 100	≥1 800		≥1 700
6	悬臂梁缺口冲击强度	kJ/m²	≥9		≥10	≥7.5		≥6
7	负荷变形温度($T_f1.8$)	℃	≥70		≥65	≥67		≥65
8	燃烧性(B50/3)		V-0					

表 7 5V 类阻燃抗冲击聚苯乙烯专用料的技术要求

序号	项 目	单位	PS-I,05,FR(17),5V
1	颗粒外观(色粒)	个/kg	由供方提供的数据
2	密度(ρ)	g/cm³	由供方提供的数据
3	熔体质量流动速率(MFR)	g/10 min	$\leqslant 8$
4.1	拉伸屈服应力(σ_y)	MPa	$\geqslant 20$
4.2	拉伸断裂应变(ε_B)	%	$\geqslant 30$
5.1	弯曲强度(σ_{fM})	MPa	$\geqslant 38$
5.2	弯曲模量(E_f)	MPa	$\geqslant 2\,000$
6	悬臂梁缺口冲击强度	kJ/m²	$\geqslant 9$
7	负荷变形温度($T_f1.8$)	℃	$\geqslant 70$
8	燃烧性(B500/3)		5VA/5VB

4.3 产品的环保要求

产品的环保要求应满足 SJ/T 11363—2006 对有毒或有害物质的控制的规定。

5 试验方法

5.1 试验结果的判定

试验结果采用修约值判定法,应按 GB/T 8170—2008 规定进行。

5.2 试样制备

阻燃抗冲击聚苯乙烯专用料注塑试样的制备见 GB/T 18964.2—2003 中 3.2 的规定。

用 GB/T 17037.1—1997 中的 A 型模具制备符合 GB/T 1040.2—2006 中 1A 型试样,B 型模具制备 80 mm×10 mm×4 mm 长条试样。

用于测定燃烧性的试样可用符合尺寸要求的模具制备注塑试样。

5.3 试样的状态调节和试验的标准环境

试样的状态调节应按 GB/T 2918—1998 的规定进行。状态调节的条件为温度 23 ℃±2 ℃,相对湿度 50%±10%,时间至少 16 h。

所有试验都应在 GB/T 2918—1998 规定的标准试验环境下进行,温度 23 ℃±2 ℃,相对湿度为 50%±10%。

5.4 颗粒外观

按 SH/T 1541—2006 中的规定进行。

5.5 密度

试样为按 5.2 制备的 1A 型试样的中间部分。

试样的状态调节按 5.3 规定进行。

测试按 GB/T 1033.1—2008 规定进行,采用 A 法。

5.6 熔体质量流动速率(MFR)

按 GB/T 3682—2000 中 A 法或 B 法规定进行。试验条件 H(温度:200 ℃、负荷:5 kg)。

5.7 拉伸性能

试样为按 5.2 制备的 1A 型试样。

试样的状态调节按 5.3 规定进行。

测试按 GB/T 1040.2—2006 规定进行,试验速度为 50 mm/min。

5.8 弯曲性能

试样为按 5.2 制备的 80 mm×10 mm×4 mm 长条试样。

试样的状态调节按 5.3 规定进行。

测试按 GB/T 9341—2008 规定进行,试验速度为 2 mm/min。

5.9 悬臂梁缺口冲击强度

试样为按 5.2 制备的 80 mm×10 mm×4 mm 长条试样。样条应在注塑后的 1 h～4 h 内加工缺口,缺口类型为 A 型。

试样的状态调节按 5.3 规定进行。

测试按 GB/T 1843—2008 规定进行。

注:下次修订时,悬臂梁缺口冲击强度将由简支梁缺口冲击强度代替。

5.10 负荷变形温度

试样为按 5.2 制备的 80 mm×10 mm×4 mm 长条试样。

试样的状态调节按 5.3 规定进行。

测试按 GB/T 1634.2—2004 中的 A 法(负荷为 1.80 MPa)规定进行。试验时,加热装置的起始温度应低于 27 ℃。加热升温速率为 120 ℃/h±10 ℃/h。

5.11 燃烧性

试样为按 5.2 制备的试样。50 W 火焰试验推荐尺寸为 125 mm×13 mm×3 mm,500 W 火焰试验推荐尺寸为 150 mm×150 mm×3 mm。也可按照需方要求的其他厚度的试样进行测试。仲裁时采用试样厚度为 3.0 mm。

试样的状态调节按 5.3 规定进行。

50 W 火焰试验按 GB/T 5169.16—2008 的规定进行,500 W 火焰试验按 GB/T 5169.17—2008 的规定进行。

5.12 有毒有害物质

按 SJ/T 11365—2006 规定的方法进行。

6 检验规则

6.1 检验分类与检验项目

阻燃抗冲击聚苯乙烯专用料产品的检验可分为型式检验和出厂检验两类。

第 4 章中所有的项目为型式检验项目。

各类阻燃抗冲击聚苯乙烯专用料产品出厂检验至少应包括熔体质量流动速率、悬臂梁缺口冲击强度、燃烧性和密度。

6.2 组批规则与抽样方案

6.2.1 组批规则

阻燃抗冲击聚苯乙烯专用料以同一生产线上、相同原料、相同工艺所生产的同一牌号的产品组批,生产厂也可按一定生产周期或储存料仓为一批对产品进行组批。产品以批为单位进行检验和验收。

6.2.2 抽样方案

阻燃抗冲击聚苯乙烯专用料可在料仓的下料口抽样,也可根据生产周期等实际情况确定具体的抽样方案。

包装后产品的取样应按 GB/T 2547—2008 规定进行。

6.3 判定规则和复验规则

6.3.1 判定规则

阻燃抗冲击聚苯乙烯专用料应由生产厂的质量检验部门按照本标准规定的试验方法进行检验,依据检验结果和本标准中的技术要求对产品作出质量判定,并提出证明。

产品出厂时,每批产品应附有产品质量检验合格证。合格证上应注明产品名称、牌号、批号、执行标准,并盖有质检专用章和检验员章。

6.3.2 复验规则

检验结果若某项指标不符合本标准要求时,可重新取样对该项目进行复验。以复验结果作为该批产品的质量判定依据。

7 标志

阻燃抗冲击聚苯乙烯专用料的外包装袋上应有明显的标志。标志内容可包括:商标、生产厂名称和地址、标准号、产品名称、牌号、生产日期、批号和净含量等。

8 包装、运输及贮存

8.1 包装

阻燃抗冲击聚苯乙烯专用料采用双层包装袋(外层为牛皮纸袋,内层用聚乙烯包装袋)或其他包装形式。包装袋的封口应保证产品在贮存、运输时不被污染。包装袋要防尘、防潮。每袋产品的净含量可为 25 kg 或其他。

8.2 运输

阻燃抗冲击聚苯乙烯专用料为非危险品。在运输和装卸过程中严禁使用铁钩等锐利工具,切忌抛掷。运输工具应保持清洁、干燥并备有厢棚或苫布。运输时不得与沙土、碎金属、煤炭及玻璃等混合装运,更不可与有毒及腐蚀性或易燃物混装。

8.3 贮存

阻燃抗冲击聚苯乙烯专用料应贮存在干燥、通风良好的仓库内,不应露天堆放,防止暴晒;不得与腐蚀品、易燃品一起贮存,且堆放平整。贮存时,应远离热源,并防止阳光直接照射。

阻燃抗冲击聚苯乙烯专用料应有贮存期的规定,一般从生产之日起,不超过 12 个月。

附　录　A

（资料性附录）

阻燃抗冲击聚苯乙烯专用料国家标准命名与企业商品名对照

表 A.1 给出了国内常见阻燃抗冲击聚苯乙烯专用料国家标准命名与企业商品名对照一览表。

表 A.1　阻燃抗冲击聚苯乙烯专用料国家标准命名与企业商品名对照

序号	国家标准命名	企业商品名
1	PS-I,05,FR(19),HB	HIPS-550
2	PS-I,05,FR(17),HB	HIPS-5197,APTFFHPS-1112
3	PS-I,05,FR(17),V-2	FRHIPS-8002
4	PS-I,05,FR(40),V-2	FRHIPS-722
5	PS-I,10,FR(17),V-2	403AF,HFH-405
6	PS-I,05,FR(19),V-1	FRHIPS-301
7	PS-I,10,FR(17),V-1	FRHIPS-351
8	PS-I,05,FR(19),V-0	FRHIPS-113,6075,PH88E,HFH400,HS10F
9	PS-I,05,FR(17),V-0	S5230R
10	PS-I,05,FR(40),V-0	FRHIPS-702,FRHIPS-720
11	PS-I,10,FR(19),V-0	40AF
12	PS-I,10,FR(17),V-0	FRHIPS-960,FRHIPS-980,VS51,S5230RW,APTFHPS-1106
13	PS-I,15,FR(17),V-0	VE-1890K
14	PS-I,05,FR(17),5V	FRHIPS-930,F5,6335

ICS 83.080.20
G 32

中华人民共和国国家标准

GB/T 24151—2009

塑料 玻璃纤维增强阻燃聚对苯二甲酸丁二醇酯专用料

Plastics—Glass fiber reinforced and flame retardant
poly（butylenes terephthalate）compound

2009-06-15 发布 2010-02-01 实施

中华人民共和国国家质量监督检验检疫总局
中国国家标准化管理委员会 发布

前　言

本标准由中国石油和化学工业协会提出。

本标准由全国塑料标准化技术委员会石化塑料树脂产品分会(SAC/TC 15/SC 1)归口。

本标准负责起草单位:金发科技股份有限公司。

本标准参加起草单位:广州毅昌科技股份有限公司、江阴济化新材料有限公司、聚赛龙工程塑料有限公司、浙江阳光集团有限公司、中国石油化工股份有限公司北京化工研究院。

本标准主要起草人:陈大华、李翰卿、谢飞鹏、宁凯军、刘奇祥、李建军、朱文、薛惠振、郝源增、甘华祥、刘玉春。

本标准为首次发布。

塑料 玻璃纤维增强阻燃聚对苯二甲酸丁二醇酯专用料

1 范围

本标准规定了玻璃纤维增强阻燃聚对苯二甲酸丁二醇酯专用料的分类命名、要求、试验方法、检验规则、标志、包装、运输和贮存等。

本标准适用于以聚对苯二甲酸丁二醇酯为基体,加入阻燃剂,玻璃纤维和(或)协效剂及其他添加剂等,通过熔融共混形成的玻璃纤维增强阻燃聚对苯二甲酸丁二醇酯专用料。该材料主要用于制造家电、汽车、照明等应用领域的电子电气产品。

2 规范性引用文件

下列文件中的条款通过本标准的引用而成为本标准的条款。凡是注日期的引用文件,其随后所有的修改单(不包括勘误的内容)或修订版均不适用于本标准,然而,鼓励根据本标准达成协议的各方研究是否可使用这些文件的最新版本。凡是不注日期的引用文件,其最新版本适用于本标准。

GB/T 1033.1—2008 塑料 非泡沫塑料密度的测定 第1部分:浸渍法、液体比重瓶法和滴定法(ISO 1183-1:2004,IDT)

GB/T 1040.2—2006 塑料 拉伸性能的测定 第2部分:模塑和挤塑塑料的试验条件(ISO 527-2:1993,IDT)

GB/T 1408.1—2006 绝缘材料电气强度试验方法 第1部分:工频下试验(IEC 60243-1:1998,IDT)

GB/T 1410—2006 固体绝缘材料体积电阻率和表面电阻率试验方法(IEC 60093:1980,IDT)

GB/T 1634.2—2004 塑料 负荷变形温度的测定 第2部分:塑料、硬橡胶和长纤维增强复合材料(ISO 75-2:1993,IDT)

GB/T 1843—2008 塑料 悬臂梁冲击强度的测定(ISO 180:2000,IDT)

GB/T 1844.1—2008 塑料 符号和缩略语 第1部分:基础聚合物及其特征性能(ISO 1043-1:2001,IDT)

GB/T 1844.2—2008 塑料 符号和缩略语 第2部分:填充及增强材料(ISO 1043-2:2000,IDT)

GB/T 1844.4—2008 塑料 符号和缩略语 第4部分:阻燃剂(ISO 1043-4:1998,IDT)

GB/T 2547—2008 塑料 取样方法

GB/T 2918—1998 塑料试样状态调节和试验的标准环境(idt ISO 291:1997)

GB/T 5169.16—2008 电工电子产品着火危险试验 第16部分:试验火焰50 W水平与垂直火焰试验方法(IEC 60695-11-10:2003,IDT)

GB/T 8170—2008 数值修约规则与极限数值的表示和判定

GB/T 9341—2008 塑料 弯曲性能的测定(ISO 178:2001,IDT)

GB/T 17037.1—1997 热塑性塑料材料注塑试样的制备 第1部分:一般原理及多用途试样和长条试样的制备(idt ISO 294-1:1996)

SH/T 1541—2006 热塑性塑料颗粒外观试验方法

SJ/T 11363—2006 电子信息产品中有毒有害物质的限量要求

SJ/T 11365—2006 电子信息产品中有毒有害物质的检测方法

3 分类与命名

3.1 总则

玻璃纤维增强阻燃聚对苯二甲酸丁二醇酯专用料的分类与命名基于下列标准模式：

命名			
特 征 项 目 组			
字符组 1	字符组 2	字符组 3	字符组 4

命名由表示特征项目组的四个字符组构成：

字符组 1：按照 GB/T 1844.1—2008 规定聚对苯二甲酸丁二醇酯树脂代号 PBT(见 3.2)。

字符组 2：玻璃纤维增强材料标称含量(见 3.3)。

字符组 3：有关阻燃剂类型的信息(见 3.4)。

字符组 4：有关材料颜色的信息(见 3.5)。

字符组之间用逗号隔开。

3.2 字符组 1

该字符组是 GB/T 1844.1—2008 规定的聚对苯二甲酸丁二醇酯树脂代号"PBT"。

3.3 字符组 2

玻璃纤维增强材料的代号按 GB/T 1844.2—2008 规定。在这个字符组中，用两个字母代号 GF 表示增强材料的类型为玻璃纤维，紧接着字母(不空格)，在位置 3 和位置 4 用两个数字为代号表示其质量分数，具体规定见表 1。

表 1 字符组 2 中玻璃纤维质量分数使用的代号及范围

数字代号	玻璃纤维质量分数的范围/ %
05	>5~8
10	>8~12.5
15	>12.5~17.5
20	>17.5~22.5
25	>22.5~27.5
30	>27.5

3.4 字符组 3

玻璃纤维增强阻燃聚对苯二甲酸丁二醇酯专用料按照所添加的阻燃剂类型不同进行分类。

a) 多溴联苯/多溴联苯醚类(PBBs/PBDEs)：指采用多溴联苯/多溴联苯醚类(PBBs/PBDEs)和锑类协效剂复配体系为阻燃剂的玻璃纤维增强阻燃聚对苯二甲酸丁二醇酯专用料。

b) 非多溴联苯/多溴联苯醚类(Non-PBBs/PBDEs)：指采用除多溴联苯/多溴联苯醚类(Non-PBBs/PBDEs)以外的其他卤系和锑类协效剂复配阻燃剂的玻璃纤维增强阻燃聚对苯二甲酸丁二醇酯专用料。

c) 无卤类(Halogen-free)：指采用无卤阻燃剂的玻璃纤维增强阻燃聚对苯二甲酸丁二醇酯专用料。按照 GB/T 1844.4—2008，阻燃剂类型代号的规定见表 2。

表 2　字符组 3 中阻燃剂类型的代号

代号	定义
FR(19)	多溴联苯/多溴联苯醚类(PBBs/PBDEs)和锑类协效剂复配阻燃体系
FR(17)	除多溴联苯/多溴联苯醚类(Non-PBBs/PBDEs)以外的其他芳香类卤系和锑类协效剂复配阻燃体系
FR(40)	无卤有机磷系阻燃体系(Halogen-free)

3.5　字符组 4

颜色的代号由两位字母组成,NC 表示本色,MC 表示除本色之外的其他颜色。

3.6　示例

某多溴联苯/多溴联苯醚和锑类协效剂的复配体系(FR(19))的玻璃纤维增强阻燃聚对苯二甲酸丁二醇酯专用料本色材料(NC),添加玻璃纤维增强,玻璃纤维的质量分数为 30%(GF30)。该材料命名如下:

PBT,GF30,FR(19),NC

字符组 1:聚对苯二甲酸丁二醇酯代号
字符组 2:玻璃纤维质量分数 30%
字符组 3:阻燃剂类型代号
字符组 4:本色
命名:PBT,GF30,FR(19),NC

4　要求

4.1　玻璃纤维增强阻燃聚对苯二甲酸丁二醇酯专用料为颜色均一的颗粒,本产品应含有必要的添加剂,添加剂应均匀分散。

4.2　不同类别的玻璃纤维增强阻燃聚对苯二甲酸丁二醇酯专用料,其他的技术要求也可能不同。

4.2.1　本色玻璃纤维增强卤素阻燃聚对苯二甲酸丁二醇酯专用料的其他技术要求见表 3。

4.2.2　除本色之外其他着色玻璃纤维增强卤素阻燃聚对苯二甲酸丁二醇酯专用料的其他技术要求见表 4。

4.2.3　本色玻璃纤维增强无卤阻燃聚对苯二甲酸丁二醇酯专用料的其他技术要求见表 5。

4.2.4　除本色之外其他着色玻璃纤维增强无卤阻燃聚对苯二甲酸丁二醇酯专用料的其他技术要求见表 6。

表 3　本色玻璃纤维增强卤素阻燃聚对苯二甲酸丁二醇酯专用料的技术要求

序号	项　目	单位	PBT,GF05, FR(m),NC	PBT,GF10, FR(m),NC	PBT,GF15, FR(m),NC	PBT,GF20, FR(m),NC	PBT,GF25, FR(m),NC	PBT,GF30, FR(m),NC
1	颗粒外观(色粒)	个/kg			供方提供的数据			
2	密度(ρ)	g/cm³	≤1.48	≤1.53	≤1.58	≤1.63	≤1.67	≤1.70
3	拉伸断裂应力(σ_B)	MPa	≥50	≥60	≥80	≥85	≥95	≥105
4	弯曲强度(σ_{fM})	MPa	≥85	≥100	≥125	≥135	≥150	≥155
5	悬臂梁缺口冲击强度	kJ/m²	≥4.0	≥4.5	≥5.0	≥5.5	≥6.0	≥6.5
6	负荷变形温度($T_f1.8$)	℃	≥120	≥140	≥170	≥175	≥185	≥190

表3（续）

序号	项　目	单位	PBT,GF05, FR(m),NC	PBT,GF10, FR(m),NC	PBT,GF15, FR(m),NC	PBT,GF20, FR(m),NC	PBT,GF25, FR(m),NC	PBT,GF30, FR(m),NC
7	燃烧性(B50/3)		V-0					
8	电气强度	kV/mm	≥17	≥17	≥19	≥19	≥19	≥19
9	表面电阻率(σ_e)	Ω	≥$1.0×10^{15}$	≥$1.0×10^{15}$	≥$1.0×10^{15}$	≥$1.0×10^{15}$	≥$1.0×10^{15}$	≥$1.0×10^{15}$

注：m 为两位数字,表示卤素阻燃剂类型,如 FR(17)表示芳香族类溴系阻燃剂(除多溴联苯和多溴联苯醚之外)和锑类协效剂的复配体系。

表 4　除本色之外其他着色玻璃纤维增强卤素阻燃聚对苯二甲酸丁二醇酯专用料的技术要求

序号	项　目	单位	PBT,GF05, FR(m),MC	PBT,GF10, FR(m),MC	PBT,GF15, FR(m),MC	PBT,GF20, FR(m),MC	PBT,GF25, FR(m),MC	PBT,GF30, FR(m),MC
1	颗粒外观(色粒)	个/kg	供方提供的数据					
2	密度(ρ)	g/cm³	≤1.48	≤1.53	≤1.58	≤1.63	≤1.67	≤1.70
3	拉伸断裂应力(σ_B)	MPa	≥45	≥55	≥60	≥65	≥70	≥80
4	弯曲强度(σ_{fM})	MPa	≥80	≥95	≥100	≥110	≥115	≥120
5	悬臂梁缺口冲击强度	kJ/m²	≥3.5	≥4.0	≥4.5	≥5.0	≥5.5	≥6.5
6	负荷变形温度($T_f1.8$)	℃	≥120	≥140	≥170	≥175	≥185	≥190
7	燃烧性(B50/3)		V-0	V-0	V-0	V-0	V-0	V-0
8	电气强度	kV/mm	≥17	≥17	≥19	≥19	≥19	≥19
9	表面电阻率(σ_e)	Ω	≥$1.0×10^{15}$	≥$1.0×10^{15}$	≥$1.0×10^{15}$	≥$1.0×10^{15}$	≥$1.0×10^{15}$	≥$1.0×10^{15}$

注：m 为两位数字,表示卤素阻燃剂类型,如 FR(17)表示芳香族类溴系阻燃剂(除多溴联苯和多溴联苯醚之外)和锑类协效剂的复配体系。

表 5　本色玻璃纤维增强无卤阻燃聚对苯二甲酸丁二醇酯专用料的技术要求

序号	项　目	单位	PBT,GF15, FR(n),NC	PBT,GF20, FR(n),NC	PBT,GF25, FR(n),NC	PBT,GF30, FR(n),NC
1	颗粒外观(色粒)	个/kg	供方提供的数据			
2	密度(ρ)	g/cm³	≤1.47	≤1.53	≤1.56	≤1.60
3	拉伸断裂应力(σ_B)	MPa	≥60	≥65	≥70	≥80
4	弯曲强度(σ_{fM})	MPa	≥95	≥100	≥110	≥120
5	悬臂梁缺口冲击强度	kJ/m²	≥4.5	≥5.0	≥5.5	≥6.0
6	负荷变形温度($T_f1.8$)	℃	≥170	≥175	≥185	≥190
7	燃烧性(B50/3)		V-0	V-0	V-0	V-0
8	电气强度	kV/mm	≥19	≥19	≥19	≥19
9	表面电阻率(σ_e)	Ω	≥$1.0×10^{15}$	≥$1.0×10^{15}$	≥$1.0×10^{15}$	≥$1.0×10^{15}$

注：n 为两位数字,表示无卤阻燃剂类型,如 FR(40)表示无卤有机磷系阻燃剂。

表 6 除本色之外其他着色玻璃纤维增强无卤阻燃聚对苯二甲酸丁二醇酯专用料的技术要求

序号	项　　目	单位	PBT,GF15, FR(n),MC	PBT,GF20, FR(n),MC	PBT,GF25, FR(n),MC	PBT,GF30, FR(n),MC
1	颗粒外观(色粒)	个/kg	供方提供的数据			
2	密度(ρ)	g/cm³	≤1.47	≤1.53	≤1.56	≤1.60
3	拉伸断裂应力(σ_B)	MPa	≥50	≥55	≥65	≥70
4	弯曲强度(σ_{fM})	MPa	≥80	≥85	≥95	≥105
5	悬臂梁缺口冲击强度	kJ/m²	≥4.0	≥4.5	≥5.0	≥5.5
6	负荷变形温度($T_f1.8$)	℃	≥170	≥175	≥185	≥190
7	燃烧性(B50/3)		V-0	V-0	V-0	V-0
8	电气强度	kV/mm	≥19	≥19	≥19	≥19
9	表面电阻率(σ_e)	Ω	≥1.0×10¹⁵	≥1.0×10¹⁵	≥1.0×10¹⁵	≥1.0×10¹⁵

注：n 为两位数字,表示无卤阻燃剂类型,如 FR(40)表示无卤有机磷系阻燃剂。

4.3 产品的环保要求

产品的环保要求应满足 SJ/T 11363—2006 对有毒或有害物质的控制的规定。

5 试验方法

5.1 试验结果的判定

试验结果采用修约值判定法,应按 GB/T 8170—2008 规定进行。

5.2 试样制备

注塑试样按 GB/T 17037.1—1997 规定进行,并使用表 7 规定的条件。注塑前,材料应在 120 ℃的温度下至少干燥 6 h。

表 7 试样的注塑条件

熔体温度/ ℃	模具温度/ ℃	平均注射速率/ (mm/s)	保压时间/ s	全循环时间/ s
250±5	60±20	200±100	20±5	40±5

用 GB/T 17037.1—1997 中的 A 型模具制备符合 GB/T 1040.2—2006 中 1A 型试样,B 型模具制备 80 mm×10 mm×4 mm 长条试样。

用于测定燃烧性(推荐尺寸为 125 mm×13 mm×3 mm)的试样可用符合尺寸要求的模具注塑制备。

用于测定电气强度(推荐尺寸为≥80 mm×≥80 mm×2 mm)和表面电阻率(推荐尺寸为≥80 mm×≥80 mm×3 mm)的试样可用符合尺寸要求的模具注塑制备。

5.3 试样的状态调节和试验的标准环境

试样的状态调节应按 GB/T 2918—1998 的规定进行。状态调节的条件为温度 23 ℃±2 ℃,相对湿度 50%±10%,时间至少 16 h。

所有试验都应在 GB/T 2918—1998 规定的标准试验环境下进行,温度 23 ℃±2 ℃,相对湿度为 50%±10%。

5.4 颗粒外观

按 SH/T 1541—2006 中的规定进行。

5.5 密度

试样为按 5.2 制备的 1A 型注塑试样的中间部分。

试样的状态调节按 5.3 规定进行。

测试按 GB/T 1033.1—2008 规定进行,采用 A 法。

5.6 拉伸断裂应力

试样为按 5.2 制备的 1A 型试样。

试样的状态调节按 5.3 规定进行。

测试按 GB/T 1040.2—2006 规定进行,试验速度为 5 mm/min。

5.7 弯曲强度

试样为按 5.2 制备的 80 mm×10 mm×4 mm 长条试样。

试样的状态调节按 5.3 规定进行。

测试按 GB/T 9341—2008 的规定进行,试验速度为 2 mm/min。

5.8 悬臂梁缺口冲击强度

试样为按 5.2 制备的 80 mm×10 mm×4 mm 长条试样。样条应在注塑后的 1 h~4 h 内加工缺口,缺口类型为 A 型。

试样的状态调节按 5.3 规定进行。

测试按 GB/T 1843—2008 的规定进行。

注:下次修订时,悬臂梁冲击强度将由简支梁缺口冲击强度代替。

5.9 负荷变形温度

试样为按 5.2 制备的 80 mm×10 mm×4 mm 长条试样。

试样的状态调节按 5.3 规定进行。

测试按 GB/T 1634.2—2004 中的 A 法(负荷为 1.80 MPa)规定进行。试验时,加热装置的起始温度应低于 27 ℃。加热升温速率为 120 ℃/h±10 ℃/h。

5.10 燃烧性

试样可为按 5.2 制备的推荐尺寸为 125 mm×13 mm×3 mm 的注塑试样,也可按照需方要求的其他厚度的试样进行测试。仲裁时采用试样厚度为 3.0 mm。

试样的状态调节按 5.3 规定进行。

测试按 GB/T 5169.16—2008 规定进行,采用 50 W 垂直火焰试验方法。

5.11 电气强度

试样为按 5.2 制备的推荐尺寸为 ≥80 mm×≥80 mm×2 mm 的试样。

试样的状态调节按 5.3 规定进行。

测试按 GB/T 1408.1—2006 规定进行。

5.12 表面电阻率

试样为按 5.2 制备的推荐尺寸为 ≥80 mm×≥80 mm×3 mm 的试样。

试样的状态调节按 5.3 规定进行。

测试按 GB/T 1410—2006 规定进行。

5.13 有毒有害物质的测定

按 SJ/T 11365—2006 规定的方法进行。

6 检验规则

6.1 检验分类与检验项目

玻璃纤维增强阻燃聚对苯二甲酸丁二醇酯专用料产品的检验可分为型式检验和出厂检验两类。

第 4 章中所有的项目为型式检验项目。

各类玻璃纤维增强阻燃聚对苯二甲酸丁二醇酯专用料产品出厂检验至少应包含拉伸断裂应力、悬臂梁缺口冲击强度、弯曲强度、燃烧性。

6.2 组批规则与抽样方案

6.2.1 组批规则

玻璃纤维增强阻燃聚对苯二甲酸丁二醇酯专用料由同一生产线上、相同原料、相同工艺所生产的同一牌号的产品组批，生产厂也可按一定生产周期或储存料仓为一批对产品进行组批。产品以批为单位进行检验和验收。

6.2.2 抽样方案

玻璃纤维增强阻燃聚对苯二甲酸丁二醇酯专用料可在料仓的下料口抽样，也可根据生产周期等实际情况确定具体的抽样方案。

包装后产品的取样应按 GB/T 2547—2008 规定进行。

6.3 判定规则和复验规则

6.3.1 判定规则

玻璃纤维增强阻燃聚对苯二甲酸丁二醇酯专用料应由生产厂的质量检验部门按照本标准规定的试验方法进行检验，依据检验结果和本标准中的要求对产品作出质量判定，并提出证明。

产品出厂时，每批产品应附有产品质量检验合格证。合格证上应注明产品名称、牌号、批号、执行标准，并盖有质检专用章和检验员章。

6.3.2 复验规则

检验结果若某项指标不符合本标准要求时，可重新取样对该项目进行复验。以复验结果作为该批产品的质量判定依据。

7 标志

玻璃纤维增强阻燃聚对苯二甲酸丁二醇酯专用料的外包装袋上应有明显的标志。标志内容可包括：商标、生产厂名称和地址、标准号、产品名称、牌号、生产日期、批号和净含量等。

8 包装、运输及贮存

8.1 包装

玻璃纤维增强阻燃聚对苯二甲酸丁二醇酯专用料采用双层包装袋(外层为牛皮纸袋，内层用聚乙烯包装袋)或其他包装形式。包装袋的封口应保证产品在贮存、运输时不被污染。包装袋要防尘、防潮。每袋产品的净含量可为 25 kg 或其他。

8.2 运输

玻璃纤维增强阻燃聚对苯二甲酸丁二醇酯专用料为非危险品。在运输和装卸过程中严禁使用铁钩等锐利工具，切忌抛掷。运输工具应保持清洁、干燥并备有厢棚或苫布。运输时不得与沙土、碎金属、煤炭及玻璃等混合装运，更不可与有毒及腐蚀性或易燃物混装。

8.3 贮存

玻璃纤维增强阻燃聚对苯二甲酸丁二醇酯专用料应贮存在干燥、通风良好的仓库内，不应露天堆放，防止暴晒；不得与腐蚀品、易燃品一起贮存，且堆放平整。贮存时，应远离热源，并防止阳光直接照射。

玻璃纤维增强阻燃聚对苯二甲酸丁二醇酯专用料应有贮存期的规定，一般从生产之日起，不超过12个月。

ICS 83.080.20
G 32

中华人民共和国国家标准

GB/T 30923—2014

塑料　聚丙烯（PP）熔喷专用料

Plastics—Polypropylene materials for meltblown

2014-07-08 发布

2014-12-01 实施

中华人民共和国国家质量监督检验检疫总局
中国国家标准化管理委员会　发布

前　言

本标准按照 GB/T 1.1—2009 给出的规则起草。

本标准由中国石油化工集团公司提出。

本标准由全国塑料标准化技术委员会石化塑料树脂产品分技术委员会(SAC/TC 15/SC 1)归口。

本标准负责起草单位:中国石油化工股份有限公司北京燕山分公司树脂应用研究所。

本标准参加起草单位:上海伊士通新材料发展有限公司、山东道恩高分子材料股份有限公司、中国石油化工股份有限公司北京燕山分公司塑料分公司、山东俊富无纺布有限公司。

本标准主要起草人:陈青葵、殷昌平、于晓宁、柳先友、黄文胜、王素玉、李景清、赫妮娜、赵磊、陈全虎、慕春霞。

塑料 聚丙烯(PP)熔喷专用料

1 范围

本标准规定了聚丙烯(PP)熔喷专用料的命名、要求、试验方法、检验规则、标志及包装、运输和贮存。

本标准适用于以聚丙烯为主要原料,以二叔丁基过氧化物(DTBP)为降解剂,经改性制得的聚丙烯熔喷专用料。

2 规范性引用文件

下列文件对于本文件的应用是必不可少的。凡是注日期的引用文件,仅注日期的版本适用于本文件。凡是不注日期的引用文件,其最新版本(包括所有的修改单)适用于本文件。

GB/T 2546.1—2006 塑料 聚丙烯(PP)模塑和挤出材料 第1部分:命名系统和分类基础

GB/T 2547—2008 塑料 取样方法

GB/T 2914—2008 塑料 氯乙烯均聚和共聚树脂挥发物(包括水)的测定

GB/T 2918—1998 塑料试样状态调节和试验的标准环境

GB/T 3682—2000 热塑性塑料熔体质量流动速率和熔体体积流动速率的测定

GB/T 8170—2008 数值修约规则与极限数值的表示和判定

GB/T 9345.1—2008 塑料 灰分的测定 第1部分:通用方法

GB 15979 一次性使用卫生用品卫生标准

SH/T 1541—2006 热塑性塑料颗粒外观试验方法

ISO 16014-4:2012 塑料 体积排除色谱法测定聚合物的平均分子量和分子量分布 第4部分:高温法(Plastics—Determination of average molecular mass and molecular mass distribution of polymers using size-exclusion chromatography—Part 4:High-temperature method)

3 命名

3.1 总则

聚丙烯熔喷专用料产品的命名与分类按GB/T 2546.1—2006的规定,并按以下方法进行:

命名方式	命名		
	特征项目组		
	字符组1	字符组2	字符组3

字符组1:按照GB/T 2546.1—2006中3.1规定,均聚聚丙烯材料以代号"PPH"表示。

字符组2:按照GB/T 2546.1—2006中3.2规定,纤维级的聚丙烯材料以代号"Y"表示。

字符组3:特征性能,见3.2。

字符组1和字符组2之间用逗号","隔开。

3.2 特征性能

聚丙烯熔喷专用料以熔体质量流动速率作为特征性能,并以其标称值为基础用四个数字做代号进行区分,代号的规定见表1。

表 1 聚丙烯熔喷专用料熔体质量流动速率使用代号的规定

熔体质量流动速率的标称值 g/10 min	代号的规定
≥1 000	将其标称值取前两位有效数字并在后加"00"
<1 000	将其标称值取前两位有效数字并在前和后分别加"0"

聚丙烯熔喷专用料的生产者应对材料进行命名。由于生产过程的容许限,材料的试验值一般与命名值不同,该命名不受影响。

示例:某种聚丙烯熔喷专用料,熔体质量流动速率标称值为 1 200 g/10 min(1 200)。该材料命名如下:

字符组1:聚丙烯代号
字符组2:纤维类
字符组3:熔体质量流动速率的标称值
命名:PPH,Y1200

4 通用要求

对于有卫生要求的聚丙烯熔喷专用料应符合 GB 15979 的规定。

5 要求

5.1 聚丙烯熔喷专用料为本色颗粒,无杂质。

5.2 聚丙烯熔喷专用料的其他技术要求见表2。

表 2 聚丙烯熔喷专用料的要求

序号	测试项目		单位	PPH,Y0450	PPH,Y1000	PPH,Y1200	PPH,Y1300	PPH,Y1500
1.1	颗粒外观	黑粒	个/kg	0				
1.2		大粒和小粒	g/kg	≤30				
2	熔体质量流动速率		g/10 min	450±50	1 000±100	1 200±100	1 300±100	1 500±100
3	灰分(质量分数)		%	≤0.03				
4	挥发分(质量分数)		%	≤0.2				
5	二叔丁基过氧化物 (DTBP)残留量		mg/kg	≤5				
6	分子量分布		—	2~4				

6 试验方法

6.1 试验结果的判定

试验结果采用全数值比较法,应按 GB/T 8170—2008 规定进行。

6.2 试验的标准环境

试验应在 GB/T 2918—1998 规定的标准环境下进行,温度为 23 ℃±2 ℃,相对湿度为 50%±10%。

6.3 颗粒外观

试验按 SH/T 1541—2006 规定进行。

6.4 熔体质量流动速率

试验按 GB/T 3682—2000 中 B 法规定进行。试验条件为 M(温度:230 ℃,负荷:2.16 kg),熔体密度值为 0.738 6 g/cm³。试验时,在装试样前应用氮气吹扫料筒 5 s～10 s,氮气压力为 0.05 MPa。先测得熔体体积流动速率,然后利用熔体密度值计算熔体质量流动速率。试验时,应使用口模塞。

6.5 灰分

试验按 GB/T 9345.1—2008 规定的方法 A 进行,采用直接煅烧法,煅烧温度为 850 ℃±50 ℃。

6.6 挥发分

试验按 GB/T 2914—2008 规定的方法 A 进行,烘箱温度为 110 ℃±2 ℃。

6.7 二叔丁基过氧化物(DTBP)残留量的测定

试验按附录 A 规定进行。

6.8 分子量分布

试验按 ISO 16014-4:2012 规定进行,溶剂使用三氯苯,流速为 1 mL/min,柱温为 150 ℃。

7 检验规则

7.1 检验分类与检验项目

7.1.1 检验分类

第 4 章通用要求的内容只在需要时进行检验。
聚丙烯熔喷专用料产品的检验分为型式检验和出厂检验两类。

7.1.2 检验项目

第 5 章中所有的项目为型式检验项目。
出厂检验项目为颗粒外观(黑粒、大粒和小粒)、熔体质量流动速率和灰分。
当有下列情况时应进行型式检验:
a) 新产品试制定型鉴定时;
b) 正式生产后,若原材料或工艺有较大改变,可能影响产品性能时;

c) 产品装置检修,恢复生产时;

d) 出厂检验结果与上次型式检验结果有较大差异时;

e) 上级质量监督机构提出进行型式检验要求时。

7.2 组批规则与抽样方案

7.2.1 组批规则

聚丙烯熔喷专用料以同一生产线上、相同原料、相同工艺生产的同一牌号的产品组批。生产厂可按一定生产周期或储存料仓为一批对产品进行组批。

产品以批为单位进行检验和验收。

7.2.2 抽样方案

聚丙烯熔喷专用料可在料仓的取样口抽样,也可根据生产周期等实际情况确定具体的抽样方案。

包装后产品的取样应按 GB/T 2547—2008 规定进行。

7.3 判定规则和复验规则

7.3.1 判定规则

聚丙烯熔喷专用料应由生产厂的质量检验部门按照本标准规定的试验方法进行检验,依据检验结果和本标准中的技术要求对产品作出质量判定,并提出证明。

产品出厂时,每批产品应附有产品质量检验合格证。合格证上应注明产品名称、牌号、批号、执行标准,并盖有质检专用章。

7.3.2 复验规则

检验结果若某项指标不符合本标准要求时,应重新加倍取样对该项目进行复验。以复验结果作为该批产品的质量判定依据。

8 标志

聚丙烯熔喷专用料产品的外包装袋上应有明显的标志。标志内容可包括:商标、生产厂名称、厂址、标准号、产品名称、牌号、批号(含生产日期)和净含量等。

9 包装、运输和贮存

9.1 包装

聚丙烯熔喷专用料可用内衬聚乙烯薄膜袋的聚丙烯编织袋包装或其他包装形式包装。包装材料应保证在运输、码放、贮存时不被污染和泄漏。

每袋产品的净含量可为 25 kg 或其他。

9.2 运输

聚丙烯熔喷专用料为非危险品。在运输和装卸过程中不应使用铁钩等锐利工具,切忌抛掷。运输工具应保持清洁、干燥并备有厢棚或苫布。运输时不应与沙土、碎金属、煤炭及玻璃等混合装运,更不应与有毒及腐蚀性或易燃物混装。不应暴晒或雨淋。

9.3 贮存

聚丙烯熔喷专用料应贮存在通风、干燥、清洁并保持有良好消防设施的仓库内。贮存时,应远离热源,并防止阳光直接照射,不应在露天堆放。

聚丙烯熔喷专用料应有贮存期的规定,一般从生产之日起,不超过12个月。

附 录 A

（规范性附录）

气相色谱法聚丙烯熔喷专用料中二叔丁基过氧化物（DTBP）残留量的测定

A.1 范围

本附录规定了用气相色谱法测定聚丙烯熔喷专用料中二叔丁基过氧化物（DTBP）残留量的试验方法。

本附录适用于聚丙烯熔喷专用料中二叔丁基过氧化物（DTBP）残留量的测定。

A.2 原理

在甲苯溶剂中将样品溶解或溶胀，溶剂中含有已知量的正己烷作为内标物。用微量进样器吸取适量溶液，直接注入气相色谱仪，在一定条件下进行气相色谱分析，用内标法测定二叔丁基过氧化物（DTBP）残留量。

A.3 试剂与材料

A.3.1 正己烷，分析纯。

A.3.2 二叔丁基过氧化物。

A.3.3 甲苯，分析纯。

A.3.4 氮气（N_2），其体积分数不低于99.8%。使用前需用脱水装置、硅胶、分子筛或活性炭等进行净化处理。

A.3.5 氢气（H_2），其体积分数不低于99.8%。使用前需用脱水装置、硅胶、分子筛或活性炭等进行净化处理。

A.3.6 空气，应无腐蚀性杂质。使用前进行脱油、脱水处理。

A.4 样品

取聚丙烯熔喷专用料颗粒充分混合作为试验样品，并密封备用。

A.5 仪器和设备

A.5.1 气相色谱仪，配有氢火焰离子化检测器（FID）和能适应毛细管色谱柱的分流进样器。

A.5.2 色谱柱，长50 m、内径0.32 mm、固定液为100%二甲基聚硅氧烷、液膜厚度0.3 μm的毛细管色谱柱，或性能相当的其他色谱柱。

A.5.3 色谱数据处理系统或合适的记录仪。

A.5.4 分析天平，准确度0.1 mg。

A.5.5 微量进样器,10 μL。

A.5.6 容量瓶,50 mL。

A.5.7 具塞烧瓶,25 mL。

A.5.8 移液管,1 mL。

A.5.9 计量管,1 mL,分度值 0.01 mL。

A.6 设备准备

A.6.1 当使用新的色谱柱或色谱柱长期未使用时,色谱柱应进行老化处理。将色谱柱的一端与进样器连接,另一端不接检测器,以免柱内流失物污染检测器。将载气(氮气)流速调到表 A.1 规定的操作条件值,在柱箱温度为 300 ℃下将色谱柱老化 4 h,老化完毕后应在氮气中逐渐降温。

表 A.1 推荐操作条件

项　　目		操 作 条 件
温度/ ℃	进样口	110
	检测器	110
	色谱柱	76
载气流速/(mL/min)		1
进样体积/μL		1
分流比		1∶20

A.6.2 将色谱柱的出口与检测器连接。并按表 A.1 的操作条件,使仪器达到充分平衡,此时色谱图基线应稳定。

A.7 内标法校准

A.7.1 校准溶液的配制

A.7.1.1 在一个 50 mL 容量瓶(A.5.6)中加入适量的甲苯(A.3.3),用分析天平(A.5.4)称量此时容量瓶的质量,精确至 0.1 mg。用计量管(A.5.9)加入约 0.5 g 正己烷(A.3.1),用分析天平(A.5.4)称量此时的容量瓶(A.5.6)的质量,精确至 0.1 mg。再用甲苯(A.3.3)稀释至体积刻度,摇匀,记为溶液 A。

A.7.1.2 在一个 50 mL 容量瓶(A.5.6)中加入适量的甲苯(A.3.3),用分析天平(A.5.4)称量此时容量瓶的质量,精确至 0.1 mg。用计量管(A.5.9)加入约 0.5 g 二叔丁基过氧化物(A.3.2),用分析天平(A.5.4)称量此时容量瓶(A.5.6)的质量,精确至 0.1 mg。再用甲苯(A.3.3)稀释至体积刻度,摇匀,记为溶液 B。

A.7.1.3 用移液管(A.5.8)分别移取 1 mL 溶液 A(A.7.1.1)和溶液 B(A.7.1.2)置于一个 50 mL 的容量瓶(A.5.6)中,再加入甲苯(A.3.3)溶剂稀释至体积刻度,摇匀,作为校准溶液。根据溶液 A(A.7.1.1)中正己烷的浓度和溶液 B(A.7.1.2)中二叔丁基过氧化物的浓度,计算校准溶液中正己烷(A.3.1)的含量

M_S(mg)和二叔丁基过氧化物的含量 M_i(mg)。

A.7.1.4　溶液的存放:将配制好的校准溶液(A.7.1.3)、溶液 A(A.7.1.1)和溶液 B(A.7.1.2)均放于 5 ℃～15 ℃的冷藏箱内。使用时从冷藏箱内取出,待溶液和室温一致后方可使用。溶液存放期限为 60 天。

A.7.2　校准溶液的气相色谱测定

用微量进样器(A.5.5)吸取 A.7.1.3 制备的校准溶液 1 μL,注入气相色谱仪(A.5.1)进行分析。得到气相色谱图后,从气相色谱图上确定正己烷的峰面积 A_S 和二叔丁基过氧化物的峰面积 A_i。

A.7.3　校正因子的确定

二叔丁基过氧化物的校正因子 R_f 按式(A.1)计算:

$$R_f = \frac{A_S \times M_i}{A_i \times M_S} \quad\quad\quad \cdots\cdots\cdots\cdots\cdots\cdots\cdots（A.1）$$

式中:

A_S——校准溶液中正己烷的峰面积;

A_i——校准溶液中二叔丁基过氧化物的峰面积;

M_S——校准溶液中正己烷的含量,单位为毫克(mg);

M_i——校准溶液中二叔丁基过氧化物的含量,单位为毫克(mg)。

A.8　试验步骤

A.8.1　试样溶液的制备

用分析天平(A.5.4)称取约 1 g 样品,精确到 0.1 mg,记为 W_1。将其置于 25 mL 具塞烧瓶(A.5.7)中,并向烧瓶中加入约 10 mL 甲苯(A.3.3),放在电加热套上加热至溶液沸腾,保持约 20 min,待样品全部溶解或溶胀后,取下烧瓶,放入冷水中冷却至室温,用玻璃棒搅拌,打碎沉淀物。再加入约 10 mL 甲苯(A.3.3),用移液管(A.5.8)加入 1 mL 溶液 A(A.7.1.1)于制备好的试样溶液中,摇匀待测。

A.8.2　试样溶液的气相色谱测定

用微量进样器(A.5.5)吸取 A.8.1 制备的试样溶液 1 μL,注入气相色谱仪的进样口,进行气相色谱分析,在气相色谱图上确定试样溶液中正己烷的峰面积 $A_S{}'$ 和二叔丁基过氧化物的峰面积 $A_i{}'$。

A.8.3　试验结果的计算

样品中二叔丁基过氧化物残留量 C_i(mg/kg)按式(A.2)计算:

$$C_i = \frac{M_S{}' \times A_i{}' \times R_f}{W_1 \times A_S{}'} \times 1\,000 \quad\quad \cdots\cdots\cdots\cdots\cdots（A.2）$$

式中:

$A_S{}'$——试样溶液的正己烷的峰面积;

$A_i{}'$——试样溶液的二叔丁基过氧化物的峰面积;

$M_S{}'$——试样溶液中正己烷的含量,单位为毫克(mg);

W_1——样品质量,单位为克(g)。

取两次平行试验的算术平均值作为结果,并修约至整数位进行报告。

A.9 精密度

在同一实验室,由同一操作者使用相同设备,按相同的测试方法,并在短时间内对同一试样进行测试获得的两次重复测定值的绝对差值不大于其平均值的 10%。

———————————

编者注:
规范性引用文件中国际标准转化情况见附表。

ICS 83.080.20
G 32

中华人民共和国国家标准

GB/T 32679—2016

超高分子量聚乙烯（PE-UHMW）树脂

Ultra-high-molecular-weight polyethylene（PE-UHMW） resin

2016-06-14 发布

2017-01-01 实施

中华人民共和国国家质量监督检验检疫总局
中国国家标准化管理委员会 发 布

前　言

　　本标准按照 GB/T 1.1—2009 给出的规则起草。

　　本标准由中国石油化工集团公司提出。

　　本标准由全国塑料标准化技术委员会石化塑料树脂产品分会(SAC/TC 15/SC 1)归口。

　　本标准负责起草单位:北京东方石油化工有限公司助剂二厂。

　　本标准参加起草单位:中国石化北京燕山分公司树脂应用研究所、中国石化齐鲁分公司、上海化工研究院、承德市金建检测仪器有限公司、上海联乐化工科技有限公司。

　　本标准主要起草人:刘英、邴涓林、陈宏愿、王晓丽、谢建玲、张炜、任雨峰、江承忠、胡晶石、郑慧琴、孙建平、沈贤婷、赵春保、赵爽、王灵肖、冯玲英、陶俭、于洋。

超高分子量聚乙烯(PE-UHMW)树脂

1 范围

本标准规定了超高分子量聚乙烯(PE-UHMW)树脂的分类与命名、要求、试验方法、检验规则、标志、包装、运输和贮存等。

本标准适用于黏均分子量 100 万以上的 PE-UHMW 树脂。

本标准适用于所有粉状 PE-UHMW 均聚物或其他 1-烯烃单体质量分数小于 50% 及带有官能团的非烯烃单体质量分数不大于 3% 的共聚物及含有不大于 0.3% 添加剂的聚合物。

本标准不适用于经着色剂、填料、色母粒等改性的 PE-UHMW 材料。

2 规范性引用文件

下列文件对于本文件的应用是必不可少的。凡是注日期的引用文件,仅注日期的版本适用于本文件。凡是不注日期的引用文件,其最新版本(包括所有的修改单)适用于本文件。

GB/T 1033.1—2008 塑料 非泡沫塑料密度的测定 第 1 部分:浸渍法、液体比重瓶法和滴定法

GB/T 1033.2—2010 塑料 非泡沫塑料密度的测定 第 2 部分:密度梯度柱法

GB/T 1040.2—2006 塑料 拉伸性能的测定 第 2 部分:模塑和挤塑塑料的试验条件

GB/T 1632.3—2010 塑料 使用毛细管黏度计测定聚合物稀溶液黏度 第 3 部分:聚乙烯和聚丙烯

GB/T 1634.2—2004 塑料 负荷变形温度的测定 第 2 部分:塑料、硬橡胶和长纤维增强复合材料

GB/T 1636—2008 塑料 能从规定漏斗流出的材料表观密度的测定

GB/T 2547—2008 塑料 取样方法

GB/T 2918—1998 塑料试样状态调节和试验的标准环境

GB/T 8170—2008 数值修约规则与极限数值的表示和判定

GB/T 9345.1—2008 塑料 灰分的测定 第 1 部分:通用方法

GB/T 9348—2008 塑料 聚氯乙烯树脂 杂质与外来粒子数的测定

GB 9691 食品包装用聚乙烯树脂卫生标准

GB/T 17219 生活饮用水输配水设备及防护材料安全性评价标准

GB/T 21461.1—2008 塑料 超高分子量聚乙烯(PE-UHMW)模塑和挤出材料 第 1 部分:命名系统和分类基础

GB/T 21461.2—2008 塑料 超高分子量聚乙烯(PE-UHMW)模塑和挤出材料 第 2 部分:试样制备和性能测定

GB/T 21843—2008 塑料 氯乙烯均聚和共聚树脂 用机械筛测定粒径

ISO 2818:1994 塑料 用机加工方法制备试样(Plastics—Preparation of test specimens by machining)

ISO 15527:2010 塑料 聚乙烯(PE-UHMW、PE-HD)压塑片材 要求和试验方法(Plastics—Compression-moulded sheets of polyethylene (PE-UHMW, PE-HD)—Requirements and test methods)

3 分类与命名

PE-UHMW 树脂的分类与命名按 GB/T 21461.1—2008 的规定进行。PE-UHMW 树脂产品命名及相应黏均分子量($\overline{M}_\eta$)范围与典型企业商品名及相应黏均分子量($\overline{M}_\eta$)标称值对照见附录 A。

示例：某种粉末状(D)超高分子量聚乙烯(PE-UHMW)热塑性材料,用于压塑(Q),黏数标称值为 2 400 mL/g(2),定伸应力标称值为 0.25 MPa(2),简支梁双缺口冲击强度标称值为 150 kJ/m²(1),其命名为：

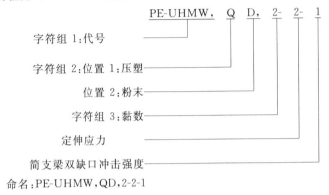

命名：PE-UHMW,QD,2-2-1

4 卫生要求

对于有卫生要求的 PE-UHMW 树脂,应符合 GB 9691 或 GB/T 17219 的规定。

5 要求

5.1 外观

PE-UHMW 树脂为白色粉末,无杂质。

5.2 技术要求

5.2.1 一般用途类 PE-UHMW 树脂牌号的技术要求见表1。

5.2.2 挤出类 PE-UHMW 树脂牌号的技术要求见表2。

5.2.3 纺丝和薄膜挤出类 PE-UHMW 树脂牌号的技术要求见表3。

表 1 一般用途类 PE-UHMW 树脂的技术要求

序号	项目		单位	PE-UHMW, GD.0-1-2	PE-UHMW, GD.1-1-2	PE-UHMW, GD.1-2-1	PE-UHMW, GD.2-5-1	PE-UHMW, GD.2-5-1-A[a]	PE-UHMW, GD.3-5-1	PE-UHMW, GD.3-5-1-A[a]	PE-UHMW, GD.4-5-1	PE-UHMW, GD.4-5-1-A[a]	PE-UHMW, GD.5-5-1
1	黏数	标称值	mL/g	1 450	1 950	1 950	2 450	2 450	2 950	2 950	3 500	3 500	4 100
		偏差		±250	±250	±250	±250	±250	±250	±250	±300	±300	±300
2	定伸应力		MPa	0.15~0.30	0.10~0.20	0.20~0.40	0.28~0.45	0.25~0.45	0.30~0.50	0.30~0.50	0.40~0.60	0.40~0.60	0.50~0.70
3	简支梁双缺口冲击强度		kJ/m²	≥150	≥170	≥100	≥70	≥90	≥60	≥100	≥40	≥90	≥40
4	杂色粒子数		个/100格	≤40	≤40	≤40	≤40	≤40	≤40	≤40	≤40	≤40	≤40
5	筛余物(质量分数)		%	≤2.0	≤2.0	≤2.0	≤2.0	≤2.0	≤2.0	≤2.0	≤2.0	≤2.0	≤2.0
6	密度		g/cm³	报告值	报告值	报告值	报告值	报告值	报告值	报告值	报告值	报告值	报告值
7	表观密度		g/cm³	≥0.40	≥0.40	≥0.40	≥0.40	≥0.40	≥0.40	≥0.40	≥0.40	≥0.40	≥0.40
8	拉伸断裂应力		MPa	≥25	≥25	≥25	≥30	≥25	≥30	≥25	≥32	≥25	≥33
9	拉伸断裂应变		%	≥280	≥280	≥280	≥280	≥280	≥280	≥280	≥280	≥280	≥260
10	负荷变形温度		℃	≥50	≥50	≥50	≥50	≥50	≥50	≥50	≥50	≥50	≥50
11	磨损指数(质量分数)		%	报告值	报告值	报告值	报告值	报告值	报告值	报告值	报告值	报告值	报告值

a "—A"表示相同命名同名特征性能范围的不同产品。

表2 挤出类 PE-UHMW 树脂的技术要求

序号	项目		单位	PE-UHMW，ED.0-1-1	PE-UHMW，ED.0-1-2	PE-UHMW，ED.0-2-1	PE-UHMW，ED.1-1-1	PE-UHMW，ED.1-2-1	PE-UHMW，ED.2-2-1	PE-UHMW，ED.2-5-1	PE-UHMW，ED.3-5-1	PE-UHMW，ED.4-5-1
1	黏数	标称值	mL/g	1 450	1 450	1 450	1 950	1 950	2 450	2 450	2 950	3 550
		偏差		±250	±250	±250	±250	±250	±250	±250	±250	±350
2	定伸应力		MPa	0.10~0.20	0.10~0.20	0.20~0.30	0.10~0.20	0.20~0.35	0.20~0.30	0.25~0.40	0.35~0.50	0.40~0.55
3	简支梁双缺口冲击强度		kJ/m²	≥130	≥170	≥150	≥120	≥100	≥80	≥100	≥100	≥60
4	杂色粒子数		个/100格	≤40	≤40	≤40	≤40	≤40	≤40	≤40	≤40	≤40
5	筛余物（质量分数）		%	≤2.0	≤2.0	≤2.0	≤2.0	≤2.0	≤2.0	≤2.0	≤2.0	≤2.0
6	密度		g/cm³	报告值	报告值	报告值	报告值	报告值	报告值	报告值	报告值	报告值
7	表观密度		g/cm³	≥0.40	≥0.40	≥0.40	≥0.40	≥0.40	≥0.40	≥0.40	≥0.40	≥0.40
8	拉伸断裂应力		MPa	≥28	≥30	≥22	≥30	≥25	≥30	≥25	≥25	≥32
9	拉伸断裂应变		%	≥300	≥300	≥250	≥300	≥250	≥300	≥250	≥250	≥300
10	负荷变形温度		℃	≥55	≥55	≥55	≥55	≥55	≥55	≥55	≥55	≥55
11	磨损指数（质量分数）		%	报告值	报告值	报告值	报告值	报告值	报告值	报告值	报告值	报告值

表 3 纺丝和薄膜挤出类 PE-UHMW 树脂的技术要求

序号	项目		单位	PE-UHMW,YD,1-2-1	PE-UHMW,YD,2-2-1	PE-UHMW,YD,2-5-1	PE-UHMW,YD,3-5-1	PE-UHMW,FD,3-5-1
1	黏数	标称值	mL/g	1 950	2 450	2 450	3 050	3 050
		偏差		±250	±250	±250	±350	±350
2	定伸应力		MPa	0.20~0.30	0.20~0.30	0.30~0.50	0.30~0.50	0.30~0.50
3	简支梁双缺口冲击强度		kJ/m²	60~130	50~120	50~120	50~110	50~100
4	杂色粒子数		个/100格	≤20	≤20	≤20	≤20	≤20
5	筛余物(质量分数)		%	≤2.0	≤2.0	≤2.0	≤2.0	≤2.0
6	密度		g/cm³	报告值	报告值	报告值	报告值	报告值
7	表观密度		g/cm³	0.35~0.45	0.35~0.45	0.35~0.45	0.35~0.45	≥0.40
8	拉伸断裂应力		MPa	≥28	≥28	≥28	≥30	≥30
9	拉伸断裂应变		%	≥300	≥300	≥300	≥280	≥280
10	灰分(质量分数)		%	报告值	报告值	报告值	报告值	—

6 试验方法

6.1 试验结果判定

试验结果采用修约值判定法,应按 GB/T 8170—2008 的规定进行。

6.2 试样制备

PE-UHMW 树脂压塑试片的制备见 GB/T 21461.2—2008 中 3.2 的规定,具体压塑条件见表 4。

表 4 试片的压塑条件

模塑温度 ℃	平均冷却速率 ℃/min	脱模温度 ℃	全压压力 MPa	全压时间 min	预热压力 MPa	预热时间 min
210	15	≤40	10	30	5	5~15

压塑小于 4 mm 厚试片时,应使用溢料式模具。压塑大于或等于 4 mm 厚的试片时,应使用不溢式模具。预热时间取决于模具的类型和加热方式(蒸汽、电)。

注:使用溢料式模具模塑,通常预热 5 min 已经足够;而不溢式模具由于质量较大,特别是使用电加热时,可能需要预热 5 min~15 min。

用于性能测定的试样,应使用冲切的方法或按 ISO 2818:1994 的规定,采用机加工方法从压塑试片上制得。

6.3 试样的状态调节和试验的标准环境

试样的状态调节按 GB/T 2918—1998 的规定进行。状态调节条件为温度 23 ℃±2 ℃,相对湿度为 50%±10%,调节时间至少 40 h。

试验应在 GB/T 2918—1998 规定的标准环境下进行,环境的温度为 23 ℃±2 ℃、相对湿度为 50%±10%。

6.4 黏数

试验按 GB/T 1632.3—2010 中的规定进行,选择浓度为 0.02 g/dL 的溶液。当溶样过程不采用机械搅拌装置时,可以采用手动摇晃,沿一个方向(顺时针或逆时针),每隔 4 min~5 min 摇晃一次,直至试样完全溶解。

在测量过程中,为防止聚合物溶液发生氧化,添加 0.2%(质量分数)的抗氧剂。仲裁时,使用抗氧剂四[亚甲基 3-(3′,5′-二叔丁基-4′-羟苯基)正丙酯]甲烷。

黏数(I)按式(1)计算:

$$I = \frac{t - t_0}{t_0 c} = \frac{\eta_{rel} - 1}{c} = \frac{\eta_{sp}}{c} \quad \cdots\cdots\cdots\cdots\cdots\cdots (1)$$

$$\eta_{rel} = \frac{t}{t_0} \quad \cdots\cdots\cdots\cdots\cdots\cdots (2)$$

$$\eta_{sp} = \eta_{rel} - 1 \quad \cdots\cdots\cdots\cdots\cdots\cdots (3)$$

式中：

t ——135 ℃时溶液流出时间,单位为秒(s);

t_0 ——135 ℃时溶剂流出时间,单位为秒(s);

η_{rel} ——相对黏度,无量纲,数值应在 1.2～2.0 之间;

η_{sp} ——相对黏度增量,无量纲;

c ——135 ℃时溶液浓度,单位为克每分升(g/dL)。

6.5 定伸应力

试验按 GB/T 21461.2—2008 附录 A 中的规定进行。

压塑试片时,添加 0.5％(质量分数)的四[亚甲基 3-(3′,5′-二叔丁基-4′-羟苯基)正丙酯]甲烷与三(2,4-二叔丁基苯基)亚磷酸酯的复合抗氧剂,比例为 1∶2。

采用小体积高搅混合器,使样品粉料与抗氧剂充分混合。

6.6 简支梁双缺口冲击强度

试验按 GB/T 21461.2—2008 附录 B 中的规定的进行,采用刻痕装置加工双缺口。

试样的状态调节和试验的标准环境按 6.3 的规定进行。

6.7 杂色粒子数

试验按 GB/T 9348—2008 中的规定测定杂色粒子数。

6.8 筛余物

试验按 GB/T 21843—2008 中的规定进行,称样量为 100 g。筛余物为未通过 900 μm(纺丝类产品为 450 μm)孔径筛子的树脂,以质量分数表示。

6.9 密度

试验按 GB/T 1033.1—2008 或 GB/T 1033.2—2010 中的规定进行,可以采用浸渍法或梯度柱法两种方法,梯度柱法为仲裁方法,试样取自 4 mm 压塑试片。

试样的状态调节和试验的标准环境按 6.3 的规定进行。

6.10 表观密度

试验按 GB/T 1636—2008 中的规定进行,采用 A 型漏斗。

6.11 拉伸断裂应力和拉伸断裂应变

试验按 GB/T 1040.2—2006 中的规定进行,试样为 1B 型,试验速度 50 mm/min。

试样的状态调节和试验的标准环境按 6.3 的规定进行。

6.12 负荷变形温度

试验按 GB/T 1634.2—2004 中的 B 法(负荷为 0.45 MPa)规定进行,试样为 80 mm×10 mm×4 mm 长条试样,水平放置。

试样的状态调节和试验的标准环境按 6.3 的规定进行。

6.13 磨损指数

试验按 ISO 15527:2010 中附录 B 的规定进行。

砂子颗粒尺寸为 0.5 mm～1.0 mm;沙子与水的质量比为 3 : 2;试验时间 3 h,砂浆温度 23 ℃±2 ℃,转速为 1 200 r/min。

6.14 灰分

试验按 GB/T 9345.1—2008 中的 A 法规定进行,采用直接煅烧法,煅烧温度为 850 ℃±50 ℃。

7 检验规则

7.1 检验分类与检验项目

PE-UHMW 树脂的检验分为型式检验和出厂检验两类。

第 5 章中所有的项目为型式检验项目。

出厂检验项目至少包括黏数、杂色粒子数、筛余物和表观密度等项目。

当有下列情况时应进行型式检验:

a) 新产品试制定型鉴定时;

b) 正式生产后,若原材料或工艺有较大改变,可能影响产品性能时;

c) 产品装置检修,恢复生产时;

d) 出厂检验结果与上次型式检验结果有较大差异时;

e) 上级质量监督机构提出进行型式检验要求时。

7.2 组批规则与抽样方案

7.2.1 组批规则

PE-UHMW 树脂以同一生产线上、相同原料、相同工艺所生产的同一牌号的产品组批,生产厂也可按一定生产周期或储存料仓为一批对产品进行组批。

产品以批为单位进行检验和验收。

7.2.2 抽样方案

PE-UHMW 树脂可以在料仓的取样口抽样,也可以根据生产周期等实际情况确定具体的抽样方案。

包装后产品的取样应按 GB/T 2547—2008 规定进行。

7.3 判定规则和复验规则

7.3.1 判定规则

PE-UHMW 树脂应由生产厂的质量检验部门按照本标准规定的试验方法进行检验,依据检验结果和本标准中的技术要求对产品做出质量判定,并提出证明。

产品出厂时,每批产品应附有产品质量检验合格证。合格证上应注明产品名称、牌号、批号、执行标准,并盖有质检专用章。

7.3.2 复验规则

检验结果若某项指标不符合本标准要求时,应重新取样对该项目进行复验。以复验结果作为该批产品的质量判定依据。

8 标志

PE-UHMW 树脂的外包装袋上应有明显的标志。标志内容可包括:商标、生产厂名称、厂址、标准号、产品名称、牌号、批号(含生产日期)和净含量等。

9 包装、运输和贮存

9.1 包装

PE-UHMW 树脂可用聚乙烯编织袋或其他包装形式包装。包装材料应保证产品在运输、码放、贮存时,不被污染和泄漏。

每袋产品的净含量可为 25 kg 或其他。

9.2 运输

PE-UHMW 树脂为非危险品。在运输和装卸过程中不应使用铁钩等锐利工具,不应抛掷。运输工具应保持清洁、干燥,并备有厢棚或苫布。运输时不应与沙土、碎金属、煤炭及玻璃等混装,更不应与有毒及腐蚀性或易燃物混装;不应暴晒或雨淋。

9.3 贮存

PE-UHMW 树脂应贮存在通风、干燥、清洁并保持有良好消防设施的仓库内。贮存时,应远离热源,并防止阳光直接照射,不应在露天堆放。

PE-UHMW 树脂应有贮存期的规定,一般从生产之日起,不超过 12 个月。

附　录　A

（资料性附录）

超高分子量聚乙烯树脂命名与典型企业商品名对照

表 A.1 给出了超高分子量聚乙烯树脂命名及相应黏均分子量（$\overline{M}_\eta$）范围与典型企业商品名及相应黏均分子量（$\overline{M}_\eta$）标称值的对照一览表。

表 A.1　超高分子量聚乙烯树脂命名及相应 $\overline{M}_\eta$ 范围与典型企业商品名及相应 $\overline{M}_\eta$ 标称值对照

序号	国家标准命名	相应 $\overline{M}_\eta$ 范围	典型企业商品名[1]	相应 $\overline{M}_\eta$ 标称值
1	PE-UHMW,GD,0-1-2	≤323	QUPE-01	200
2	PE-UHMW,GD,1-1-2	>323～452	SLL-2	350
3	PE-UHMW,GD,1-2-1		M-Ⅱ、QUPE-02	350
4	PE-UHMW,GD,2-5-1	>452～595	M-Ⅲ、SLL-4	520
5	PE-UHMW,GD,2-5-1-A		QUPE-03	500
6	PE-UHMW,GD,3-5-1	>595～799	M-Ⅳ、SLL-5	650
7	PE-UHMW,GD,3-5-1-A		QUPE-04	700
8	PE-UHMW,GD,4-5-1	>799～1 008	SLL-6	800
9	PE-UHMW,GD,4-5-1-A		QUPE-05	800
10	PE-UHMW,GD,5-5-1	>1 008	SLL-7	900
11	PE-UHMW,ED,0-1-1		GC-002	250
12	PE-UHMW,ED,0-1-2	≤323	SLL-PG	300
13	PE-UHMW,ED,0-2-2		QUPE-G1	300
14	PE-UHMW,ED,1-1-1	>323～452	SLL-NG	350
15	PE-UHMW,ED,1-2-1		QUPE-G2	—
16	PE-UHMW,ED,2-2-1	>452～595	SLL-J-1	500
17	PE-UHMW,ED,2-5-1		QUPE-G3	—
18	PE-UHMW,ED,3-5-1	>595～799	QUPE-G4	—
19	PE-UHMW,ED,4-5-1	>799～1 008	SLL-JS-6-2	900

表 A.1（续）

序号	国家标准命名	相应 $\overline{M}_\eta$ 范围	典型企业商品名[1]	相应 $\overline{M}_\eta$ 标称值
20	PE-UHMW,YD,2-2-1	>452~595	SLL-X-350	450
21	PE-UHMW,YD,2-2-1		SLL-X-400	550
22	PE-UHMW,YD,2-5-1		XW-350	550
23	PE-UHMW,YD,3-5-1	>595~799	XW-450、SLL-X-600	700
24	PE-UHMW,FD,3-5-1		SLL-G-500	650
注：表中 $\overline{M}_\eta$ 按下式计算：$\overline{M}_\eta = 53\,700 \times [\eta]^{1.49}$。				

----

1) 表中所列的超高分子量聚乙烯树脂产品的多个商品名是适合的市售产品的实例,给出这些信息是为了方便本标准的使用者,并不表示对这些产品的认可。

编者注：
规范性引用文件中 GB 9691 已废止,可引用 GB 4806 有关食品安全国家标准。

ICS 83.080.20
G 32

中华人民共和国国家标准

GB/T 33319—2016

塑料 聚乙烯(PE)透气膜专用料

Plastics—Polyethylene compounds for breathable film

2016-12-13 发布

2017-07-01 实施

中华人民共和国国家质量监督检验检疫总局
中国国家标准化管理委员会 发布

前　言

本标准按照 GB/T 1.1—2009 给出的规则起草。

本标准由中国石油化工集团公司提出。

本标准由全国塑料标准化技术委员会石化塑料树脂产品分会(SAC/TC 15/SC 1)归口。

本标准负责起草单位:金发科技股份有限公司。

本标准参加起草单位:福建恒安卫生材料股份有限公司、广州市合诚化学有限公司。

本标准主要起草人:何浏炜、王斌、叶南飚、袁绍彦、刘奇祥、曾祥斌、石鑫、郑永定、刘明学、蒋文真、赖步源、诸泉、谢怀兴、金志勇、付晓、李凯华。

塑料 聚乙烯(PE)透气膜专用料

1 范围

本标准规定了聚乙烯(PE)透气膜专用料的分类与命名、要求、试验方法、检验规则、标志、包装、运输和贮存。

本标准适用于以聚乙烯树脂为基体,加入矿物质填料及其他添加剂等,通过熔融共混形成的聚乙烯透气膜专用料。

注：本标准的透气膜是指以聚乙烯(PE)透气膜专用料经过挤出机流延或吹塑成膜之后在一定的温度下进行纵向拉伸所得到的薄膜,其内部形成了一定数量的微孔,使之具备透气功能。

2 规范性引用文件

下列文件对于本文件的应用是必不可少的。凡是注日期的引用文件,仅注日期的版本适用于本文件。凡是不注日期的引用文件,其最新版本(包括所有的修改单)适用于本文件。

GB/T 1033.1—2008 塑料 非泡沫塑料密度的测定 第1部分:浸渍法、液体比重瓶法和滴定法

GB/T 1037—1988 塑料薄膜和片材透水蒸气性试验方法 杯式法

GB/T 1040.2—2006 塑料 拉伸性能的测定 第2部分:模塑和挤塑塑料的试验条件

GB/T 1844.1—2008 塑料 符号和缩略语 第1部分:基础聚合物及其特征性能

GB/T 1845.2—2006 塑料 聚乙烯(PE)模塑和挤出材料 第2部分:试样制备和性能测定

GB/T 2547—2008 塑料 取样方法

GB/T 2918 塑料试样状态调节和试验的标准环境

GB/T 3682—2000 热塑性塑料熔体质量流动速率和熔体体积流动速率的测定

GB/T 6284—2006 化工产品中水分测定的通用方法 干燥减量法

GB/T 8170 数值修约规则与极限数值的表示和判定

GB/T 9345.1—2008 塑料 灰分的测定 第1部分:通用方法

GB 15979 一次性使用卫生用品卫生标准

GB/T 17037.1—1997 热塑性塑料材料注塑试样的制备 第1部分:一般原理及多用途试样和长条试样的制备

GB/T 31331—2014 改性塑料的环保要求和标识

SH/T 1541—2006 热塑性塑料颗粒外观试验方法

3 分类与命名

3.1 总则

聚乙烯透气膜专用料的命名由两个字符组构成:

字符组1:树脂代号(见3.2);

字符组2:透气膜专用料产品代号、特征性能代号以及用途代号(见3.3);

字符组之间用逗号隔开。

3.2 字符组1

按照 GB/T 1844.1—2008 的规定,聚乙烯树脂代号为"PE"。

3.3 字符组2

在这个字符组中,采用字母代号和数字代号表示。位置1为产品代号,用字母"B"表示聚乙烯透气膜专用料;位置2和位置3为特征性能代号,位置2和位置3之间用一个连字符"－"隔开,分别表示灰分含量和熔体质量流动速率;位置4为用途代号,加字母"S"表示用于卫生用品,不加"S"表示用于其他用品。

注:聚乙烯透气膜专用料的生产者应对材料进行命名,由于生产过程的容许限,材料的试验值一般与命名特征值不同,落在界限值上或界限的另一侧,该命名不受影响。

灰分含量和熔体质量流动速率使用代号及范围的规定如下:

a) 灰分

按灰分含量的标称值大小分为三个范围,每个范围用两个数字组成的代号表示,代号的具体规定见表1。

表 1 灰分含量使用的代号及范围

数字代号	灰分含量范围 %
35	＞30～40
43	＞40～46
50	＞46～54

b) 熔体质量流动速率

按熔体质量流动速率的标称值大小将其分为两个范围,每个范围用两个数字组成的代号表示,代号的具体规定见表2。

表 2 熔体质量流动速率使用的代号及范围

数字代号	熔体质量流动速率范围 g/10 min
20	＞1.5～3.0
40	＞3.0～5.0

3.4 示例

某用于卫生用品的聚乙烯透气膜专用料,灰分含量标称值为50%,熔体质量流动速率标称值为2.5 g/10 min。该材料命名如下:

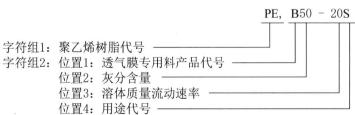

PE, B50 － 20S

字符组1:聚乙烯树脂代号
字符组2:位置1:透气膜专用料产品代号
　　　　位置2:灰分含量
　　　　位置3:溶体质量流动速率
　　　　位置4:用途代号

命名:PE,B50-20S

4 要求

4.1 外观要求

聚乙烯透气膜专用料为颜色均一的颗粒,表面光洁,无杂质,一般为白色,也可为其他颜色。

4.2 环保要求

产品应符合 GB/T 31331—2014 中 4.3.1 和 4.3.2 规定。

4.3 卫生性能要求

用于卫生用品的产品应符合 GB 15979 的规定。

4.4 技术要求

聚乙烯透气膜专用料的主要技术要求见表3。

表 3　聚乙烯透气膜专用料技术要求

序号	项目		单位	PE,B35-20S/ PE,B35-20	PE,B35-40S/ PE,B35-40	PE,B43-20S/ PE,B43-20	PE,B43-40S/ PE,B43-40	PE,B50-20S/ PE,B50-20	PE,B50-40S/ PE,B50-40
1	颗粒 外观	大粒和小粒	g/kg	≤2					
2	密度 ρ		g/cm³	1.12～1.28		1.28～1.35		1.35～1.45	
3	熔体质量流动速率 MFR		g/10 min	不超过标称值的±0.5					
4	灰分含量		%	不超过标称值的±2%					
5	水分含量		%	<0.06					
6	拉伸断裂应力 σB		MPa	≥11		≥10		≥10	
7	断裂标称应变 εB		%	≥110		≥110		≥80	
8	水蒸气透过量		g/(m²·24 h)	≥1 100		≥1 500		≥1 800	

5 试验方法

5.1 试验结果的判定

试验结果采用修约值比较法,应按 GB/T 8170 规定进行。

5.2 试样的制备

聚乙烯透气膜专用料注塑试样的制备见 GB/T 1845.2—2006 中 3.2 的规定。

用 GB/T 17037.1—1997 中的 A 型模具制备的符合 GB/T 1040.2—2006 中 1A 型试样。

5.3 试样的状态调节

试样的状态调节应按 GB/T 2918 的规定进行。状态调节的条件为温度(23±2)℃,相对湿度(50±10)％,时间至少 48 h。

5.4 颗粒外观

按 SH/T 1541—2006 的规定进行。

5.5 密度

试样为按 5.2 制备的 1A 型注塑试样的中间部分。

试样的状态调节按 5.3 规定进行。

按 GB/T 1033.1—2008 中的 A 法规定进行。

5.6 灰分含量

按 GB/T 9345.1—2008 的规定进行。取样量:(20±1.0)g;马弗炉温度(600±50)℃。

5.7 熔体质量流动速率

按 GB/T 3682—2000 中 A 法规定进行,仲裁时采用 A 法。试验条件为 D(温度:190 ℃、负荷:2.16 kg)。

5.8 水分含量

按 GB/T 6284—2006 的规定进行,干燥箱温度为(105±2)℃。

5.9 拉伸断裂应力

试样为按 5.2 制备的 1A 型注塑试样。

试样的状态调节按 5.3 规定进行。

试验按 GB/T 1040.2—2006 规定进行,试验速度为 50 mm/min。

5.10 断裂标称应变

试样为按 5.2 制备的 1A 型注塑试样。

试样的状态调节按 5.3 规定进行。

试验按 GB/T 1040.2—2006 规定进行,试验速度为 50 mm/min。

5.11 水蒸气透过量

按 GB/T 1037—1988 规定的条件 A 进行水蒸气透过量测试。将聚乙烯透气膜专用料在(250±10)℃的温度下经过挤出机流延再进行纵向拉伸,拉伸温度为(85±5)℃,拉伸倍数为 2 倍,制成克重为(20±1)g/m² 的薄膜试样。

6 检验规则

6.1 检验分类与检验项目

聚乙烯透气膜专用料产品的检验可分为型式检验和出厂检验。

第 4 章中所有的项目为型式检验项目,出现下列情况之一应进行型式检验:

a) 新产品定型正式投产时;

b) 如材料、工艺有较大改变,可能影响产品性能时;

c) 停产半年后,重新恢复生产时;

d) 正常生产每年进行一次;

e) 用户或质量监督部门提出进行型式检验要求时;

f) 出厂检验结果与上次型式检验有较大差异时。

各类聚乙烯透气膜专用料产品出厂检验至少应包括熔体质量流动速率、水分、灰分、密度和水蒸气透过量。

6.2 组批规则与抽样方案

6.2.1 组批规则

聚乙烯透气膜专用料以同一生产线上、相同原料、相同工艺所生产的同一牌号的产品组批,生产厂也可按一定生产周期或储存料仓为一批对产品进行组批。产品以批为单位进行检验和验收。

6.2.2 抽样方案

聚乙烯透气膜专用料可在料仓的下料口抽样,也可根据生产周期等实际情况确定具体的抽样方案。包装后产品的取样应按 GB/T 2547—2008 的规定进行。

6.3 判定规则和复验规则

6.3.1 判定规则

聚乙烯透气膜专用料应由生产厂的质量检验部门按照本标准规定的试验方法进行检验,依据检验结果和本标准中的技术要求对产品作出质量判定,并提出证明。

产品出厂时,每批产品应附有产品质量检验合格证。合格证上应注明产品名称、牌号、批号、执行标准,并盖有质检专用章和检验员章。

6.3.2 复验规则

检验结果若某项指标不符合本标准要求时,应重新取样对该项目进行复验。以复验结果作为该批产品的质量判定依据。

7 标志

聚乙烯透气膜专用料的外包装袋上应有明显的标志。标志内容包括:商标、生产厂名称和厂址、标准号、产品名称、牌号、生产日期、批号和净含量等。

8 包装、运输及贮存

8.1 包装

聚乙烯透气膜专用料采用双层包装袋,外层为牛皮纸袋或其他包装材料,内层为铝箔袋,保证产品在运输、码放、贮存时不被污染和泄漏。

每袋产品的净含量可为 25 kg 或其他。

8.2 运输

聚乙烯透气膜专用料为非危险品。在运输和装卸过程中不应使用铁钩等锐利工具,切忌抛掷。运输工具应保持清洁、干燥并备有厢棚或苫布。运输时不应与沙土、碎金属、煤炭及玻璃等混合装运,更不应与有毒及腐蚀性或易燃物混装;不应在阳光下暴晒或雨淋。

8.3 贮存

聚乙烯透气膜专用料应贮存在通风、干燥、清洁并保持有良好消防设施的仓库内。贮存时应远离热源,并防止阳光直接照射,不应在露天堆放。

聚乙烯透气膜专用料应有贮存期的规定,一般从生产之日起,不超过 12 个月。

ICS 83.080.20
G 32

中华人民共和国国家标准

GB/T 37197—2018

乙烯-乙酸乙烯酯(EVAC)树脂

Ethylene-vinyl acetate resin

2018-12-28 发布

2019-11-01 实施

国家市场监督管理总局
中国国家标准化管理委员会 发 布

前　言

本标准按照 GB/T 1.1—2009 给出的规则起草。

本标准由中国石油和化学工业联合会提出。

本标准由全国塑料标准化技术委员会(SAC/TC 15)归口。

本标准起草单位:中国石油化工股份有限公司北京燕山分公司。

本标准参加起草单位:北京东方石油化工有限公司有机化工厂、扬子石化-巴斯夫有限责任公司、北京华美聚合物有限公司、联泓新材料有限公司。

本标准主要起草人:彭金瑞、张祯、崔广洪、于洪洸、姜连成、王治春、王敏、成红、高艳想、李娟、王雅玲、吴集钱。

乙烯-乙酸乙烯酯(EVAC)树脂

1 范围

本标准规定了乙烯-乙酸乙烯酯(EVAC)树脂的分类与命名、要求、试验方法、检验规则、标志和随行文件、包装、运输和贮存。

本标准适用于以乙烯、乙酸乙烯酯为单体,在高压下聚合所制得的乙烯-乙酸乙烯酯共聚物。共聚物中乙酸乙烯酯含量(质量分数)为 3% ~ 40%。

注:乙烯-乙酸乙烯酯树脂的缩写 EVAC 也经常使用 EVA。

2 规范性引用文件

下列文件对于本文件的应用是必不可少的。凡是注日期的引用文件,仅注日期的版本适用于本文件。凡是不注日期的引用文件,其最新版本(包括所有的修改单)适用于本文件。

GB/T 1033.1—2008 塑料 非泡沫塑料密度的测定 第1部分:浸渍法、液体比重瓶法和滴定法

GB/T 1410—2006 固体绝缘材料体积电阻率和表面电阻率试验方法

GB/T 2410—2008 透明塑料透光率和雾度的测定

GB/T 2547—2008 塑料 取样方法

GB/T 3682.1—2018 塑料 热塑性塑料熔体质量流动速率(MFR)和熔体体积流动速率(MVR)的测定 第1部分:标准方法

GB/T 8170—2008 数值修约规则与极限数值的表示和判定

GB/T 19466.3—2004 塑料 差示扫描量热法(DSC)第3部分:熔融和结晶温度及热熔的测定

GB/T 30924.1—2016 塑料 乙烯-乙酸乙烯酯(EVAC)模塑和挤出材料 第1部分:命名系统和分类基础

GB/T 30924.2—2014 塑料 乙烯-乙酸乙烯酯(EVAC)模塑和挤出材料 第2部分:试样制备和性能测定

GB/T 30925—2014 塑料 乙烯-乙酸乙烯酯共聚物(EVAC)热塑性塑料 乙酸乙烯酯含量的测定

SH/T 1541—2006 热塑性塑料颗粒外观试验方法

3 分类与命名

乙烯-乙酸乙烯酯(EVAC)树脂的分类与命名按 GB/T 30924.1—2016 的规定执行。

4 要求

4.1 乙烯-乙酸乙烯酯(EVAC)树脂为本色颗粒,无杂质。

4.2 注塑用 EVAC 的技术要求见表1。

4.3 薄膜用 EVAC 的技术要求见表2。

4.4 电缆用 EVAC 的技术要求见表3。

4.5 热熔胶用 EVAC 的技术要求见表 4。

表 1 注塑用 EVAC 的技术要求

序号	项 目		单 位	EVAC 18 MH D022		EVAC 13 MH D022	
				优等品	合格品	优等品	合格品
1	乙酸乙烯酯含量（质量分数）	标称值	%	18.0		14.0	
		偏差		±1.0	±2.0	±1.0	±2.0
2	熔体质量流动速率（190 ℃,2.16 kg）	标称值	g/10 min	2.80		2.00	
		偏差		±0.50	±1.00	±0.50	±0.80
3	颗粒外观	黑粒	个/kg	0	0	0	0
		色粒	个/kg	≤10	≤20	≤10	≤20
		拖尾粒	个/kg	≤20	≤40	≤20	≤40
		大粒和小粒	g/kg	≤10	≤20	≤10	≤20
		絮状物	g/kg	≤0.02	≤0.05	≤0.02	≤0.05
4	密度		g/cm³	报告值		报告值	
5	熔融峰温		℃	报告值		报告值	

表 2 薄膜用 EVAC 的技术要求

序号	项 目		单 位	EVAC 13 FN D006		EVAC 13 FN D022	
				优等品	合格品	优等品	合格品
1	乙酸乙烯酯含量（质量分数）	标称值	%	14.0		14.0	
		偏差		±1.0	±2.0	±1.0	±2.0
2	熔体质量流动速率（190 ℃,2.16 kg）	标称值	g/10 min	2.80		2.50	
		偏差		±0.30		±1.00	
3	颗粒外观	黑粒	个/kg	0	0	0	0
		色粒	个/kg	≤10	≤20	≤10	≤20
		拖尾粒	个/kg	≤20	≤40	≤20	≤40
		大粒和小粒	g/kg	≤10	≤20	≤10	≤20
		絮状物	g/kg	≤0.02	≤0.05	≤0.02	≤0.05
4	密度		g/cm³	报告值		报告值	
5	熔融峰温		℃	报告值		报告值	
6	雾度		%	≤8.0		≤8.0	
7	薄膜外观	鱼眼1(≥0.6 mm)	个/m²	≤8		≤8	
		鱼眼2(0.3 mm～<0.6 mm)	个/m²	≤20		≤20	

表 3　电缆用 EVAC 的技术要求

序号	项目		单位	EVAC 28 KN D045		EVAC 28 KN D200	
				优等品	合格品	优等品	合格品
1	乙酸乙烯酯含量（质量分数）	标称值	%	28.0		27.5	
		偏差		±0.5	±1.0	±1.0	±1.5
2	熔体质量流动速率（190 ℃,2.16 kg）	标称值	g/10 min	6.00		25.0	
		偏差		±0.50	±1.00	±3.0	±3.5
3	颗粒外观	黑粒	个/kg	0	0	0	0
		色粒	个/kg	≤10	≤20	≤10	≤20
		拖尾粒	个/kg	≤20	≤40	≤20	≤40
		大粒和小粒	g/kg	≤10	≤20	≤10	≤20
		絮状物	g/kg	≤0.02	≤0.05	≤0.04	≤0.08
4	密度		g/cm³	报告值		报告值	
5	熔融峰温		℃	报告值		报告值	
6	体积电阻率		Ω·cm	报告值		报告值	

表 4　热熔胶用 EVAC 的技术要求

序号	项目		单位	EVAC 28 AN Z022		EVAC 28 AN Z090	
				优等品	合格品	优等品	合格品
1	乙酸乙烯酯含量（质量分数）	标称值	%	28.0		27.5	
		偏差		±1.0	±1.5	±1.0	±1.5
2	熔体质量流动速率（125 ℃,0.325 kg）	标称值	g/10 min	2.65		8.60	
		偏差		±0.55	±0.95	±1.40	±1.60
3	颗粒外观	黑粒	个/kg	0	0	0	0
		色粒	个/kg	≤10	≤20	≤10	≤20
		拖尾粒	个/kg	≤20	≤40	≤20	≤40
		大粒和小粒	g/kg	≤100	≤150	≤100	≤150
		絮状物	g/kg	≤0.04	≤0.08	≤0.04	≤0.08
4	密度		g/cm³	报告值		报告值	
5	熔融峰温		℃	报告值		报告值	

5　试验方法

5.1　试样制备

按 GB/T 30924.2—2014 的规定制备试验样品。

5.2 薄膜试样制备

根据样品特性,选择合适的参数制备流延膜或吹膜样品,设备出口处熔体温度应为 190 ℃±2 ℃。流延薄膜厚度应为 0.030 mm±0.005 mm;吹塑薄膜厚度应为 0.040 mm±0.005 mm。

5.3 颗粒外观

按 SH/T 1541—2006 中的规定进行。

5.4 密度

取 5.1 中制备的试样,按照 GB/T 1033.1—2008 中浸渍法的规定进行测定。

5.5 熔体质量流动速率(MFR)

熔体质量流动速率按 GB/T 3682.1—2018 的规定执行。其中 EVAC 28 AN Z022 和 EVAC 18 AN Z090 两个牌号按 GB/T 30924.1—2016 中 3.4.2 规定的 Z 条件的规定执行,其他牌号按 GB/T 30924.1—2016 中 3.4.2 规定的 D 条件的规定执行。

注:试验前,使用相应有证标准样品标定仪器可衡量试验数据的可靠性。

5.6 乙酸乙烯酯含量

按 GB/T 30925—2014 中水解-返滴定法测定样品的乙酸乙烯酯含量,用于制作红外光谱法的工作曲线;测定按 GB/T 30925—2014 中红外光谱法的规定进行。

5.7 熔融峰温

试验按 GB/T 19466.3—2004 规定进行。

5.8 薄膜外观

取 5.2 中制备的薄膜试验样品,按照附录 A 规定进行。

5.9 雾度

取 5.2 中制备的薄膜试验样品,按照 GB/T 2410—2008 方法 A 的规定进行,也可以按照附录 B 规定进行。结果有争议时,以 GB/T 2410—2008 方法 A 为仲裁方法。

5.10 体积电阻率

取 5.1 中制备的试样,按照 GB/T 1410—2006 的规定进行测定。

6 检验规则

6.1 检验分类

乙烯-乙酸乙烯酯(EVAC)树脂产品的检验可分为型式检验和出厂检验两类。

6.2 检验项目

第 4 章中所有的项目为型式检验项目。当有下列情况时应进行型式检验:

a) 新产品试制定型鉴定时;

b) 正式生产后,若原材料或工艺有较大改变,可能影响产品性能时;

c) 产品装置检修,恢复生产时;

d) 出厂检验结果与上次型式检验结果有较大差异时;

e) 上级质量监督机构提出进行型式检验要求时。

乙烯-乙酸乙烯酯(EVAC)树脂出厂检验项目应包括颗粒外观、熔体质量流动速率、VA 含量;薄膜类 EVAC 树脂还应包括薄膜外观和雾度。

6.3 组批规则

乙烯-乙酸乙烯酯(EVAC)树脂以同一生产线上、相同原料、相同工艺所生产的同一牌号的产品组批,生产厂也可按一定生产周期或储存料仓为一批对产品进行组批。产品以批为单位进行检验和验收。

6.4 抽样方案

乙烯-乙酸乙烯酯(EVAC)树脂可在料仓的取样口抽样,也可根据生产周期等实际情况确定具体的抽样方案。包装后产品的取样应按 GB/T 2547—2008 规定进行。

6.5 判定规则

乙烯-乙酸乙烯酯(EVAC)树脂应由生产厂的质量检验部门按照本标准规定的试验方法进行检验,依据检验结果和本标准中的技术要求对产品作出质量判定,并提出证明。所有试验结果的判定按 GB/T 8170—2008 中修约值比较法进行。检验结果若某项指标不符合本标准要求时,应重新取样对该项目进行复验。以复验结果作为该批产品的质量判定依据。

7 标志和随行文件

7.1 标志

乙烯-乙酸乙烯酯(EVAC)树脂产品的外包装袋上应有明显的标志。标志内容可包括:商标、生产企业名称、生产厂地址、标准号、产品名称、牌号、批号(含生产日期)和净含量等。

7.2 随行文件

产品出厂时,每批产品应附有产品质量检验合格证。合格证上应注明产品名称、牌号、批号、执行标准,并盖有质检专用章。

8 包装、运输和贮存

8.1 包装

乙烯-乙酸乙烯酯(EVAC)树脂可用重载膜包装袋或其他包装形式包装。包装材料应保证在运输、码放、贮存时不污染和泄漏。每袋产品的净含量为 25 kg 或其他。

8.2 运输

乙烯-乙酸乙烯酯(EVAC)树脂为非危险品。在运输和装卸过程中不应使用铁钩等锐利工具,切忌抛掷。运输工具应保持清洁、干燥并备有厢棚或苫布。运输时不得与砂土、碎金属、煤炭及玻璃等混合装运,更不可与有毒及腐蚀性或易燃物混装。不应在阳光下曝晒或雨淋。

8.3 贮存

乙烯-乙酸乙烯酯(EVAC)树脂应贮存在通风、干燥、清洁并保持有良好消防设施的仓库内。贮存时,应远离热源,并防止阳光直接照射,不应在露天堆放。

乙烯-乙酸乙烯酯(EVAC)树脂应有贮存期的规定,一般从生产之日起,不超过 12 个月。

附 录 A
（规范性附录）
薄膜外观质量的测定 光学检测系统法

A.1 仪器与设备

光学检测系统：配置 4 096 像素摄像机，理论分辨率约 25 μm。

A.2 试验方法

A.2.1 开启光学检测系统，表 A.1 列出了典型的分析条件，其他达到同等检测精度的分析条件也可选用。根据产品要求设置鱼眼的规格。

表 A.1 光学检测系统典型分析条件

序号	项目	单位	设置条件
1	灰度水平		180
2	敏感度	%	50
3	缺陷扫描间距	Pixel（像素）	20
4	鱼眼形状因子		≤7.0

A.2.2 根据产品要求设置鱼眼的规格，鱼眼 1 指直径大于或等于 0.6 mm 的鱼眼，鱼眼 2 指直径在 0.3 mm~0.6 mm（不含 0.6 mm）之间的鱼眼。
A.2.3 依据制膜方式按表 A.2 中规定的面积抽取的薄膜试样进行缺陷检测，试样距膜端应大于 1 m，距两侧边缘应大于 3 cm，记录仪器检测的鱼眼的数量。

表 A.2 不同薄膜样品检测面积

序号	薄膜类型	检测面积/m²
1	吹塑薄膜	10
2	流延膜	3

A.3 报告

鱼眼以 1 m² 区域内鱼眼的平均个数报告，结果保留至小数点后一位，单位为个/m²。

附　录　B

（规范性附录）

薄膜雾度的连续测定　光学检测系统法

B.1　方法提要

透过试样而偏离入射光方向的散射光通量与透射光通量之比，并用百分数表示（对于本方法来说，仅把偏离入射光方向 2.5 °以上的散射光通量用于计算雾度）。

B.2　仪器和设备

积分球式雾度仪应满足以下要求：

a)　光源：

光源和光检测器输出的混合光经过过滤后应为符合国际照明委员会(CIE)1931 年标准比色法测定要求的 C 光源或 A 光源。其输出信号在所用光通量范围内与入射光通量成比例，并具有 1%以内的精度。在每个试样的测试过程中，光源和检流计的光学性能应保持恒定。

b)　积分球：

出口窗和入口窗的中心在球的同一最大圆周上，两者的中心与球的中心构成的角度应不小于170°，出口窗的直径与入口窗的中心构成角度在 8°以内。

c)　聚透光镜：

照射在试样上的光束应基本为单向平行光，任何光线不能偏离光轴 3°以上。光束在球的任意窗口处不能产生光晕。当试样放置在积分球的入口窗内，试样的垂直线与入口窗和出口窗的中心连线之间的角度不应大于 8°。当光束不受试样阻挡时，光束在出口窗的截面近似圆形，边界分明，光束的中心与出口窗的中心一致。对应入口窗中心构成的角度与出口窗对入口窗中心构成 1.3°±0.1°的环带。

d)　反射面：

积分球的内表面、挡板和标准反射板应具有基本相同的反射率并且表面不光滑。在整个可见光波长区具有高反射率。

e)　光陷阱：

当试样不在时应可以全部吸收光。

B.3　操作步骤

B.3.1　开机准备

打开仪器，使仪器稳定 10 min 以上，调节零点，使得透光率为 100%。

B.3.2　雾度测试

仪器每隔 10 min 自动采集一次数据，连续采集 6 次数据，并将雾度和透光率数值显示在屏幕上。

B.4　分析结果的表述

B.4.1　以六次重复测定的算术平均值作为分析结果。

B.4.2 报告雾度的数值,应精确到0.1%。

B.5 重复性

在同一实验室由同一操作员、同一台仪器,对同一试样相继做两次重复测定,所得结果之差应不大于其平均值的5%(95%置信水平)。

ICS 83.080.20
G 32

中华人民共和国国家标准

GB/T 37198—2018

抗冲击聚苯乙烯(PS-I)树脂

Impact-resistant polystyrene(PS-I) resin

2018-12-28 发布

2019-11-01 实施

国家市场监督管理总局
中国国家标准化管理委员会 发布

前　　言

本标准按照 GB/T 1.1—2009 给出的规则起草。

本标准由中国石油和化学工业联合会提出。

本标准由全国塑料标准化技术委员会(SAC/TC 15)归口。

本标准负责起草单位:中国石油天然气股份有限公司独山子石化分公司。

本标准参加起草单位:中国石油化工股份有限公司广州分公司、中国石油化工股份有限公司北京燕山分公司树脂应用研究所、上海赛科石油化工有限责任公司、镇江奇美化工有限公司、雅仕德化工(江苏)有限公司、金发科技股份有限公司、扬子石化-巴斯夫有限责任公司、中国石油化工股份有限公司北京北化院燕山分院。

本标准主要起草人:刘广宇、孙枫、李振奎、叶军、陶红辉、陆向东、官焕祥、贾中明、王超先、华伦松、赵红梅、王喆、刘一鸣、李强、郑利红。

抗冲击聚苯乙烯(PS-I)树脂

1 范围

本标准规定了抗冲击聚苯乙烯(PS-I)树脂的分类命名、要求、试验方法、检验规则、标志和随行文件、包装、运输和贮存。

本标准适用于以聚苯乙烯和(或)烷基取代苯乙烯与苯乙烯的共聚物为连续相、以丁二烯橡胶相为分散相的两相聚合物体系组成的抗冲击聚苯乙烯树脂。

本标准不适用于可发性聚苯乙烯树脂。

2 规范性引用文件

下列文件对于本文件的应用是必不可少的。凡是注日期的引用文件,仅注日期的版本适用于本文件。凡是不注日期的引用文件,其最新版本(包括所有的修改单)适用于本文件。

GB/T 1040.2—2006 塑料 拉伸性能的测定 第2部分:模塑和挤塑塑料的试验条件

GB/T 1043.1—2008 塑料 简支梁冲击性能的测定 第1部分:非仪器化冲击试验

GB/T 1633—2000 热塑性塑料维卡软化温度(VST)的测定

GB/T 2547—2008 塑料 取样方法

GB/T 2918—2018 塑料 试样状态调节和试验的标准环境

GB/T 3682.1—2018 塑料 热塑性塑料熔体质量流动速率(MFR)和熔体体积流动速率(MVR)的测定 第1部分:标准方法

GB 4806.6 食品安全国家标准 食品接触用塑料树脂

GB/T 8170—2008 数值修约规则与极限数值的表示和判定

GB/T 9341—2008 塑料 弯曲性能的测定

GB/T 16867—1997 聚苯乙烯和丙烯腈-丁二烯-苯乙烯树脂中残留苯乙烯单体的测定 气相色谱法

GB/T 17037.1—1997 热塑性塑料材料注塑试样的制备 第1部分:一般原理及多用途试样和长条试样的制备

GB/T 18964.1—2008 塑料 抗冲击聚苯乙烯(PS-I)模塑和挤出材料 第1部分:命名系统和分类基础

GB/T 18964.2—2003 塑料 抗冲击聚苯乙烯(PS-I)模塑和挤出材料 第2部分:试样制备和性能测定

SH/T 1541—2006 热塑性塑料颗粒外观试验方法

3 分类与命名

抗冲击聚苯乙烯树脂的分类与命名按GB/T 18964.1—2008规定进行。

示例:某抗冲击聚苯乙烯(PS-I)树脂,推荐用于注塑模塑(M),光或气候稳定的(L),本色(N),维卡软化温度为84 ℃(083),熔体质量流动速率为14 g/10 min(12),简支梁缺口冲击强度为8 kJ/m²(07),弯曲模量为2 200 MPa(23),该材料命名如下:

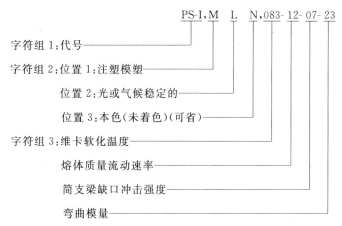

命名:PS-I,MLN,083-12-07-23

抗冲击聚苯乙烯(PS-I)树脂产品国家标准命名与企业商品名的对照表参见附录 A。

4 要求

4.1 对于有卫生要求的抗冲击聚苯乙烯树脂,应符合 GB 4806.6 的规定。

4.2 抗冲击聚苯乙烯树脂为本色颗粒,无杂质。

4.3 挤出类抗冲击聚苯乙烯树脂主要牌号的其他技术要求见表1。

4.4 注塑类抗冲击聚苯乙烯树脂主要牌号的其他技术要求见表2。

表1 挤出类抗冲击聚苯乙烯树脂的技术要求

序号	项目		单位	PS-I,EGN,088-03-10-18	PS-I,EGN,088-06-10-12	PS-I,EGN,088-06-10-18	PS-I,EGN,093-06-10-18
1	颗粒外观	黑粒	个/kg	0	0	0	0
2		色粒	个/kg	≤10	≤10	≤10	≤10
3	熔体质量流动速率(MFR)		g/10 min	3.3±0.6	4.5±0.9	5.5±1.1	4.5±0.9
4	拉伸屈服应力(σ_y)		MPa	≥17.0	≥17.0	≥20.0	≥28.0
5	简支梁缺口冲击强度(a_{cA})		kJ/m²	≥9.0	≥9.0	≥9.0	≥9.0
6	维卡软化温度(T_v 50/50)		℃	≥86	≥86	≥86	≥91
7	残留苯乙烯单体含量(c_i)		mg/kg	≤500	≤500	≤500	≤500

序号	项目		单位	PS-I,EGN,093-06-10-28	PS-I,ESN,088-03-10-18	PS-I,ESN,093-06-07-18
1	颗粒外观	黑粒	个/kg	0	0	0
2		色粒	个/kg	≤10	≤10	≤10
3	熔体质量流动速率(MFR)		g/10 min	4.5±0.9	3.5±0.7	4.5±0.9
4	拉伸屈服应力(σ_y)		MPa	≥24.0	≥21.5	≥22.5
5	简支梁缺口冲击强度(a_{cA})		kJ/m²	≥9.0	≥9.0	≥7.5
6	维卡软化温度(T_v 50/50)		℃	≥91	≥86	≥91
7	残留苯乙烯单体含量(c_i)		mg/kg	≤500	≤500	≤500

表2 注塑类抗冲击聚苯乙烯树脂的技术要求

序号	项 目		单位	PS-I,MAN,078-06-07-23	PS-I,MAN,103-06-10-23	PS-I,MGN,088-06-10-18	PS-I,MGN,088-12-07-23
1	颗粒	黑粒	个/kg	0	0	0	0
2	外观	色粒	个/kg	≤10	≤10	≤10	≤10
3	熔体质量流动速率(MFR)		g/10 min	6.0±1.2	4.5±0.9	5.7±1.1	9.5±1.8
4	拉伸屈服应力(σ_y)		MPa	≥22.0	≥24.0	≥22.0	≥24.0
5	简支梁缺口冲击强度(a_{cA})		kJ/m²	≥7.5	≥9.0	≥9.0	≥6.0
6	维卡软化温度(T_v 50/50)		℃	≥78	≥102	≥86	≥86
7	残留苯乙烯单体含量(c_i)		mg/kg	≤500	≤500	≤500	≤500

序号	项 目		单位	PS-I,MGN,093-03-10-18	PS-I,MGN,093-06-10-18	PS-I,MLN,078-06-07-23	PS-I,MLN,088-03-10-23
1	颗粒	黑粒	个/kg	0	0	0	0
2	外观	色粒	个/kg	≤10	≤10	≤10	≤10
3	熔体质量流动速率(MFR)		g/10 min	3.5±0.7	4.5±0.9	5.5±1.1	3.1±0.6
4	拉伸屈服应力(σ_y)		MPa	≥30.0	≥28.0	≥24.0	≥24.0
5	简支梁缺口冲击强度(a_{cA})		kJ/m²	≥9.0	≥9.0	≥7.5	≥9.0
6	维卡软化温度(T_v 50/50)		℃	≥91	≥91	≥78	≥86
7	残留苯乙烯单体含量(c_i)		mg/kg	≤500	≤500	≤500	≤500

序号	项 目		单位	PS-I,MRN,093-06-10-23	PS-I,MSN,088-06-10-18
1	颗粒	黑粒	个/kg	0	0
2	外观	色粒	个/kg	≤10	≤10
3	熔体质量流动速率(MFR)		g/10 min	4.5±0.9	4.5±0.9
4	拉伸屈服应力(σ_y)		MPa	≥28.0	≥26.5
5	简支梁缺口冲击强度(a_{cA})		kJ/m²	≥9.0	≥9.0
6	维卡软化温度(T_v 50/50)		℃	≥91	≥86
7	残留苯乙烯单体含量(c_i)		mg/kg	≤500	≤500

5 试验方法

5.1 注塑试样的制备

抗冲击聚苯乙烯树脂注塑试样的制备应符合 GB/T 18964.2—2003 中 3.2 的规定,使用表 3 规定的条件进行注塑制样。

表 3 试样的注塑条件

熔体温度/℃	模具温度/℃	平均注射速率/(mm/s)
220±3	45±3	200±20

用 GB/T 17037.1—1997 中的 A 型模具制备符合 GB/T 1040.2—2006 中 1A 型试样,B 型模具制备 80 mm×10 mm×4 mm 长条试样。

5.2 试样的状态调节和试验的标准环境

试样的状态调节应按 GB/T 2918—2018 的规定进行,状态调节的条件为温度 23 ℃±2 ℃,相对湿度 50%±10%,调节时间不少于 16 h。

试验在 GB/T 2918—2018 规定的标准试验环境下进行,温度 23 ℃±2 ℃,相对湿度 50%±10%。

5.3 颗粒外观

按照 SH/T 1541—2006 中的规定进行。

5.4 熔体质量流动速率(MFR)

按 GB/T 3682.1—2018 的规定进行。试验条件为温度 200 ℃、负荷 5.00 kg。

5.5 拉伸屈服应力

试样为按 5.1 制备的 1A 型注塑试样。

试样的状态调节按 5.2 规定进行。

试验按 GB/T 1040.2—2006 规定进行,拉伸试验速度为 50 mm/min。

5.6 简支梁缺口冲击强度

试样为按 5.1 制备的 80 mm×10 mm×4 mm 的长条试样。样条应在注塑后的 1 h~4 h 内加工缺口,缺口类型为 GB/T 1043.1—2008 的 A 型缺口。

试样的状态调节按 5.2 规定进行。

试验按 GB/T 1043.1—2008 规定进行,冲击方向为侧向冲击。

5.7 维卡软化温度

试样为按 5.1 制备的 80 mm×10 mm×4 mm 的长条试样。

试样的状态调节按 5.2 规定进行。

试验按 GB/T 1633—2000 中的 B50 法(使用 50 N 的力,升温速率为 50 ℃/h±5 ℃/h)规定进行。试验时,推荐加热装置的起始温度为 23 ℃±2 ℃。

5.8 残留苯乙烯单体含量

试验按 GB/T 16867—1997 规定进行,使用 A 法(溶液注入法)或 B 法(顶空气相色谱法)。仲裁时采用 A 法。

5.9 弯曲模量

试样为按 5.1 制备的 80 mm×10 mm×4 mm 的长条试样。

试样的状态调节按 5.2 规定进行。

试验按 GB/T 9341—2008 规定进行,试验速度为 2 mm/min。

5.10 其他性能

对于某些有特殊要求的抗冲击聚苯乙烯树脂的其他性能,可根据需要按照 GB/T 18964.2—2003 规定的有关性能试验条件进行测定。

6 检验规则

6.1 检验分类

抗冲击聚苯乙烯树脂产品的检验可分为型式检验和出厂检验两类。

6.2 检验项目

第 4 章中所有的项目及弯曲模量为型式检验项目。当有下列情况时应进行型式检验:

a) 新产品试制定型鉴定时;

b) 正式生产后,若原材料或工艺有较大改变,可能影响产品性能时;

c) 产品装置检修,恢复生产时;

d) 出厂检验结果与上次型式检验结果有较大差异时;

e) 质量监督机构提出进行型式检验要求时。

各类抗冲击聚苯乙烯树脂出厂检验至少应包括颗粒外观、熔体质量流动速率、拉伸屈服应力、简支梁缺口冲击强度、维卡软化温度、残留苯乙烯单体含量。

6.3 组批规则

抗冲击聚苯乙烯树脂以同一生产线上、相同原料、相同工艺所生产的同一牌号的产品组批,生产厂可按一定生产周期或储存料仓为一批对产品进行组批。

产品以批为单位进行检验和验收。

6.4 抽样方案

抗冲击聚苯乙烯树脂可在料仓的取样口取样,或根据生产周期等实际情况确定具体的抽样方案。

包装后产品的取样按 GB/T 2547—2008 规定进行。

6.5 判定规则

抗冲击聚苯乙烯树脂由生产厂的质量检验部门按照本标准规定的试验方法进行检验,依据检验结果和本标准中的技术要求对产品进行质量判定,并提供证明。所有试验结果的判定按 GB/T 8170—2008 中修约值比较法进行。检验结果若某项指标不符合本标准要求时,可对该项指标重新取样复检一次,并以复检结果作为该批产品的质量判定依据。

7 标志和随行文件

7.1 标志

抗冲击聚苯乙烯树脂产品的外包装袋上应有明显的标志。标志内容可包括:商标、生产企业名称、生产厂地址、标准号、产品名称、牌号、批号(含生产日期)和净含量。

7.2 随行文件

产品出厂时,每批产品应附有产品质量检验合格证。合格证上应注明产品名称、牌号、批号、执行标准,并盖有质检专用章。

8 包装、运输和贮存

8.1 包装

抗冲击聚苯乙烯树脂可用内衬聚乙烯薄膜袋的聚丙烯编织袋或其他包装形式。包装材料应保证在运输、码放、贮存时不污染和泄漏。

每袋产品的净含量可为 25 kg 或其他。

8.2 运输

抗冲击聚苯乙烯树脂为非危险品。在运输和装卸过程中不应使用铁钩等锐利工具,切忌抛掷。运输工具应保持清洁、干燥并备有厢棚或苫布。运输时不得与砂土、碎金属、煤炭及玻璃等混合装运,更不可与有毒及腐蚀性或易燃物混装。不应在阳光下曝晒或雨淋。

8.3 贮存

抗冲击聚苯乙烯树脂应贮存在通风、干燥、清洁并保持有良好消防设施的仓库内。贮存时,应远离热源,并防止阳光直接照射,不应在露天堆放。

抗冲击聚苯乙烯树脂应有贮存期的规定,一般从生产之日起,不超过12个月。

附 录 A

(资料性附录)

抗冲击聚苯乙烯(PS-I)树脂产品国家标准命名与企业商品名对照

表 A.1 给出了抗冲击聚苯乙烯(PS-I)树脂产品国家标准命名与企业商品名的对照一览表。

表 A.1 抗冲击聚苯乙烯树脂产品国家标准命名与企业商品名对照表

序号	国家标准命名	企业商品名
1	PS-I,EGN,088-03-10-18	PH-88SF
2	PS-I,EGN,088-06-10-12	2710、2720
3	PS-I,EGN,088-06-10-18	476L
4	PS-I,EGN,093-06-10-18	PH-88S
5	PS-I,EGN,093-06-10-23	PH-60
6	PS-I,ESN,088-03-10-18	HIPS632E
7	PS-I,ESN,093-06-07-18	HIPS532
8	PS-I,MAN,078-06-07-23	GH660
9	PS-I,MAN,103-03-10-23	MA5210
10	PS-I,MGN,088-06-10-18	PH-88
11	PS-I,MGN,088-12-07-23	PH-55Y
12	PS-I,MGN,093-03-10-18	PH-888G
13	PS-I,MGN,093-06-10-18	PH-888H、PH-88HT
14	PS-I,MLN,078-06-07-23	GH660H
15	PS-I,MLN,088-03-10-23	HIE-1
16	PS-I,MRN,093-03-10-23	466F
17	PS-I,MSN,088-06-10-18	HIPS622

ICS 83.080.20
G 32

中华人民共和国国家标准

GB/T 37427—2019

塑料 汽车用丙烯腈-丁二烯-苯乙烯（ABS）专用料

Plastics—Acrylonitrile-butadiene-styrene(ABS) compound for automobile

2019-05-10 发布

2020-04-01 实施

国家市场监督管理总局
中国国家标准化管理委员会　发布

前　言

本标准按照 GB/T 1.1—2009 给出的规则起草。

本标准由中国石油和化学工业联合会提出。

本标准由全国塑料标准化技术委员会(SAC/TC 15)归口。

本标准起草单位:江苏金发科技新材料有限公司、金发科技股份有限公司、中国石油化工股份有限公司北京燕山分公司树脂应用研究所、广东银禧科技股份有限公司、上汽大众汽车有限公司、广州市合诚化学有限公司、威凯检测技术有限公司、金旸(厦门)新材料科技有限公司、广州市聚赛龙工程塑料股份有限公司、上海普利特复合材料股份有限公司、上海金发科技发展有限公司。

本标准主要起草人：李文龙、叶南飚、袁绍彦、傅轶、周震杰、诸泉、刘岩、刘奇祥、姜其焱、李建军、袁海兵、陈永东、邓爵安、纪效均、郑雯。

塑料 汽车用丙烯腈-丁二烯-苯乙烯（ABS）专用料

1 范围

本标准规定了汽车用丙烯腈-丁二烯-苯乙烯（ABS）专用料的分类与命名、技术要求、试验方法、检验规则、标志和随行文件、包装、运输和贮存。

本标准适用于以 ABS 为基体，加入耐热剂和（或）其他助剂等，通过熔融共混制成的，主要用于汽车内饰件、外饰件和功能件的 ABS 专用料。

2 规范性引用文件

下列文件对于本文件的应用是必不可少的。凡是注日期的引用文件，仅注日期的版本适用于本文件。凡是不注日期的引用文件，其最新版本（包括所有的修改单）适用于本文件。

GB/T 250—2008 纺织品 色牢度试验 评定变色用灰色样卡

GB/T 1033.1—2008 塑料 非泡沫塑料密度的测定 第 1 部分：浸渍法、液体比重瓶法和滴定法

GB/T 1040.2—2006 塑料 拉伸性能的测定 第 2 部分：模塑和挤塑塑料的试验条件

GB/T 1633—2000 热塑性塑料维卡软化温度（VST）的测定

GB/T 1843—2008 塑料 悬臂梁冲击强度的测定

GB/T 2547—2008 塑料 取样方法

GB/T 2918—2018 塑料 试样状态调节和试验的标准环境

GB/T 3682.1—2018 塑料 热塑性塑料熔体质量流动速率（MFR）和熔体体积流动速率（MVR）的测定 第 1 部分：标准方法

GB/T 8170—2008 数值修约规则与极限数值的表示与判定

GB 8410 汽车内饰材料的燃烧特性

GB/T 9341—2008 塑料 弯曲性能的测定

GB/T 17037.1—2019 塑料 热塑性塑料材料注塑试样的制备 第 1 部分：一般原理及多用途试样和长条形试样的制备

GB/T 20417.1—2008 塑料 丙烯腈-丁二烯-苯乙烯（ABS）模塑和挤出材料 第 1 部分：命名系统和分类基础

GB/T 20417.2—2006 塑料 丙烯腈-丁二烯-苯乙烯（ABS）模塑和挤出材料 第 2 部分：试样制备和性能测定

GB/T 24149.2—2017 塑料 汽车用聚丙烯（PP）专用料 第 2 部分：仪表板

GB/T 30512—2014 汽车禁用物质要求

GB/T 32088—2015 汽车非金属部件及材料氙灯加速老化试验方法

SH/T 1541—2006 热塑性塑料颗粒外观试验方法

ISO 6452:2007 橡胶、塑料涂覆织物 汽车内饰材料雾度测试方法（Rubber- or plastics-coated fabrics—Determination of fogging characteristics of trim materials in the interior of automobiles）

3 分类与命名

3.1 总则

汽车用丙烯腈-丁二烯-苯乙烯(ABS)专用料按照 GB/T 20417.1—2008 的规定,并按以下方法进行命名:

命名方式	命名		
	特 征 项 目 组		
	字符组 1	字符组 2	字符组 3

字符组彼此间用逗号","隔开。其中:

字符组 1:按照 GB/T 20417.1—2008 中 3.2 规定,丙烯腈-丁二烯-苯乙烯共聚物以代号"ABS"表示;

字符组 2:按照 GB/T 20417.1—2008 中 3.3 规定,注塑级的 ABS 材料以代号"M"表示;

字符组 3:特征性能,见 3.2。

3.2 特征性能

在这个字符组中,材料的维卡软化温度分为 3 个范围,每个范围用 3 位数字的代号表示,见表 1。

表 1 维卡软化温度使用的代号及范围

数字代号	维卡软化温度/℃
095	≥95～<100
100	≥100～<105
105	≥105

3.3 示例

某种汽车用丙烯腈-丁二烯-苯乙烯(ABS)专用料,用于注塑(M),材料的维卡软化温度为 102 ℃ (100)。该材料命名如下:

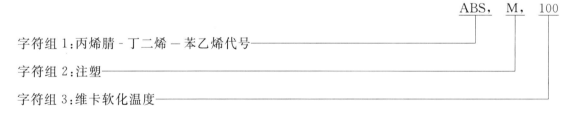

4 技术要求

4.1 外观要求

汽车用 ABS 专用料为粒径均匀、颜色均一的颗粒,无杂质,无污染粒。

4.2 环保要求

产品应满足 GB/T 30512—2014 对有毒有害物质限量的规定。

4.3 性能要求

汽车用 ABS 专用料的性能要求见表 2。

表 2 汽车用 ABS 专用料的性能要求

序号	项目		单位	ABS,M,095	ABS,M,100	ABS,M,105
1	密度		g/cm³	1.03～1.09		
2	熔体质量流动速率		g/10 min	由供方提供的数据		
3	拉伸屈服应力		MPa	≥40		
4	弯曲强度		MPa	≥60		
5	弯曲模量		MPa	≥2 000		
6	悬臂梁缺口冲击强度		kJ/m²	≥16	≥12	≥10
7	维卡软化温度		℃	≥95	≥100	≥105
8	燃烧性能		mm/min	≤75		
9	氙灯老化性		—	牢度等级≥4 级,光照表面不允许出现裂纹或粉化等缺陷 (不适用于电镀、喷涂或被包覆的零件)		
10	气味散发性能	气味性	级	<4.0		
		总挥发性有机物含量	μg/g	≤50		
		冷凝组分	mg	≤2.0		

5 试验方法

5.1 试样制备

汽车用 ABS 专用料试样的制备见 GB/T 20417.2—2006 中 3.2 的规定。

用 GB/T 17037.1—2019 中相应的模具注塑制备符合 GB/T 1040.2—2006 中 1A 型试样,以及 80 mm×10 mm×4 mm 的长条试样。

5.2 试样的状态调节和试验的标准环境

试样的状态调节应按 GB/T 2918—2018 的规定进行。状态调节的条件为温度(23±2)℃,相对湿度(50±10)%,调节时间至少 16 h。

试验应在 GB/T 2918—2018 规定的标准环境下进行,环境的温度为(23±2)℃、相对湿度为(50±10)%。

5.3 颗粒外观

按 SH/T 1541—2006 的规定进行。

5.4 密度

试样为按 5.1 制备的 1A 型注塑试样的中间部分。

试样的状态调节按 5.2 规定进行。

试验按 GB/T 1033.1—2008 中的 A 法规定进行。

5.5 熔体质量流动速率

试验按 GB/T 3682.1—2018 中 A 法规定进行。试验条件为 U(温度:220 ℃、负荷:10 kg)。试验前,样品应在(80±3)℃的温度下干燥 2 h。

5.6 拉伸屈服应力

试样为按 5.1 制备的 1A 型试样。

试样的状态调节按 5.2 规定进行。

试验按 GB/T 1040.2—2006 进行,采用 1A 型试样,试验速度 50 mm/min。

5.7 弯曲强度及弯曲模量

试样为按 5.1 制备的 80 mm×10 mm×4 mm 长条试样。

试样的状态调节按 5.2 规定进行。

试验按 GB/T 9341—2008 规定进行,试验速度为 2 mm/min。

5.8 悬臂梁缺口冲击强度

试样为按 5.1 规定制备的 80 mm×10 mm×4 mm 长条试样。样条应在注塑后的 1 h～4 h 内加工缺口,缺口类型为 GB/T 1843—2008 中的 A 型。加工缺口后的样条为悬臂梁缺口冲击强度的试样。

试样的状态调节按 5.2 规定进行。

试验按 GB/T 1843—2008 规定进行。

5.9 维卡软化温度

试样为按 5.1 制备 1A 型试样的中间部分,尺寸为 10 mm×10 mm×4 mm。

试样的状态调节按 5.2 规定进行。

试样按 GB/T 1633—2000 中的规定中的 B_{50} 方法进行。

5.10 燃烧性能

试样为 356 mm×100 mm×3.2 mm 的注塑试样。

试验按 GB 8410 规定进行。

5.11 氙灯老化性

试样为 80 mm×55 mm×3 mm 的注塑试样。

进行外观试验前,按 GB/T 32088—2015 进行氙灯加速老化试验,光照时间为 222 h。

试验后按 GB/T 250—2008 评价试样的牢度等级。

5.12 气味性

试样为体积为(50±5)cm^3 的试样,推荐使用尺寸为 150 mm×100 mm×3.2 mm 的注塑方板。

试验按 GB/T 24149.2—2017 中 6.14 规定进行。

5.13 总挥发性有机物含量

将试样破碎成大于 10 mg 且小于 25 mg 的小粒。

试验按 GB/T 24149.2—2017 中 6.15 规定进行。

5.14 冷凝组分

试样为按 5.1 制备的直径为(80±2)mm(厚度不超过 10 mm)的注塑试样。

试样的状态调节按 5.2 规定进行。

试验按 ISO 6452:2007 规定进行,采用测定冷凝组分质量的方法。试验温度为(100±0.5)℃,加热时间为(16±0.1)h。

6 检验规则

6.1 检验分类

汽车用 ABS 专用料的检验可分为型式检验和出厂检验两类。

6.2 检验项目

第 4 章中所有的项目为型式检验项目。当有下列情况时应进行型式检验:

a) 新产品试制定型鉴定时;

b) 正式生产后,若原材料或工艺有较大改变,可能影响产品性能时;

c) 产品装置检修,恢复生产时;

d) 出厂检验结果与上次型式检验结果有较大差异时;

e) 上级质量监督机构提出进行型式检验要求时。

汽车用 ABS 专用料出厂检验至少应包括密度、熔体质量流动速率、悬臂梁缺口冲击强度、维卡软化温度。

6.3 组批规则

汽车用 ABS 专用料以同一生产线上、相同原料、相同工艺所生产的同一牌号的产品组批,生产厂也可按一定生产周期或储存料仓为一批对产品进行组批。产品以批为单位进行检验和验收。

6.4 抽样方案

汽车用 ABS 专用料可在料仓的下料口抽样,也可根据生产周期等实际情况确定具体的抽样方案。包装后产品的取样应按 GB/T 2547—2008 规定进行。

6.5 判定规则

汽车用 ABS 专用料应由生产厂的质量检验部门按照本标准规定的试验方法进行检验,依据检验结果和本标准中的技术要求对产品作出质量判定,并提出证明。所有试验结果的判定按 GB/T 8170—2008 标准中修约值比较法进行。检验结果若某项指标不符合本标准要求时,应重新取样对该项目进行复验。以复验结果作为该批产品的质量判定依据。

7 标志和随行文件

7.1 标志

汽车用 ABS 专用料的外包装袋上应有明显的标志。标志内容可包括:商标、生产企业名称、生产厂地址、标准号、产品名称、牌号、批号(含生产日期)和净含量等。

7.2 随行文件

产品出厂时,每批产品应附有产品质量检验合格证。合格证上应注明产品名称、牌号、批号、执行标准,并盖有质检专用章。

8 包装、运输和贮存

8.1 包装

汽车用 ABS 专用料可用重载膜包装袋或其他包装形式包装。包装材料应保证在运输、码放、贮存时不污染和泄漏。每袋产品的净含量为 25 kg 或其他。

8.2 运输

汽车用 ABS 专用料为非危险品。在运输和装卸过程中严禁使用铁钩等锐利工具,切忌抛掷。运输工具应保持清洁、干燥并备有厢棚或苫布。运输时不得与沙土、碎金属、煤炭及玻璃等混合装运,更不可与有毒及腐蚀性或易燃物混装。严禁在阳光下暴晒或雨淋。

8.3 贮存

汽车用 ABS 专用料应贮存在干燥、通风良好的仓库内,不应露天堆放,防止暴晒;不得与腐蚀品、易燃品一起储存,且堆放平整。贮存时,应远离热源,并防止阳光直接照射,严禁在露天堆放。

汽车用 ABS 专用料应有贮存期的规定,一般从生产之日起,不超过 12 个月。

ICS 83.080.20
G 32

中华人民共和国国家标准

GB/T 37881—2019

塑料 汽车用长玻璃纤维增强
聚丙烯(PP)专用料

Plastics—Long glass fiber reinforced polypropylene (PP)
compound for automotive

2019-08-30 发布
2020-07-01 实施

国家市场监督管理总局
中国国家标准化管理委员会 发 布

前　言

本标准按照GB/T 1.1—2009给出的规则起草。

本标准由中国石油和化学工业联合会提出。

本标准由全国塑料标准化技术委员会(SAC/TC 15)归口。

本标准起草单位：南京聚隆科技股份有限公司、江苏金发科技新材料有限公司、南京标准化学会、上海金发科技发展有限公司、南京市产品质量监督检验院、上海汽车集团股份有限公司乘用车公司、金发科技股份有限公司、南京汽车集团有限公司、中广核俊尔新材料有限公司、合肥杰事杰新材料股份有限公司、长春市产品质量监督检验院、威凯检测技术有限公司、张家港中天精密模塑有限公司、广东正茂精机有限公司。

本标准主要起草人：李兰军、袁绍彦、王飞、蒋顶军、王与华、吴凤祥、周俊贵、胡仁其、张超、叶南飚、夏建盟、朱纯金、宋玉兴、黄志杰、姚晨光、杨桂生、李尚禹、刘岩、支海波、王敏、郑雯、刘发国。

塑料 汽车用长玻璃纤维增强
聚丙烯（PP）专用料

1 范围

本标准规定了汽车用长玻璃纤维增强聚丙烯（PP）专用料的术语和定义、分类与命名、要求、试验方法、检验规则、标志、包装、运输及贮存。

本标准适用于以聚丙烯为基体，加入连续玻璃纤维和其他添加剂，采用挤出牵引工艺制备的汽车用长玻璃纤维增强聚丙烯（PP）专用料（以下简称产品）。

2 规范性引用文件

下列文件对于本文件的应用是必不可少的。凡是注日期的引用文件，仅注日期的版本适用于本文件。凡是不注日期的引用文件，其最新版本（包括所有的修改单）适用于本文件。

GB/T 1040.2—2006 塑料 拉伸性能的测定 第2部分：模塑和挤塑塑料的试验条件

GB/T 1634.2—2019 塑料 负荷变形温度的测定 第2部分：塑料和硬橡胶

GB/T 1843—2008 塑料 悬臂梁冲击强度的测定

GB/T 1844.1—2008 塑料 符号和缩略语 第1部分：基础聚合物及其特征性能

GB/T 2035—2008 塑料术语及其定义

GB/T 2546.1—2006 塑料 聚丙烯（PP）模塑和挤出材料 第1部分：命名系统和分类基础

GB/T 2547—2008 塑料 取样方法

GB/T 2918—2018 塑料 试样状态调节和试验的标准环境

GB/T 7141—2008 塑料 热老化试验方法

GB/T 8170—2008 数值修约规则与极限数值的表示和判定

GB 8410—2006 汽车内饰材料的燃烧特性

GB/T 9341—2008 塑料 弯曲性能的测定

GB/T 9345.1—2008 塑料 灰分的测定 第1部分：通用方法

GB/T 17037.1—2019 热塑性塑料材料注塑试样的制备 第1部分：一般原理及多用途试样和长条形试样的制备

GB/T 18374—2008 增强材料术语及定义

GB/T 30512—2014 汽车禁用物质要求

SH/T 1541—2006 热塑性塑料颗粒外观试验方法

3 术语和定义

GB/T 2035—2008、GB/T 2546.1—2006 和 GB/T 18374—2008 界定的以及下列术语和定义适用于本文件。

3.1

长玻璃纤维增强聚丙烯 long glass fiber reinforced polypropylene compound

以聚丙烯为基体，加入连续玻璃纤维和其他添加剂，采用挤出牵引工艺制备的玻璃纤维增强聚丙烯粒料及其与聚丙烯树脂的混合物料,颗粒中玻璃纤维平均长度不小于 6 mm。

3.2

拉伸强度保持率 tensile strength retention

试样老化后的拉伸强度与试样老化前的拉伸强度的比值,用"％"表示。

3.3

悬臂梁缺口冲击强度保持率 izod notched impact strength retention

试样老化后的悬臂梁缺口冲击强度与试样老化前的悬臂梁缺口冲击强度的比值,用"％"表示。

4 分类与命名

4.1 总则

汽车用长玻璃纤维增强聚丙烯(PP)专用料按照 GB/T 2546.1—2006 规定,并按以下方法进行命名:

命名			
特性项目组			
字符组 1	字符组 2	字符组 3	字符组 4

字符组 1:按照 GB/T 1844.1—2008 中第 5 章的规定,聚丙烯以代号"PP"表示。

字符组 2:位置 1:加工方法;位置 2 和位置 3:热老化等级(见 4.2)。

字符组 3:玻璃纤维及其质量分数(见 4.3)。

字符组 4:字符"L"表示长纤维增强改性(见 4.4)。

字符组间用逗号隔开,如果某个字符组不用,就用两个逗号即",,"隔开。

4.2 字符组 2

本字符组中所用的字母代号按 GB/T 2546.1—2006 中 3.2 的规定。位置 1 用字母 M 代表注塑;位置 2 用字母 H 代表热老化;位置 3 用希腊数字(Ⅰ,Ⅱ,Ⅲ)代表热老化等级。热老化等级按表 1 分类。

表 1 热老化等级

代号	定义
HⅠ	150 ℃,1 000 h 后产品拉伸强度保持率≥75％,悬臂梁缺口冲击强度保持率≥75％
HⅡ	150 ℃,700 h 后产品拉伸强度保持率≥75％,悬臂梁缺口冲击强度保持率≥75％
HⅢ	150 ℃,400 h 后产品拉伸强度保持率≥75％,悬臂梁缺口冲击强度保持率≥75％
HX	X 为Ⅰ、Ⅱ、Ⅲ任一种

4.3 字符组 3

在这个字符组中,位置 1 用字母 G 代表玻璃,位置 2 用字母 F 代表物理形态,即纤维状。紧接着字母(不空格),在位置 3 和位置 4 用两个数字为代号表示其质量分数。具体规定见表 2。

表 2 玻璃纤维质量分数及对应的代号

数字代号	质量分数/%
20	≥17.5～<22.5
25	≥22.5～<27.5
30	≥27.5～<32.5
35	≥32.5～<37.5
40	≥37.5～<42.5
45	≥42.5～<47.5
50	≥47.5～<52.5

4.4 字符组 4

本字符组用大写 L 代表长纤维增强改性。

4.5 示例

某种汽车用长玻璃纤维增强（L）聚丙烯（PP）专用料,用于注塑（M）,玻璃纤维（GF）质量分数为30%（30）,满足 150 ℃下 1 000 h 后拉伸强度保持率不小于 75%、悬臂梁缺口冲击强度保持率不小于75%（HⅠ）。该材料命名如下。

5 要求

5.1 外观

产品为增强颗粒或其与聚丙烯树脂的混合颗粒,其中增强颗粒平均长度为 6 mm～25 mm。
规则或不规则的,其中长颗粒平均长度为 6 mm～25 mm 的颗粒。

5.2 技术要求

产品的技术指标应符合表 3 的规定。

表 3 技术指标

序号	项目		单位	指标						
				PP,MHX,GF20,L	PP,MHX,GF25,L	PP,MHX,GF30,L	PP,MHX,GF35,L	PP,MHX,GF40,L	PP,MHX,GF45,L	PP,MHX,GF50,L
1	灰分		%	≥17.5～<22.5	≥22.5～<27.5	≥27.5～<32.5	≥32.5～<37.5	≥37.5～<42.5	≥42.5～<47.5	≥47.5～<52.5
2	拉伸强度		MPa	≥75.0	≥81.0	≥93.0	≥100	≥110	≥120	≥125
3	弯曲强度		MPa	≥105	≥125	≥140	≥160	≥170	≥180	≥190
4	弯曲模量		GPa	≥4.0	≥4.7	≥5.5	≥6.2	≥7.0	≥8.0	≥9.0
5	悬臂梁缺口冲击强度	23 ℃	kJ/m²	≥11	≥13	≥15	≥17	≥20	≥23	≥25
6		−30 ℃	kJ/m²	≥11	≥13	≥16	≥18	≥21	≥24	≥25
7	负荷变形温度		℃	≥150						
8	热老化		—	HⅠ、HⅡ 或 HⅢ						
9	燃烧速率（阻燃性能）		mm/min	≤100						

5.3 禁用物质

应符合 GB/T 30512—2014 中第 4 章的规定。

6 试验方法

6.1 试样的制备

6.1.1 按 GB/T 17037.1—2019 的规定制备注塑试样,宜采用锁模力不小于 90 t 的注塑机(螺杆类型为 B 型),宜使用表 4 规定的注塑条件。

表 4 试样的注塑条件

熔体温度 ℃	注射压力 MPa	注射速度 mm/s	背压 MPa	保压时间 s	冷却时间 s
260±20	80±10	60±10	0	10±5	10±5

6.1.2 按照不同要求分别制得以下试样:
 a) 按 GB/T 17037.1—2019 中的 A 型模具制备符合 GB/T 1040.2—2006 中 1A 型试样;
 b) 按 GB/T 17037.1—2019 中的 B 型模具制备 80 mm×10 mm×4 mm 的试样;
 c) 按 GB 8410—2006 中 4.3.1 要求制备 356 mm×100 mm×3 mm 试样。

6.2 试样的状态调节和试验的标准环境

6.2.1 除另有规定,试样的状态调节按 GB/T 2918—2018 的规定进行,状态调节的温度为 23 ℃±2 ℃,相对湿度 50%±10%,时间不少于 40 h,不超过 96 h。

6.2.2 试验应在 GB/T 2918—2018 规定的标准环境下进行,环境温度为 23 ℃±2 ℃、相对湿度为 50%±10%。

6.3 外观

按 SH/T 1541—2006 的规定进行。

6.4 灰分

按 GB/T 9345.1—2008 规定进行,采用直接煅烧法(A 法),灼烧温度为 750 ℃±50 ℃。

6.5 拉伸强度

按 GB/T 1040.2—2006 规定进行,采用 1A 型试样,试验速度为 5 mm/min。

6.6 弯曲强度和弯曲模量

按 GB/T 9341—2008 规定进行,试验速度为 2 mm/min。

6.7 悬臂梁缺口冲击强度

按 GB/T 1843—2008 规定进行。其中:
试样为 80 mm×10 mm×4 mm。试样应在注塑后 1 h~4 h 加工缺口,缺口类型为 GB/T 1843—2008 中规定的 A 型。
-30 ℃测试需将样条冷却至-30 ℃,并放置至少 1 h 后测试。每次测试应在 5 s 内完成。

6.8 负荷变形温度

按 GB/T 1634.2—2019 的 A 法规定进行,其中负荷为 1.80 MPa。

6.9 热老化性能

6.9.1 总则

测试按照 GB/T 7141—2008 规定进行。将试样分别置于温度恒定在 150 ℃±2 ℃、换气速率为 (10±2)次/h 的热老化箱中 400 h、700 h 和 1 000 h。
试样的状态调节按 6.2.1 规定进行。
按照 6.5 测试试样老化前后拉伸强度,并按照式(1)计算拉伸强度保持率。
按照 6.7 测试试样老化前后的悬臂梁缺口冲击强度,并按照式(2)计算悬臂梁缺口冲击强度的保持率。

6.9.2 拉伸强度保持率

拉伸强度保持率由式(1)给出:

$$A = \frac{\sigma_{t2}}{\sigma_{t1}} \times 100 \qquad \cdots\cdots\cdots\cdots\cdots\cdots\cdots\cdots\cdots\cdots\cdots (1)$$

式中:
A ——拉伸强度保持率,%;
σ_{t2} ——老化后拉伸强度,单位为兆帕(MPa);
σ_{t1} ——老化前拉伸强度,单位为兆帕(MPa)。

6.9.3 悬臂梁缺口冲击强度保持率

悬臂梁缺口冲击强度保持率由式(2)给出：

$$B = \frac{a_{iN2}}{a_{iN1}} \times 100 \qquad\qquad\qquad\cdots\cdots\cdots\cdots\cdots\cdots(2)$$

式中：

B ——悬臂梁缺口冲击强度保持率，%；

a_{iN2} ——老化后悬臂梁缺口冲击强度，单位为千焦每平方米（kJ/m²）；

a_{iN1} ——老化前悬臂梁缺口冲击强度，单位为千焦每平方米（kJ/m²）。

6.10 阻燃性能

按 GB 8410—2006 中第 4 章规定进行。

6.11 禁用物质

按 GB/T 30512—2014 中第 5 章规定进行。

7 检验规则

7.1 检验分类

产品的检验可分为型式检验和出厂检验两类。

7.2 检验项目

7.2.1 型式检验项目为第 5 章的所有项目。

7.2.2 有下列情况之一时，应进行型式检验：

 a) 新产品投产或转产时；

 b) 原辅材料及生产工艺发生较大改变，可能影响产品性能时；

 c) 停产 3 个月以上，恢复生产时；

 d) 正常生产时，每年检验不少于 1 次；

 e) 质量监督机构提出型式检验要求时。

产品出厂检验至少应包含颗粒外观、灰分、拉伸强度、弯曲强度、弯曲模量和悬臂梁缺口冲击强度。

7.3 组批规则与抽样方案

7.3.1 组批规则

产品由同一生产线上、相同原料、相同工艺所生产的同一牌号的产品组批。生产厂也可按一定生产周期或储存料仓为一批对产品进行组批。

7.3.2 抽样方案

产品可在包装后的产品内抽样，也可根据生产周期等实际情况确定具体的抽样方案。

包装后产品的取样应按 GB/T 2547—2008 规定进行。

7.4 判定规则和复验规则

7.4.1 判定规则

试验结果采用修约值比较法，应按 GB/T 8170—2008 规定执行。

产品应由生产厂的质量检验部门按照本标准规定的试验方法进行检验,依据检验结果和本标准中的要求对产品作出质量判定,并提出证明。

产品出厂时,每批产品应附有产品质量检验合格证。合格证上应注明产品名称、牌号、批号、执行标准。

7.4.2 复验规则

检验结果若某项指标不符合本标准要求时,应按 GB/T 2547—2008 重新取样对该项目进行复验。以复验结果作为该批产品的质量判定依据。

8 标志、包装、运输及贮存

8.1 标志

产品的外包装袋上应有明显的标志。标示内容可包括:生产厂名称和地址、商标、执行标准号、产品名称、牌号、生产日期、批号、净重等。

8.2 包装

产品采用无内衬编织袋或其他包装形式。包装袋的封口应保证产品在贮存、运输时不被污染。包装袋要防尘、防潮。

8.3 运输

在运输和装卸过程中不得使用铁钩等锐利工具和抛掷。运输工具应保持清洁、干燥。运输时不得与沙土、碎金属、煤渣及玻璃等混合装运,不得与有毒及腐蚀性或易燃物混装。

8.4 贮存

产品应贮存在远离火源,干燥、整洁的仓库内,不应与腐蚀品、易燃品混合贮存。贮存时,应远离热源,并防止阳光直接照射。

附表

规范性引用文件中的 ISO、IEC 标准的转化情况

序号	ISO、IEC 标准	转化为国标情况	国标名称	ISO、IEC 标准现行版本
1	ISO 31-3:1992	修改采用为 GB 3102.30—1993	力学的量和单位	ISO 31-3:1992 已废止,可采用 ISO 80000-4:2019《量和单位 第 4 部分:力学》
2	ISO 37:1994	修改采用为 GB/T 528—1998。目前该国标已作废,由 GB/T 528—2009 代替	硫化橡胶或热塑性橡胶拉伸应力应变性能的测定	ISO 37:2017
3	ISO 62:1999	ISO 62:2008 等同采用为 GB/T 1034—2008	塑料 吸水性的测定	ISO 62:2008
4	ISO 179-1:2000	等同采用为 GB/T 1043.1—2008	塑料 简支梁冲击性能的测定 第 1 部分:非仪器化冲击试验	ISO 179-1:2010
5	ISO 286-1:1988	修改采用为 GB/T 1800.1—2020	产品几何技术规范(GPS)线性尺寸公差 ISO 代号体系 第 1 部分:公差、偏差和配合的基础	ISO 286-1:2010;ISO 286-1:2010/Cor 1-2013
6	ISO 291:2008	修改采用为 GB/T 2918—2018	塑料 试样状态调节和试验的标准环境	ISO 291:2008
7	ISO 293:1986	ISO 293:2004 等同采用为 GB/T 9352—2008	塑料 热塑性塑料材料试样的压塑	ISO 293:2004
8	ISO 295:1991	ISO 295:2004 等同采用为 GB/T 5471—2008	塑料 热固性塑料试样的压塑	ISO 295:2004
9	ISO 472:1999	等同采用为 GB/T 2035—2008	塑料术语及其定义	ISO 472:2013;ISO 472:2013/AMD 1:2018
10	ISO 527-1:1993	等同采用为 GB/T 1040.1—2006。目前该国标已作废,由 GB/T 1040.1—2018 代替	塑料 拉伸性能的测定 第 1 部分:总则	ISO 527-1:2019
11	ISO 527-2:1993	等同采用为 GB/T 1040.2—2006	塑料 拉伸性能的测定 第 2 部分:模塑和挤塑塑料的试验条件	ISO 527-2:2012
12	ISO 899-1:1993	ISO 899-1:2003 等同采用为 GB/T 11546.1—2008	塑料 蠕变性能的测定 第 1 部分:拉伸蠕变	ISO 899-1:2017
13	ISO 1133-1:2011	修改采用为 GB/T 3682.1—2018	塑料 热塑性塑料熔体质量流动速率(MFR)和熔体体积流动速率(MVR)的测定 第 1 部分:标准方法	ISO 1133-1:2011

序号	ISO、IEC 标准	转化为国标情况	国标名称	ISO、IEC 标准现行版本
14	ISO 1183-1:2004	等同采用为 GB/T 1033.1—2008	塑料 非泡沫塑料密度的测定 第 1 部分:浸渍法、液体比重瓶法和滴定法	ISO 1183-1:2019
15	ISO 1183-2:2004	修改采用为 GB/T 1033.2—2010	塑料 非泡沫塑料密度的测定 第 2 部分:密度梯度柱法	ISO 1183-2:2019
16	ISO 1268-8:2004	等同采用为 GB/T 27797.8—2011	纤维增强塑料 试验板制备方法 第 8 部分:SMC 及 BMC 模塑	ISO 1268-8:2004
17	ISO 1628-3:2001	修改采用为 GB/T 1632.3—2010	塑料 使用毛细管黏度计测定聚合物稀溶液黏度 第 3 部分:聚乙烯和聚丙烯	ISO 1628-3:2010
18	ISO 1656:1996	修改采用为 GB/T 8088—2008	天然生胶和天然胶乳 氮含量的测定	ISO 1656:2019
19	ISO 1873-1:1995	修改采用为 GB/T 2546.1—2006	塑料 聚丙烯(PP)模塑和挤出材料 第 1 部分:命名系统和分类基础	ISO 1873 两部分标准已被 ISO 19069 两部分标准代替,本部分现行版本为 ISO 19069-1:2015
20	ISO 2580-1:2002	修改采用为 GB/T 20417.1—2008	塑料 丙烯腈-丁二烯-苯乙烯(ABS)模塑和挤出材料 第 1 部分:命名系统和分类基础	ISO 2580 两部分标准已被 ISO 19062 两部分标准代替,本部分现行版本为 ISO 19062-1:2015
21	ISO 2602:1980	非等效采用为 GB/T 3360—1982,目前该国标作废,无代替标准	数据的统计处理和解释 均值的估计和置信区间	ISO 2602:1980
22	ISO 2897-1:1997	修改采用为 GB/T 18964.1—2008	塑料 抗冲击聚苯乙烯(PS-I)模塑和挤出材料 第 1 部分:命名系统和分类基础	ISO 2897 两部分标准已被 ISO 19063 两部分标准代替,本部分现行版本为 ISO 19063-1:2015
23	ISO 3105:1994	修改采用为 GB/T 30514—2014	玻璃毛细管运动黏度计 规格和操作说明	ISO 3105:1994
24	ISO 3167:1993	ISO 3167:2002 等同采用为 GB/T 11997—2008	塑料 多用途试样	ISO 3167:2014
25	ISO 4581:1994	修改采用为 GB/T 8661—2008	塑料 苯乙烯-丙烯腈共聚物 残留丙烯腈单体含量的测定 气相色谱法	ISO 4581:1994
26	ISO 4589-1:1996	等用采用为 GB/T 2406.1—2008	塑料 用氧指数法则定燃烧行为 第 1 部分:导则	ISO 4589-1:2017
27	ISO 4589-2:1996	等同采用为 GB/T 2406.2—2009	塑料 用氧指数法测定燃烧行为 第 2 部分:室温试验	ISO 4589-2:2017

附表（续）

序号	ISO、IEC 标准	转化为国标情况	国标名称	ISO、IEC 标准现行版本
28	ISO 4591:1992	等同采用为 GB/T 20220—2006	塑料薄膜和薄片 样品平均厚度、卷平均厚度及单位质量面积的测定 称量法（称最厚度）	ISO 4591:1992
29	ISO 4593:1993	等同采用为 GB/T 6672—2001	塑料薄膜和薄片 厚度测定 机械测量法	ISO 4593:1993
30	ISO 4894-1:1997	等同采用为 GB/T 21460.1—2008	塑料 苯乙烯-丙烯腈（SAN）模塑和挤出材料 第1部分：命名系统和分类基础	ISO 4894 两部分标准已被 ISO 19064 两部分标准代替，本部分现行版本为 ISO 19064-1:2015
31	ISO 7792-1:1997	ISO 20028-1:2017 修改采用为 GB/T 34691.1—2018	塑料 热塑性聚酯（TP）模塑和挤出材料 第1部分：命名系统和分类基础	ISO 7792 两部分标准已被 ISO 20028 两部分标准代替，本部分现行版本为 ISO 20028-1:2019
32	ISO 8986-2:1995	ISO 8986-2:2009 修改采用为 GB/T 37199.2—2018	塑料 聚丁烯（PB）模塑和挤出材料 第2部分：试样制备和性能测定	ISO 8986 两部分标准已被 ISO 21302 两部分标准代替，本部分现行版本为 ISO 21302-2:2019
33	ISO 10350-1:1998	修改采用为 GB/T 19467.1—2004	塑料 可比单点数据的获得和表示 第1部分：模塑材料	ISO 10350-1:2017
34	ISO 11357-1:1997	等同采用为 GB/T 19466.1—2004	塑料 差示扫描量热法（DSC） 第1部分：通则	ISO 11357-1:2016
35	ISO 11357-2:1999	等同采用为 GB/T 19466.2—2004	塑料 差示扫描量热法（DSC） 第2部分：玻璃化转变温度的测定	ISO 11357-2:2013
36	ISO 11357-3:1999	等同采用为 GB/T 19466.3—2004	塑料 差示扫描量热法（DSC） 第3部分：熔融和结晶温度及热焓的测定	ISO 11357-3:2018
37	ISO 11359-1:1999	ISO 11359-1:2014 等同采用为 GB/T 36800.1—2018	塑料 热机械分析法（TMA） 第1部分：通则	ISO 11359-1:2014
38	ISO 11359-2:1999	等同采用为 GB/T 36800.2—2018	塑料 热机械分析法（TMA） 第2部分：线性热膨胀系数和玻璃化转变温度的测定	ISO 11359-2:1999
39	ISO 11403-2:2004	ISO 11403-2:2012 等同采用为 GB/T 37188.2—2018	塑料 可比多点数据的状得和表示 第2部分：热性能和加工性能	ISO 11403-2:2012
40	ISO 11542-1:2001	等同采用为 GB/T 21461.1—2008	塑料 超高分子量聚乙烯（PE-UHMW）模塑和挤出材料 第1部分：命名系统和分类基础	ISO 11542 两部分标准已被 ISO 21304 两部分标准代替，本部分现行版本为 ISO 21304-1:2019

序号	ISO、IEC 标准	转化为国标情况	国标名称	ISO、IEC 标准现行版本
41	ISO 13802:1999	修改采用为 GB/T 21189—2007	塑料简支梁、悬臂梁和拉伸冲击试验用摆锤冲击试验机的检验	ISO 13802:2015
42	ISO 16014-1:2012	等同采用为 GB/T 36214.1—2018	塑料 体积排除色谱法测定聚合物的平均分子量和分子量分布 第1部分:通则	ISO 16014-1:2019
43	ISO 16014-2:2012	等同采用为 GB/T 36214.2—2018	塑料 体积排除色谱法测定聚合物的平均分子量和分子量分布 第2部分:普适校正法	ISO 16014-2:2019
44	ISO 16014-3:2012	等同采用为 GB/T 36214.3—2018	塑料 体积排除色谱法测定聚合物的平均分子量和分子量分布 第3部分:低温法	ISO 16014-3:2019
45	ISO 16014-4:2012	等同采用为 GB/T 36214.4—2018	塑料 体积排除色谱法测定聚合物的平均分子量和分子量分布 第4部分:高温法	ISO 16014-4:2019
46	ISO 16014-5:2012	等同采用为 GB/T 36214.5—2018	塑料 体积排除色谱法测定聚合物的平均分子量和分子量分布 第5部分:光散射法	ISO 16014-5:2019
47	ISO 16770:2004	修改采用为 GB/T 32682—2016	塑料 聚乙烯环境应力开裂(ESC)的测定 全缺口蠕变试验(FNCT)	ISO 16770:2019
48	ISO 20753:2008	ISO 20753:2018 修改采用为 GB/T 37426—2019	塑料 试样	ISO 20753:2018
49	ISO 23529:2004	等同采用为 GB/T 2941—2006	橡胶物理试验方法试样制备和调节通用程序	ISO 23529:2016
50	IEC 60243-1:1998	IEC 60243-1:2013 等同采用为 GB/T 1408.1—2016	绝缘材料 电气强度试验方法 第1部分:工频下试验	IEC 60243-1:2013
51	IEC 60695-11-10:1999	等同采用为 GB/T 2408—2008	塑料 燃烧性能的测定 水平法和垂直法	IEC 60695-11-10:2013; IEC 60695-11-10:2013/Cor 1:2014
52	IEC 60695-11-20:1999	IEC 60695-11-20:2015 等同采用为 GB/T 5169.17—2017	电工电子产品着火危险试验 第17部分:试验火焰 500 W 火焰试验方法	IEC 60695-11-20:2015; IEC 60695-11-20:2015/Cor 1:2016